ANLEITUNGEN FÜR DIE CHEMISCHE LABORATORIUMSPRAXIS

HERAUSGEGEBEN VON H. MAYER-KAUPP

BAND VIII

TABELLEN ZUR RÖNTGENSTRUKTURANALYSE

VON

Dr. KONRAD SAGEL

WISSENSCHAFTL. MITARBEITER IM METALL-LABORATORIUM
DER METALLGESELLSCHAFT A.G. FRANKFURT (MAIN)

SPRINGER-VERLAG
BERLIN · GÖTTINGEN · HEIDELBERG
1958

ISBN 978-3-540-02246-6   ISBN 978-3-642-51126-4 (eBook)
DOI 10.1007/978-3-642-51126-4

PROFESSOR DR. ARNOLD MÜNSTER

GEWIDMET

Vorwort

Bei der Herausgabe dieses Tabellenwerkes, das ursprünglich für den eigenen Laboratoriumsgebrauch gedacht war, um das ständige Nachschlagen in den verschiedenen Büchern und die Ausrechnung nichttabellierter Funktionen zu ersparen, schwebte mir eine Sammlung vor, die alle die Hilfsmittel enthält, die der Röntgenpraktiker täglich bei seinen Arbeiten benötigt. Ein solches Bemühen schien mir deshalb nicht unnütz, weil die vorhandenen Tabellenwerke stets nur für spezielle Probleme der Röntgenstrukturanalyse gedacht sind.

In dem Textteil am Anfang der einzelnen Abschnitte sind jeweils die wichtigsten Formeln und Erläuterungen für die Benutzung der Tabellen angegeben. Es wurde dabei vorausgesetzt, daß die einzelnen Methoden der Strukturanalysen schon bekannt sind. Zur Information darüber sei auf die bekannten Lehrbücher, insbesondere auf das auch in dieser Monographiensammlung erscheinende und mit meinen Tabellen abgestimmte Buch von Prof. E. Saur „Röntgenstrukturanalyse" verwiesen.

An dieser Stelle ist noch folgendes zu bemerken: Alle Wellenlängen und Gitterkonstanten sind in absoluten Ångström-Einheiten (Å) angegeben. Um daraus die alten KX-Einheiten zu erhalten, sind sie durch 1,00202 zu dividieren. Bei der Gruppierung einiger anorganischer und metallischer Verbindungen im Abschnitt A habe ich mich sehr eng an die von R. Glocker in „Materialprüfung mit Röntgenstrahlen" vorgeschlagene Einteilung gehalten. Ich glaubte, im Rahmen dieses Buches nicht darauf verzichten zu können, da sich diese Typisierung besonders für den Metallkundler als ganz außerordentlich bequem erwies. Die jeweils mit angegebenen internationalen Strukturbezeichnungen geben den Anschluß an die übliche Bezeichnungsweise.

Die Tabellen entstanden im Metall-Laboratorium der Metallgesellschaft A. G. Frankfurt (Main). Für die großzügige Unterstützung meiner Arbeit sei der Direktion dieser Firma verbindlichst gedankt. Daß ich Gelegenheit hatte, die bei der täglichen Röntgenarbeit gesammelten Erfahrungen im ständigen Meinungsaustausch mit Herrn Prof. Dr. A. Münster verarbeiten zu dürfen, bedeutet für mich einen besonderen Gewinn, für welchen ich bleibenden Dank schulde. Für eine kritische Durchsicht und für zahlreiche wertvolle Hinweise bin ich Herrn Dr. E. Wölfel zu großem Dank verpflichtet. Mein ganz besonderer Dank gilt meinen Mitarbeiterinnen, Frau E. Krämer und Frau I. Penndorf für die umfangreiche Unterstützung bei der Aufstellung und Ausrechnung der Tabellen. Meiner lieben Frau bin ich für die Unterstützung beim Korrekturlesen sehr dankbar.

Dem Springer-Verlag danke ich für sein freundliches Eingehen auf meine Vorschläge.

Für Verbesserungsvorschläge und Anregungen zur weiteren Ausgestaltung bei etwaigen künftigen Auflagen bin ich stets dankbar.

Frankfurt (Main), im Oktober 1957

K. Sagel

Inhaltsverzeichnis

B. Tafeln zur Bestimmung der Linienintensitäten

Tafeln

C. Tafeln zur Analyse des diffusen Untergrundes

Tafeln

D. Einige physikalische und mathematische Tafeln

Tafel

Anhang (Ausschlagtafeln)

1. Tafel zur Indizierung kubischer und tetragonaler Gitter
2. Tafel zur Indizierung hexagonaler Gitter

A. Tafeln zur Indizierung der Kristallinterferenzen

1. Braggsche Gleichung und quadratische Formeln

Die Linienlage der Interferenzmaxima kann durch die Braggsche Gleichung

$$2\,d\sin\Theta = n\,\lambda \qquad\qquad (\mathrm{A}\,1)$$

ausgedrückt werden. Die sich nach dieser Beziehung für die gebräuchlichsten Wellenlängen ergebenden Netzebenenabstände sind für die Interferenzen erster Ordnung in der Tafel A 1 dargestellt. Für genauere Rechnungen sind die Tafeln A 2 und A 3 zu benutzen.

Der Netzebenenabstand d ist von der Form und den Abmessungen der Elementarzelle sowie der Lage der betreffenden Kristallebene zu den Achsen des Kristallsystems abhängig. Aus den Achsenlängen a, b und c der Elementarzelle und aus den von ihnen eingeschlossenen Achsenwinkel α, β, γ lassen sich die Abstände für die verschiedenen Gittertypen berechnen, wobei zur Kennzeichnung der Netzebenen üblicher Weise die Millerschen Indizes, die die Reziprokverhältnisse auf den Achsenabschnitten angeben, benutzt werden. Setzt man die durch diese Größen ausgedrückten Abstände in die Beziehung A 1 ein, dann erhält man die sogenannte quadratische Form.

Sie lautet für das

Trikline Gitter. (Tafel A 2, A 3)

$$\sin^2\Theta = \frac{\lambda^2}{4}\,[h^2\,a^{*\,2} + k^2\,b^{*\,2} + l^2\,c^{*\,2} + 2\,kl\,b^*\,c^*\cos\alpha^* +$$
$$+\,2\,lh\,c^*\,a^*\cos\beta^* + 2\,hk\,a^*\,b^*\cos\gamma^*], \qquad (\mathrm{A}\,2)$$

wobei

$$a^* = \frac{1}{D}\,b\,c\sin\alpha, \qquad \cos\alpha^* = \frac{\cos\beta\,\cos\gamma - \cos\alpha}{\sin\beta\,\sin\gamma}\,,$$

$$b^* = \frac{1}{D}\,c\,a\sin\beta, \qquad \cos\beta^* = \frac{\cos\gamma\,\cos\alpha - \cos\beta}{\sin\gamma\,\sin\alpha}\,,$$

$$c^* = \frac{1}{D}\,a\,b\sin\gamma, \qquad \cos\gamma^* = \frac{\cos\alpha\,\cos\beta - \cos\gamma}{\sin\alpha\,\sin\beta}\,,$$

$$D = a\,b\,c\,\sqrt{1 + 2\cos\alpha\,\cos\beta\,\cos\gamma - \cos^2\alpha - \cos^2\beta - \cos^2\gamma}$$

ist.

Monoklines Gitter. (Tafel A 2, A 3)

$$\sin^2\Theta = \frac{\lambda^2}{4}\left[\frac{h^2}{a^2\sin^2\beta} + \frac{k^2}{b^2} + \frac{l^2}{c^2\sin^2\beta} - \frac{2\,h\,l\cos\beta}{a\,c\sin^2\beta}\right]. \tag{A 3}$$

Rhombisches Gitter. (Tafel A 2, A 3, A 4)

$$\sin^2\Theta = \frac{\lambda^2}{4}\left[\frac{h^2}{a^2} + \frac{k^2}{b^2} + \frac{l^2}{c^2}\right] = \frac{\lambda^2}{4\,a^2}\left[h^2 + \left(\frac{a}{b}\right)^2 k^2 + \left(\frac{a}{c}\right)^2 l^2\right]. \tag{A 4}$$

Tetragonales Gitter. (Tafel A 2, A 3, A 4)

$$\sin^2\Theta = \frac{\lambda^2}{4\,a^2}\left[h^2 + k^2 + \left(\frac{a}{c}\right)^2 l^2\right]. \tag{A 5}$$

Hexagonales Gitter. (Tafel A 2, A 3, A 4)

$$\sin^2\Theta = \frac{\lambda^2}{4\,a^2}\left[\frac{4}{3}\,(h^2 + k^2 + h\,k) + \left(\frac{a}{c}\right)^2 l^2\right]. \tag{A 6}$$

Rhomboedrisches Gitter. (Tafel A 2, A 3, A 4, A 5)

$$\sin^2\Theta = \frac{\lambda^2}{4\,a^2}\left[\frac{(h^2 + k^2 + l^2)\sin^2\alpha + 2\,(k\,l + l\,h + h\,k)(\cos^2\alpha - \cos\alpha)}{1 - 3\cos^2\alpha + 2\cos^3\alpha}\right]. \tag{A 7}$$

Kubisches Gitter. (Tafel A 2, A 3)

$$\sin^2\Theta = \frac{\lambda^2}{4\,a^2}\,[h^2 + k^2 + l^2]. \tag{A 8}$$

Zur Berechnung der Formen sind die jeweils in den Klammern angegebenen Tafeln zu benutzen. Alle rhomboedrischen Kristalle lassen sich auch mit dem hexagonalen Achsenkreuz beschreiben. Die entsprechenden Transformationsgleichungen und -größen der Zellendimensionen und Indizes sind in der Tafel A 5 zusammengestellt.

2. Indizierung von Pulveraufnahmen

Die Gitterparameter lassen sich aus den quadratischen Formen nur dann berechnen, wenn die Millerschen Indizes der betreffenden Interferenzen bekannt sind. Die Indizierung, die dabei um so leichter fällt, je höher die Symmetrie der untersuchten Struktur ist, kann rechnerisch oder graphisch erfolgen.

Von den verschiedenen Nomogrammen, die zur graphischen Indizierung dienen können, sind wohl die von SCHWARZ und SUMMA[1], die für kubische, tetragonale und hexagonale Gitter im Anhang gefaltet dargestellt sind, am bequemsten. Die gemessenen Reflexionswinkel Θ der Interferenzen werden entsprechend der unteren Skaleneinteilung auf einen Streifen eingetragen. Durch Verschieben dieses Streifens auf dem Nomogramm ist jedem Reflex des Winkels Θ dann

---

[1] v. SCHWARZ, M. u. O. SUMMA: Praktische Auswertungshilfsmittel für Feinstrukturuntersuchungen, München 1932.

ein Zahlentripel h, k, l zuzuordnen, wenn die Ordinatenhöhe des Streifens mit dem richtigen Achsenverhältnis und die ebenfalls auf dem Streifen angedeutete Wellenlängenmarke auf der Abszisse des Nomogramms mit dem richtigen a^2-Wert der untersuchten Struktur zusammenfällt. Da bei großen Reflexionswinkeln die Zahl der Interferenzen auf 1° zu groß ist und somit die zugehörigen Indizes nicht mit Sicherheit angegeben werden können, ist eine Indizierung nach dieser Methode im allgemeinen nur bei den vorderen Linien und bei nicht zu großen Gitterkonstanten möglich.

Bei der rechnerischen Lösung ist zu versuchen, jedem $\sin^2 \Theta$-Wert entsprechend den quadratischen Formen ein ganzzahliges Zahlentripel h, k, l zuzuordnen, eine Aufgabe, die bei völlig unbekannten Substanzen manchmal überhaupt nicht zu lösen ist. Hier führen dann nur Drehkristallaufnahmen weiter. Die einfachste Methode zur Identifizierung von Röntgendiagrammen ist der direkte Vergleich mit der Linienlage bekannter Substanzen. In den Tafeln A 6 bis A 8 sind daher die charakteristischen Linienlagen der wichtigsten kubischen, tetragonalen und hexagonalen Gittertypen durch je einen Repräsentanten eingetragen. Dabei sind auch die rhomboedrischen Strukturen durchweg hexagonal indiziert (siehe Tafel A 5). Entsprechend der in diesem Strukturkatalog durchgeführten Gruppierung sind in der Tafel A 9 die Gitterstrukturen und -dimensionen einer Anzahl anorganischer und metallischer Verbindungen zusammengestellt. Eine wesentliche Erleichterung der Identifizierung unbekannter Strukturen ermöglichen auch die von der ASTM herausgegebenen Karteikarten, bei denen etwa nach dem Lochkartenverfahren die Strukturen durch die Netzebenenabstände der drei stärksten Linien gekennzeichnet sind[1]. In der Tafel A 10 sind für die wichtigsten Gittertypen noch einige Struktureinzelheiten zusammengestellt.

3. Fehler bei Debye-Scherrer-Aufnahmen

Die wichtigsten Fehlerquellen sind:
1. Ungenauigkeit des Kameraradius,
2. Ungenaue Zentrierung der Probe,
3. Filmschrumpfung,
4. Linienverschiebung durch Absorption der Röntgenstrahlen,
5. Brechung der Röntgenstrahlen.

Im wesentlichen gibt es drei Verfahren, die es erlauben, die Fehler 1—4 zu eliminieren:

a) Die Benutzung von Eichsubstanzen (Tafel A 11, A 12, A 13)

Die Linien der Eichsubstanzen werden dazu benutzt, den wahren Reflexionswinkel, den Netzebenenabstand d, $\sin \Theta$ oder $\sin^2 \Theta$ als Funktion der Lage der Linien auf dem Film darzustellen. Nachteile der Methode sind, daß die Genauigkeit der Messung notwendig auf .

---

[1] ASTM, Philadelphia **3**, 1916 Race Street.

die Genauigkeit der Gitterkonstanten der Eichsubstanz beschränkt ist, daß Überlappungen mit Reflexen der zu messenden Kristalle eintreten können und daß häufig auch die Linienverteilung der Eichsubstanz ungünstig ist.

b) Die Methode von Straumanis[1]

Filmschrumpfung und Unkenntnis des genauen Kameraradius werden durch eine asymmetrische Filmaufnahme rechnerisch eliminiert. Präzise Zentrierung und sehr dünne Proben ($\varnothing$ 0,2 mm und kleiner) sowie Auswertung der Rückstrahlinterferenzen halten die Fehler 2 und 4 niedrig. Mit Hilfe des Nomogramms der Tafel A 14 läßt sich für kubische Kristalle die zur Erzielung eines großen Reflexionswinkels günstigste Wellenlänge ermitteln[2]. Daraus ist z. B. zu ersehen, daß für Al mit einer Gitterkonstante von 4,04 Å Cu- und Co-Strahlung über den Winkelbereich von 70—90° mehrere Interferenzen ergibt. Weniger günstig dagegen wäre Ni- oder Cr-Strahlung.

c) Eliminierung durch Extrapolation (Tafel A 15)

Sowohl zufällige als auch die unter 1—4 aufgeführten systematischen Fehler werden klein für $\Theta \to 90°$. Es ist daher üblich, die aus verschiedenen Winkeln bestimmten Gitterparameter gegen Θ aufzutragen und auf $\Theta = 90°$ zu extrapolieren[3]. Da eine solche Kurve dann aber im allgemeinen nicht linear ist, wird die Extrapolation unsicher, besonders wenn keine Reflexe in der Nähe von 90° vorhanden sind.

Eine genauere Analyse der Winkelabhängigkeit der systematischen Fehler 1—4 zeigt, daß bei Debye-Scherrer-Aufnahmen die Extrapolation gegen $\frac{1}{2}\left(\frac{\cos^2\Theta}{\sin\Theta} + \frac{\cos^2\Theta}{\Theta}\right)$ bis zu niedrigen Reflexionswinkeln eine sehr gut definierte Gerade[4-6] ergibt. Auch bei nichtkubischen Kristallen ist diese Extrapolation der verschiedenen Parameterwerke möglich, da es z. B. für a im gesamten Winkelbereich stets eine Reihe $h\,o\,o$, für b eine Reihe $o\,k\,o$, usw. Interferenzen gibt, die eine solche Extrapolation ermöglichen. Die Funktion $\frac{1}{2}\left(\frac{\cos^2\Theta}{\sin\Theta} + \frac{\cos^2\Theta}{\Theta}\right)$ ist in Tafel A 15 für die Winkel von 0—90° angegeben.

4. Fehler bei Rückstrahlaufnahmen mit einer flachen Kamera

a) Endliche Eindringtiefe des Primärstrahles

in die Probe und dadurch eine gewisse Verschiebung des Schwärzungsmaximums. Im allgemeinen, insbesondere bei einer fokussierenden Kamera ist dieser Fehler jedoch zu vernachlässigen.

---

[1] STRAUMANIS, M. u. A. IEVINS: Die Präzisionsbestimmung von Gitterkonstanten nach der asymmetrischen Methode, Berlin: Springer 1940.

[2] MULDAWER, L. u. R. FEDER: Rev. sci. Instruments **26**, 827 (1955).

[3] KETTMANN, G.: Z. Physik **53** 199, (1929).

[4] TAYLOR, A. u. H. SINCLAIR: Proc. Phys. Soc. (London) **57**, 108 (1945).

[5] TAYLOR, A. u. H. SINCLAIR: Proc. Phys. Soc. (London) **57**, 126 (1945).

[6] NELSON, J. B. u. D. P. RILEY: Proc. Phys. Soc. (London) **57**, 160 (1945).

b) Ungenaue Senkrechtstellung der Probe zum Primärstrahl

und dadurch eine elliptische Verzerrung des Reflexionskreises. Der dadurch entstehende Fehler in der Bestimmung des Durchmessers ist proportional $\mathrm{tg}^2(180-2\,\Theta)$ und ergibt für den Netzebenenabstand bei einer Abweichung von $1°$ des Primärstrahles von der Normalenrichtung einen Fehler in der Größenordnung von 10^{-5}. Er ist also im allgemeinen vernachlässigbar klein.

c) Ungenauigkeit des Abstandes: Präparat–Film (Tafel A 11, A 12, A 13)

Dieser Fehler läßt sich immer genügend genau durch eine Eichsubstanz, die als Überzug mit einer Stärke von etwa $10-15\,\mu$ auf das Präparat aufgebracht wird, korrigieren.

5. Linienverschiebung beim Geiger-Müller-Diffraktometer (Tafel A 3)

Die durch die horizontale und vertikale Divergenz der Röntgenstrahlen sowie durch die endliche Eindringtiefe entstehende Linienverschiebung im Geiger-Müller-Diffraktometer ist im allgemeinen durch Extrapolation des Netzebenenabstandes gegen $\cos^2\Theta$ $(= 1 - \sin^2\Theta)$ zu eliminieren [1, 2].

6. Brechungskorrektur (Tafel A 16)

Neben den in den Abschnitten 3—5 betrachteten Fehlern ist für Präzisions-Gitterkonstantenbestimmung zu berücksichtigen, daß die Wellenlängen im Kristall und in der Luft etwas verschieden sind, der Kristall also eine Brechung besitzt. Das diesen systematischen Fehler korrigierende Braggsche Gesetz lautet dann:

$$2\,d\left(1 - \frac{\delta}{\sin^2\Theta}\right)\sin\Theta = n\,\lambda, \qquad (\text{A 9})$$

δ ist dabei mit dem Brechungsindex μ verknüpft durch die Beziehung: $\delta = 1 - \mu$ und ist gegeben durch:

$$\delta = \frac{N_0\,e^2\,\lambda^2}{2\,\pi\,m\,c^2}\,\varrho\,\frac{\Sigma Z}{\Sigma A} = 2{,}71 \cdot 10^{-6}\,\lambda^2\,\varrho\,\frac{\Sigma Z}{\Sigma A}, \qquad (\text{A 10})$$

wobei ϱ die Dichte des durchstrahlten Materials und $\dfrac{\Sigma Z}{\Sigma A}$ das Verhältnis der Summe der Ordnungszahlen zu der Summe der Atomgewichte aller Atome der Elementarzelle bedeutet.

Nach WILSON [3] genügt bei *kubischen* Kristallen zur Korrektur die

[1] WILSON, A. J. C.: J. Sci. Instruments **27**, 321 (1950).
[2] EASTERBROOK, J. N.: Brit. J. appl. Physics **3**, 349 (1952).
[3] WILSON, A. J. C.: Proc. Cambridge philos. Soc. **36**, 485 (1940).

Multiplikation des beobachteten unkorrigierten Gitterwertes mit dem Faktor $1 + \delta$, also

$$a_{\text{korr.}} = a_{\text{beob.}} (1 + \delta). \qquad (A\,11)$$

In der Tafel A 16 ist δ für verschiedene $\varrho \dfrac{\Sigma Z}{\Sigma A}$ bei Mo-, Cu-, N-, Co-, Fe- und Cr-Strahlung eingetragen.

7. Drehkristallaufnahmen

a) Zylindrische Filmkamera

Bei einer zur Drehachse parallelen zylindrischen Filmkamera mit dem Radius R ist der Schichtlinienwinkel μ der n-ten Schichtlinie gegeben durch:

$$\operatorname{tg}\mu_n = \frac{h_n}{R}. \qquad (A\,12)$$

Dabei ist h_n der vom Äquator aus gemessene Schichtlinienstand der n-ten Schichtlinie. Der Identitätsabstand J in Richtung der Drehachse ergibt sich dann aus:

$$J = \frac{n\,\lambda}{\sin\mu_n}. \qquad (A\,13)$$

Der Reflexionswinkel Θ der reflektierenden Netzebene ist

$$\cos 2\,\Theta = \cos\mu\,\cos\alpha \qquad (A\,14)$$

mit

$$\operatorname{arc}\alpha = \frac{s}{R}.$$

s ist dabei der Abstand des Reflexes von der vertikalen Symmetrielinie.

Aus dem Nomogramm der Tafel A 17 ist der Identitätsabstand aus dem Schnittpunkt einer Geraden, die durch die beiden Punkte $\dfrac{h_n}{A}$ auf Kolonne A und $n\lambda$ auf Kolonne C zu legen ist, mit der Kolonne B zu ermitteln.

b) Ebene Filmkamera

Bei einem zur Drehachse parallelen und zur Strahlrichtung senkrechten Film ist der Reflexionswinkel gegeben durch:

$$\operatorname{tg} 2\,\Theta = \frac{r}{A} \qquad (A\,15)$$

und der Identitätsabstand in Richtung der Drehachse:

$$J = \frac{n\,\lambda}{\sin 2\,\Theta \cos\delta}. \qquad (A\,16)$$

Dabei ist r der Abstand des Reflexes vom Primärfleck, A der Abstand Kristall-Film und δ der Winkel des Reflexes mit der vertikalen Mittellinie.

Aus dem Nomogramm der Tafel A 18 lassen sich mit den bekannten Werten $\dfrac{r}{A}$ und δ (Kolonne A und C) das Produkt $\sin^2\Theta \cos\delta$ graphisch bestimmen (Kolonne B). Legt man durch den so ermittelten Schnittpunkt und dem bekannten $n\lambda$-Wert (Kolonne E) eine Gerade, dann ergibt der Schnittpunkt dieser Geraden mit der Kolonne D den Identitätsabstand.

8. Einige kristallographische Formeln

a) Das **Volumen V** der Elementarzelle beträgt für das

Trikline Gitter:

$$V = a\,b\,c\,\sqrt{1 - \cos^2\alpha - \cos^2\beta - \cos^2\gamma + 2\cos\alpha\,\cos\beta\,\cos\gamma}. \quad \text{(A 17)}$$

Monokline Gitter: $\qquad V = a\,b\,c\,\sin\beta$.

Rhombische Gitter: $\qquad V = a\,b\,c$.

Hexagonale Gitter: $\qquad V = \dfrac{\sqrt{3}}{2}\,a^2\,c$.

Rhomboedrische Gitter: $\quad V = a^3\,\sqrt{1 - 3\cos^2\alpha + 2\cos^3\alpha}$.

Tetragonale Gitter: $\qquad V = a^2\,c$.

Kubische Gitter: $\qquad V = a^3$.

b) Der **Flächeninhalt J** des von den Kristallebenen $h\,k\,l$ gebildeten Elementarparallelogramms ist für

Trikline Gitter:

$$J_{hkl} = \sqrt{\begin{aligned} &h^2\,b^2\,c^2\sin^2\alpha + k^2\,a^2\,c^2\sin^2\beta + l^2\,a^2\,b^2\sin^2\gamma + \\ &+ 2\,h\,k\,a\,b\,c^2\,(\cos\alpha\,\cos\beta - \cos\gamma) + \\ &+ 2\,h\,l\,a\,b^2\,c\,(\cos\gamma\,\cos\alpha - \cos\beta) + \\ &+ 2\,k\,l\,a^2\,b\,c\,(\cos\beta\,\cos\gamma - \cos\alpha). \end{aligned}} \quad \text{(A 18)}$$

Monokline Gitter:

$$J_{hkl} = \sqrt{h^2\,b^2\,c^2 + k^2\,a^2\,c^2\sin^2\beta + l^2\,a^2\,b^2 - 2\,h\,l\,a\,b^2\,c\,\cos\beta}.$$

Rhombische Gitter:

$$J_{hkl} = \sqrt{h^2\,b^2\,c^2 + k^2\,a^2\,c^2 + l^2\,a^2\,b^2}.$$

Hexagonale Gitter:

$$J_{hkl} = a \sqrt{h^2\, 3\, c^2 + k^2\, c^2 + l^2\, 3\, a^2}.$$

Rhomboedrische Gitter:

$$J_{hkl} = a^2 \sqrt{\sin^2\alpha\,[h^2 + k^2 + l^2] + 2(\cos^2\alpha - \cos\alpha)(h\,k + h\,l + k\,l)}.$$

Tetragonale Gitter:

$$J_{hkl} = a \sqrt{h^2\, c^2 + k^2\, c^2 + l^2\, a^2}.$$

Kubische Gitter:

$$J_{hkl} = a^2 \sqrt{h^2 + k^2 + l^2}.$$

c) Die **Zahl der Atome** in der Elementarzelle berechnet sich nach:

$$N = \frac{\varrho \cdot V}{A}\, 6{,}022 \cdot 10^{23}, \qquad\qquad \text{(A 19)}$$

wobei ϱ die Dichte in $[\mathrm{g\,cm^{-3}}]$, A das Atomgewicht und V das Volumen der Elementarzelle in $[\mathrm{cm^3}]$ bedeuten.

Liegen mehrere Atomsorten mit den Atomgewichten A_1, $A_2 \dots A_n$ und den Gewichtsprozenten a_1, $a_2 \dots a_n$ vor, dann ist das mittlere Atomgewicht

$$\bar{A} = \frac{100}{\dfrac{a_1}{A_1} + \dfrac{a_2}{A_2} + \cdots + \dfrac{a_n}{A_n}}. \qquad\qquad \text{(A 20)}$$

Zur *Umrechnung zwischen Atom- und Gewichtsprozenten* für binäre Systeme ist das Nomogramm der Tafel A 19 zu benutzen. Haben die beiden Komponenten die Atomgewichte A_1 und A_2 und werden mit α und β die Atomprozente, mit a und b die Gewichtsprozente bezeichnet, dann gelten die Beziehungen:

$$\alpha + \beta = 1; \qquad a + b = 1; \qquad \frac{\alpha}{1 - \alpha} = \frac{a}{1 - a}\,\frac{A_2}{A_1}. \qquad \text{(A 21)}$$

Aus dem Nomogramm der Tafel A 19 läßt sich bei bekanntem Verhältnis $\dfrac{A_2}{A_1}$ aus dem Verhältnis der Gewichtsanteile das Verhältnis der Atomanteile und umgekehrt ermitteln, in dem man durch je zwei gegebene Punkte, jeder auf der dazugehörigen Kolonne, eine Gerade zieht und den Schnittpunkt mit der dritten Kolonne sucht. Ist z. B. $\dfrac{a_0}{b_0}$ und $\dfrac{A_2}{A_1}$ gegeben, dann ist der Schnittpunkt der durch die Punkte gelegten Gerade mit der Kolonne B das gesuchte Verhältnis $\dfrac{\alpha}{\beta} = \dfrac{\alpha}{1 - \alpha} = x$ und somit $\alpha = \dfrac{x}{1 + x}\, 100\,\%$.

d) **Winkel zwischen zwei Kristallflächen** (Tafel A 20, A 21, A 22). Ist φ der Winkel, den die Normalen auf den beiden Netzebenen $h_1 k_1 l_1$ und $h_2 k_2 l_2$ miteinander bilden, dann gilt:

Trikline Gitter:

$$\cos\varphi = \frac{1}{J_{h_1 k_1 l_1} J_{h_2 k_2 l_2}} F, \qquad\qquad (A\ 22)$$

$$F = h_1 h_2\, b^2\, c^2 \sin^2\alpha + k_1 k_2\, a^2\, c^2 \sin^2\beta + l_1 l_2\, a^2\, b^2 \sin^2\gamma +$$
$$+\, a\, b\, c^2\, (\cos\alpha \cos\beta - \cos\gamma)\,(k_1 h_2 + h_1 k_2) +$$
$$+\, a\, b^2\, c\, (\cos\gamma \cos\alpha - \cos\beta)\,(h_1 l_2 + l_1 h_2) +$$
$$+\, a^2\, b\, c\, (\cos\beta \cos\gamma - \cos\alpha)\,(k_1 l_2 + l_1 k_2).$$

Monokline Gitter:

$$\cos\varphi = \frac{\dfrac{h_1 h_2}{a^2} + \dfrac{k_1 k_2}{b^2}\sin^2\beta + \dfrac{l_1 l_2}{c^2} - \dfrac{\cos\beta}{a\,c}\,(l_1 h_2 + l_2 h_1)}{\sqrt{\left[\dfrac{h_1^2}{a^2} + \dfrac{k_1^2}{b^2}\sin^2\beta + \dfrac{l_1^2}{c^2} - \dfrac{2 h_1 l_1}{a\,c}\cos\beta\right]\left[\dfrac{h_2^2}{a^2} + \dfrac{k_2^2}{b^2}\sin^2\beta + \dfrac{l_2^2}{c^2} - \dfrac{2 h_2 l_2}{a\,c}\cos\beta\right]}}.$$

Rhombische Gitter:

$$\cos\varphi = \frac{\dfrac{h_1 h_2}{a^2} + \dfrac{k_1 k_2}{b^2} + \dfrac{l_1 l_2}{c^2}}{\sqrt{\left[\dfrac{h_1^2}{a^2} + \dfrac{k_1^2}{b^2} + \dfrac{l_1^2}{c^2}\right]\left[\dfrac{h_2^2}{a^2} + \dfrac{k_2^2}{b^2} + \dfrac{l_2^2}{c^2}\right]}}.$$

Hexagonale Gitter:

$$\cos\varphi = \frac{h_1 h_2 + k_1 k_2 + \dfrac{1}{2}(h_1 k_2 + h_2 k_1) + \dfrac{3}{4}\dfrac{a^2}{c^2} l_1 l_2}{\sqrt{\left[h_1^2 + k_1^2 + h_1 k_1 + \dfrac{3}{4}\dfrac{a^2}{c^2} l_1^2\right]\left[h_2^2 + k_2^2 + h_2 k_2 + \dfrac{3}{4}\dfrac{a^2}{c^2} l_2^2\right]}}.$$

Tetragonale Gitter:

$$\cos\varphi = \frac{\dfrac{1}{a^2}(h_1 h_2 + k_1 k_2) + \dfrac{1}{c^2} l_1 l_2}{\sqrt{\left[\dfrac{1}{a^2}(h_1^2 + k_1^2) + \dfrac{l_1^2}{c^2}\right]\left[\dfrac{1}{a^2}(h_2^2 + k_2^2) + \dfrac{l_2^2}{c^2}\right]}}.$$

Kubische Gitter:

$$\cos\varphi = \frac{h_1 h_2 + k_1 k_2 + l_1 l_2}{\sqrt{[h_1^2 + k_1^2 + l_1^2][h_2^2 + k_2^2 + l_2^2]}}.$$

In Tafel A 20 sind für kubische, in Tafel A 21 für tetragonale und in Tafel A 22 für hexagonale Gitter alle zwischen den angegebenen Kristallebenen möglichen Winkel eingetragen. Sehr bequem sind diese Tafeln für die Bestimmung der Vorzugslagen der Kristallite bei Wachstumsvorgängen oder nach Verformungen, von denen für reine Metalle einige in den Tafeln A 23 und A 24 angegeben sind.

e) Winkel zwischen zwei Gittergeraden. Bezeichnet ϱ den Winkel, den zwei Gittergerade mit den Indizes $[u_1 v_1 w_1]$ und $[u_2 v_2 w_2]$ miteinander bilden, dann ist für

Trikline Gitter:

$$\cos\varrho = \frac{1}{T_{(u_1 v_1 w_1)}\, T_{(u_2 v_2 w_2)}} \{a^2 u_1 u_2 + b^2 v_1 v_2 + c^2 w_1 w_2 + b\,c\,(v_1 w_2 + w_1 v_2) \times$$

$$\times \cos\alpha + a\,c\,(w_1 u_2 + u_1 w_2)\cos\beta + a\,b\,(u_1 v_2 + v_1 u_2)\cos\gamma\}, \qquad \text{(A 23)}$$

wobei $T(u, v, w)$ den kürzesten Abstand identischer Gitterpunkte auf der Geraden $[uvw]$ bei einfachen Translationsgittern angibt und gegeben ist:

$$T_{(uvw)} = \sqrt{a^2 u^2 + b^2 v^2 + c^2 w^2 + 2\,b\,c\,v\,w \cos\alpha + 2\,c\,a\,w\,u \cos\beta + 2\,a\,b\,u\,v \cos\gamma}\,.$$

Monokline Gitter:

$$\cos\varrho = \frac{a^2 u_1 u_2 + b^2 v_1 v_2 + c^2 w_1 w_2 + a\,c\,(w_1 u_2 + u_1 w_2)\cos\beta}{\sqrt{a^2 u_1^2 + b^2 v_1^2 + c^2 w_1^2 + 2\,c\,a\,w_1 u_1 \cos\beta}\,\sqrt{a^2 u_2^2 + b^2 v_2^2 + c^2 w_2^2 + 2\,c\,a\,w_2 u_2 \cos\beta}}\,.$$

Rhombische Gitter:

$$\cos\varrho = \frac{a^2 u_1 u_2 + b^2 v_1 v_2 + c^2 w_1 w_2}{\sqrt{a^2 u_1^2 + b^2 v_1^2 + c^2 w_1^2}\,\sqrt{a^2 u_2^2 + b^2 v_2^2 + c^2 w_2^2}}\,.$$

Hexagonale Gitter:

$$\cos\varrho = \frac{u_1 u_2 + v_1 v_2 - \dfrac{1}{2}(u_1 v_2 + v_1 u_2) + w_1 w_2 \left(\dfrac{c}{a}\right)^2}{\sqrt{u_1^2 + v_1^2 - u_1 v_1 + \left(\dfrac{c}{a}\right)^2 w_1^2}\,\sqrt{u_2^2 + v_2^2 - u_2 v_2 + \left(\dfrac{c}{a}\right)^2 w_2^2}}\,.$$

Tetragonale Gitter:

$$\cos\varrho = \frac{a^2 (u_1 u_2 + v_1 v_2) + c^2 w_1 w_2}{\sqrt{a^2 (u_1^2 + v_1^2) + c^2 w_1^2}\,\sqrt{a^2 (u_2^2 + v_2^2) + c^2 w_2^2}}\,.$$

Kubische Gitter:

$$\cos\varrho = \frac{u_1 u_2 + v_1 v_2 + w_1 w_2}{\sqrt{u_1^2 + v_1^2 + w_1^2}\,\sqrt{u_2^2 + v_2^2 + w_2^2}}\,.$$

f) Zonenbeziehungen. Alle zu einer Geraden parallelen Ebenen bilden eine Zone. Die Richtung dieser Geraden ist die Zonenachse der Zone. Die Ebene (hkl) gehört dann zu der Zone $[uvw]$ wenn gilt:

$$h\,u + k\,v + l\,w = 0\,. \qquad \text{(A 24)}$$

Die aus den Ebenen $(h_1 k_1 l_1)$ und $(h_2 k_2 l_2)$ gebildete Zonenrichtung erhält man aus der Beziehung:

$$u : v : w = \begin{vmatrix} k_1 & l_1 \\ k_2 & l_2 \end{vmatrix} : \begin{vmatrix} l_1 & h_1 \\ l_2 & h_2 \end{vmatrix} : \begin{vmatrix} h_1 & k_1 \\ h_2 & k_2 \end{vmatrix}\,. \qquad \text{(A 25)}$$

Eine Ebene hkl gehört dann zu den zwei Zonenachsen mit den Richtungen $u_1 v_1 w_1$ und $u_2 v_2 w_2$ wenn gilt:

$$h : k : l = \begin{vmatrix} v_1 & w_1 \\ v_2 & w_2 \end{vmatrix} : \begin{vmatrix} w_1 & u_1 \\ w_2 & u_2 \end{vmatrix} : \begin{vmatrix} u_1 & v_1 \\ u_2 & v_2 \end{vmatrix}\,. \qquad \text{(A 26)}$$

Tafel A 1.

Netzebenenabstände für verschiedene Wellenlängen

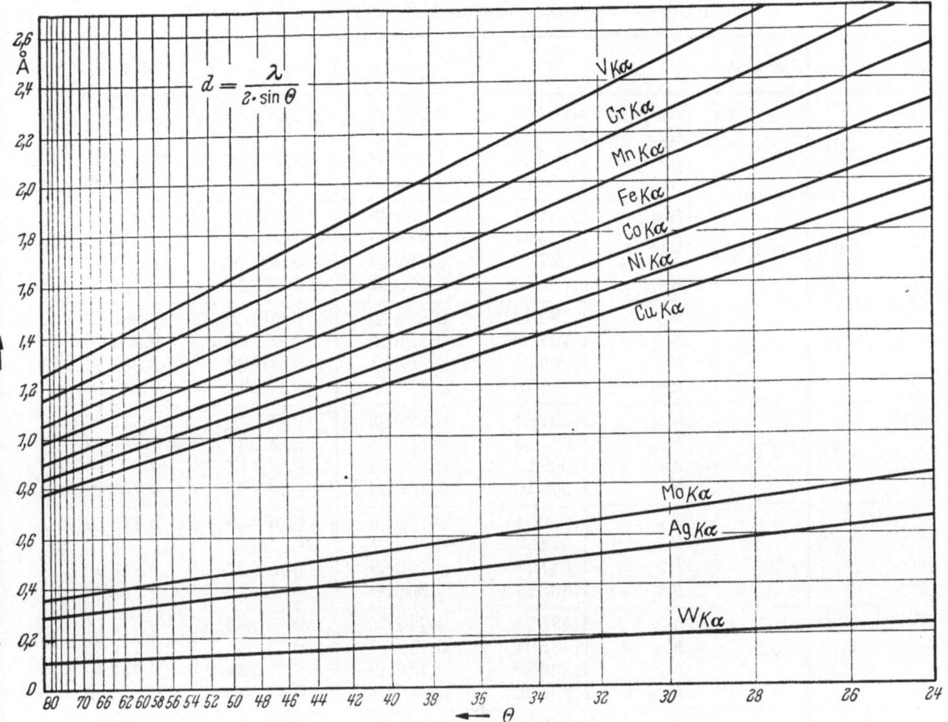

Tafel A 2.

Wellenlängen der gebräuchlichsten K_α-Serien in Å-Einheiten

(Erhalten durch Multiplikation der Werte von CAUCHOIS und HULUBEI[1,2] mit dem Faktor 1,00202. Bei den mit * bezeichneten Elementen wurden die ursprünglichen Siegbahnschen Werte mit 1,00202 multipliziert)

Z	Element		λ	$\dfrac{\lambda}{2}$	$\dfrac{\lambda^2}{4}$	$\log \dfrac{\lambda^2}{4}$
23	V*	K_{α_1}	2,50340	1,25170	1,56675	0,19500
		K_{α_2}	2,50718	1,25359	1,57149	0,19631
		K_α	2,50466	1,25233	1,56833	0,19544
		K_{β_1}	2,28431	1,14216	1,30453	0,11545
24	Cr	K_{α_1}	2,28962	1,14481	1,31059	0,11747
		K_{α_2}	2,29351	1,14676	1,31506	0,11895
		K_α	2,29092	1,14546	1,31209	0,11796
		K_{β_1}	2,08480	1,04240	1,08660	0,03607

[1] CAUCHOIS, Y., u. H. HULUBEI: Longueurs d'onde da emissions X et des dicontinutes d'absorption. Paris (1941).
[2] LONSDALE, K.: Acta Cryst. **3**, 400 (1950).

Tafel A 2 (Fortsetzung)
Wellenlänge der gebräuchlichsten K_α-Serien in Å-Einheiten

Z	Element		λ	$\dfrac{\lambda}{2}$	$\dfrac{\lambda^2}{4}$	$\log \dfrac{\lambda^2}{4}$
25	Mn	K_{α_1}	2,10175	1,05088	1,10435	0,04311
		K_{α_2}	2,10569	1,05285	1,10848	0,04473
		K_α	2,10306	1,05153	1,10572	0,04365
		K_{β_1}	1,91015	0,95508	0,91218	9,96008
26	Fe	K_{α_1}	1,93597	0,96799	0,93700	9,97174
		K_{α_2}	1,93991	0,96996	0,94082	9,97351
		K_α	1,93728	0,96864	0,93826	9,97232
		K_{β_1}	1,75653	0,87827	0,77136	9,88726
27	Co	K_{α_1}	1,78892	0,89446	0,80006	9,90312
		K_{α_2}	1,79278	0,89639	0,80352	9,90500
		K_α	1,79021	0,89511	0,80122	9,90375
		K_{β_1}	1,62075	0,81038	0,65672	9,81738
28	Ni	K_{α_1}	1,65784	0,82892	0,68711	9,83703
		K_{α_2}	1,66169	0,83085	0,69031	9,83904
		K_α	1,65912	0,82956	0,68817	9,83770
		K_{β_1}	1,50010	0,75005	0,56258	9,75018
29	Cu	K_{α_1}	1,54051	0,77026	0,59330	9,77327
		K_{α_2}	1,54433	0,77217	0,59625	9,77543
		K_α	1,54178	0,77089	0,59427	9,77398
		K_{β_1}	1,39217	0,69609	0,48454	9,68533
30	Zn	K_{α_1}	1,43511	0,71756	0,51489	9,71171
		K_{α_2}	1,43894	0,71947	0,51764	9,71403
		K_α	1,43639	0,71820	0,51581	9,71249
		K_{β_1}	1,29522	0,64761	0,41940	9,62263
42	Mo	K_{α_1}	0,70926	0,35463	0,12576	9,09954
		K_{α_2}	0,71354	0,35677	0,12728	9,10476
		K_α	0,71069	0,35535	0,12627	9,10130
		K_{β_1}	0,63225	0,31613	0,09994	8,99974
45	Rh	K_{α_1}	0,61325	0,30663	0,09402	8,97322
		K_{α_2}	0,61761	0,30881	0,09536	8,97937
		K_α	0,61470	0,30735	0,09446	8,97525
		K_{β_1}	0,54559	0,27280	0,07442	8,87169
46	Pd	K_{α_1}	0,58542	0,29271	0,08568	8,93288
		K_{α_2}	0,58980	0,29490	0,08697	8,93937
		K_α	0,58688	0,29344	0,08611	8,93505
		K_{β_1}	0,52052	0,26026	0,06774	8,83085
47	Ag	K_{α_1}	0,55936	0,27968	0,07822	8,89332
		K_{α_2}	0,56378	0,28189	0,07946	8,90015
		K_α	0,56083	0,28042	0,07864	8,89564
		K_{β_1}	0,49701	0,24851	0,06176	8,79071
74	W*	K_{α_1}	0,20904	0,10452	0,01092	8,03822
		K_{α_2}	0,21388	0,10694	0,01144	8,05843
		K_α	0,21065	0,10533	0,01109	8,04493
		K_{β_1}	0,18459	0,09230	0,00852	7,93044

Tafel A 3

$\Theta°$	$\sin\Theta$	D	$\sin^2\Theta$	D	$\log \sin^2\Theta$	D	$\dfrac{1}{\sin\Theta}$	$\dfrac{1}{\cos\Theta}$	$\mathrm{tg}\,2\Theta$
0,0	0,00000		0,00000		$-\infty$		∞	1,00000	0,00000
1	00175	175	000003	3	4,47712		571,42857	1,00001	0,00349
2	00349	174	000012	9	5,07918	60206	286,53295	1,00001	0,00698
3	00524	175	000027	13	5,43136	35218	190,83969	1,00001	0,01047
4	00698	174	000049	22	5,69020	25884	143,26648	1,00002	0,01396
5	00873	175	000076	27	5,88081	19061	114,54754	1,00004	0,01746
6	01047	174	000109	33	6,03743	15662	95,51098	1,00005	0,02095
7	01222	175	000149	40	6,17319	13576	81,83306	1,00007	0,02444
8	01396	174	000195	46	6,29003	11684	71,63324	1,00010	0,02793
9	01571	175	000247	52	6,39270	10267	63,65372	1,00012	0,03143
1,0	0,01745	174	0,00030	5	6,47712	8442	57,30659	1,00015	0,03492
1	01920	175	00037	7	6,56820	9108	52,08333	1,00018	0,03842
2	02094	174	00044	7	6,64345	7525	47,75549	1,00022	0,04191
3	02269	175	00051	7	6,70757	6412	44,07228	1,00026	0,04541
4	02443	174	00060	9	6,77815	7058	40,93328	1,00030	0,04891
5	02618	175	00069	9	6,83885	6070	38,19710	1,00034	0,05241
6	02792	174	00078	9	6,89209	5324	35,81662	1,00039	0,05591
7	02967	175	00088	10	6,94448	5239	33,70408	1,00044	0,05941
8	03141	174	00099	11	6,99564	5116	31,83699	1,00049	0,06291
9	03316	175	00110	11	7,04139	4575	30,15682	1,00055	0,06642
2,0	0,03490	174	0,00122	12	7,08636	4497	28,65330	1,00061	0,06993
1	03664	174	00134	12	7,12710	4074	27,29258	1,00067	0,07344
2	03839	175	00147	13	7,16732	4022	26,04845	1,00074	0,07695
3	04013	174	00161	14	7,20683	3951	24,91901	1,00081	0,08046
4	04188	175	00175	14	7,24304	3621	23,87775	1,00088	0,08397
5	04362	174	00190	15	7,27875	3571	22,92526	1,00095	0,08749
6	04536	174	00206	16	7,31387	3512	22,04586	1,00103	0,09101
7	04711	175	00222	16	7,34635	3248	21,22692	1,00111	0,09453
8	04885	174	00239	17	7,37840	3205	20,47083	1,00119	0,09805
9	05059	174	00256	17	7,40824	2984	19,76675	1,00128	0,10158
3,0	0,05234	175	0,00274	18	7,43775	2951	19,10585	1,00137	0,10510
1	05408	174	00292	18	7,46538	2763	18,49112	1,00146	0,10863
2	05582	174	00312	20	7,49415	2877	17,91473	1,00156	0,11217
3	05756	174	00331	21	7,51983	2568	17,37318	1,00166	0,11570
4	05931	175	00352	21	7,54654	2671	16,86056	1,00176	0,11924
5	06105	174	00373	21	7,57171	2517	16,38002	1,00187	0,12278
6	06279	174	00394	21	7,59550	2379	15,92610	1,00197	0,12633
7	06453	174	00416	22	7,61909	2359	15,49667	1,00208	0,12988
8	06627	174	00439	23	7,64246	2337	15,08978	1,00220	0,13343
9	06802	175	00463	24	7,66558	2312	14,70156	1,00233	0,13698
4,0	0,06976	174	0,00487	24	7,68753	2195	14,33486	1,00245	0,14054
1	07150	174	00511	24	7,70842	2089	13,98601	1,00257	0,14410
2	07324	174	00536	25	7,72916	2074	13,65374	1,00270	0,14767
3	07498	174	00562	26	7,74974	2058	13,33689	1,00282	0,15124
4	07672	174	00589	27	7,77011	2037	13,03441	1,00296	0,15481
5	07846	174	00616	27	7,78958	1947	12,74535	1,00309	0,15838
6	08020	174	00643	27	7,80821	1863	12,46883	1,00323	0,16196
7	08194	174	00671	28	7,82672	1851	12,20405	1,00337	0,16555
8	08368	174	00700	29	7,84510	1838	11,95029	1,00352	0,16914
9	08542	174	00730	30	7,86332	1822	11,70686	1,00366	0,17273

Tafel A 3 (Fortsetzung)

$\Theta°$	$\sin\Theta$	D	$\sin^2\Theta$	D	$\log \sin^2\Theta$	D	$\dfrac{1}{\sin\Theta}$	$\dfrac{1}{\cos\Theta}$	$\operatorname{tg} 2\Theta$
5,0	0,08716	174	0,00759	29	7,88024	1692	11,47315	1,00382	0,17633
1	08889	173	00790	31	7,89763	1739	11,24986	1,00398	0,17993
2	09063	174	00821	31	7,91434	1671	11,03387	1,00414	0,18353
3	09237	174	00853	32	7,93095	1661	10,82603	1,00430	0,18714
4	09411	174	00886	33	7,94743	1648	10,62586	1,00446	0,19076
5	09585	174	00919	33	7,96332	1589	10,43297	1,00462	0,19438
6	09758	173	00952	33	7,97864	1532	10,24800	1,00479	0,19801
7	09932	174	00986	34	7,99388	1524	10,06847	1,00496	0,20164
8	10106	174	01021	35	8,00903	1515	9,89511	1,00515	0,20527
9	10279	173	01057	36	8,02408	1505	9,72857	1,00533	0,20891
6,0	0,10453	174	0,01093	36	8,03862	1454	9,56663	1,00551	0,21256
1	10626	173	01129	36	8,05269	1407	9,41088	1,00569	0,21621
2	10800	174	01166	37	8,06670	1401	9,25926	1,00588	0,21986
3	10973	173	01204	38	8,08063	1393	9,11328	1,00608	0,22353
4	11147	174	01243	39	8,09447	1384	8,97102	1,00627	0,22719
5	11320	173	01282	39	8,10789	1342	8,83392	1,00647	0,23087
6	11494	174	01321	39	8,12090	1304	8,70019	1,00667	0,23455
7	11667	173	01361	40	8,13386	1296	8,57118	1,00688	0,23823
8	11840	173	01402	41	8,14675	1289	8,44595	1,00708	0,24193
9	12014	174	01443	41	8,15927	1252	8,32362	1,00729	0,24562
7,0	0,12187	173	0,01485	42	8,17173	1246	8,20546	1,00751	0,24933
1	12360	173	01528	43	8,18412	1239	8,09061	1,00773	0,25304
2	12533	173	01571	43	8,19618	1206	7,97894	1,00795	0,25676
3	12706	173	01615	44	8,20817	1199	7,87030	1,00818	0,26048
4	12880	174	01659	44	8,21985	1168	7,76398	1,00840	0,26421
5	13053	173	01704	45	8,23147	1162	7,66107	1,00863	0,26795
6	13226	173	01749	45	8,24279	1132	7,56086	1,00886	0,27169
7	13399	173	01795	46	8,25406	1127	7,46324	1,00910	0,27545
8	13572	173	01842	47	8,26529	1123	7,36811	1,00934	0,27920
9	13744	172	01889	47	8,27623	1094	7,25590	1,00958	0,28297
8,0	0,13917	173	0,01937	48	8,28713	1090	7,18546	1,00983	0,28675
1	14090	173	01985	48	8,29776	1063	7,09723	1,01008	0,29053
2	14263	173	02034	49	8,30835	1056	7,01115	1,01033	0,29432
3	14436	173	02084	50	8,31890	1055	6,92713	1,01058	0,29811
4	14608	172	02134	50	8,32919	1029	6,84556	1,01085	0,30192
5	14781	173	02185	51	8,33945	1026	6,76544	1,01110	0,30573
6	14954	173	02236	51	8,34947	1002	6,68717	1,01137	0,30955
7	15126	172	02288	52	8,35946	999	6,61113	1,01164	0,31338
8	15299	173	02341	53	8,36940	994	6,53637	1,01191	0,31722
9	15471	172	02394	53	8,37912	972	6,46371	1,01219	0,32106
9,0	0,15643	173	0,02447	53	8,38863	951	6,39264	1,01246	0,32492
1	15816	173	02501	54	8,39811	948	6,32271	1,01275	0,32878
2	15988	172	02556	55	8,40756	945	6,25469	1,01303	0,33266
3	16160	172	02612	56	8,41697	941	6,18812	1,01331	0,33654
4	16333	173	02668	56	8,42619	922	6,12257	1,01361	0,34043
5	16505	172	02724	56	8,43521	902	6,05877	1,01390	0,34433
6	16677	172	02781	57	8,44420	899	5,99628	1,01420	0,34824
7	16849	172	02839	58	8,45317	897	5,93507	1,01451	0,35216
8	17021	172	02897	58	8,46195	878	5,87510	1,01481	0,35608
9	17193	172	02956	59	8,47070	875	5,81632	1,01512	0,36002

Tafel A 3 (Fortsetzung)

$\Theta°$	$\sin\Theta$	D	$\sin^2\Theta$	D	$\log\sin^2\Theta$	D	$\dfrac{1}{\sin\Theta}$	$\dfrac{1}{\cos\Theta}$	$\mathrm{tg}\,2\Theta$
10,0	0,17365	172	0,03015	59	8,47929	859	5,75871	1,01542	0,36397
1	17537	172	03075	60	8,48785	856	5,70223	1,01574	0,36793
2	17708	171	03136	61	8,49638	853	5,64717	1,01605	0,37190
3	17880	172	03197	61	8,50474	836	5,59284	1,01638	0,37588
4	18052	172	03259	62	8,51308	834	5,53955	1,01670	0,37986
5	18224	172	03321	62	8,52127	819	5,48727	1,01704	0,38386
6	18395	171	03384	63	8,52943	816	5,43626	1,01736	0,38787
7	18567	172	03447	63	8,53744	801	5,38590	1,01770	0,39190
8	18738	171	03511	64	8,54543	799	5,33675	1,01803	0,39593
9	18910	172	03576	65	8,55340	797	5,28821	1,01837	0,39997
11,0	0,19081	171	0,03641	65	8,56122	782	5,24082	1,01871	0,40403
1	19252	171	03706	65	8,56891	769	5,19427	1,01907	0,40809
2	19423	171	03773	67	8,57669	778	5,14854	1,01941	0,41217
3	19595	172	03839	66	8,58422	753	5,10334	1,01977	0,41626
4	19766	171	03907	68	8,59184	762	5,05919	1,02013	0,42036
5	19937	171	03975	68	8,59934	750	5,01580	1,02049	0,42447
6	20108	171	04043	68	8,60670	736	4,97315	1,02085	0,42860
7	20279	171	04112	69	8,61405	735	4,93121	1,02122	0,43274
8	20450	171	04182	70	8,62138	733	4,88998	1,02159	0,43689
9	20620	170	04252	70	8,62859	721	4,84966	1,02196	0,44105
12,0	0,20791	171	0,04323	71	8,63579	720	4,80977	1,02234	0,44523
1	20962	171	04394	71	8,64286	707	4,77054	1,02272	0,44942
2	21132	170	04466	72	8,64992	706	4,73216	1,02310	0,45362
3	21303	171	04538	72	8,65686	694	4,69417	1,02349	0,45784
4	21474	171	04611	73	8,66380	694	4,65679	1,02389	0,46206
5	21644	170	04685	74	8,67071	691	4,62022	1,02428	0,46631
6	21814	170	04759	74	8,67752	681	4,58421	1,02467	0,47056
7	21985	171	04833	74	8,68422	670	4,54856	1,02508	0,47483
8	22155	170	04908	75	8,69090	668	4,51365	1,02548	0,47912
9	22325	170	04984	76	8,69758	668	4,47928	1,02589	0,48342
13,0	0,22495	170	0,05060	76	8,70415	657	4,44543	1,02630	0,48773
1	22665	170	05137	77	8,71071	656	4,41209	1,02672	0,49206
2	22835	170	05214	77	8,71717	646	4,37924	1,02714	0,49640
3	23005	170	05292	78	8,72362	645	4,34688	1,02756	0,50076
4	23175	170	05371	79	8,73006	644	4,31499	1,02798	0,50514
5	23345	170	05450	79	8,73640	634	4,28357	1,02842	0,50953
6	23514	169	05529	79	8,74265	625	4,25279	1,02885	0,51393
7	23684	170	05609	80	8,74889	624	4,22226	1,02928	0,51835
8	23853	169	05690	81	8,75511	622	4,19234	1,02973	0,52279
9	24023	170	05771	81	8,76125	614	4,16268	1,03016	0,52724
14,0	0,24192	169	0,05853	82	8,76738	613	4,13360	1,03061	0,53171
1	24362	170	05935	82	8,77342	604	4,10475	1,03107	0,53620
2	24531	169	06018	83	8,77945	603	4,07647	1,03151	0,54070
3	24700	169	06101	83	8,78540	595	4,04858	1,03197	0,54522
4	24869	169	06185	84	8,79134	594	4,02107	1,03244	0,54975
5	25038	169	06269	84	8,79720	586	3,99393	1,03290	0,55431
6	25207	169	06354	85	8,80305	585	3,96715	1,03337	0,55888
7	25376	169	06439	85	8,80882	577	3,94073	1,03384	0,56347
8	25545	169	06525	86	8,81458	576	3,91466	1,03432	0,56808
9	25713	168	06612	87	8,82033	575	3,88908	1,03479	0,57271

Tafel A3 (Fortsetzung)

Θ°	$\sin\Theta$	D	$\sin^2\Theta$	D	$\log\sin^2\Theta$	D	$\dfrac{1}{\sin\Theta}$	$\dfrac{1}{\cos\Theta}$	$\operatorname{tg}2\Theta$
15,0	0,25882	169	0,06699	87	8,82601	568	3,86368	1,03527	0,57735
1	26050	168	06786	87	8,83161	560	3,83877	1,03576	0,58201
2	26219	169	06874	88	8,83721	560	3,81403	1,03625	0,58670
3	26387	168	06963	89	8,84280	559	3,78974	1,03674	0,59140
4	26556	169	07052	89	8,84831	551	3,76563	1,03724	0,59612
5	26724	168	07142	90	8,85382	551	3,74195	1,03774	0,60086
6	26892	168	07232	90	8,85926	544	3,71858	1,03825	0,60562
7	27060	168	07322	90	8,86463	537	3,69549	1,03876	0,61040
8	27228	168	07414	92	8,87005	542	3,67269	1,03926	0,61520
9	27396	168	07505	91	8,87535	530	3,65017	1,03978	0,62003
16,0	0,27564	168	0,07598	93	8,88070	535	3,62792	1,04030	0,62487
1	27731	167	07690	92	8,88593	523	3,60607	1,04082	0,62973
2	27899	168	07784	94	8,89120	527	3,58436	1,04135	0,63462
3	28067	168	07877	93	8,89636	516	3,56290	1,04187	0,63953
4	28234	167	07972	95	8,90157	521	3,54183	1,04242	0,64446
5	28402	168	08066	94	8,90666	509	3,52088	1,04295	0,64941
6	28569	167	08162	96	8,91180	514	3,50030	1,04349	0,65438
7	28736	167	08258	96	8,91687	507	3,47996	1,04404	0,65938
8	28903	167	08354	96	8,92189	502	3,45985	1,04458	0,66440
9	29070	167	08451	97	8,92691	502	3,43997	1,04514	0,66944
17,0	0,29237	167	0,08548	97	8,93186	495	3,42032	1,04570	0,67451
1	29404	167	08646	98	8,93682	496	3,40090	1,04625	0,67960
2	29571	167	08744	98	8,94171	489	3,38169	1,04681	0,68471
3	29737	166	08843	99	8,94660	489	3,36281	1,04738	0,68985
4	29904	167	08943	100	8,95148	488	3,34403	1,04795	0,69502
5	30071	167	09042	99	8,95626	478	3,32546	1,04853	0,70021
6	30237	166	09143	101	8,96109	483	3,30721	1,04911	0,70542
7	30403	166	09244	101	8,96586	477	3,28915	1,04969	0,71066
8	30570	167	09345	101	8,97058	472	3,27118	1,05028	0,71593
9	30736	166	09447	102	8,97529	471	3,25351	1,05087	0,72122
18,0	0,30902	166	0,09549	102	8,97996	467	3,23604	1,05146	0,72654
1	31068	166	09652	103	8,98462	466	3,21875	1,05206	0,73189
2	31233	165	09755	103	8,98923	461	3,20174	1,05266	0,73726
3	31399	166	09859	104	8,99383	460	3,18481	1,05326	0,74267
4	31565	166	09963	104	8,99839	456	3,16807	1,05387	0,74810
5	31730	165	10068	105	9,00294	455	3,15159	1,05450	0,75355
6	31896	166	10174	106	9,00749	455	3,13519	1,05511	0,75904
7	32061	165	10279	105	9,01195	446	3,11905	1,05573	0,76456
8	32227	166	10386	107	9,01645	450	3,10299	1,05636	0,77010
9	32392	165	10492	106	9,02086	441	3,08718	1,05698	0,77568
19,0	0,32557	165	0,10599	107	9,02526	440	3,07154	1,05762	0,78129
1	32722	165	10707	108	9,02967	441	3,05605	1,05826	0,78692
2	32887	165	10815	108	9,03403	436	3,04072	1,05890	0,79259
3	33051	164	10924	109	9,03838	435	3,02563	1,05955	0,79829
4	33216	165	11033	109	9,04269	431	3,01060	1,06020	0,80402
5	33381	165	11143	110	9,04700	431	2,99572	1,06085	0,80978
6	33545	164	11253	110	9,05127	427	2,98107	1,06150	0,81558
7	33710	165	11363	110	9,05549	422	2,96648	1,06217	0,82141
8	33874	164	11474	111	9,05971	422	2,95212	1,06283	0,82727
9	34038	164	11586	112	9,06393	422	2,93789	0,06350	0,83317

Tafel A3 (Fortsetzung)

$\Theta°$	$\sin\Theta$	D	$\sin^2\Theta$	D	$\log\sin^2\Theta$	D	$\dfrac{1}{\sin\Theta}$	$\dfrac{1}{\cos\Theta}$	$\operatorname{tg}2\Theta$
20,0	0,34202	164	0,11698	112	9,06811	418	2,92381	1,06418	0,83910
1	34366	164	11810	112	9,07225	414	2,90985	1,06486	0,84507
2	34530	164	11923	113	9,07639	414	2,89603	1,06554	0,85107
3	34694	164	12036	113	9,08048	409	2,88234	1,06622	0,85710
4	34857	163	12150	114	9,08458	410	2,86886	1,06692	0,86318
5	35021	164	12264	114	9,08863	405	2,85543	1,06761	0,86929
6	35184	163	12379	115	9,09269	406	2,84220	1,06831	0,87543
7	35347	163	12494	115	9,09670	401	2,82909	1,06902	0,88162
8	35511	164	12610	116	9,10072	402	2,81603	1,06971	0,88784
9	35674	163	12726	116	9,10469	397	2,80316	1,07043	0,89410
21,0	0,35837	163	0,12843	117	9,10867	398	2,79041	1,07115	0,90040
1	36000	163	12960	117	9,11261	394	2,77778	1,07187	0,90674
2	36162	162	13077	117	9,11651	390	2,76533	1,07259	0,91313
3	36325	163	13195	118	9,12041	390	2,75292	1,07332	0,91955
4	36488	163	13314	119	9,12431	390	2,74063	1,07404	0,92601
5	36650	162	13432	118	9,12814	383	2,72851	1,07478	0,93252
6	36812	162	13552	120	9,13200	386	2,71651	1,07552	0,93906
7	36975	163	13671	119	9,13580	380	2,70453	1,07628	0,94565
8	37137	162	13791	120	9,13960	380	2,69273	1,07702	0,95229
9	37299	162	13912	121	9,14339	379	2,68104	1,07777	0,95897
22,0	0,37461	162	0,14033	121	9,14715	376	2,66944	1,07854	0,96569
1	37622	161	14154	121	9,15088	373	2,65802	1,07930	0,97246
2	37784	162	14276	122	9,15461	373	2,64662	1,08007	0,97927
3	37946	162	14399	123	9,15833	372	2,63532	1,08084	0,98613
4	38107	161	14521	122	9,16200	367	2,62419	1,08161	0,99304
5	38268	161	14645	124	9,16569	369	2,61315	1,08239	1,00000
6	38430	162	14768	123	9,16932	363	2,60213	1,08318	1,00701
7	38591	161	14892	124	9,17295	363	2,59128	1,08396	1,01406
8	38752	161	15017	125	9,17658	363	2,58051	1,08476	1,02117
9	38912	160	15142	125	9,18018	360	2,56990	1,08555	1,02832
23,0	0,39073	161	0,15267	125	9,18375	357	2,55931	1,08637	1,03553
1	39234	161	15393	126	9,18732	357	2,54881	1,08717	1,04279
2	39394	160	15519	126	9,19086	354	2,53846	1,08797	1,05010
3	39555	161	15646	127	9,19440	354	2,52813	1,08879	1,05747
4	39715	160	15773	127	9,19791	351	2,51794	1,08962	1,06489
5	39875	160	15900	127	9,20140	349	2,50784	1,09044	1,07237
6	40035	160	16028	128	9,20488	348	2,49781	1,09127	1,07990
7	40195	160	16156	128	9,20833	345	2,48787	1,09211	1,08749
8	40355	160	16285	129	9,21179	346	2,47801	1,09294	1,09514
9	40514	159	16414	129	9,21521	342	2,46828	1,09379	1,10285
24,0	0,40674	160	0,16543	129	9,21861	340	2,45857	1,09463	1,11061
1	40833	159	16673	130	9,22201	340	2,44900	1,09549	1,11844
2	40992	159	16804	131	9,22541	340	2,43950	1,09635	1,12633
3	41151	159	16934	130	9,22876	335	2,43007	1,09721	1,13428
4	41310	159	17066	132	9,23213	337	2,42072	1,09808	1,14229
5	41469	159	17197	131	9,23545	332	2,41144	1,09895	1,15037
6	41628	159	17329	132	9,23877	332	2,40223	1,09982	1,15851
7	41787	159	17461	132	9,24207	330	2,39309	1,10070	1,16672
8	41945	158	17594	133	9,24536	329	2,38407	1,10159	1,17500
9	42104	159	17727	133	9,24864	328	2,37507	1,10249	1,18334

Tafel A 3 (Fortsetzung)

$\Theta°$	$\sin\Theta$	D	$\sin^2\Theta$	D	$\log\sin^2\Theta$	D	$\dfrac{1}{\sin\Theta}$	$\dfrac{1}{\cos\Theta}$	$\operatorname{tg}2\Theta$
25,0	0,42262	158	0,17861	134	9,25191	327	2,36619	1,10338	1,19175
1	42420	158	17995	134	9,25515	324	2,35738	1,10428	1,20024
2	42578	158	18129	134	9,25837	322	2,34863	1,10518	1,20879
3	42736	158	18263	134	9,26157	320	2,33995	1,10610	1,21742
4	42894	158	18399	136	9,26479	322	2,33133	1,10700	1,22612
5	43051	157	18534	135	9,26797	318	2,32283	1,10792	1,23490
6	43209	158	18670	136	9,27114	317	2,31433	1,10886	1,24375
7	43366	157	18806	136	9,27430	316	2,30595	1,10978	1,25268
8	43523	157	18943	137	9,27745	315	2,29764	1,11072	1,26169
9	43680	157	19080	137	9,28058	313	2,28938	1,11165	1,27077
26,0	0,43837	157	0,19217	137	9,28369	311	2,28118	1,11261	1,27994
1	43994	157	19355	138	9,28679	310	2,27304	1,11355	1,28919
2	44151	157	19493	138	9,28988	309	2,26495	1,11450	1,29853
3	44307	156	19631	138	9,29294	306	2,25698	1,11546	1,30795
4	44464	157	19770	139	9,29601	307	2,24901	1,11643	1,31745
5	44620	156	19909	139	9,29905	304	2,24115	1,11741	1,32704
6	44776	156	20049	140	9,30209	304	2,23334	1,11838	1,33673
7	44932	156	20189	140	9,30511	302	2,22559	1,11936	1,34650
8	45088	156	20329	140	9,30812	301	2,21789	1,12034	1,35637
9	45243	155	20470	141	9,31112	300	2,21029	1,12133	1,36633
27,0	0,45399	156	0,20611	141	9,31410	298	2,20269	1,12232	1,37638
1	45554	155	20752	141	9,31706	296	2,19520	1,12333	1,38653
2	45710	156	20894	142	9,32002	296	2,18771	1,12433	1,39679
3	45865	155	21036	142	9,32296	294	2,18031	1,12534	1,40714
4	46020	155	21178	142	9,32588	292	2,17297	1,12635	1,41759
5	46175	155	21321	143	9,32881	293	2,16567	1,12738	1,42815
6	46330	155	21464	143	9,33171	290	2,15843	1,12841	1,43881
7	46484	154	21608	144	9,33461	290	2,15128	1,12945	1,44958
8	46639	155	21752	144	9,33750	289	2,14413	1,13048	1,46046
9	46793	154	21896	144	9,34036	286	2,13707	1,13152	1,47146
28,0	0,46947	154	0,22040	144	9,34321	285	2,13006	1,13257	1,48256
1	47101	154	22185	145	9,34606	285	2,12310	1,13362	1,49378
2	47255	154	22330	145	9,34889	283	2,11618	1,13469	1,50512
3	47409	154	22476	146	9,35172	283	2,10930	1,13574	1,51658
4	47562	153	22622	146	9,35453	281	2,10252	1,13682	1,52816
5	47716	154	22768	146	9,35732	279	2,09573	1,13789	1,53987
6	47869	153	22914	146	9,36010	278	2,08903	1,13898	1,55170
7	48022	153	23061	147	9,36288	278	2,08238	1,14006	1,56366
8	48175	153	23209	148	9,36566	278	2,07577	1,14115	1,57575
9	48328	153	23356	147	9,36840	274	2,06919	1,14226	1,58797
29,0	0,48481	153	0,23504	148	9,37114	274	2,06266	1,14335	1,60033
1	48634	153	23652	148	9,37387	273	2,05617	1,14447	1,61283
2	48786	152	23801	149	9,37660	273	2,04977	1,14558	1,62548
3	48938	152	23950	149	9,37931	271	2,04340	1,14670	1,63826
4	49090	152	24099	149	9,38200	269	2,03707	1,14783	1,65120
5	49242	152	24248	149	9,38468	268	2,03079	1,14895	1,66428
6	49394	152	24398	150	9,38735	267	2,02454	1,15010	1,67752
7	49546	152	24548	150	9,39002	267	2,01833	1,15124	1,69091
8	49697	151	24698	150	9,39266	264	2,01219	1,15238	1,70446
9	49849	152	24849	151	9,39531	265	2,00606	1,15354	1,71817

Tafel A 3 (Fortsetzung)

$\Theta°$	$\sin\Theta$	D	$\sin^2\Theta$	D	$\log \sin^2\Theta$	D	$\dfrac{1}{\sin\Theta}$	$\dfrac{1}{\cos\Theta}$	$\operatorname{tg} 2\Theta$
30,0	0,50000	151	0,25000	151	9,39794	263	2,00000	1,15469	1,73205
1	50151	151	25151	151	9,40056	262	1,99398	1,15587	1,74610
2	50302	151	25303	152	9,40317	261	1,98799	1,15705	1,76032
3	50453	151	25455	152	9,40577	260	1,98204	1,15821	1,77471
4	50603	150	25607	152	9,40836	259	1,97617	1,15941	1,78929
5	50754	151	25760	153	9,41095	259	1,97029	1,16059	1,80405
6	50904	150	25912	152	9,41350	255	1,96448	1,16179	1,81900
7	51054	150	26065	153	9,41606	256	1,95871	1,16299	1,83413
8	51204	150	26219	154	9,41862	256	1,95297	1,16420	1,84946
9	51354	150	26372	153	9,42114	252	1,94727	1,16542	1,86500
31,0	0,51504	150	0,25626	154	9,42367	253	1,94160	1,16663	1,88073
1	51653	149	26681	155	9,42620	253	1,93600	1,16786	1,89667
2	51803	150	26835	154	9,42870	250	1,93039	1,16910	1,91282
3	51952	149	26990	155	9,43120	250	1,92485	1,17033	1,92920
4	52101	149	27145	155	9,43369	249	1,91935	1,17158	1,94579
5	52250	149	27300	155	9,43616	247	1,91388	1,17283	1,96261
6	52399	149	27456	156	9,43864	248	1,90843	1,17408	1,97967
7	52547	148	27612	156	9,44110	246	1,90306	1,17535	1,99695
8	52696	149	27768	156	9,44354	244	1,89768	1,17662	2,01449
9	52844	148	27925	157	9,44599	245	1,89236	1,17790	2,03227
32,0	0,52992	148	0,28081	156	9,44841	242	1,88708	1,17918	2,05030
1	53140	148	28238	157	9,45083	242	1,88182	1,18047	2,06860
2	53288	148	28396	158	9,45326	243	1,87660	1,18177	2,08716
3	53435	147	28553	157	9,45565	239	1,87143	1,18307	2,10600
4	53583	148	28711	158	9,45805	240	1,86626	1,18437	2,12511
5	53730	147	28869	158	9,46043	228	1,86116	1,18569	2,14451
6	53877	147	29027	158	9,46280	237	1,85608	1,18701	2,16420
7	54024	147	29186	159	9,46517	237	1,85103	1,18834	2,18419
8	54171	147	29345	159	9,46753	236	1,84601	1,18967	2,20449
9	54317	146	29504	159	9,46988	235	1,84104	1,19101	2,22510
33,0	0,54464	147	0,29663	159	9,47222	234	1,83608	1,19236	2,24604
1	54610	146	29823	160	9,47455	233	1,83117	1,19372	2,26730
2	54756	146	29983	160	9,47688	233	1,82628	1,19509	2,28891
3	54902	146	30143	160	9,47919	231	1,82143	1,19644	2,31086
4	55048	146	30303	160	9,48149	230	1,81660	1,19782	2,33317
5	55194	146	30463	160	9,48377	228	1,81179	1,19920	2,35585
6	55339	145	30624	161	9,48606	229	1,80704	1,20060	2,37891
7	55484	145	30785	161	9,48834	228	1,80232	1,20200	2,40235
8	55630	146	30946	161	9,49060	226	1,79759	1,20340	2,42618
9	55775	145	31108	162	9,49287	227	1,79292	1,20480	2,45043
34,0	0,55919	144	0,31270	162	9,49513	226	1,78830	1,20621	2,47509
1	56064	145	31432	162	9,49737	224	1,78368	1,20764	2,50018
2	56208	144	31594	162	9,49960	223	1,77911	1,20907	2,52571
3	56353	145	31756	162	9,50183	223	1,77453	1,21051	2,55170
4	56497	144	31919	163	9,50405	222	1,77001	1,21196	2,57815
5	56641	144	32082	163	9,50626	221	1,76551	1,21340	2,60509
6	56784	143	32245	163	9,50846	220	1,76106	1,21486	2,63252
7	56928	144	32408	163	9,51065	219	1,75660	1,21634	2,66046
8	57071	143	32571	163	9,51283	218	1,75220	1,21780	2,68892
9	57215	144	32735	164	9,51501	218	1,74779	1,21929	2,71792

Tafel A 3 (Fortsetzung)

$\Theta°$	$\sin\Theta$	D	$\sin^2\Theta$	D	$\log \sin^2\Theta$	D	$\dfrac{1}{\sin\Theta}$	$\dfrac{1}{\cos\Theta}$	$\operatorname{tg} 2\Theta$
35,0	0,57358	143	0,32899	164	9,51718	217	1,74344	1,22078	2,74748
1	57501	143	33063	164	9,51934	216	1,73910	1,22227	2,77761
2	57643	142	33227	164	9,52149	215	1,73482	1,22378	2,80833
3	57786	143	33392	165	9,52364	215	1,73052	1,22528	2,83965
4	57928	142	33557	165	9,52578	214	1,72628	1,22680	2,87161
5	58070	142	33722	165	9,52791	213	1,72206	1,22832	2,90421
6	58212	142	33887	165	9,53003	212	1,71786	1,22986	2,93748
7	58354	142	34052	165	9,53214	211	1,71368	1,23141	2,97144
8	58496	141	34218	166	9,53425	211	1,70952	1,23295	3,00611
9	58637	141	34383	165	9,53634	209	1,70541	1,23451	3,04152
36,0	0,58779	142	0,34549	166	9,53844	210	1,70129	1,23606	3,07768
1	58920	141	34715	166	9,54052	208	1,69722	1,23764	3,11464
2	59061	141	34882	167	9,54260	208	1,69316	1,23922	3,15240
3	59201	140	35048	166	9,54466	206	1,68916	1,24080	3,19100
4	59342	141	35215	167	9,54673	207	1,68515	1,24241	3,23048
5	59482	140	35381	166	9,54877	204	1,68118	1,24400	3,27085
6	59622	140	35548	167	9,55082	205	1,67723	1,24561	3,31216
7	59763	141	35716	168	9,55286	204	1,67328	1,24722	3,35443
8	59902	139	35883	167	9,55489	203	1,66939	1,24886	3,39771
9	60042	140	36050	167	9,55691	202	1,66550	1,25050	3,44202
37,0	0,60181	139	0,36218	168	9,55892	201	1,66165	1,25213	3,48741
1	60321	140	36386	168	9,56093	201	1,65780	1,25379	3,53393
2	60460	139	36554	168	9,56293	200	1,65399	1,25545	3,58560
3	60599	139	36722	168	9,56493	200	1,65019	1,25712	3,63048
4	60738	139	36891	169	9,56692	199	1,64642	1,25880	3,68061
5	60876	138	37059	168	9,56889	197	1,64268	1,26048	3,73205
6	61015	139	37228	169	9,57087	198	1,63894	1,26216	3,78485
7	61153	138	37397	169	9,57284	197	1,63524	1,26387	3,83906
8	61291	138	37566	169	9,57480	196	1,63156	1,26558	3,89474
9	61429	138	37735	169	9,57674	194	1,62790	1,26730	3,95196
38,0	0,61566	137	0,37904	169	9,57869	195	1,62427	1,26902	4,01078
1	61704	138	38073	169	9,58062	193	1,62064	1,27074	4,07127
2	61841	137	38243	170	9,58255	193	1,61705	1,27249	4,13350
3	61978	137	38413	170	9,58448	193	1,61348	1,27424	4,19756
4	62115	137	38582	169	9,58638	190	1,60992	1,27601	4,26352
5	62251	137	38752	170	9,58829	191	1,60640	1,27778	4,33148
6	62388	137	38923	171	9,59021	192	1,60287	1,27956	4,40152
7	62524	136	39093	170	9,59210	189	1,59939	1,28134	4,47374
8	62660	136	39263	170	9,59398	188	1,59591	1,28314	4,54826
9	62796	136	39434	171	9,59587	189	1,59246	1,28495	4,62518
39,0	0,62932	136	0,39604	170	9,59774	187	1,58902	1,28675	4,70463
1	63068	136	39775	171	9,59961	187	1,58559	1,28858	4,78673
2	63203	135	39946	171	9,60147	186	1,58220	1,29042	4,87162
3	63338	135	40117	171	9,60333	186	1,57883	1,29226	4,95945
4	63473	135	40288	171	9,60518	185	1,57547	1,29411	5,05037
5	63608	135	40460	172	9,60703	185	1,57213	1,29597	5,14455
6	63742	135	40631	171	9,60886	183	1,56882	1,29784	5,24218
7	63877	134	40802	171	9,61068	182	1,56551	1,29971	5,34345
8	64011	134	40974	172	9,61251	183	1,56223	1,30161	5,44857
9	64145	134	41146	172	9,61433	182	1,55897	1,30349	5,55777

Tafel A 3 (Fortsetzung)

$\Theta°$	$\sin\Theta$	D	$\sin^2\Theta$	D	$\log\sin^2\Theta$	D	$\dfrac{1}{\sin\Theta}$	$\dfrac{1}{\cos\Theta}$	$\operatorname{tg}2\Theta$
40,0	0,64279	134	0,41318	172	9,61614	181	1,55572	1,30541	5,67128
1	64412	133	41490	172	9,61794	180	1,55251	1,30733	5,78938
2	64546	134	41662	172	9,61974	180	1,54928	1,30924	5,91236
3	64679	133	41834	172	9,62153	179	1,54610	1,31118	6,04051
4	64812	133	42006	172	9,62331	178	1,54292	1,31313	6,17419
5	64945	133	42178	172	9,62509	178	1,53976	1,31508	6,31375
6	65077	132	42351	173	9,62686	177	1,53664	1,31705	6,45961
7	65210	133	42523	172	9,62862	176	1,53351	1,31903	6,61220
8	65342	132	42696	173	9,63039	177	1,53041	1,32100	6,77199
9	65474	132	42869	173	9,63214	175	1,52732	1,32301	6,93952
41,0	0,65606	132	0,43041	172	9,63388	174	1,52425	1,32501	7,11537
1	65738	132	43214	173	9,63562	174	1,52119	1,32703	7,30018
2	65869	131	43387	173	9,63736	174	1,51816	1,32906	7,49465
3	66000	131	43560	173	9,63909	173	1,51515	1,33110	7,69957
4	66131	131	43733	173	9,64081	172	1,51215	1,33314	7,91582
5	66262	131	43907	174	9,64253	172	1,50916	1,33518	8,14435
6	66393	131	44080	173	9,64424	171	1,50618	1,33726	8,38625
7	66523	130	44253	173	9,64594	170	1,50324	1,33933	8,64275
8	66653	130	44426	173	9,64764	170	1,50031	1,34142	8,91520
9	66783	130	44600	174	9,64933	169	1,49739	1,34353	9,20516
42,0	0,66913	130	0,44774	174	9,65103	170	1,49448	1,34564	9,51436
1	67043	130	44947	173	9,65270	167	1,49158	1,34775	9,8448
2	67172	129	45121	174	9,65438	168	1,48872	1,34989	10,199
3	67301	129	45295	174	9,65605	167	1,48586	1,35203	10,579
4	67430	129	45468	173	9,65771	166	1,48302	1,35417	10,988
5	67559	129	45642	174	9,65936	165	1,48019	1,35634	11,430
6	67688	129	45816	174	9,66102	166	1,47737	1,35851	11,909
7	67816	128	45990	174	9,66266	164	1,47458	1,36071	12,429
8	67944	128	46164	174	9,66430	164	1,47180	1,36290	12,996
9	68072	128	46338	174	9,66594	164	1,46903	1,36511	13,617
43,0	0,68200	128	0,46512	174	9,66757	163	1,46628	1,36733	14,301
1	68327	127	46686	174	9,66919	162	1,46355	1,36956	15,056
2	68455	128	46860	184	9,67080	161	1,46081	1,37180	15,895
3	68582	127	47035	175	9,67242	162	1,45811	1,37406	16,832
4	68709	127	47209	174	9,67402	160	1,45541	1,37633	17,886
5	68835	126	47383	174	9,67562	160	1,45275	1,37861	19,081
6	68962	127	47558	175	9,67722	160	1,45007	1,38089	20,446
7	69088	126	47732	174	9,67881	159	1,44743	1,38318	22,022
8	69214	126	47906	174	9,68039	158	1,44479	1,38550	23,859
9	69340	126	48081	175	9,68197	158	1,44217	1,38783	26,031
44,0	0,69466	126	0,48255	174	9,68354	157	1,43955	1,39016	28,636
1	69591	125	48429	174	9,68511	157	1,43697	1,39251	31,821
2	69717	126	48604	175	9,68667	156	1,43437	1,39488	35,801
3	69842	125	48778	174	9,68822	155	1,43180	1,39725	40,917
4	69966	124	48953	175	9,68978	156	1,42927	1,39964	47,740
5	70091	125	49127	174	9,69132	154	1,42672	1,40203	57,290
6	70215	124	49302	175	9,69286	154	1,42420	1,40444	71,617
7	70339	124	49476	174	9,69439	153	1,42169	1,40687	95,489
8	70463	124	49651	175	9,69593	154	1,41918	1,40930	143,24
9	70587	124	49825	174	9,69745	152	1,41669	1,41175	286,48

Tafel A 3 (Fortsetzung)

$\Theta°$	$\sin\Theta$	D	$\sin^2\Theta$	D	$\log\sin^2\Theta$	D	$\dfrac{1}{\sin\Theta}$	$\dfrac{1}{\cos\Theta}$	$\operatorname{tg}2\Theta$
45,0	0,70711	124	0,50000	175	9,69897	152	1,41421	1,41421	$\pm\infty$
1	70834	123	50174	174	9,70048	151	1,41175	1,41669	— 286,48
2	70957	123	50349	175	9,70199	151	1,40930	1,41918	— 143,24
3	71080	123	50524	175	9,70350	151	1,40687	1,42169	— 95,489
4	71203	123	50698	174	9,70499	149	1,40444	1,42420	— 71,615
5	71325	122	50873	175	9,70649	150	1,40203	1,42672	— 57,290
6	71447	122	51047	174	9,70797	148	1,39964	1,42927	— 47,740
7	71569	122	51222	175	9,70946	149	1,39725	1,43180	— 40,917
8	71691	122	51396	174	9,71093	147	1,39488	1,43437	— 35,801
9	71813	122	51571	175	9,71241	148	1,39251	1,43697	— 31,821
46,0	0,71934	121	0,51745	174	9,71387	146	1,39016	1,43955	— 28,636
1	72055	121	51919	174	9,71533	146	1,38783	1,44217	— 26,031
2	72176	121	52094	175	9,71679	146	1,38550	1,44479	— 23,859
3	72297	121	52268	174	9,71824	145	1,38318	1,44743	— 22,022
4	72417	120	52442	174	9,71968	144	1,38089	1,45007	— 20,446
5	72537	120	52617	175	9,72113	145	1,37861	1,45275	— 19,081
6	72657	120	52791	174	9,72256	143	1,37633	1,45541	— 17,886
7	72777	120	52965	174	9,72399	143	1,37406	1,45811	— 16,832
8	72897	120	53140	175	9,72542	143	1,37180	1,46081	— 15,895
9	73016	119	53314	174	9,72684	142	1,36956	1,46355	— 15,056
47,0	0,73135	119	0,53488	174	9,72826	142	1,36733	1,46628	— 14,301
1	73254	119	53662	174	9,72967	141	1,36511	1,46903	— 13,617
2	73373	119	53836	174	9,73107	140	1,36290	1,47180	— 12,996
3	73491	118	54010	174	9,73247	140	1,36071	1,47458	— 12,429
4	73610	119	54184	174	9,73387	140	1,35851	1,47737	— 11,909
5	73728	118	54358	174	9,73526	139	1,35634	1,48019	— 11,430
6	73846	118	54532	174	9,73665	139	1,35417	1,48302	— 10,988
7	73963	117	54705	173	9,73803	138	1,35203	1,48586	— 10,579
8	74080	117	54879	174	9,73941	138	1,34989	1,48872	— 10,199
9	74198	118	55053	174	9,74078	137	1,34775	1,49158	— 9,8448
48,0	0,74314	116	0,55226	173	9,74214	136	1,34564	1,49448	— 9,51436
1	74431	117	55400	174	9,74351	137	1,34353	1,49739	— 9,20516
2	74548	117	55573	173	9,74486	135	1,34142	1,50031	— 8,91520
3	74664	116	55747	174	9,74622	136	1,33933	1,50324	— 8,64275
4	74780	116	55920	173	9,74757	135	1,33726	1,50618	— 8,38625
5	74896	116	56093	173	9,74891	134	1,33518	1,50916	— 8,14435
6	75011	115	56267	174	9,75025	134	1,33314	1,51215	— 7,91582
7	75126	115	56440	173	9,75159	134	1,33110	1,51515	— 7,69957
8	75241	115	56613	173	9,75292	133	1,32906	1,51816	— 7,49465
9	75356	115	56786	173	9,75424	132	1,32703	1,52119	— 7,30018
49,0	0,75471	115	0,56959	173	9,75556	132	1,32501	1,52425	— 7,11537
1	75585	114	57131	172	9,75687	131	1,32301	1,52732	— 6,93952
2	75700	115	57304	173	9,75818	131	1,32100	1,53041	— 6,77199
3	75813	113	57477	173	9,75949	131	1,31903	1,53351	— 6,61220
4	75927	114	57649	172	9,76079	130	1,31705	1,53664	— 6,45961
5	76041	114	57822	173	9,76209	130	1,31508	1,53976	— 6,31375
6	76154	113	57994	172	9,76338	129	1,31313	1,54292	— 6,17419
7	76267	113	·58166	172	9,76467	129	1,31118	1,54610	— 6,04051
8	76380	113	58338	172	9,76595	128	1,30924	1,54928	— 5,91236
9	76492	112	58510	172	9,76723	128	1,30733	1,55251	— 5,78938

Tafel A3 (Fortsetzung)

$\Theta°$	$\sin\Theta$	D	$\sin^2\Theta$	D	$\log\sin^2\Theta$	D	$\dfrac{1}{\sin\Theta}$	$\dfrac{1}{\cos\Theta}$	$\operatorname{tg}2\Theta$
50,0	0,76604	112	0,58682	172	9,76850	127	1,30541	1,55572	−5,67128
1	76717	113	58854	172	9,76978	128	1,30349	1,55897	−5,55777
2	76828	111	59026	172	9,77104	126	1,30161	1,56223	−5,44857
3	76940	112	59198	172	9,77231	126	1,29971	1,56551	−5,34345
4	77051	111	59369	171	9,77356	125	1,29784	1,56882	−5,24218
5	77162	111	59540	171	9,77481	125	1,29597	1,57213	−5,14455
6	77273	111	59712	172	9,77606	125	1,29411	1,57547	−5,05037
7	77384	111	59883	171	9,77730	124	1,29226	1,57883	−4,95945
8	77494	110	60054	171	9,77854	124	1,29042	1,58220	−4,87162
9	77605	111	60225	171	9,77978	124	1,28858	1,58559	−4,78673
51,0	0,77715	110	0,60396	171	9,78101	123	1,28675	1,58902	−4,70463
1	77824	109	60566	170	9,78223	122	1,28495	1,59246	−4,62518
2	77934	110	60737	171	9,78345	122	1,28314	1,59591	−4,54826
3	78043	109	60907	170	9,78467	122	1,28134	1,59939	−4,47374
4	78152	109	61077	170	9,78588	121	1,27956	1,60287	−4,40152
5	78261	109	61248	171	9,78709	121	1,27778	1,60640	−4,33148
6	78369	108	61418	170	9,78830	121	1,27601	1,60992	−4,26352
7	78478	109	61587	169	9,78949	119	1,27424	1,61348	−4,19756
8	78586	108	61757	170	9,79069	120	1,27249	1,61705	−4,13350
9	78694	108	61927	170	9,79188	119	1,27074	1,62064	−4,07127
52,0	0,78801	107	0,62096	169	9,79306	118	1,26902	1,62427	−4,01078
1	78908	107	62265	169	9,79424	118	1,26730	1,62790	−3,95196
2	79015	107	62434	169	9,79542	118	1,26558	1,63156	−3,89474
3	79122	107	62603	169	9,79660	118	1,26387	1,63524	−3,83906
4	79229	107	62772	169	9,79777	117	1,26216	1,63894	−3,78485
5	79335	106	62941	169	9,79893	116	1,26048	1,64268	−3,73205
6	79441	106	63109	168	9,80009	116	1,25880	1,64642	−3,68061
7	79547	106	63278	169	9,80125	116	1,25712	1,65019	−3,63048
8	79653	106	63446	168	9,80240	115	1,25545	1,65399	−3,58160
9	79758	105	63614	168	9,80355	115	1,25379	1,65780	−3,53393
53,0	0,79864	106	0,63782	168	9,80470	115	1,25213	1,66165	−3,48741
1	79968	104	63950	168	9,80584	114	1,25050	1,66550	−3,44202
2	80073	105	64117	167	9,80697	113	1,24886	1,66939	−3,39771
3	80178	105	64284	167	9,80810	113	1,24722	1,67328	−3,35443
4	80282	104	64452	168	9,80924	114	1,24561	1,67723	−3,31216
5	80386	104	64619	167	9,81036	112	1,24400	1,68118	−3,27085
6	80489	103	64785	166	9,81147	111	1,24241	1,68515	−3,23048
7	80593	104	64952	167	9,81259	112	1,24080	1,68916	−3,19100
8	80696	103	65118	166	9,81370	111	1,23922	1,69316	−3,15240
9	80799	103	65285	167	9,81481	111	1,23764	1,69722	−3,11464
54,0	0,80902	103	0,65451	166	9,81592	111	1,23606	1,70129	−3,07768
1	81004	102	65617	166	9,81702	110	1,23451	1,70541	−3,04152
2	81106	102	65782	165	9,81811	109	1,23295	1,70952	−3,00611
3	81208	102	65948	166	9,81920	109	1,23141	1,71368	−2,97144
4	81310	102	66113	165	9,82029	109	1,22986	1,71786	−2,93748
5	81412	102	66278	165	9,82137	108	1,22832	1,72206	−2,90421
6	81513	101	66443	165	9,82245	108	1,22680	1,72628	−2,87161
7	81614	101	66608	165	9,82353	108	1,22528	1,73052	−2,83965
8	81714	100	66772	164	9,82459	106	1,22378	1,73482	−2,80833
9	81815	101	66937	165	9,82567	108	1,22227	1,73910	−2,77761

Tafel A3 (Fortsetzung)

$\Theta°$	$\sin\Theta$	D	$\sin^2\Theta$	D	$\log \sin^2\Theta$	D	$\dfrac{1}{\sin\Theta}$	$\dfrac{1}{\cos\Theta}$	$\operatorname{tg}2\Theta$
55,0	0,81915	100	0,67101	164	9,82673	106	1,22078	1,74344	--2,74748
1	82015	100	67265	164	9,82779	106	1,21929	1,74779	--2,71792
2	82115	100	67429	164	9,82885	106	1,21780	1,75220	--2,68892
3	82214	99	67592	163	9,82990	105	1,21634	1,75660	--2,66046
4	82314	100	67755	163	9,83094	104	1,21486	1,76106	--2,63252
5	82413	99	67918	163	9,83198	104	1,21340	1,76551	--2,60509
6	82511	98	68081	163	9,83303	105	1,21196	1,77001	--2,57815
7	82610	99	68244	163	9,83406	103	1,21051	1,77453	--2,55170
8	82708	98	68406	162	9,83509	103	1,20907	1,77911	--2,52571
9	82806	98	68568	162	9,83612	103	1,20764	1,78368	--2,50018
56,0	0,82904	98	0,68730	162	9,83715	103	1,20621	1,78830	--2,47509
1	83001	97	68892	162	9,83817	102	1,20480	1,79292	--2,45043
2	83098	97	69054	162	9,83919	102	1,20340	1,79759	--2,42618
3	83195	97	69215	161	9,84020	101	1,20200	1,80232	--2,40235
4	83292	97	69376	161	9,84121	101	1,20060	1,80704	--2,37891
5	83389	97	69537	161	9,84222	101	1,19920	1,81179	--2,35585
6	83485	96	69697	160	9,84321	99	1,19782	1,81660	--2,33317
7	83581	96	69857	160	9,84421	100	1,19644	1,82143	--2,31086
8	83676	95	70017	160	9,84520	99	1,19509	1,82628	--2,28891
9	83772	96	70177	160	9,84619	99	1,19372	1,83117	--2,26730
57,0	0,83867	95	0,70337	160	9,84718	99	1,19236	1,83608	--2,24604
1	83962	95	70496	159	9,84816	98	1,19101	1,84104	--2,22510
2	84057	95	70655	159	9,84914	98	1,18967	1,84601	--2,20449
3	84151	94	70814	159	9,85012	98	1,18834	1,85103	--2,18419
4	84245	94	70973	159	9,85109	97	1,18701	1,85608	--2,16420
5	84339	94	71131	158	9,85206	97	1,18569	1,86116	--2,14451
6	84433	94	71289	158	9,85302	96	1,18437	1,86626	--2,12511
7	84526	93	71447	158	9,85398	96	1,18307	1,87143	--2,10600
8	84619	93	71604	157	9,85494	96	1,18177	1,87660	--2,08716
9	84712	93	71762	158	9,85589	95	1,18047	1,88182	--2,06860
58,0	0,84805	93	0,71919	157	9,85684	95	1,17918	1,88708	--2,05030
1	84897	92	72075	156	9,85778	94	1,17790	1,89236	--2,03227
2	84989	92	72232	157	9,85873	95	1,17662	1,89768	--2,01449
3	85081	92	72388	156	9,85967	94	1,17535	1,90306	--1,99695
4	85173	92	72544	156	9,86060	93	1,17408	1,90843	--1,97967
5	85264	91	72700	156	9,86153	93	1,17283	1,91388	--1,96261
6	85355	91	72855	155	9,86246	93	1,17158	1,91935	--1,94579
7	85446	91	73010	155	9,86338	92	1,17033	1,92485	--1,92920
8	85536	90	73165	155	9,86430	92	1,16910	1,93039	--1,91282
9	85627	91	73319	154	9,86522	92	1,16786	1,93600	--1,89667
59,0	0,85717	90	0,73474	155	9,86613	91	1,16663	1,94160	--1,88073
1	85806	89	73628	154	9,86704	91	1,16542	1,94727	--1,86500
2	85896	90	73781	153	9,86794	90	1,16420	1,95297	--1,84946
3	85985	89	73934	153	9,86884	90	1,16299	1,95871	--1,83413
4	86074	89	74088	154	9,86975	91	1,16179	1,96448	--1,81900
5	86163	89	74240	152	9,87064	89	1,16059	1,97029	--1,80405
6	86251	88	74393	153	9,87153	89	1,15941	1,97617	--1,78929
7	86340	89	74545	152	9,87242	89	1,15821	1,98204	--1,77471
8	86427	87	74697	152	9,87330	88	1,15705	1,98799	--1,76032
9	86515	88	74849	152	9,87419	89	1,15587	1,99398	--1,74610

Tafel A 3 (Fortsetzung)

$\Theta°$	$\sin\Theta$	D	$\sin^2\Theta$	D	$\log\sin^2\Theta$	D	$\dfrac{1}{\sin\Theta}$	$\dfrac{1}{\cos\Theta}$	$\operatorname{tg}2\Theta$
60,0	0,86603	88	0,75000	151	9,87506	87	1,15469	2,00000	−1,73205
1	86690	87	75151	151	9,87593	87	1,15354	2,00606	−1,71817
2	86777	87	75302	151	9,87681	88	1,15238	2,01219	−1,70446
3	86863	86	75452	150	9,87767	86	1,15124	2,01833	−1,69091
4	86949	86	75602	150	9,87853	86	1,15010	2,02454	−1,67752
5	87036	87	75752	150	9,87939	86	1,14895	2,03079	−1,66428
6	87121	85	75901	149	9,88025	86	1,14783	2,03707	−1,65120
7	87207	86	76050	149	9,88110	85	1,14670	2,04340	−1,63826
8	87292	85	76199	149	9,88195	85	1,14558	2,04977	−1,62548
9	87377	85	76348	149	9,88280	85	1,14447	2,05617	−1,61283
61,0	0,87462	85	0,76496	148	9,88364	84	1,14335	2,06266	−1,60033
1	87546	84	76644	148	9,88448	84	1,14226	2,06919	−1,58797
2	87631	85	76791	147	9,88531	83	1,14115	2,07577	−1,57575
3	87715	84	76939	148	9,88615	84	1,14006	2,08238	−1,56366
4	87798	83	77085	146	9,88697	82	1,13898	2,08903	−1,55170
5	87882	84	77232	147	9,88780	83	1,13789	2,09573	−1,53987
6	87965	83	77378	146	9,88862	82	1,13682	2,10252	−1,52816
7	88048	83	77524	146	9,88944	82	1,13574	2,10930	−1,51658
8	88130	82	77670	146	9,89025	81	1,13469	2,11618	−1,50512
9	88213	83	77815	145	9,89106	81	1,13362	2,12310	−1,49378
62,0	0,88295	82	0,77960	145	9,89187	81	1,13257	2,13006	−1,48256
1	88377	82	78104	144	9,89267	80	1,13152	2,13707	−1,47146
2	88458	81	78248	144	9,89347	80	1,13048	2,14413	− 1,46046
3	88539	81	78392	144	9,89427	80	1,12945	2,15128	−1,44958
4	88620	81	78536	144	9,89507	80	1,12841	2,15843	−1,43881
5	88701	81	78679	143	9,89586	79	1,12738	2,16567	−1,42815
6	88782	81	78822	143	9,89665	79	1,12635	2,17297	−1,41759
7	88862	80	78964	142	9,89743	78	1,12534	2,18031	−1,40714
8	88942	80	79106	142	9,89821	78	1,12433	2,18771	−1,39679
9	89021	79	79248	142	9,89899	78	1,12333	2,19520	−1,38653
63,0	0,89101	80	0,79389	141	9,89976	77	1,12232	2,20269	−1,37638
1	89180	79	79530	141	9,90053	77	1,12133	2,21029	−1,36633
2	89259	79	79671	141	9,90130	77	1,12034	2,21789	−1,35637
3	89337	78	79811	140	9,90206	76	1,11936	2,22559	−1,34650
4	89415	78	79951	140	9,90282	76	1,11838	2,23334	−1,33673
5	89493	78	80091	140	9,90358	76	1,11741	2,24115	−1,32704
6	89571	78	80230	139	9,90434	76	1,11643	2,24901	−1,31745
7	89649	78	80369	139	9,90509	75	1,11546	2,25698	−1,30795
8	89726	77	80507	138	9,90583	74	1,11450	2,26495	−1,29853
9	89803	77	80645	138	9,90658	75	1,11355	2,27304	−1,28919
64,0	0,89879	76	0,80783	138	9,90732	74	1,11261	2,28118	−1,27994
1	89956	77	80920	137	9,90806	74	1,11165	2,28938	−1,27077
2	90032	76	81057	137	9,90879	73	1,11072	2,29764	−1,26169
3	90108	76	81194	137	9,90952	73	1,10978	2,30595	−1,25268
4	90183	75	81330	136	9,91025	73	1,10886	2,31433	−1,24375
5	90259	76	81466	136	9,91098	73	1,10792	2,32283	−1,23490
6	90334	75	81601	135	9,91170	72	1,10700	2,33133	−1,22612
7	90408	74	81737	136	9,91242	72	1,10610	2,33995	−1,21742
8	90483	75	81871	134	9,91313	71	1,10518	2,34863	−1,20879
9	90557	74	82005	134	9,91384	71	1,10428	2,35738	−1,20024

Tafel A3 (Fortsetzung)

$\Theta°$	$\sin\Theta$	D	$\sin^2\Theta$	D	$\log \sin^2\Theta$	D	$\dfrac{1}{\sin\Theta}$	$\dfrac{1}{\cos\Theta}$	$\operatorname{tg} 2\Theta$
65,0	0,90631	74	0,82139	134	9,91455	71	1,10338	2,36619	−1,19175
1	90704	73	82273	134	9,91526	71	1,10249	2,37507	−1,18334
2	90778	74	82406	133	9,91596	70	1,10159	2,38407	−1,17500
3	90851	73	82539	133	9,91666	70	1,10070	2,39309	−1,16672
4	90924	73	82671	132	9,91735	69	1,09982	2,40223	−1,15851
5	90996	72	82803	132	9,91805	70	1,09895	2,41144	−1,15037
6	91068	72	82934	131	9,91873	68	1,09808	2,42072	−1,14229
7	91140	72	83066	132	9,91942	69	1,09721	2,43007	−1,13428
8	91212	72	83196	130	9,92010	68	1,09635	2,43950	−1,12633
9	91283	71	83327	131	9,92079	69	1,09549	2,44900	−1,11844
66,0	0,91355	72	0,83457	130	9,92146	67	1,09463	2,45857	−1,11061
1	91425	70	83586	129	9,92213	67	1,09379	2,46828	−1,10285
2	91496	71	83715	129	9,92280	67	1,09294	2,47801	−1,09514
3	91566	70	83844	129	9,92347	67	1,09211	2,48787	−1,08749
4	91636	70	83972	128	9,92413	66	1,09127	2,49781	−1,07990
5	91706	70	84100	128	9,92480	67	1,09044	2,50784	−1,07237
6	91775	69	84227	127	9,92545	65	1,08962	2,51794	−1,06489
7	91845	70	84354	127	9,92611	66	1,08879	2,52813	−1,05747
8	91914	69	84481	127	9,92676	65	1,08797	2,53846	−1,05010
9	91982	68	84607	126	9,92741	65	1,08717	2,54881	−1,04279
67,0	0,92050	68	0,84733	126	9,92805	64	1,08637	2,55931	−1,03553
1	92119	69	84858	125	9,92869	64	1,08555	2,56990	−1,02832
2	92186	67	84983	125	9,92933	64	1,08476	2,58051	−1,02117
3	92254	68	85108	125	9,92997	64	1,08396	2,59128	−1,01406
4	92321	67	85232	124	9,93060	63	1,08318	2,60213	−1,00701
5	92388	67	85355	123	9,93123	63	1,08239	2,61315	−1,00000
6	92455	67	85479	124	9,93186	63	1,08161	2,62419	−0,99304
7	92521	66	85601	122	9,93248	62	1,08084	2,63532	−0,98613
8	92587	66	85724	123	9,93310	62	1,08007	2,64662	−0,97927
9	92653	66	85846	122	9,93372	62	1,07930	2,65802	−0,97246
68,0	0,92718	65	0,85967	121	9,93433	61	1,07854	2,66944	−0,96569
1	92784	66	86088	121	9,93494	61	1,07777	2,68104	−0,95897
2	92849	65	86209	121	9,93555	61	1,07702	2,69273	−0,95229
3	92913	64	86329	120	9,93616	61	1,07628	2,70453	−0,94565
4	92978	65	86448	119	9,93676	60	1,07552	2,71651	−0,93906
5	93042	64	86568	120	9,93736	60	1,07478	2,72851	−0,93252
6	93106	64	86686	118	9,93795	59	1,07404	2,74063	−0,92601
7	93169	63	86805	119	9,93854	59	1,07332	2,75292	−0,91955
8	93232	63	86923	118	9,93913	59	1,07259	2,76533	−0,91313
9	93295	63	87040	117	9,93972	59	1,07187	2,77778	−0,90674
69,0	0,93358	63	0,87157	117	9,94030	58	1,07115	2,79041	−0,90040
1	93420	62	87274	117	9,94088	58	1,07043	2,80316	−0,89410
2	93483	63	87390	116	9,94146	58	1,06971	2,81603	−0,88784
3	93544	61	87506	116	9,94204	58	1,06902	2,82909	−0,88162
4	93606	62	87621	115	9,94261	57	1,06831	2,84220	−0,87543
5	93667	61	87735	114	9,94317	56	1,06761	2,85543	−0,86929
6	93728	61	87850	115	9,94374	57	1,06692	2,86886	−0,86318
7	93789	61	87964	114	9,94431	57	1,06622	2,88234	−0,85710
8	93849	60	88077	113	9,94486	55	1,06554	2,89603	−0,85107
9	93909	60	88190	113	9,94542	56	1,06486	2,90985	−0,84507

Tafel A3 (Fortsetzung)

$\Theta°$	$\sin\Theta$	D	$\sin^2\Theta$	D	$\log \sin^2\Theta$	D	$\dfrac{1}{\sin\Theta}$	$\dfrac{1}{\cos\Theta}$	$\operatorname{tg}2\Theta$
70,0	0,93969	60	0,88302	112	9,94597	55	1,06418	2,92381	−0,83910
1	94029	60	88414	112	9,94652	55	1,06350	2,93789	−0,83317
2	94088	59	88526	112	9,94707	55	1,06283	2,95212	−0,82727
3	94147	59	88637	111	9,94762	55	1,06217	2,96648	−0,82141
4	94206	59	88747	110	9,94815	53	1,06150	2,98107	−0,81558
5	94264	58	88857	110	9,94869	54	1,06085	2,99572	−0,80978
6	94322	58	88967	110	9,94923	54	1,06020	3,01060	−0,80402
7	94380	58	89076	109	9,94976	53	1,05955	3,02563	−0,79829
8	94438	58	89185	109	9,95029	53	1,05890	3,04072	−0,79259
9	94495	57	89293	108	9,95082	53	1,05826	3,05605	−0,78692
71,0	0,94552	57	0,89401	108	9,95134	52	1,05762	3,07154	−0,78129
1	94609	57	89508	107	9,95186	52	1,05698	3,08718	−0,77568
2	94665	56	89614	106	9,95238	52	1,05636	3,10299	−0,77010
3	94721	56	89721	107	9,95289	51	1,05573	3,11905	−0,76456
4	94777	56	89826	105	9,95340	51	1,05511	3,13519	−0,75904
5	94832	55	89932	106	9,95391	51	1,05450	3,15159	−0,75355
6	94888	56	90037	105	9,95442	51	1,05387	3,16807	−0,74810
7	94943	55	90141	104	9,95492	50	1,05326	3,18481	−0,74267
8	94997	54	90245	104	9,95542	50	1,05266	3,20174	−0,73726
9	95052	55	90348	103	9,95592	50	1,05206	3,21875	−0,73189
72,0	0,95106	54	0,90451	103	9,95641	49	1,05146	3,23604	−0,72654
1	95159	53	90553	102	9,95690	49	1,05087	3,25351	−0,72122
2	95213	54	90655	102	9,95739	49	1,05028	3,27118	−0,71593
3	95266	53	90756	101	9,95788	49	1,04969	3,28915	−0,71066
4	95319	53	90857	101	9,95836	48	1,04911	3,30721	−0,70542
5	95372	53	90958	101	9,95884	48	1,04853	3,32546	−0,70021
6	95424	52	91057	99	9,95931	47	1,04795	3,34403	−0,69502
7	95476	52	91157	100	9,95979	48	1,04738	3,36281	−0,68985
8	95528	52	91256	99	9,96026	47	1,04681	3,38169	−0,68471
9	95579	51	91354	98	9,96073	47	1,04625	3,40090	−0,67960
73,0	0,95630	51	0,91452	98	9,96119	46	1,04570	3,42032	−0,67451
1	95681	51	91549	97	9,96165	46	1,04514	3,43997	−0,66944
2	95732	51	91646	97	9,96211	46	1,04458	3,45985	−0,66440
3	95782	50	91742	96	9,96257	46	1,04404	3,47996	−0,65938
4	95832	50	91838	96	9,96302	45	1,04349	3,50030	−0,65438
5	95882	50	91934	96	9,96348	46	1,04295	3,52088	−0,64941
6	95931	49	92028	94	9,96392	44	1,04242	3,54183	−0,64446
7	95981	50	92123	95	9,96437	45	1,04187	3,56290	−0,63953
8	96029	48	92216	93	9,96481	44	1,04135	3,58436	−0,63462
9	96078	49	92310	94	9,96525	44	1,04082	3,60607	−0,62973
74,0	0,96126	48	92402	92	9,96568	43	1,04030	3,62792	−0,62487
1	96174	48	92495	93	9,96612	44	1,03978	3,65017	−0,62003
2	96222	48	92586	91	9,96655	43	1,03926	3,67269	−0,61520
3	96269	47	92678	92	9,96698	43	1,03876	3,69549	−0,61040
4	96316	47	92768	90	9,96740	42	1,03825	3,71858	−0,60562
5	96363	47	92858	90	9,96782	42	1,03774	3,74195	−0,60086
6	96410	47	92948	90	9,96824	42	1,03724	3,76563	−0,59612
7	96456	46	93037	89	9,96866	42	1,03674	3,78974	−0,59140
8	96502	46	93126	89	9,96907	41	1,03625	3,81403	−0,58670
9	96547	45	93214	88	9,96948	41	1,03576	3,83877	−0,58201

Tafel A 3 (Fortsetzung)

$\Theta°$	$\sin\Theta$	D	$\sin^2\Theta$	D	$\log \sin^2\Theta$	D	$\dfrac{1}{\sin\Theta}$	$\dfrac{1}{\cos\Theta}$	$\operatorname{tg}2\Theta$
75,0	0,96593	46	0,93301	87	9,96989	41	1,03527	3,86369	−0,57735
1	96638	45	93388	87	9,97029	40	1,03479	3,88908	−0,57271
2	96682	44	93475	87	9,97070	41	1,03432	3,91466	−0,56808
3	96727	45	93561	86	9,97109	39	1,03384	3,94073	−0,56347
4	96771	44	93646	85	9,97149	40	1,03337	3,96715	−0,55888
5	96815	44	93731	85	9,97188	39	1,03290	3,99393	−0,55431
6	96858	43	93815	84	9,97227	39	1,03244	4,02107	−0,54975
7	96902	44	93899	84	9,97266	39	1,03197	4,04858	−0,54522
8	96945	43	93982	83	9,97304	38	1,03151	4,07647	−0,54070
9	96987	42	94065	83	9,97343	39	1,03107	4,10475	−0,53620
76,0	0,97030	43	0,94147	82	9,97381	38	1,03061	4,13360	−0,53171
1	97072	42	94229	82	9,97418	37	1,03016	4,16268	− 0,52724
2	97113	41	94310	81	9,97456	38	1,02973	4,19234	−0,52279
3	97155	42	94391	81	9,97493	37	1,02928	4,22226	−0,51835
4	97196	41	94471	80	9,97530	37	1,02885	4,25279	−0,51393
5	97237	41	94550	79	9,97566	36	1,02842	4,28357	−0,50953
6	97278	41	94629	79	9,97602	36	1,02798	4,31499	−0,50514
7	97318	40	94708	79	9,97639	37	1,02756	4,34688	−0,50076
8	97358	40	94786	78	9,97674	35	1,02714	4,37924	−0,49640
9	97398	40	94863	77	9,97710	36	1,02672	4,41209	−0,49206
77,0	0,97437	39	0,94940	77	9,97745	35	1,02630	4,44543	−0,48773
1	97476	39	95016	76	9,97780	35	1,02589	4,47928	−0,48342
2	97515	39	95092	76	9,97814	34	1,02548	4,51365	−0,47912
3	97553	38	95167	75	9,97849	35	1,02508	4,54856	−0,47483
4	97592	39	95241	74	9,97882	33	1,02467	4,58421	−0,47056
5	97630	38	95315	74	9,97916	34	1,02428	4,62022	−0,46631
6	97667	37	95389	74	9,97950	34	1,02389	4,65679	−0,46206
7	97705	38	95462	73	9,97983	33	1,02349	4,69417	−0,45784
8	97742	37	95534	72	9,98016	33	1,02310	4,73216	−0,45362
9	97778	36	95606	72	9,98049	33	1,02272	4,77054	−0,44942
78,0	0,97815	37	0,95677	71	9,98081	32	1,02234	4,80977	−0,44523
1	97851	36	95748	71	9,98113	32	1,02196	4,84966	−0,44105
2	97887	36	95818	70	9,98145	32	1,02159	4,88998	−0,43689
3	97922	35	95888	70	9,98176	31	1,02122	4,93121	−0,43274
4	97958	36	95957	69	9,98208	32	1,02085	4,97315	−0,42860
5	97992	34	96025	68	9,98238	30	1,02049	5,01580	−0,42447
6	98027	35	96093	68	9,98269	31	1,02013	5,05919	−0,42036
7	98061	34	96161	68	9,98300	31	1,01977	5,10334	−0,41626
8	98096	35	96227	66	9,98330	30	1,01941	5,14854	−0,41217
9	98129	33	96293	66	9,98359	29	1,01907	5,19427	−0,40809
79,0	0,98163	34	0,96359	66	9,98389	30	1,01871	5,24082	−0,40403
1	98196	33	96424	65	9,98419	30	1,01837	5,28821	−0,39997
2	98229	33	96489	65	9,98448	29	1,01803	5,33675	−0,39593
3	98261	32	96553	64	9,98477	29	1,01770	5,38590	−0,39190
4	98294	33	96616	63	9,98505	28	1,01736	5,43626	−0,38787
5	98325	31	96679	63	9,98533	28	1,01704	5,48727	−0,38386
6	98357	32	96741	62	9,98561	28	1,01670	5,53955	−0,37986
7	98388	31	96803	62	9,98589	28	1,01638	5,59284	−0,37588
8	98420	32	96864	61	9,98616	27	1,01605	5,64717	−0,37190
9	98450	30	96925	61	9,98644	28	1,01574	5,70223	−0,36793

Tafel A3 (Fortsetzung)

$\Theta°$	$\sin\Theta$	D	$\sin^2\Theta$	D	$\log\sin^2\Theta$	D	$\dfrac{1}{\sin\Theta}$	$\dfrac{1}{\cos\Theta}$	$\mathrm{tg}\,2\Theta$
80,0	0,98481	31	0,96985	60	9,98670	26	1,01542	5,75871	−0,36397
1	98511	30	97044	59	9,98697	27	1,01512	5,81632	−0,36002
2	98541	30	97103	59	9,98723	26	1,01481	5,87510	−0,35608
3	98570	29	97161	58	9,98749	26	1,01451	5,93507	−0,35216
4	98600	30	97219	58	9,98775	26	1,01420	5,99628	−0,34824
5	98629	29	97276	57	9,98801	26	1,01390	6,05877	−0,34433
6	98657	28	97332	56	9,98826	25	1,01361	6,12257	−0,34043
7	98686	29	97388	56	9,98851	25	1,01331	6,18812	−0,33654
8	98714	28	97444	56	9,98876	25	1,01303	6,25469	−0,33266
9	98741	27	97499	55	9,98900	24	1,01275	6,32271	−0,32878
81,0	0,98769	28	0,97553	54	9,98924	24	1,01246	6,39264	−0,32492
1	98796	27	97606	53	9,98948	24	1,01219	6,46371	−0,32106
2	98823	27	97660	54	9,98972	24	1,01191	6,53637	−0,31722
3	98849	26	97712	52	9,98995	23	1,01164	6,61113	−0,31338
4	98876	27	97764	52	9,99018	23	1,01137	6,68717	−0,30955
5	98902	26	97815	51	9,99041	23	1,01110	6,76544	−0,30573
6	98927	25	97866	51	9,99063	22	1,01085	6,84556	−0,30192
7	98953	26	97916	50	9,99085	22	1,01058	6,92713	−0,29811
8	98978	25	97966	50	9,99108	23	1,01033	7,01115	−0,29432
9	99002	24	98015	49	9,99129	21	1,01008	7,09723	−0,29053
82,0	0,99027	25	0,98063	48	9,99151	22	1,00983	7,18546	−0,28675
1	99051	24	98111	48	9,99172	21	1,00958	7,25590	−0,28297
2	99075	24	98158	47	9,99193	21	1,00934	7,36811	−0,27920
3	99098	23	98205	47	9,99213	20	1,00910	7,46324	−0,27545
4	99122	24	98251	46	9,99234	21	1,00886	7,56086	−0,27169
5	99144	22	98296	45	9,99254	20	1,00863	7,66107	−0,26795
6	99167	23	98341	45	9,99273	19	1,00840	7,76398	−0,26421
7	99189	22	98385	44	9,99293	20	1,00818	7,87030	−0,26048
8	99211	22	98429	44	9,99312	19	1,00795	7,97894	−0,25676
9	99233	22	98472	43	9,99331	19	1,00773	8,09061	−0,25304
83,0	0,99255	22	0,98515	43	9,99350	19	1,00751	8,20546	−0,24933
1	99276	21	98557	42	9,99369	19	1,00729	8,32362	−0,24562
2	99297	21	98598	41	9,99387	18	1,00708	8,44595	−0,24193
3	99317	20	98639	41	9,99405	18	1,00688	8,57118	−0,23823
4	99337	20	98679	40	9,99422	17	1,00667	8,70019	−0,23455
5	99357	20	98719	40	9,99440	18	1,00647	8,83392	−0,23087
6	99377	20	98757	38	9,99457	17	1,00627	8,97102	−0,22719
7	99396	19	98796	39	9,99474	17	1,00608	9,11328	−0,22353
8	99415	19	98834	38	9,99491	17	1,00588	9,25926	−0,21986
9	99434	19	98871	37	9,99507	16	1,00569	9,41088	−0,21621
84,0	0,99452	18	0,98907	36	9,99523	16	1,00551	9,56663	−0,21256
1	99470	18	98943	36	9,99539	16	1,00533	9,72857	−0,20891
2	99488	18	98979	36	9,99554	15	1,00515	9,89511	−0,20527
3	99506	18	99014	35	9,99570	16	1,00496	10,06847	−0,20164
4	99523	17	99048	34	9,99585	15	1,00479	10,24800	−0,19801
5	99540	17	99081	33	9,99599	14	1,00462	10,43297	−0,19438
6	99556	16	99114	33	9,99614	15	1,00446	10,62586	−0,19076
7	99572	16	99147	33	9,99628	14	1,00430	10,82603	−0,18714
8	99588	16	99179	32	9,99642	14	1,00414	11,03387	−0,18353
9	99604	16	99210	31	9,99656	14	1,00398	11,24986	−0,17993

Tafel A 3 (Fortsetzung)

$\Theta°$	$\sin\Theta$	D	$\sin^2\Theta$	D	$\log\sin^2\Theta$	D	$\dfrac{1}{\sin\Theta}$	$\dfrac{1}{\cos\Theta}$	$\mathrm{tg}\,2\Theta$
85,0	0,99619	15	0,99240	30	9,99669	13	1,00382	11,47315	—0,17633
1	99635	16	99270	30	9,99682	13	1,00366	11,70686	—0,17273
2	99649	14	99300	30	9,99695	13	1,00352	11,95029	—0,16914
3	99664	15	99329	29	9,99708	13	1,00337	12,20405	—0,16555
4	99678	14	99357	28	9,99720	12	1,00323	12,46883	—0,16196
5	99692	14	99384	27	9,99732	12	1,00309	12,74535	—0,15838
6	99705	13	99411	27	9,99743	11	1,00296	13,03441	—0,15481
7	99719	14	99438	27	9,99755	12	1,00282	13,33689	—0,15124
8	99731	12	99464	26	9,99767	12	1,00270	13,65374	—0,14767
9	99744	13	99489	25	9,99778	11	1,00257	13,98601	—0,14410
86,0	0,99756	12	0,99513	24	9,99788	10	1,00245	14,33486	—0,14054
1	99768	12	99537	24	9,99798	10	1,00233	14,70156	—0,13698
2	99780	12	99561	24	9,99809	11	1,00220	15,08978	—0,13343
3	99792	12	99584	23	9,99819	10	1,00208	15,49667	—0,12988
4	99803	11	99606	22	9,99829	10	1,00197	15,92610	—0,12633
5	99813	10	99627	21	9,99838	9	1,00187	16,38002	—0,12278
6	99824	11	99648	21	9,99847	9	1,00176	16,86056	—0,11924
7	99834	10	99669	21	9,99856	9	1,00166	17,37318	—0,11570
8	99844	10	99688	19	9,99864	8	1,00156	17,91473	—0,11217
9	99854	10	99708	20	9,99873	9	1,00146	18,49112	—0,10863
87,0	0,99863	9	0,99726	18	9,99881	8	1,00137	19,10585	—0,10510
1	99872	9	99744	18	9,99889	8	1,00128	19,76675	—0,10158
2	99881	9	99761	17	9,99896	7	1,00119	20,47083	—0,09805
3	99889	8	99778	17	9,99903	7	1,00111	21,22692	—0,09453
4	99897	8	99794	16	9,99910	7	1,00103	22,04586	—0,09101
5	99905	8	99810	16	9,99917	7	1,00095	22,92526	—0,08749
6	99912	7	99825	15	9,99924	7	1,00088	23,87775	—0,08397
7	99919	7	99839	14	9,99930	6	1,00081	24,91901	—0,08046
8	99926	7	99853	14	9,99936	6	1,00074	26,04845	—0,07695
9	99933	7	99866	13	9,99942	6	1,00067	27,29258	—0,07344
88,0	0,99939	6	0,99878	12	9,99947	5	1,00061	28,65330	—0,06993
1	99945	6	99890	12	9,99952	5	1,00055	30,15682	—0,06642
2	99951	6	99901	11	9,99957	5	1,00049	31,83699	—0,06291
3	99956	5	99912	11	9,99962	5	1,00044	33,70408	—0,05941
4	99961	5	99922	10	9,99966	4	1,00039	35,81662	—0,05591
5	99966	5	99931	9	9,99970	4	1,00034	38,19710	—0,05241
6	99970	4	99940	9	9,99974	4	1,00030	40,93328	—0,04891
7	99974	4	99949	9	9,99978	4	1,00026	44,07228	—0,04541
8	99978	4	99956	7	9,99981	3	1,00022	47,75549	- 0,04191
9	99982	4	99963	7	9,99984	3	1,00018	52,08333	—0,03842
89,0	0,99985	3	0,99970	7	9,99987	3	1,00015	57,30659	—0,03492
1	99988	3	99975	5	9,99989	2	1,00012	63,65372	- 0,03143
2	99990	2	99981	6	9,99992	3	1,00010	71,63324	—0,02793
3	99993	3	99985	4	9,99993	1	1,00007	81,83306	- 0,02444
4	99995	2	99989	4	9,99995	2	1,00005	95,51098	—0,02095
5	99996	1	99992	3	9,99997	2	1,00004	114,54754	—0,01746
6	99998	2	99995	3	9,99998	1	1,00002	143,26648	—0,01396
7	99999	1	99997	2	9,99999	1	1,00001	190,83969	—0,01047
8	99999	1	99999	2	0,00000	1	1,00001	286,53295	—0,00698
9	1,00000	1	1,00000	1	0,00000	0	1,00000	571,428 57	—0,00349
90,0	1,00000	0	1,00000	0	0,00000	0	1,00000	$+\infty$	—0,00000

Tafel A 4

Werte von $\left(\dfrac{a}{c}\right)^2 l^2$

$\frac{c}{a}$ \ l	1	2	3	4	5	6	7	8	9	l \ $\frac{a}{c}$
0,20	25,00	100,00	225,00	400,00	625,00	900,00	1225,00	1600,00	2025,00	5,000
1	22,68	90,71	204,09	362,83	566,93	816,37	1111,17	1451,33	1836,84	4,760
2	20,66	82,63	185,91	330,51	516,43	743,65	1012,19	1322,05	1673,22	4,550
3	18,91	75,62	170,16	302,48	472,63	680,58	926,34	1209,92	1531,30	4,350
4	17,36	69,46	156,29	277,82	434,10	625,10	850,84	1111,29	1406,48	4,170
5	16,00	64,00	144,00	256,00	400,00	576,00	784,00	1024,00	1296,00	4,000
6	14,79	59,17	133,14	236,67	369,80	532,51	724,80	946,69	1198,15	3,850
7	13,72	54,88	123,48	219,52	343,00	493,92	672,28	878,08	1111,32	3,700
8	12,75	51,01	114,77	204,03	318,80	459,07	624,84	816,12	1032,91	3,570
9	11,89	47,56	107,00	190,22	297,22	428,00	582,56	760,90	963,01	3,450
0,30	11,11	44,44	99,98	177,74	277,72	399,92	544,34	710,98	899,83	3,330
1	10,41	41,63	93,66	166,51	260,18	374,65	509,94	666,05	842,97	3,230
2	9,766	39,06	87,89	156,26	244,15	351,58	478,54	625,02	791,05	3,130
3	9,183	36,73	82,65	146,92	229,57	330,59	449,97	587,71	743,82	3,030
4	8,651	34,60	77,86	138,41	216,27	311,43	423,89	553,66	700,74	2,940
5	8,163	32,65	73,47	130,60	204,07	293,83	399,99	522,37	661,20	2,860
6	7,717	30,87	69,45	123,47	192,93	277,81	378,13	493,89	625,08	2,780
7	7,306	29,22	65,75	116,89	182,65	263,02	357,99	467,58	591,79	2,700
8	6,927	27,71	62,34	110,83	173,18	249,37	339,42	443,33	561,09	2,630
9	6,574	26,30	59,17	105,18	164,35	236,66	322,13	420,74	532,49	2,560
0,40	6,250	25,00	56,25	100,00	156,25	225,00	306,25	400,00	506,25	2,500
1	5,949	23,80	53,54	95,18	148,73	214,16	291,50	380,74	481,87	2.440
2	5,669	22,68	51,02	90,70	141,73	204,08	277,78	298,82	459,19	2,390
3	5,410	21,64	48,69	86,56	135,25	194,76	265.09	346,24	438,21	2,330
4	5,167	20,67	46,50	82,67	129,18	186,01	253,18	330,69	418,53	2,270
5	4,937	19,75	44,43	78,99	123,43	177,73	241,91	315,97	399,90	2,220
6	4,726	18,90	42,53	75,62	118,15	170,14	231,58	302,46	382,81	2,170
7	4,528	18,11	40,75	72,45	113,20	163,00	221,87	289,79	366,77	2,130
8	4,339	17,36	39,05	69,42	108,47	156,20	212,61	277,70	351,46	2,080
9	4,166	16,66	37,49	66,66	104,15	149,98	204,13	266,62	337,45	2,040
0,50	4,000	16,00	36,00	64,00	100,00	144,00	196,00	256,00	324,00	2,000
1	3,846	15,38	34,61	61,54	96,15	138,46	188,45	246,14	311,53	1,960
2	3,700	14,80	33,30	59,20	92,50	133,20	181,30	236,80	299,70	1,920
3	3,561	14,24	32,05	56,98	89,03	128,20	174,49	227,90	288,44	1,890
4	3,430	13,72	30,87	54,88	85,75	123,48	168,07	219,52	277,83	1,850
5	3,306	13,22	29,75	52,90	82,65	119,02	161,85	211,58	267,79	1,820
6	3,189	12,76	28,70	51,02	79,73	114,80	156,26	204,10	258,31	1,790
7	3,078	12,31	27,70	49,25	76,95	110,81	150,82	196,99	249,32	1,750
8	2,973	11,89	26,76	47,57	74,33	107,03	145,68	190,27	240,81	1,720
9	2,873	11,49	25,86	45,97	71,83	103,43	140,78	183,87	232,71	1,690
0,60	2,778	11,11	25,00	44,45	69,45	100,01	136,12	177,79	225,02	1,670
2	2,601	10,40	23,41	41,62	65,03	93,64	127,45	166,46	210,68	1,610
4	2,441	9,764	21,97	39,06	61,03	87,88	119,61	156,22	197,72	1,560
6	2,296	9,184	20,66	36,74	57,40	82,66	112,50	146,94	185,98	1,520
8	2,163	8,652	19,47	34,61	54,08	77,87	105,99	138,43	175,20	1,470
0,70	2,041	8,164	18,37	32,66	51,03	73,48	100,01	130,62	165,32	1,430
2	1,929	7,716	17,36	30,86	48,23	69,44	94,52	123,46	156,25	1,390
4	1,826	7,304	16,43	29,22	48,65	65,74	89,47	116,86	147,91	1,350
6	1,731	6,924	15,58	27,70	43,28	62,32	84,82	110,78	140,21	1,320
8	1,644	6,576	14,80	26,30	41,10	59,18	80,56	105,22	133,16	1,280

Tafel A 4 (Fortsetzung)

Werte von $\left(\dfrac{a}{c}\right)^2 l^2$

$\dfrac{c}{a}$ \ l	1	2	3	4	5	6	7	8	9	l \ $\dfrac{a}{c}$
0,80	1,562	6,250	14,06	24,99	39,05	56,23	76,54	99,97	126,52	1,250
2	1,487	5,949	13,38	23,95	37,18	53,53	72,86	95,17	120,45	1,220
4	1,417	5,669	12,75	22,67	35,43	51,01	69,43	90,69	114,78	1,190
6	1,352	5,408	12,17	21,63	33,80	48,67	66,25	86,53	109,51	1,160
8	1,291	5,165	11,62	20,66	32,28	46,48	63,26	82,62	104,57	1,140
0,90	1,235	4,939	11,12	19,76	30,88	44,46	60,52	79,04	100,04	1,110
2	1,181	4,726	10,63	18,90	29,53	42,52	57,87	75,58	95,66	1,090
4	1,132	4,527	10,19	18,11	28,30	40,75	55,47	72,45	91,69	1,060
6	1,085	4,340	9,766	17,36	27,13	39,06	53,17	69,44	87,89	1,040
8	1,041	4,165	9,371	16,66	26,03	37,48	51,01	66,62	84,32	1,020
1,00	1,000	4,000	9,000	16,00	25,00	36,00	49,00	64,00	81,00	1,000
05	0,9070	3,628	8,163	14,51	22,68	32,65	44,44	58,05	73,47	0,952
10	0,8264	3,306	7,438	13,22	20,66	29,75	40,49	52,89	66,94	0,909
15	0,7561	3,024	6,805	12,10	18,90	27,22	37,05	48,39	61,24	0,870
20	0,6944	2,778	6,250	11,11	17,36	25,00	34,03	44,44	56,25	0,833
25	0,6400	2,560	5,760	10,24	16,00	23,04	31,36	40,96	51,84	0,800
30	0,5917	2,367	5,325	9,467	14,79	21,30	28,99	37,87	47,93	0,769
35	0,5487	2,195	4,938	8,779	13,72	19,75	26,89	35,12	44,45	0,741
40	0,5102	2,041	4,592	8,163	12,76	18,37	24,00	32,65	41,33	0,714
45	0,4756	1,902	4,280	7,610	11,89	17,12	23,30	30,44	38,52	0,690
50	0,4444	1,778	4,000	7,110	11,11	16,00	21,78	28,44	35,99	0,667
55	0,4162	1,665	3,746	6,659	10,41	14,98	20,39	26,64	33,71	0,645
60	0,3906	1,562	3,515	6,250	9,765	14,06	19,14	25,00	31,64	0,625
65	0,3673	1,469	3,306	5,877	9,182	13,22	18,00	23,51	29,75	0,606
70	0,3460	1,384	3,114	5,536	8,650	12,46	16,95	22,14	28,03	0,588
75	0,3265	1,306	2,939	5,224	8,163	11,75	16,00	20,90	26,45	0,571
80	0,3086	1,234	2,777	4,938	7,715	11,11	15,12	19,75	25,00	0,556
85	0,2922	1,169	2,630	4,675	7,305	10,52	14,32	18,70	23,67	0,541
90	0,2770	1,108	2,493	4,432	6,925	9,972	13,57	17,73	22,44	0,526
95	0,2630	1,052	2,367	4,208	6,575	9,468	12,89	16,83	21,30	0,513
2,00	0,2500	1,000	2,250	4,000	6,250	9,000	12,25	16,00	20,25	0,500
05	0,2379	0,9516	2,141	3,806	5,948	8,564	11,66	15,23	19,27	0,488
10	0,2268	0,9072	2,041	3,629	5,670	8,165	11,11	14,52	18,37	0,476
15	0,2163	0,8652	1,947	3,461	5,408	7,787	10,60	13,84	17,52	0,465
20	0,2066	0,8264	1,859	3,306	5,165	7,438	10,12	13,22	16,74	0,484
25	0,1975	0,7900	1,778	3,160	4,938	7,110	9,678	12,64	16,00	0,444
30	0,1890	0,7560	1,701	3,024	4,725	6,804	9,261	12,10	15,31	0,438
35	0,1811	0,7244	1,630	2,898	4,528	6,520	8,874	11,59	14,67	0,426
40	0,1736	0,6944	1,562	2,778	4,340	6,250	8,506	11,11	14,06	0,417
45	0,1666	0,6664	1,499	2,666	4,165	6,000	8,163	10,66	13,50	0,408
50	0,1600	0,6400	1,440	2,560	4,000	5,760	7,840	10,24	12,96	0,400
55	0,1538	0,6152	1,384	2,461	3,845	5,537	7,536	9,843	12,46	0,392
60	0,1479	0,5916	1,331	2,366	3,697	5,324	7,247	9,466	11,98	0,385
65	0,1424	0,5696	1,282	2,278	3,560	5,126	6,978	9,114	11,53	0,378
70	0,1372	0,5488	1,235	2,195	3,430	4,939	6,723	8,781	11,11	0,370
75	0,1322	0,5288	1,190	2,115	3,305	4,759	6,478	8,461	10,71	0,364
80	0,1276	0,5104	1,148	2,042	3,190	4,594	6,252	8,166	10,34	0,357
85	0,1231	0,4924	1,108	1,970	3,078	4,432	6,032	7,878	9,971	0,351
90	0,1189	0,4756	1,070	1,902	2,972	4,280	5,826	7,610	9,631	0,345
95	0,1149	0,4596	1,034	1,838	2,873	4,136	5,630	7,354	9,307	0,339

Tafel A5

Beziehungen zwischen hexagonalen, rhomboedrischen und orthohexagonalen Kristallsystemen

A. Umrechnung der rhomboedrischen Gitterdaten in hexagonale:

$$a_{hex.} = 2\,a_{rhomb.}\,\sin\frac{\alpha}{2}; \qquad \left(\frac{c}{a}\right)_{hex.} = \sqrt{\frac{9}{4\sin^2\left(\dfrac{\alpha}{2}\right)} - 3};$$

$$a_{rhomb.} = a_{hex.}\sqrt{\frac{1}{3} + \left(\frac{c}{a}\right)^2\frac{1}{9}}; \qquad \sin\frac{\alpha}{2} = \frac{1}{2\sqrt{\dfrac{1}{3} + \left(\dfrac{c}{a}\right)^2\dfrac{1}{9}}}$$

α	$\dfrac{c}{a}$	$\sqrt{\dfrac{1}{3}+\left(\dfrac{c}{a}\right)^2\dfrac{1}{9}}$	α	$\dfrac{c}{a}$	$\sqrt{\dfrac{1}{3}+\left(\dfrac{c}{a}\right)^2\dfrac{1}{9}}$	α	$\dfrac{c}{a}$	$\sqrt{\dfrac{1}{3}+\left(\dfrac{c}{a}\right)^2\dfrac{1}{9}}$
0	∞	∞	40	4,03	1,45	80	1,56	0,777
1	172	57,3	41	3,82	1,40	81	1,53	0,770
2	85,9	28,6	42	3,81	1,395	82	1,49	0,762
3	57,3	19,1	43	3,71	1,365	83	1,46	0,755
4	42,9	14,3	44	3,61	1,335	84	1,42	0,747
5	33,3	10,7	45	3,52	1,31	85	1,39	0,740
6	28,6	9,53	46	3,43	1,28	86	1,35	0,732
7	24,5	8,19	47	3,34	1,255	87	1,32	0,726
8	21,4	7,16	48	3,26	1,23	88	1,29	0,720
9	18,0	6,03	49	3,17	1,204	89	1,26	0,714
10	17,1	5,72	50	3,10	1,18	90	1,22	0,706
11	15,5	5,20	51	3,02	1,16	91	1,19	0,700
12	14,2	4,73	52	2,95	1,14	92	1,16	0,695
13	13,1	4,41	53	2,88	1,12	93	1,13	0,689
14	12,2	4,10	54	2,81	1,10	94	1,10	0,684
15	11,4	3,84	55	2,75	1,08	95	1,07	0,6785
16	10,6	3,58	56	2,69	1,065	96	1,04	0,674
17	10,0	3,38	57	2,61	1,04	97	1,01	0,668
18	9,43	3,20	58	2,56	1,03	98	0,975	0,662
19	8,92	3,03	59	2,51	1,016	99	0,944	0,658
20	8,46	2,88	60	2,45	1,00	100	0,913	0,653
21	8,05	2,74	61	2,39	0,985	101	0,883	0,648
22	7,67	2,62	62	2,34	0,970	102	0,852	0,6435
23	7,32	2,51	63	2,29	0,957	103	0,821	0,639
24	7,00	2,40	64	2,24	0,944	104	0,791	0,635
25	6,71	2,31	65	2,19	0,931	105	0,758	0,630
26	6,44	2,22	66	2,14	0,918	106	0,727	0,626
27	6,19	2,14	67	2,09	0,905	107	0,694	0,622
28	5,95	2,07	68	2,05	0,895	108	0,662	0,618
29	5,73	2,00	69	2,00	0,882	109	0,628	0,614
30	5,53	1,93	70	1,96	0,872	110	0,593	0,610
31	5,34	1,87	71	1,92	0,862	111	0,560	0,606
32	5,16	1,81	72	1,87	0,850	112	0,523	0,603
33	4,99	1,76	73	1,83	0,840	113	0,485	0,5995
34	4,83	1,71	74	1,79	0,830	114	0,446	0,596
35	4,68	1,66	75	1,75	0,821	115	0,404	0,593
36	4,53	1,61	76	1,71	0,811	116	0,361	0,590
37	4,40	1,57	77	1,67	0,802	117	0,308	0,586
38	4,27	1,53	78	1,64	0,795	118	0,250	0,583
39	4,15	1,50	79	1,60	0,786	119	0,175	0,580

Tafel A 5 (Fortsetzung)

Beziehungen zwischen hexagonalen, rhomboedrischen und orthohexagonalen Kristallsystemen

B. Transformation der Indices

α) Transformation der hexagonalen Indices (hkl) in orthohexagonale Indices (h', k', l):

$$h' = 2h + k \qquad \text{umgekehrt} \qquad h = \frac{h' - k}{2}$$
$$k' = k \qquad\qquad\qquad\qquad\qquad k = k'$$
$$l' = l \qquad\qquad\qquad\qquad\qquad l = l'$$

β) Transformation der hexagonalen Indices (hkl) in rhomboedrische Indices (r, s, t):

$$r = 2h + k + l \qquad \text{umgekehrt} \qquad h = r - s$$
$$s = k - h + l \qquad\qquad\qquad\qquad k = s - t$$
$$t = -2k - h + l \qquad\qquad\qquad l = r + s + t$$

γ) Transformation der orthohexagonalen Indices (h', k', l') in rhomboedrische (rst):

$$r = 2h' + 2l \qquad \text{umgekehrt} \qquad h' = 2r - s - r$$
$$s = -h' + 3k' + 2l \qquad\qquad\qquad k' = s - t$$
$$t = -h' - 3k' + 2l \qquad\qquad\qquad l' = r + s + t$$

C. Rhomboederbedingung

Das hexagonale Gitter kann dann mit einer rhomboedrischen Elementarzelle beschrieben werden, wenn die hexagonale Indicierung eine der beiden Gleichungen

$$h - k + l = 3n$$
$$\text{oder} \quad k - h + l = 3n \quad (n = 0, 1, 2, \ldots)$$

erfüllt.

Tafel A 6
Kubische Gittertypen

Gittertyp	Indizes
$K1$ $(A2)$ α-Fe Kub.raumz.	
$K2$ $(A1)$ Ag Kub.flächenz.	
$K3$ $(B2)$ CsCl CsCl-Typ	
$K4$ $(B3)$ ZnS ZnS-Typ	
$K5$ $(B1)$ NaCl NaCl-Typ	
$K6$ $(C1)$ CaF_2 CaF_2-Typ	
$K7$ $(C3)$ Cu_2O Cu_2O-Typ	
$K8$ (C) β-Christobalit β-Christobalit-Typ	
$K9$ $(C2)$ FeS_2 FeS_2-Pyrit-Typ	
$K10$ $(H11)$ Fe_3O_4 Spinell-Typ $MgAl_2O_4$	
$K11$ $(J1)$ K_2TeCl_6 $(PtCl_6)K_2$-Typ	
$K12$ $(A13)$ Cu_5Si β-Mn-Typ	

Indizes: 001, 011, 111, 002, 012, 112, 022, 122, 013, 113, 222, 023, 123, 004, 014, 033, 133, 024, 233, 224

Tafel A6 (Fortsetzung)
Kubische Gittertypen

Gittertyp												Indizes
K13 (D11) SnJ_4 SnJ_4-Typ	K14 (A12) α-Mn α-Mn-Typ	K15 (B20) $KAl(SO_4)_2 \cdot 12H_2O$ FeSi-Typ	K16 ($D5_3$) Mn_2O_3 Mn_2O_3-Typ	K17 (D21) CaB_6 BaB_6-Typ	K18 (E21) $CaTiO_3$ $CaTiO_3$-Typ	K19 (H) $NaClO_4$ $NaClO_4$-Typ	K20 (F1) CoAsSb CoAsSb-Typ	K21 (B32) NaTl NaTl-Typ	K22 (C15) Cu_2Mg Cu_2Mg-Typ	K23 (L21) Fe_3Al Cu_2AlMn-Typ	K24 (D8) Co_9Zn_{21} γ-Phasen	001
												011
												111
												002
												012
												112
												022
												122
												013
												113
												222
												023
												123
												004
												014
												033
												133
												024
												233
												224

Tafel A 7
Tetragonale Gittertypen

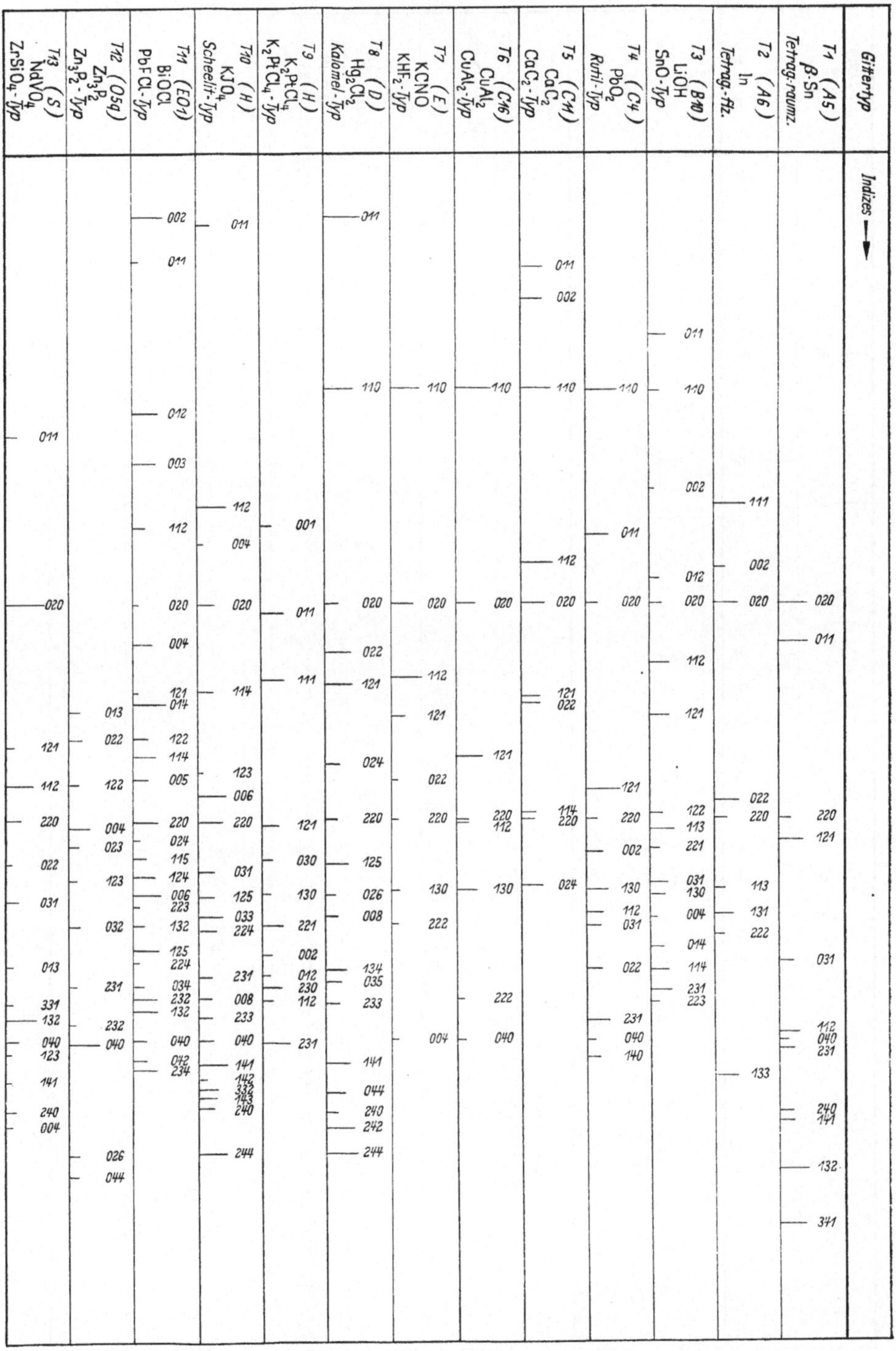

Indizes →

Jede Spalte entspricht einem Gittertyp; die Indizes (hkl) sind längs der senkrechten Skala von oben nach unten eingetragen.

Gittertyp	Indizes (von oben nach unten)
T1 (A5) β-Sn, Tetrag.-raumz.	020, 011, 220, 121, 031, 112, 040, 231, 240, 141, 132, 341
T2 (A6) In, Tetrag.-flz.	111, 002, 020, 022, 220, 113, 131, 222, 133
T3 (B10) LiOH, SnO-Typ	011, 110, 002, 012, 020, 112, 121, 122, 113, 221, 031, 130, 004, 014, 114, 231, 223
T4 (C4) PbO_2, Rutil-Typ	110, 011, 020, 121, 220, 002, 130, 112, 031, 022, 231, 040, 140
T5 (C11) CaC_2, CaC_2-Typ	011, 002, 110, 112, 020, 121, 022, 114, 220, 024
T6 (C16) $CuAl_2$, $CuAl_2$-Typ	110, 020, 121, 220, 112, 130, 222, 040
T7 (E) KCNO, KHF_2-Typ	110, 020, 112, 121, 022, 220, 130, 222, 004
T8 (D) Hg_2Cl_2, Kalomel-Typ	011, 110, 020, 022, 121, 024, 220, 125, 026, 008, 134, 035, 233, 141, 044, 240, 242, 244
T9 (H) K_2PtCl_4, K_2PtCl_4-Typ	001, 011, 111, 121, 030, 130, 221, 002, 012, 230, 112, 231
T10 (H) KJO_4, Scheelit-Typ	011, 110, 112, 004, 020, 114, 123, 006, 220, 031, 125, 033, 224, 231, 008, 233, 040, 141, 142, 332, 143, 240, 244
T11 (EO1) BiOCl, PbFCl-Typ	002, 011, 012, 003, 112, 020, 004, 121, 014, 122, 114, 005, 220, 024, 115, 124, 006, 223, 132, 125, 224, 034, 232, 132, 040, 042, 234
T12 (O5a) Zn_3P_2, Zn_3P_2-Typ	013, 022, 122, 004, 023, 123, 032, 231, 232, 040, 026, 044
T13 (S) $NdVO_4$, $ZrSiO_4$-Typ	011, 020, 121, 112, 220, 022, 031, 013, 331, 132, 040, 123, 141, 240, 004

Tafel A8
Hexagonale Gittertypen

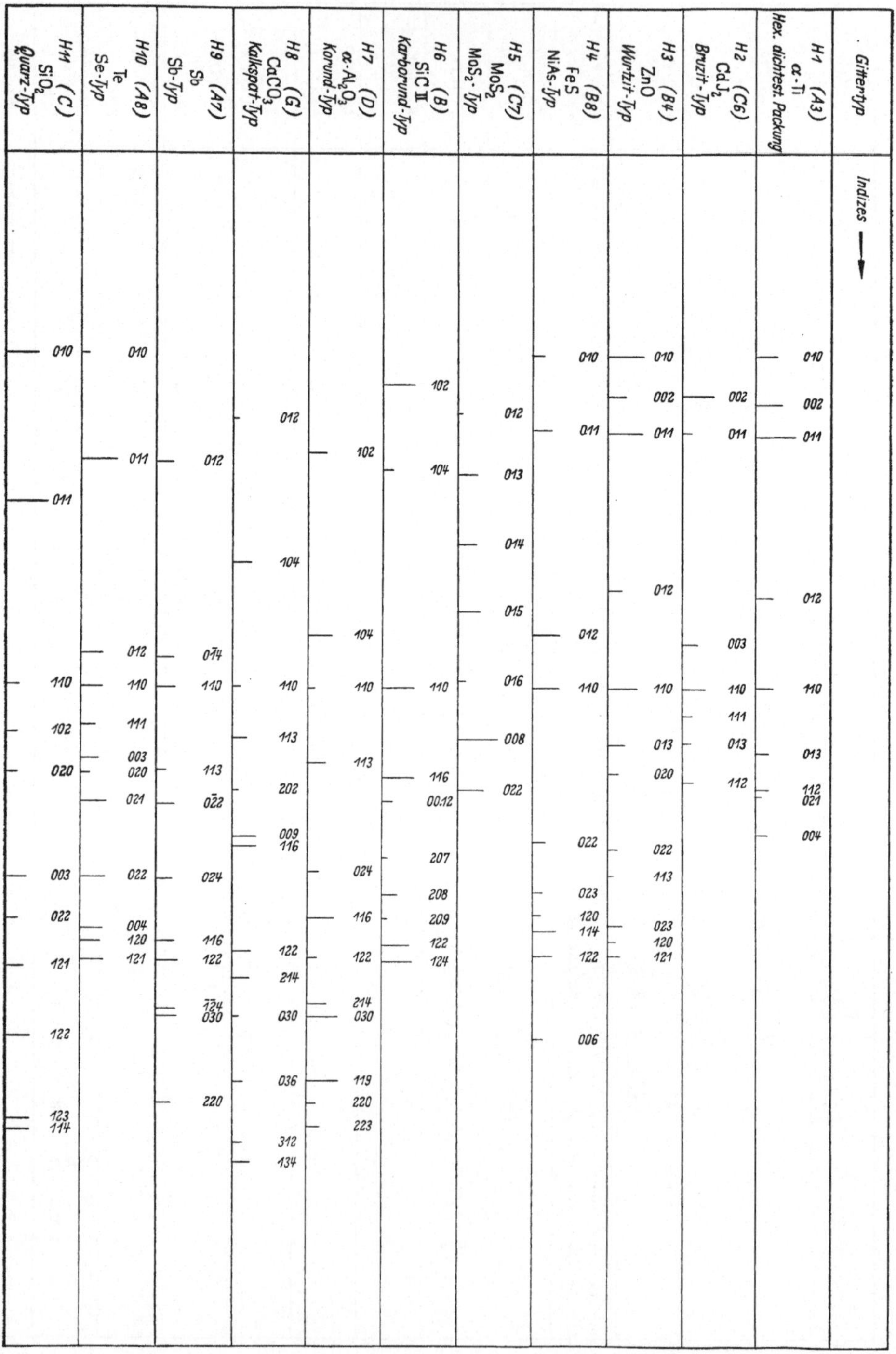

Gittertyp — Indizes →

H1 (A3) α-Ti, Hex. dichtest. Packung: 010, 002, 011, 012, 110, 013, 112/021, 004

H2 (C6) CdJ₂, Bruzit-Typ: 002, 011, 003, 110, 111, 013, 112

H3 (B4) ZnO, Wurtzit-Typ: 010, 002, 011, 012, 110, 013, 020, 022, 113, 023, 120, 121

H4 (B8) FeS, NiAs-Typ: 010, 011, 012, 110, 022, 023, 120, 114, 122, 006

H5 (C7) MoS₂, MoS₂-Typ: 012, 013, 014, 015, 016, 008, 022

H6 (B) SiC II, Karborund-Typ: 102, 104, 110, 116, 00·12, 207, 208, 209, 122, 124

H7 (D) α-Al₂O₃, Korund-Typ: 102, 104, 110, 113, 024, 116, 122, 214/030, 119, 220, 223

H8 (G) CaCO₃, Kalkspat-Typ: 012, 104, 110, 113, 202, 009/116, 024, 122, 214, 1̄2̄4/030, 036, 312, 134

H9 (A7) Sb, Sb-Typ: 012, 01̄4, 110, 113, 02̄2, 024, 116, 122, 7̄2̄4/030, 220

H10 (A8) Te, Se-Typ: 010, 011, 012, 110, 111, 003/020, 021, 022, 004/120, 121

H11 (C) SiO₂, Quarz-Typ: 010, 011, 110, 102, 020, 003, 022, 121, 122, 123/114

Tafel A 8 (Fortsetzung)
Hexagonale Gittertypen

Gittertyp — *Indices* →

Gittertyp			Indices (von oben nach unten)
H 12 (B_h)	WC	WC-Typ	001, 100, 101, 110, 002, 111, 200, 102, 201, 112
H 13 (D)	$CuZn_3$	ε-Phasen	010, 002, 011, 012, 110, 013, 020, 112, 021, 004, 022, 014, 023, 120, 121, 114, 122, 015, 024, 030
H 14 $(C14)$	$MgZn_2$	$MgZn_2$-Typ	010, 002, 011, 012, 110, 013, 020, 112, 021, 004, 022, 014, 023, 120, 121, 030, 123, 032, 016, 033, 220
H 15 (DO_{18})	K_3Bi	Na_3As-Typ	002, 101, 110, 103, 004, 020, 021, 023, 114, 210, 211
H 16 $(D5_2)$	Mg_3Bi	La_2C_3-Typ	010, 002, 011, 012, 003, 110, 013, 020, 112, 021, 004, 022, 014, 023, 120, 121, 114
H 17 (D)	AlF_3	FeF_3-Typ	102, 104, 105, 113, 006, 202, 204, 116, 212, 300, 303, 220
H 18 $(C36)$	Ni_2Mg	BiJ_3-Typ	011, 012, 110, 016, 114, 022, 008, 023, 024, 108, 025, 026, 120
H 19 $(C19)$	$MgCl_2$	$CdCl_2$-Typ	012, 006, 104, 110, 018, 202, 116, 024, 10.10, 00.12, 208, $\bar{1}32$, 214, 01.14, 030, 128
H 20 $(C32)$	TiB_2	AlB_2-Typ	001, 010, 011, 002, 110, 111, 020, 021, 112, 022
H 21 (E)	NaN_3	$CJCl_2$-Typ	011, 102, 006, 014, 105, 110, 022, 116, 204
H 22 (DO_{19})	Mg_3Cd	Mg_3Cd-Typ	010, 002, 011, 012, 110, 013, 020, 112, 004, 022, 113, 023

Tafel A 9

	Struktur	a	b	c	α oder β
Ag	K 2	4,08624	—	—	—
Ag_3Al	K 12	6,934	—	—	—
Ag_5Al_3	H 13	~2,876	—	4,439	—
Ag_3As	H 13	2,896	—	4,709	—
$AgAsMg$	K 6	6,253	—	—	—
Ag_3AsO_4	K 5	5,772	—	—	—
$AgAuTc_4$	M	8,958	4,489	14,62	145° 20'
$AgBe_2$	K 22	6,2997	—	—	—
$AgBiS_2$	R	8,096	7,836	5,661	—
$AgBr$	K 5	5,78	—	—	—
$AgBrO_3$	T	8,61	—	8,096	—
$AgCd$	K 3	3,34	—	—	—
$AgCd_3$	H 13	3,016	—	4,89	—
Ag_5Cd_8	K 24	9,95—10,0	—	—	—
$AgCe$	K 3	3,739	—	—	—
$AgCl$	K 5	5,558	—	—	—
$AgClO_2$	T	12,195	—	6,704	—
$AgClO_4$	K 19	6,934	—	—	—
Ag_2CO_3	M	4,84	9,54	3,237	92° 42'
AgF	K 5	4,93	—	—	—
Ag_2F	H 2	2,995	—	5,712	—
$AgFeO_2$	H 21	4,62	—	—	85° 28'
Ag_5Hg_8	K 24	10,03	—	—	—
AgI	K 4	6,486	—	—	—
	H 3	4,589	—	7,509	—
$AgIO_4$	T 10	5,381	—	12,044	—
$AgLa$	K 3	3,768	—	—	—
$AgLi$	K 3	3,174	—	—	—
$AgMg$	K 3	3,287	—	—	—
$AgMnO_4$	M	5,671	8,287	7,134	92° 30'
Ag_2MoO_4	K 10	9,279	—	—	—
AgN_3	R	5,591	5,942	6,052	—
$AgNO_3$	R	3,517	6,152	5,170	—
Ag_2O	K 7	4,73	—	—	—
Ag_2O_3	K	9,84	—	—	—
Ag_3PO_4	K	5,044	—	—	—
$AgReO_4$	T 10	5,36	—	11,944	—
Ag_2S	K	4,89	—	—	—
	R	4,78	6,934	7,004	—
Ag_2SO_4	R	5,831	12,676	10,271	—
Ag_3Sb	H 13	2,93—2,97	—	4,76—4,79	—
$AgSbS_2$	M	13,197	4,399	12,846	98° 37'

	Struktur	a	b	c	α oder β
Ag_2SeO_4	R	6,082	12,836	10,23	—
Ag_5Sn	H 13	2,94—2,96	—	4,77—4,78	—
$AgZn$	K 3	3,162	—	—	—
$AgZn_3$	H 13	2,826	—	4,469	—
Ag_5Zn_8	K 24	9,349	—	—	—
Al	K 2	4,0496	—	—	—
$AlAs$	K 4	5,631	—	—	—
$AlAsO_4$	H	5,040	—	11,24	—
AlB_2	H 20	3,006	—	3,247	—
Al_4Ba	T	4,539	—	11,17	—
Al_2BeO_4	R	4,429	9,409	5,481	—
Al_4C_3	H	8,547	—	—	20° 28'
Al_5C_3N	H	3,287	—	21,634	—
$AlCl_3$	H 17	5,922	—	17,56	—
Al_2CoO_4	K 10	8,117	—	—	—
Al_2Cu	T 6	6,052	—	4,87	—
Al_2CuO_4	K 10	8,080	—	—	—
AlF_3	H 17	5,039	—	—	58° 31'
$Al_2F_2SiO_4$	R	4,65	8,798	8,397	—
Al_2FeO_4	K 10	8,135	—	—	—
$AlLi$	K	6,373	—	—	—
Al_2Mg_3	K 14	10,561	—	—	—
Al_2MgO_4	K 10	8,075	—	—	—
Al_2MnO_4	K 10	8,288	—	—	—
$Al_2Mn_3(SiO_4)_3$	K 15	11,57	—	—	—
AlN	H 3	3,110	—	4,975	—
$AlNd$	K 3	3,74	—	—	—
$AlNi$	K 3	2,887	—	—	—
Al_2NiO_4	K 10	8,066	—	—	—
$\alpha\text{-}Al_2O_3$	H 7	5,140	—	—	55° 6'
$\beta\text{-}Al_2O_3$	H	5,571	—	22,645	—
$\gamma\text{-}Al_2O_3$	K 10	7,926	—	—	—
AlO_2H	R	4,409	9,409	2,846	—
$Al(OH)_3$	M	8,641	5,070	9,719	85° 26'
AlP	K 4	5,431	—	—	—
$AlPO_4$	H	4,94	—	10,96	—
$AlSb$	K 4	6,142	—	—	—
$AlSbO_4$	T 4	4,519	—	2,967	—
Al_2SiO_5	R	7,415	7,615	5,712	—
Al_3Ti	T	5,435	—	8,577	—
Al_2ZnO_1	K 10	8,078	—	—	—
As	H 9	4,131	—	—	54° 10'

Tafel A 9 (Fortsetzung)

	Struktur	a	b	c	α oder β		Struktur	a	b	c	α oder β
AsI_3	H 17	8,267	—	—	51° 20'	$BaMoO_4$	T 10	5,57	—	12,786	—
As_2NiO_4	T	8,237	—	5,631	—	$BaNH$	K 5	5,852	—	—	—
As_2O_3	K 4	11,08	—	—	—	$Ba(NO_3)_2$	K 9	8,126	—	—	—
As_2PbS_4	M	58,498	7,81	83,47	90°	BaO	K 5	5,534	—	—	—
AsS	M	9,29	13,53	6,57	73° 27'	BaO_2	T 5	5,351	—	6,784	—
Au	K 2	4,078 56	—	—	—	BaO_2TiO_2	M	9,429	3,938	16,926	103° 2'
Au_3Al	K 12	6,924	—	—	—	BaS	K 5	6,363	—	—	—
$AuAl_2$	K 6	6,012	—	—	—	BaS_3	R	8,337	9,659	4,83	—
Au_2Bi	K 22	7,958	—	—	—	$BaSO_4$	R	8,881	5,452	7,154	—
$AuCdS$	K 3	3,347	—	—	—	$BaSe$	K 5	6,633	—	—	—
$AuCdS$	R	3,146	4,86	4,76	—	Ba_2SiO_4	R	5,772	10,19	7,575	—
$AuCu$	T 2	3,99	—	3,73	—	$BaSnO_3$	K 18	4,108	—	—	—
$AuCu_3$	K 2	3,76	—	—	—	$BaTe$	K 5	7,000	—	—	—
$AuGa_2$	K 6	6,095	—	—	—	$BaThO_3$	K 18	4,489	—	—	—
Au_3Hg	H 13	2,916	—	4,78	—	$BaTiO_3$	K 18	3,978	—	—	—
$AuIn_2$	K 6	6,391	—	—	—	$BaWO_4$	T 10	5,65	—	12,725	—
$AuMg$	K 3	3,266	—	—	—	$BaZrO_3$	K 18	4,185	—	—	—
$AuMn$	T	3,287	—	3,126	—	Be	H 1	2,286 06	—	3,584 29	—
Au_2Pb	K 22	7,926	—	—	—	Be_2C	K 6	4,339	—	—	—
$AuSb_2$	K 9	6,64	—	—	—	$BeCo$	K 3	2,611	—	—	—
$AuSn$	H 4	4,328	—	5,523	—	$BeCu$	K 3	2,703	—	—	—
Au_5Sn	H 13	2,906—2,936	—	4,79—4,77	—	Be_2GeO_4	H	7,905	—	—	108° 6'
$AuZn$	K 3	3,196	—	—	—	Be_3N_2	K 16	8,146	—	—	—
$AuZn_3$	H 13	2,816	—	4,389	—	BeO	H 3	2,700	—	4,384	—
Au_5Zn_8	K 24	9,29—9,24	—	—	—	Be_3P_2	K 16	10,17	—	—	—
						$BePd$	K 3	2,819	—	—	—
						BeS	K 4	4,86	—	—	—
$BAsO_4$	T	4,467	—	6,79	—	$BeSe$	K 4	5,08	—	—	—
BN	H 4	2,504	—	6,66	—	Be_2SiO_4	H	7,696	—	—	108° 1'
B_2O_3	K	10,055	—	—	—	$BeTe$	K 4	5,551	—	—	—
BPO_4	T	4,341	—	6,653	—	Bi	H 9	4,7459	—	—	57° 14,5'
Ba	K 1	5,019	—	—	—	$BiAsO_4$	T 10	5,09	—	11,724	—
$BaAl_2O_4$	H	5,22	—	8,808	—	BiF_3	K	5,86	—	—	—
BaB_6	K 17	4,289	—	—	—	BiI_3	H 17	8,146	—	—	54° 50'
$BaBr_2$	R	9,858	8,264	4,958	—	$BiOBr$	T 11	3,928	—	8,116	—
BaC_2	T 5	6,233	—	7,064	—	$BiOCl$	T 11	3,898	—	7,395	—
$BaCeO_3$	K 18	4,386	—	—	—	$BiOI$	T 11	4,018	—	9,168	—
$BaCl_2$	R	9,352	7,839	4,715	—	$\alpha\text{-}Bi_2O_3$	M	5,842	8,156	7,495	67° 4'
$BaCO_3$	R	8,852	6,562	5,266	—	$\beta\text{-}Bi_2O_3$	T	10,952	—	5,631	—
BaF_2	K 6	6,199	—	—	—	$BiTl$	K 3	3,988	—	—	—
$BaHPO_4$	R	4,619	14,11	17,13	—	$BiVO_4$	R	5,391	5,050	12,004	—
BaI_2	R	10,587	8,880	5,279	—	Br	R	4,489	6,683	8,737	—

Tafel A 9 (Fortsetzung)

	Struktur	a	b	c	α oder β		Struktur	a	b	c	α oder β
C	K 4	3,5668	—	—	—	Cd	H 1	2,9851	—	5,6206	—
C	H 9	3,642	—	—	39° 30′	Cd₃As₂	T 12	8,963	—	12,676	—
CO	K	5,641	—	—	—	CdBr₂	H 19	6,643	—	—	34° 42′
CO₂	K 9	5,641	—	—	—	CdCO₃	H 8	6,124	—	—	47° 24′
CSi	K 4	4,357	—	—	—	CdCl	K 3	3,868	—	—	—
Ca.	K 2	5,576	—	—	—	CdCl₂	H 19	6,243	—	—	36° 2′
Ca	H 1	3,988	—	6,533	—	CdCrO₄ . . .	R	5,685	8,692	6,907	—
CaB₆	K 17	4,153	—	—	—	CdF₂	K 6	5,411	—	—	—
CaC₂	T 5	3,878	—	6,383	—	CdHg	T	3,938	—	2,916	—
CaCN₃ . . .	H 21	5,41	—	—	39° 55′	CdI₂	H 2	4,249	—	6,854	—
CaCO₃ . . .	R 7	7,956	5,732	4,95	—	CdLa. . . .	K 3	3,908	—	—	—
CaCO₃ . . .	H 8	6,374	—	—	46° 6′	CdMg₃ . . .	H 22	3,136	—	5,080	—
CaCl₂ . . .	R	6,253	6,443	4,208	—	Cd₃Mg . . .	H 22	2,936	—	5,521	—
CaCrO₄ . . .	T 13	7,265	—	6,363	—	CdMoO₄ . . .	T 10	5,150	—	11,192	—
CaF₂	K 6	5,462	—	—	—	Cd₃N₂ . . .	K 16	10,811	—	—	—
CaGa₂ . . .	H 20	4,323	—	4,323	—	CdO	K 5	4,698	—	—	—
CaI₂	H 2	4,489	—	6,964	—	Cd(OH)₂ . .	H 2	3,487	—	4,679	—
CaMg(CO₃)₂ . .	H 8	6,062	—	—	46° 54′	CdP₂	T	5,291	—	19,74	—
CaMoO₄ . . .	T 10	5,24	—	11,46	—	Cd₃P₂	T 12	8,764	—	12,405	—
Ca₃N₂ . . .	K 16	10,421	—	—	—	CdPr. . . .	K 3	3,828	—	—	—
CaNH	K 5	5,016	—	—	—	CdS	K 4	5,832	—	—	—
CaO	K 5	4,807	—	—	—	CdS	H 3	4,139	—	6,7045	—
CaO₂ . . .	T 5	5,02	—	5,932	—	CdSb₂ . . .	M	7,2145	13,537	6,172	100° 14′
Ca(OH)₂ . .	H 2	8,5916	—	4,9060	—	CdSe. . . .	K 4	6,052	—	—	—
CaOSiO₂ . .	M	15,36	7,295	7,084	95° 24′	CdSe. . . .	H 3	4,309	—	7,034	—
CaPb₃ . . .	K 2	4,90	—	—	—	CdTe. . . .	K 4	6,423	—	—	—
CaS	K 5	5,69	—	—	—	CdTiO₃ . . .	H 7	5,882	—	—	53° 36′
CaSe. . . .	K 5	5,992	—	—	—	Ce	K 2	5,150	—	—	—
CaSn₃ . . .	K 2	4,74	—	—	—	Ce	H 1	3,657	—	5,972	—
CaSn(BO₃)₂ . .	H 8	6,013	—	—	47° 42′	CeB₆	K 17	4,138	—	—	—
CaSnO₃. . .	K 18	3,928	—	—	—	CeC₂	T 5	3,878	—	6,473	—
CaTe. . . .	K 5	6,358	—	—	—	CeF₃	H	7,128	—	7,288	—
CaTiO₃ . . .	K 18	3,848	—	—	—	CeGa₂ . . .	H 20	4,312	—	4,316	—
CaTl	K 3	3,494	—	—	—	CeMg₃ . . .	K 21	7,385	—	—	—
CaTl₃ . . .	K 2	4,804	—	—	—	CeO₂	K 6	5,420	—	—	—
CaWO₄ . . .	T 10	5,251	—	11,403	—	Ce₂O₃ . . .	H 16	3,888	—	6,062	—
CaZrO₃ . . .	K 18	3,998	—	—	—	CePb₃ . . .	K 2	4,870	—	—	—
Cb	K 1	3,3007	—	—	—	CePO₄ . . .	M	6,774	7,014	6,453	—
CbC	K 5	4,471	—	—	—	CeSn₃ . . .	K 2	4,720	—	—	—
CbN	K 5	4,419	—	—	—	Co	K 2	3,561	—	—	—
CbN	H 3	3,023	—	5,591	—	Co	H 1	2,519	—	4,113	—
CbO₂	T 4	4,78	—	2,966	—	CoAl	K 3	2,854	—	—	—

	Struktur	a	b	c	α oder β		Struktur	a	b	c	α oder β
Co_2Al_5	H	-7,671	—	7,620	—	Cr_2Al	T	3,004	—	8,637	—
$CoAs$	R	5,972	5,160	3,517	—	Cr_5Al_8	H	7,804	—	—	109° 8′
$CoAsS$	K 20	5,611	—	—	—	$CrAs$	R	3,486	6,223	5,742	—
Co_2B	T 6	5,016	—	4,220	—	Cr_2As	T	3,620	—	6,353	—
$CoBr_2$	H 2	3,687	—	6,132	—	Cr_2Be_3	H 14	4,249	—	6,934	—
$CoCo_3$	H 8	5,685	—	—	48° 14′	$CrBr_3$	H 17	7,064	—	—	32° 36′
$CoCl_2$	H 19	6,172	—	—	33° 26′	Cr_3C_2	R	2,826	5,531	11,483	—
$CoCrO_4$	R	5,516	8,298	6,219	—	$CrCbO_4$	T 4	4,644	—	3,011	—
Co_2CuO_4	K 10	8,055	—	—	—	Cr_2CdO_4	K 10	8,584	—	—	—
Co_2CuS_4	K 10	9,477	—	—	—	Cr_2CdS_4	K 10	10,210	—	—	—
CoF_2	T 4	4,699	—	3,196	—	$CrCl_3$	H 17	6,012	—	17,33	—
CoF_3	H 17	5,311	—	—	57° 0′	Cr_2CoO_4	K 10	8,336	—	—	—
CoI_2	H 2	3,968	—	6,663	—	Cr_2FeO_4	K 10	8,361	—	—	—
Co_2MgO_4	K 10	8,123	—	—	—	Cr_2MgO_4	K 10	8,322	—	—	—
CoO	K 5	4,259	—	—	—	Cr_2MnO_4	K 10	8,453	—	—	—
Co_3O_4	K 10	8,126	—	—	—	Cr_2MnS_4	K 10	10,07	—	—	—
$Co(OH)_2$	H 2	3,179	—	4,609	—	Cr_2N	H 13	2,756-2,776	—	4,459-4,449	—
CoP	R 9	5,599	5,076	3,280	—	Cr_2NiO_4	K 10	8,316	—	—	—
CoS	H 4	3,374	—	5,170	—	CrO_2	T 4	4,78	—	3,968	—
CoS_2	K 9	5,535	—	—	—	CrO_3	R	8,477	4,78	5,711	—
Co_3S_4	K	9,399	—	—	—	Cr_2O_3	H 7	5,391	—	—	54° 50′
Co_9S_8	K	9,930	—	—	—	CrP	R	5,942	5,366	3,126	—
$CoSO_4$	R	4,660	6,723	8,467	—	Cr_3P	T	9,144	—	4,569	—
$CoSb$	H 4	3,874	—	5,198	—	CrS	H 4	3,455	—	5,766	—
$CoSe$	H 4	3,621	—	5,289	—	$CrSb$	H 4	4,118	—	5,471	—
$CoSe_2$	K 9	5,866	—	—	—	$CrSbO_4$	T 4	4,586	—	3,048	—
$CoSi$	K 15	4,447	—	—	—	$CrSe$	H 4	3,691	—	6,031	—
Co_2Si	R	7,114	4,920	3,738	—	$CrSi$	K 15	4,629	—	—	—
$CoSn$	H	5,279	—	4,259	—	$CrSi_2$	H	4,431	—	6,371	—
$CoSn_2$	T	6,361	—	5,450	—	$CrTaO_4$	T 4	4,635	—	3,015	—
$CoSnO_4$	K 16	8,617	—	—	—	$CrTe$	H 4	3,989	—	6,223	—
$CoTe$	H 4	3,888	—	6,371	—	Cr_2ZnO_4	K 10	8,313	—	—	—
$CoTe_2$	R	5,312	6,311	3,890	—	$CrZnSn_4$	K 10	9,940	—	—	—
$CoTiO_3$	H 7	5,481	—	—	54° 42′	Cs	K 1	6,062	—	—	—
$CoTiO_4$	K 10	8,437	—	—	—	$CsBr$	K 3	4,296	—	—	—
$CoWO_4$	M	4,669	5,710	4,990	90°	$CsCl$	K 3	4,118	—	—	—
$CoZn_3$	K 12	4,553	—	—	—	$CsCl$	K 5	7,034	—	—	—
Co_5Zn_{21}	K 24	8,898-8,988	—	—	—	$CsClO_4$	K 19	7,976	—	—	—
Co_2ZnO_4	K 10	8,124	—	—	—	Cs_2CrO_4	R	11,157	8,3799	6,239	—
Cr	K 1	2,8853	—	—	—	$CsCrO_4F$	T 10	5,7265	—	1,453	—
Cr	H 1	2,722	—	4,427	—	CsF	K 5	6,020	—	—	—
$\gamma\,Cr$	K 14	8,738	—	—	—	CsH	K 5	6,389	—	—	—

Tafel A 9 (Fortsetzung)

	Struktur	a	b	c	α oder β		Struktur	a	b	c	α oder β
CsI	K 3	4,571	—	—	—	Cu_2S	R	11,823	2,695	13,427	—
CsI_3	R	6,834	9,970	11,042	—	Cu_2Sb	T	4,000	—	6,092	—
$CsICl_2$	H 21	5,471	—	—	70° 42'	Cu_3Sb	H 13	2,725–2,755	—	4,339–4,359	—
$CsIO_3$	K 18	4,669	—	—	—	Cu_2Se	K 6	5,761	—	—	—
$CsIO_4$	R	5,850	6,026	14,393	—	Cu_5Si	K 12	6,223	—	—	—
CsO_2	T 5	6,293	—	7,215	—	Cu_5Si	H 13	2,595	—	4,238	—
Cs_2O	H 19	6,74	—	—	36° 59'	$Cu_{15}Si_4$	K	9,709	—	—	—
$CsReO_4$	R	5,634	5,980	14,269	—	$CuSn$	H 4	4,198	—	5,096	—
Cs_2SO_4	R 3	10,905	8,215	6,231	—	Cu_3Sn	H 13	2,756	—	4,319	—
$CsSO_3F$	T 10	5,622	—	11,155	—	$Cu_{31}Sn_8$	K 24	17,956	—	—	—
Cu	K 2	3,6149	—	—	—	$CuZn$	K 3	2,951	—	—	—
$CuAl_2$	T 6	6,062	—	4,890	—	$CuZn_3$	H 13	2,756	—	4,299	—
Cu_3Al	K 23	6,954	—	—	—	Cu_5Zn_8	K 24	8,87–8,91	—	—	—
Cu_9Al_4	K 24	8,717–8,697	—	—	—						
Cu_2AlMn	K 23	5,912	—	—	—	α-Fe	K 1	2,86647	—	—	—
Cu_3As	H	7,102	—	7,235	—	β-Fe	K 1	2,906	—	—	—
$CuAsS$	R	3,788	5,481	11,493	—	γ-Fe	K 2	3,637	—	—	—
$CuBe$	K 3	2,695	—	—	—	δ-Fe	K 1	2,936	—	—	—
$CuBe_2$	K 22	5,952	—	—	—	Fe_3Al	K 23	5,812	—	—	—
$CuBiMg$	K 6	6,269	—	—	—	$FeAs$	R	5,794	5,187	3,095	—
$CuBr$	K 4	5,691	—	—	—	$FeAs_2$	R	5,261	5,932	2,856	—
Cu_5Cd_8	K 24	9,659	—	—	—	Fe_2As	T	3,634	—	5,985	—
$CuCdSb$	K 6	6,275	—	—	—	$FeAsS$	M	9,529	5,661	6,433	90°
$CuCl$	K 4	5,417	—	—	—	FeB	R	4,061	5,506	2,952	—
$CuCrO_4$	R	5,437	8,913	5,890	—	Fe_2B	T 6	5,109	—	4,249	—
CuF	K 4	4,264	—	—	—	FeB_2	H 2	3,747	—	6,182	—
CuF_2	K 6	5,417	—	—	—	Fe_3C	R	4,526	5,089	6,743	—
$CuFeO_2$	H 21	5,972	—	—	29° 26'	$FeCO_3$	H 8	5,766	—	—	47° 25'
$CuFeS_2$	T	5,251	—	10,311	—	$FeCbO_4$	T 4	4,689	—	3,056	—
CuH	H 3	2,899	—	4,623	—	Fe_2CdO_4	K 10	8,748	—	—	—
Cu_4Hg_3	K 24	9,419	—	—	33° 33'	$FeCl_2$	H 19	6,212	—	—	—
CuI	K 4	6,054	—	—	52° 30'	$FeCl_3$	H 17	6,703	—	—	—
$CuMg_2$	R	5,280	9,068	18,247	—	Fe_2CoO_4	K 10	8,367	—	—	—
Cu_2Mg	K 22	7,044	—	—	—	Fe_2CuO_4	K 10	8,457	—	—	—
$CuMgSb$	K 6	6,164	—	—	—	Fe_2CuO_4	T	8,297	—	8,697	—
Cu_2MnSn	K 23	6,178	—	—	—	Fe_2CuS_3	R	6,443	11,062	6,202	—
CuO	M	4,662	3,417	5,118	99° 29'	FeF_2	T 4	4,679	—	3,304	—
Cu_2O	K 7	4,263	—	—	—	FeF_3	H 17	5,401	—	—	58° 0'
Cu_3P	H	7,084	—	7,144	—	FeI_2	H 2	4,048	—	6,764	—
$CuPd$	K 3	2,994	—	—	—	Fe_2MgO_4	K 10	8,383	—	—	—
CuS	H	3,808	—	16,463	—	Fe_2MnO_4	K 10	8,474	—	—	—
Cu_2S	K 6	5,601	—	—	—	Fe_7Mo_6	H	8,988	—	—	36° 39'

Tafel A9 (Fortsetzung)

	Struktur	a	b	c	α oder β
Fe$_2$N	H 13	2,675–2,776	—	4,369–4,439	—
Fe$_4$N	K 2	3,803	—	—	—
Fe$_3$NiO$_4$	K 10	8,357	—	—	—
FeO	K 5	4,341	—	—	—
α-Fe$_2$O$_3$	H 7	5,4243	—	—	55° 17′
γ-Fe$_2$O$_3$	K 10	8,337	—	—	—
δ-Fe$_2$O$_3$	H	5,100	—	4,419	—
Fe$_3$O$_4$	K 10	8,391	—	—	—
FeOCl	R	3,758	7,665	3,307	—
Fe(OH)$_2$	H 2	3,246	—	4,479	—
α-FeO$_2$H	R	4,609	10,03	3,046	—
β-FeO$_2$H	R	10,581	10,261	3,036	—
γ-FeO$_2$H	R	3,878	12,535	3,066	—
FeP	R	5,794	5,187	3,092	—
FeP$_2$	R	2,730	4,985	5,668	—
Fe$_2$P	H	5,864	—	3,460	—
Fe$_3$P	T	9,108	—	4,505	—
FePO$_4$	H	5,045	—	11,200	—
Fe$_2$PbO$_3$	K 10	7,826	—	—	—
FeS	H 4	3,460	—	5,681	—
FeS$_2$	K 9	5,416	—	—	—
FeS$_2$	R	4,445	5,425	3,388	—
FeSO$_4$	M	15,37	13,00	20,06	104° 15′
FeSb	H 4	4,068	—	5,140	—
FeSb$_2$	R	5,831	6,533	3,195	—
Fe$_3$Sb$_2$	H 4	4,118	—	5,180	—
FeSbO$_4$	T 4	4,632	—	3,017	—
FeSe	H 4	3,644	—	5,970	—
FeSe$_2$	R	4,800	5,726	3,582	—
FeSi	K 15	4,447	—	—	—
FeSi$_2$	T	2,692	—	5,140	—
FeSn	H	5,303	—	4,449	—
FeTaO$_4$	T 4	4,681	—	3,048	—
FeTe	H 4	3,808	—	5,662	—
FeTe$_2$	R	5,351	6,273	3,857	—
FeTiO$_3$	H 7	5,531	—	—	54° 49′
Fe$_2$W	H	4,739	—	7,716	—
Fe$_7$W$_6$	H	9,038	—	—	30° 30′
Fe$_3$W$_3$C	K	11,06	—	—	—
FeWO$_4$	M	4,709	5,701	4,940	90°
FeZn$_7$	H 13	2,796	—	4,459	—
Fe$_3$Zn$_{10}$	K 24	8,948	—	—	—

	Struktur	a	b	c	α oder β
Fe$_5$Zn$_{21}$	K 24	8,978–9,008	—	—	—
Fe$_2$ZnO$_4$	K 10	8,440	—	—	—
Ga	R	4,526	4,520	7,660	—
GaAs	K 4	5,646	—	—	—
Ga$_2$MgO$_4$	K 10	8,295	—	—	—
GaN	H 3	3,186	—	5,180	—
Ga$_2$O$_3$	H 7	5,290	—	—	55° 35′
GaP	K 4	5,447	—	—	—
GaSb	K 4	6,130	—	—	—
GaSbO$_4$	T 4	4,599	—	3,036	—
Ga$_2$ZnO$_4$	K 10	8,340	—	—	—
Ge	K 4	5,631	—	—	—
GeI$_2$	H 2	4,138	—	6,803	—
GeI$_4$	K 13	11,91	—	—	—
GeMg$_2$	K 6	6,391	—	—	—
Ge$_3$N$_4$	H	8,582	—	—	—
GeO$_2$	T 4	4,403	—	2,866	—
GeS	R	4,299	10,44	3,647	—
Hf	H 1	3,327	—	5,471	—
HfC	K 5	4,46671	—	—	—
HfF$_4$	M	9,469	9,860	7,635	94° 29′
HfO$_2$	K 6	5,125	—	—	—
HfSi	H	6,874	—	12,62	—
HfSi$_2$	R	3,677	14,589	3,647	—
Hg	H	3,016	—	—	70° 32′
HgBr$_2$	R	4,629	6,814	12,475	—
Hg$_2$Br$_2$	T 8	4,659	—	11,132	—
HgCl$_2$	R	5,972	12,765	4,339	—
Hg$_2$Cl$_2$	T 8	4,459	—	11,00	—
HgF$_2$	K 6	5,551	—	—	—
Hg$_2$I$_2$	T 8	4,930	—	11,16	—
HgO	R	3,303	3,520	5,515	—
HgS	K 4	5,815	—	—	—
HgSe	K 4	6,082	—	—	—
HgTe	K 4	6,373	—	—	—
I	R	4,805	7,269	9,800	—
In	T 2	4,592	—	4,940	—
InAs	K 4	6,048	—	—	—
InBO$_3$	H 8	5,853	—	—	48° 10′

Tafel A 9 (Fortsetzung)

	Struktur	a	b	c	α oder β
In_2BaO_4	T	8,247	—	8,17	—
In_2CaO_4	T	6,213	—	9,842	—
In_2CdO_4	T	6,129	—	9,895	—
$InCl_2$	R	6,864	9,659	10,561	—
In_2MgO_4	K 10	8,828	—	—	—
InN	H 3	3,540	—	5,704	—
In_2O_3	K 16	10,14	—	—	—
InP	K 4	5,873	—	—	—
$InSb$	K 4	6,474	—	—	—
In_2SrO_4	T	7,996	—	7,996	—
Ir	K 2	3,83886	—	—	—
IrO_2	T 4	4,499	—	3,146	—
Ir_2P	K 6	5,546	—	—	—
K	K 1	5,211	—	—	—
$KAl(SO_4)_2$	K	12,225	—	—	—
$KAl(SO_4)_2$	H	4,719	—	7,976	—
K_3As	H 15	5,794	—	10,242	—
KBF_4	R 1	7,856	5,691	7,395	—
KBF_4	K 19	7,485	—	—	—
KBO_2	H	7,776	—	—	110° 36'
$KBaPO_4$	T	9,860	—	8,357	—
K_3Bi	H 15	6,190	—	10,955	—
KBi_2	K 22	9,519	—	—	—
KBr	K 5	6,599	—	—	—
$KBrO_3$	H 8	4,409	—	—	86°
KCN	K 5	6,523	—	—	—
$KCNO$	T 7	6,082	—	7,044	—
$KCNS$	R	6,673	7,595	6,653	—
$KCaPO_4$	H	10,62	—	5,862	—
$KCaPO_4$	R	9,76	7,625	5,491	—
$K_2Cd(CN)_4$	K 10	12,866	—	—	—
KCl	K 5	6,283	—	—	—
$KClO_3$	M	4,659	5,601	7,104	109° 38'
$KClO_4$	K 19	7,515	—	—	—
$KClO_4$	R	9,840	6,012	7,806	—
K_2CrO_4	R	10,421	7,625	5,932	—
KF	K 5	5,351	—	—	—
KH	K 5	5,711	—	—	—
KHC_2	T 5	6,062	—	8,447	—
KHF_2	T 7	5,681	—	6,824	—
$K_2Hg(CN)_4$	K 10	12,786	—	—	—

	Struktur	a	b	c	α oder β
KI	K 5	7,066	—	—	—
KIO_3	K 18	4,469	—	—	—
KIO_4	T 10	5,734	—	12,655	—
$KMgF_3$	K 18	4,008	—	—	—
$KMnO_4$	R	9,108	5,731	7,425	—
KN_3	T 7	6,106	—	7,070	—
KNO_2	M	4,459	5,000	7,325	114° 50'
KNO_3	R	5,431	9,188	6,463	—
$KNbO_3$	K 18	4,018	—	—	—
$KNiF_3$	K 18	4,018	—	—	—
K_2O	K 6	6,453	—	—	—
KO_2	T 5	5,711	—	6,764	—
KOH	K 5	5,792	—	—	—
K_2PdCl_4	T 9	7,054	—	4,108	—
K_2PtCl_4	T 9	7,004	—	4,068	—
K_2PtCl_6	K 11	9,750	—	—	—
$KReO_4$	T 10	5,626	—	12,525	—
K_2S	K 6	7,406	—	—	—
KSH	H	4,383	—	—	68° 51'
K_2SO_4	R	10,028	7,435	5,743	—
$K_2S_2O_5$	M	6,964	6,502	7,565	102° 41
K_3Sb	H 15	6,037	—	10,716	—
K_2Se	K 6	7,691	—	—	—
K_2SeO_4	R	6,032	10,421	7,615	—
K_2SnCl_6	K 11	10,000	—	—	—
$KTaO_3$	K 18	3,989	—	—	—
K_2Te	K 6	8,168	—	—	—
K_2TeO_4	R	10,521	7,916	6,263	—
$K_2Zn(CN)_4$	K 10	12,565	—	—	—
$KZnF_3$	K 18	4,058	—	—	—
La	K 2	5,305	—	—	—
La	H 1	3,758	—	6,072	—
$LaAs$	K 5	6,137	—	—	—
LaB_6	K 17	4,153	—	—	—
$LaBO_3$	R	8,237	5,842	5,110	—
$LaBi$	K 5	6,578	—	—	—
LaC_2	T 5	5,551	—	6,543	—
$LaCrO_3$	K 18	3,687	—	—	—
LaF_3	H	7,134	—	7,265	—
$LaFeO_3$	K 18	3,898	—	—	—
$LaGa_2$	H 20	4,329	—	—	—

Tafel A 9 (Fortsetzung)

	Struktur	a	b	c	α oder β
LaMg₃	K 21	7,495	—	—	—
LaMnO₃	K 18	3,896	—	—	—
LaN	K 5	5,286	—	—	—
La₂O₃	H 16	3,938	—	6,142	—
LaP	K 5	6,025	—	—	—
LaPO₄	M	6,904	7,064	6,493	103° 34'
LaSb	K 5	6,488	—	—	—
Li	K 1	3,5087	—	—	—
LiAg	K 3	3,174	—	—	—
LiAl	K 21	6,313	—	—	—
Li₃As	H 15	4,396	—	7,826	—
LiBH₄	R	6,834	4,449	7,736	—
Li₂BeF₄	H	8,166	—	—	107° 40'
LiBr	K 5	5,501	—	—	—
LiCd	K 21	6,703	—	—	—
LiCl	K 5	5,1398	—	—	—
LiD	K 5	4,073	—	—	—
LiF	K 5	4,025	—	—	—
LiGa	K 21	6,202	—	—	—
LiH	K 5	4,093	—	—	—
LiHg	K 3	3,294	—	—	—
LiI	K 5	6,012	—	—	—
Li₂MoO₄	H	8,788	—	—	108° 10'
Li₃N	H	3,665	—	3,890	—
LiNO₃	H 8	5,752	—	—	48° 3'
Li₂O	K 6	4,628	—	—	—
LiOH	T 3	3,557	—	4,349	—
Li₃P	H 15	4,273	—	7,594	—
Li₂S	K 6	5,719	—	—	—
Li₂SO₄	M	8,267	4,960	8,457	107° 54'
α-Li₃Sb	H 15	4,710	—	8,326	—
Li₂Se	K 6	6,017	—	—	—
Li₂Te	K 6	6,517	—	—	—
Li₂WO₄	H	8,788	—	—	108° 10'
LiZn	K 21	6,221	—	—	—
Mg	H 1	3,2092	—	5,2102	—
Mg₃As₂	K 16	12,355	—	—	—
MgAu	K 3	3,266	—	—	—
Mg₃Bi₂	H 16	4,675	—	7,390	—
MgBr₂	H 2	3,818	—	6,202	—
MgCO₄	H 8	5,621	—	—	48° 12'

	Struktur	a	b	c	α oder β
MgCaSiO₄	R	4,830	11,102	6,383	—
MgCe	K 3	3,906	—	—	—
MgCd₃	H 1	2,936	—	5,521	—
Mg₃Cd	H 1	6,273	—	5,080	—
MgCl₂	H 19	6,233	—	—	33° 36'
MgCrO₄	R	11,914	12,034	6,904	—
MgF₂	T 4	4,670	—	3,086	—
MgHg	K 3	3,447	—	—	—
MgI₂	H 2	4,148	—	6,894	—
MgLa	K 3	3,973	—	—	—
Mg₃N₂	K 16	9,970	—	—	—
MgNi₂	H	4,815	—	15,802	—
MgO	K 5	4,211	—	—	—
Mg(OH)₂	H 2	3,116	—	4,780	—
Mg₃P₂	K 16	12,034	—	—	—
Mg₂Pb	K 6	6,850	—	—	—
MgPr	K 3	3,888	—	—	—
MgS	K 5	5,200	—	—	—
MgSO₄	R	11,924	12,034	6,874	—
Mg₃Sb₂	H 16	4,582	—	7,244	—
MgSe	K 5	5,462	—	—	—
Mg₂Si	K 6	6,403	—	—	—
Mg₂SiO₄	R	4,765	10,231	5,997	—
Mg₂Sn	K 6	6,784	—	—	—
Mg₂SnO₄	K 10	8,597	—	—	—
MgSr	K 3	3,908	—	—	—
MgTe	H 3	4,529	—	7,345	—
MgTiO₃	H 7	5,551	—	—	54° 39'
Mg₂TiO₄	K 10	8,457	—	—	—
MgTl	K 3	3,635	—	—	—
Mg₂VO₄	K 10	8,403	—	—	—
MgWO₄	M	4,689	5,671	4,930	—
MgZn	H	10,681	—	17,165	—
MgZn₂	H 14	5,160	—	8,497	—
MgZn₅	H	9,940	—	16,513	—
α-Mn	K 14	8,908	—	—	—
β-Mn	K 12	6,303	—	—	—
γ-Mn	T 2	3,788	—	3,527	—
MnAs	H 4	3,723	—	5,716	—
MnAs	R	6,373	5,641	3,627	—
MnB	R	2,956	11,523	4,108	—
MnBe₂	H 14	4,239	—	6,924	—

Tafel A 9 (Fortsetzung)

	Struktur	a	b	c	α oder β		Struktur	a	b	c	α oder β
$MnBi$	H 4	4,309	—	6,132	—	NH_4Br	K 5	6,914	—	—	—
$MnCO_3$	H 8	5,852	—	—	47° 45'	NH_4Br	K 3	4,055	—	—	—
$MnCl_2$	H 19	6,213	—	—	34° 35'	NH_4Br	T	6,019	—	4,264	—
MnF_2	T 4	4,875	—	3,291	—	NH_4Cl	K 3	3,874	—	—	—
$MnFe_5$	H 13	2,545	—	4,088	—	NH_4Cl	K 5	6,543	—	—	—
MnI_2	H 2	4,168	—	6,834	—	NH_4ClO_2	T	6,343	—	3,758	—
MnO	K 5	4,444	—	—	—	NH_4ClO_4	R 1	9,221	5,828	7,464	—
MnO_2	T 4	4,449	—	2,896	—	NH_4ClO_4	K 19	7,645	—	—	—
Mn_2O_3	K 16	9,429	—	—	—	NH_4F	H 3	4,399	—	7,034	—
Mn_3O_4	T	5,762	—	9,439	—	NH_4I	K 3	4,379	—	—	—
$Mn(OH)_2$	H 2	3,116	—	4,749	—	NH_4I	K 5	7,259	—	—	—
MnP	R	5,917	5,260	3,173	—	NH_4I_3	R	6,653	9,679	10,842	—
Mn_2P	H	6,092	—	3,457	—	NH_4IO_4	T 10	5,950	—	12,816	—
MnS	K 5	5,223	—	—	—	NH_4OsO_3N	R	5,551	8,572	13,567	—
MnS	K 4	5,611	—	—	—	$(NH_4)_2PbCl_6$	K 11	10,16	—	—	—
MnS	H 3	3,984	—	6,445	—	$(NH_4)_2PdCl_4$	T 9	7,225	—	4,269	—
MnS_2	K 9	6,109	—	—	—	NH_4SH	T 3	6,023	—	4,018	—
$MnSb$	H 4	4,128	—	5,796	—	$(NH_4)_2SO_4$	R 3	5,982	10,621	7,776	—
Mn_2Sb	T	4,088	—	6,623	—	$(NH_4)_2S_2O_8$	M	7,846	8,056	6,142	95° 9'
Mn_3Sb_2	H 4	4,138	—	5,752	—	$(NH_4)_2SiF_6$	K 11	8,397	—	—	—
$MnSe$	K 5	5,459	—	—	—	$(NH_4)_2SnCl_6$	K 11	10,06	—	—	—
$MnSe$	K 4	5,832	—	—	—	Na	K 1	4,2906	—	—	—
$MnSe$	H 3	4,128	—	6,734	—	Na_3As	H 15	5,098	—	9,000	—
$MnSi$	K 15	4,557	—	—	—	Na_2Au	T 6	7,417	—	5,522	—
Mn_5Si_3	H	6,912	—	4,810	—	$NaBO_2$	H	7,235	—	—	111° 29'
$MnTe$	H 4	4,132	—	6,712	—	$NaBaPO_4$	T	7,976	—	8,287	—
$MnTe_2$	K 9	6,957	—	—	—	$NaBi$	T	3,467	—	4,820	—
$MnTiO_3$	H 7	5,631	—	—	54° 16'	Na_3Bi	H 15	5,499	—	9,674	—
Mn_2TiO_4	K 10	8,687	—	—	—	$NaBr$	K 5	5,973	—	—	—
$MnWO_4$	M	4,850	5,772	4,800	89° 7'	$NaBrO_3$	K 5	6,733	—	—	—
$MnZn_7$	H 13	2,756	—	4,409	—	$NaCN$	K 5	5,842	—	—	—
Mo	K 1	3,147	—	—	—	$NaCdPO_4$	H	10,572	—	5,772	—
$MoBe_2$	H 14	4,439	—	7,295	—	$NaCl$	K 5	6,63995	—	—	—
MoC	H 12	2,907	—	2,792	—	$NaClO_3$	K 5	6,583	—	—	—
Mo_2C	H 13	3,000	—	4,739	—	$NaClO_4$	K 19	7,094	—	—	—
MoN	H 12	2,866	—	2,806	—	Na_2CrO_4	R	5,922	9,249	7,215	—
MoO_2	T 4	4,870	—	2,796	—	$NaCrS_2$	H 21	6,884	—	—	29° 48'
MoO_3	R	3,928	13,968	3,667	—	NaF	K 5	4,629	—	—	—
MoS_2	H	3,156	—	12,304	—	$NaFeO_2$	H 21	5,601	—	—	31° 20'
$MoSi_2$	T 5	3,206	—	7,877	—	NaH	K 5	4,890	—	—	—
						$NaHC_2$	T 5	5,411	—	8,166	—
NH_4BF_4	K 19	7,565	—	—	—	$NaHCO_3$	M	7,525	9,720	3,537	93° 19'

Tafel A 9 (Fortsetzung)

	Struktur	a	b	c	α oder β		Struktur	a	b	c	α oder β
$NaHF_2$	H 21	5,060	—	—	46° 2'	$NiBi$	H 4	4,078	—	5,371	—
NaI	K 5	6,433	—	—	—	$NiBr_2$	H 19	6,478	—	—	33° 20
$NaIO_4$	T 10	5,331	—	11,954	—	Ni_3C	H 13	2,651	—	4,349	—
$NaIn$	K 21	7,315	—	—	—	Ni_5Cd_{21}	K 24	9,781	—	—	—
NaN_3	H 21	5,499	—	—	38° 43'	$NiCl_2$	H 19	6,142	—	—	33° 36'
$NaNO_2$	R	3,557	3,571	5,391	—	$NiCrO_4$	R	5,503	8,236	6,125	—
$NaNO_3$	H 8	6,333	—	—	47° 13'	NiF_2	T 4	4,719	—	3,124	—
$NaNbO_3$	K 18	3,898	—	—	—	Ni_2FeS_4	K 10	9,464	—	—	—
Na_2O	K 6	5,561	—	—	—	Ni_2GeO_4	K 10	8,216	—	—	—
Na_3P	H 15	4,990	—	8,815	—	NiI_2	H 19	6,934	—	—	32° 40'
$Na_{15}Pb_4$	K	13,317	—	—	—	Ni_2Mg	H 18	4,815	—	15,802	—
$NaPb_3$	K 2	4,880	—	—	—	$NiMgZn$	K 22	6,974	—	—	—
Na_2S	K 6	6,243	—	—	—	NiO	K 5	4,1767	—	—	—
$NaSH$	H	3,994	—	—	68° 5'	$Ni(OH)_2$	H 2	3,123	—	4,604	—
Na_2SO_3	H	5,451	—	6,152	—	Ni_2P	H	5,862	—	3,367	—
Na_2SO_4	R	5,862	12,315	9,770	—	NiS	H 4	3,427	—	5,311	—
Na_3Sb	H 15	5,366	—	9,515	—	NiS	H	5,666	—	—	110° 36'
Na_2Se	K 6	6,823	—	—	—	NiS_2	K 9	5,752	—	—	—
$NaTl$	K 21	7,485	—	—	—	Ni_3S_4	K 10	9,476	—	—	—
$NaTaO_3$	K 18	3,888	—	—	—	$NiSO_4$	R 5	11,884	12,104	6,824	—
Na_2Te	K 6	7,329	—	—	—	$NiSb$	H 4	3,948	—	5,150	—
$NaWO_3$	K 18	3,838	—	—	—	$NiSbS$	K 20	5,922	—	—	—
$NaZn_{13}$	K	12,295	—	—	—	$NiSe$	H 4	3,667	—	5,341	—
Nb	K 1	3,301	—	—	—	$NiSe_2$	K 9	4,446	—	—	—
NbC	K 5	4,409	—	—	—	$NiSn$	H 4	4,089	—	5,184	—
NbN	K 5	4,419	—	—	—	Ni_3Sn	H 22	5,286	—	4,249	—
NbO_2	T 4	4,780	—	2,926	—	$NiTe$	H 4	3,965	—	5,365	—
Nd	H 1	3,664	—	5,882	—	$NiTe$	H 2	3,869	—	5,303	—
NdC_2	T 5	5,421	—	6,243	—	$NiTiO_3$	H 7	5,461	—	—	55° 8'
NdF_3	H	7,035	—	7,211	—	$NiWO_4$	M	4,689	5,671	4,940	89° 40'
Nd_2O_3	H 16	3,848	—	6,002	—	$NiZn$	T	2,751	—	3,211	—
$NdPO_4$	M	6,724	6,934	6,373	103° 28'	Ni_5Zn_{21}	K 24	8,922	—	—	—
Ni	K 2	3,5238	—	—	—						
Ni	H 1	2,655	—	4,329	—	Os	H 1	2,7353	—	4,3190	—
$NiAl$	K 3	2,826	—	—	—	OsO_2	T 4	4,519	—	3,196	—
$NiAl_3$	R	6,611	7,367	4,812	—	OsS_2	K 9	5,6187	—	—	—
Ni_2Al_3	H	2,846	—	—	90° 20'	$OsSe_2$	K 9	5,945	—	—	—
$NiAs$	H 4	3,619	—	5,049	—	$OsTe_2$	K 9	6,382	—	—	—
$NiAs_2$	R	4,790	5,792	3,537	—						
$NiAs_2$	R	5,752	5,822	11,42	—	P (weiß)	K	7,184	—	—	—
$NiAsS$	K 20	5,691	—	—	—	P (schwarz)	R	3,317	4,389	10,52	—
Ni_2B	T 6	4,990	—	4,245	—	PH_4I	T 3	6,353	—	4,629	—

Tafel A 9 (Fortsetzung)

	Struktur	a	b	c	α oder β
Pb.	K 2	4,9497	—	—	—
PbBr$_2$	R	9,537	8,054	4,726	—
PbCO$_3$	R	8,485	6,158	5,176	—
PbCl$_2$	R	9,048	7,623	4,535	—
PbCrO$_4$	M	7,114	7,415	6,814	—
PbF$_2$	K 6	5,954	—	—	—
PbFBr	T 11	4,188	—	7,605	—
PbHPO$_4$	M	4,659	6,643	5,742	—
PbI$_2$	H 2	4,549	—	6,874	—
PbMg$_2$	K 6	6,850	—	—	—
PbMoO$_4$	T 10	5,421	—	12,104	—
Pb(NO$_3$)$_2$	K 9	7,856	—	—	—
PbO	T 3	3,955	—	4,999	—
PbO (gelb)	R	5,470	4,733	5,871	—
PbO$_2$	T 4	4,941	—	3,374	—
Pb$_2$O$_3$	M	7,044	5,631	3,938	82°
Pb$_3$O$_4$	T	8,806	—	6,564	—
Pb$_2$O$_5$	R	16,333	8,136	5,261	—
Pb$_2$O$_5$	H	7,445	—	—	87°
Pb$_2$O	K 7	5,391	—	—	—
Pb(OH)$_2$	H	5,271	—	14,73	—
PbS	K 5	5,9351	—	—	—
PbSO$_4$	R	8,467	5,391	6,944	—
PbSe	K 5	6,152	—	—	—
Pb$_2$SnO$_4$	T	8,738	—	6,313	—
PbTe	K 5	6,353	—	—	—
PbTiO$_3$	K 18	3,898	—	—	—
PbWO$_4$	T 10	5,451	—	12,034	—
PbZrO$_3$	K 18	9,299	—	—	—
Pd.	K 2	3,8902	—	—	—
PdAs$_2$	K 9	5,982	—	—	—
PdBe	K 3	2,819	—	—	—
PdCl$_2$	R	3,818	3,347	11,022	—
PdCu	K 3	3,004	—	—	—
PdCu$_3$	K 2	3,697	—	—	—
PdF$_2$	T 4	4,940	—	3,387	—
PdF$_3$	H 17	5,571	—	—	54° 0'
Pd$_2$H	K 7	4,008	—	—	—
PdO	T 3	3,035	—	5,325	—
PdS	T	6,443	—	6,623	—
PdSb	H 4	4,078	—	5,591	—
PdSb$_2$	K 9	6,452	—	—	—

	Struktur	a	b	c	α oder β
PdTe.	H 4	4,135	—	5,674	—
PdTe$_2$	H 2	4,036	—	5,128	—
Pd$_5$Zn$_{21}$	K 24	8,105	—	—	—
Pr .	H 1	3,664	—	5,892	—
PrC$_2$	T 5	5,451	—	6,363	—
PrF$_3$	H	7,075	—	7,233	—
PrO$_2$	K 6	5,401	—	—	—
Pr$_2$O$_3$	H 16	3,858	—	6,012	—
PrPO$_4$	M	6,764	6,954	6,413	103° 21'
PrVO$_4$	T 4	7,305	—	6,423	—
Pt .	K 2	3,9236	—	—	—
PtAl$_2$	K 6	5,922	—	—	—
PtAs$_2$	K 9	5,694	—	—	—
PtBi$_2$	K 9	6,696	—	—	—
PtCu.	K 2	7,716	—	—	—
PtCu.	H	7,575	—	—	90° 54'
PtCu$_3$	K 2	3,717	—	—	—
PtGa$_2$	K 6	5,923	—	—	—
PtIn$_2$	K 6	6,366	—	—	—
PtO	T 3	3,046	—	5,351	—
PtP$_2$	K 9	5,694	—	—	—
PtS	T	3,477	—	4,359	—
PtS$_2$	H 2	3,544	—	5,029	—
PtSb	H 4	4,138	—	5,471	—
PtSb$_2$	K 9	6,440	—	—	—
PtSe$_2$	H 2	3,732	—	5,072	—
PtSn.	H 4	4,111	—	5,439	—
PtSn$_2$	K 6	6,426	—	—	—
PtTl.	H	5,616	—	4,659	—
PtTe.	H 4	4,138	—	5,461	—
PtTe$_2$	H 2	4,018	—	5,212	—
Pt$_5$Zn$_{21}$	K 24	18,116	—	—	—
Rb.	K 1	5,631	—	—	—
RbBF$_4$	R	9,088	5,611	7,245	—
RbBr	K 5	6,868	—	—	—
RbCN	K 5	5,651	—	—	—
RbCl.	K 5	6,553	—	—	—
RbClO$_4$	K 19	7,716	—	—	—
RbClO$_4$	R	9,289	5,822	7,545	—
RbF	K 5	5,651	—	—	—
RbH	K 5	6,052	—	—	—

Tafel A 9 (Fortsetzung)

	Struktur	a	b	c	α oder β
RbI	K 5	7,341	—	—	—
$RbIO_4$	T 10	5,886	—	12,964	—
RbN_3	T 7	6,372	—	7,435	—
Rb_2O	K 6	6,754	—	—	—
RbO_2	T 5	6,012	—	7,044	—
Rb_2PdCl_6	K 11	10,215	—	—	—
$RbReO_4$	T 10	5,815	—	13,193	—
Rb_2S	K 6	7,665	—	—	—
$RbSH$	H	4,534	—	—	69° 20'
Rb_2SO_4	R	5,982	10,451	7,826	—
Re	H 1	2,7608	—	—	—
Rh	K 2	2,8012	—	—	—
$RhCbO_4$	T 4	4,695	—	3,0201	—
RhF_3	H 17	5,351	—	—	54° 20'
Rh_2MgO_4	K 10	8,527	—	—	—
Rh_2O_3	H 7	5,481	—	—	55° 40'
Rh_2P	K 6	5,516	—	—	—
RhS_2	K 9	5,585	—	—	—
$RhSbO_4$	T 4	4,610	—	3,106	—
$RhTaO_4$	T 4	4,693	—	3,026	—
$RhVO_4$	T 4	4,616	—	2,929	—
Rh_2ZnO_4	K 10	8,537	—	—	—
S	M	10,922	10,982	11,042	83° 16'
S	R	10,501	12,946	24,048	—
SH_2	K 9	5,801	—	—	—
Sb	H 9	4,5066	—	—	57° 6,6'
Sb_2CO_4	T	8,507	—	5,922	—
Sb_2FeO_4	T	8,609	—	5,917	—
SbI_3	H 17	8,197	—	—	54° 14'
Sb_2MgO_4	T	8,,462	—	5,919	—
Sb_2MnO_4	T	8,703	—	5,992	—
Sb_2NiO_4	T	8,367	—	5,922	—
Sb_2O_3	K 4	11,162	—	—	—
Sb_2O_4	K	10,261	—	—	—
Sb_2S_3	R	11,223	11,303	3,838	—
$Sb_2Tl\,7$	K	11,613	—	—	—
$SbTaO_4$	R	4,926	5,553	11,804	—
$SbZnO_4$	T	8,508	—	5,932	—
SC_2O_3	K 16	9,810	—	—	—
α-Se	M	9,010	8,991	11,543	91° 34'
β-Se	M	12,766	8,056	9,269	93° 4'

	Struktur	a	b	c	α oder β
β-Se	H	4,364	—	4,965	—
SeH_2	K 9	6,062	—	—	—
SeO_2	T	8,370	—	5,062	—
Si	K 4	5,4306	—	—	—
SiC	K 4	4,357	—	—	—
SiF_4	K	5,421	—	—	—
SiI_4	K 13	12,010	—	—	—
$SiMg_2$	K 6	6,403	—	—	—
SiO	K	6,413	—	—	—
SiO_2 (α-Quarz)	H	4,910	—	5,401	—
SiO_2 (β-Quarz)	H	5,020	—	5,511	—
SiO_2 (β-Christobalit)	K 8	7,134	—	—	—
SiO_2 (α-Christobalit)	T	4,970	—	6,934	—
SiO_2 (α-Tridymit)	R	9,900	17,134	16,333	—
SiO_2 (β-Tridymit)	H	5,040	—	8,227	—
SiP_2O_7	K	7,475	—	—	—
SiS_2	R	5,611	5,541	9,569	—
Sn (grau)	K 4	6,473	—	—	—
Sn (weiß)	T 1	5,831	—	3,176	—
$SnAs$	K 5	5,692	—	—	—
$SnCl_2$	R	6,623	9,359	10,000	—
SnI_4	K 13	12,225	—	—	—
$SnMg_2$	K 6	6,779	—	—	—
SnO	T 3	3,804	—	4,826	—
SnO_2	T 4	4,747	—	3,191	—
SnS	R	4,339	11,202	3,988	—
SnS_2	H 2	3,646	—	5,880	—
$SnSb$	K 5	6,142	—	—	—
$SnTe$	K 5	6,298	—	—	—
Sr	K 2	6,087	—	—	—
SrB_6	K 17	4,198	—	—	—
SrC_2	T 5	5,822	—	6,693	—
$SrCO_3$	R	5,130	8,417	6,092	—
$SrCeO_2$	K 18	4,279	—	—	—
$SrCl_2$	K 6	6,994	—	—	—
SrF_2	K 6	5,792	—	—	—
SrH_2	R	6,377	7,358	3,883	—
$SrHfO_3$	K 18	4,279	—	—	—

Tafel A 9 (Fortsetzung)

	Struktur	a	b	c	α oder β
SrMoO$_4$	T 10	5,371	—	11,964	—
SrNH	K 5	5,461	—	—	—
Sr(NO$_3$)$_2$	K 9	7,826	—	—	—
SrO	K 5	5,156	—	—	—
SrO$_2$	T 5	5,030	—	6,563	—
SrS	K 5	5,882	—	—	—
SrSO$_4$	R 1	8,377	5,371	6,854	—
SrSe	K 5	6,022	—	—	—
SrSnO$_3$	K 18	4,033	—	—	—
SrTl	K 3	4,032	—	—	—
SrTe	K 5	6,483	—	—	—
SrTiO$_3$	K 18	3,907	—	—	—
SrWO$_4$	T 10	5,411	—	11,924	—
SrZrO$_3$	K 18	4,088	—	—	—
Ta	K 1	3,303	—	—	—
TaC	K 5	4,454	—	—	—
Ta$_2$C	H	3,097	—	4,940	—
TaN	H 3	3,056	—	4,950	—
TaS$_2$	H	3,397	—	5,411	—
Te	H	4,456	—	5,922	—
TeO$_2$	T 4	4,800	—	3,778	—
Th	K 2	5,090	—	—	—
ThB$_6$	K 17	4,158	—	—	—
ThC$_2$	T	5,862	—	5,291	—
ThO$_2$	K 6	5,601	—	—	—
α-Ti	H 1	2,959	—	4,689	—
β-Ti	K 1	3,307	—	—	—
TiAg	T 2	4,104	—	4,077	—
TiAl	T 2	3,986	—	4,085	—
TiAl$_3$	T	5,435	—	8,577	—
TiAu$_2$	H 1	2,786	—	4,760	—
TiAu$_6$	T 2	4,068	—	4,188	—
TiB	K 4	4,210	—	—	—
TiB$_2$	H 20	3,032	—	3,222	—
TiBe$_2$	K 22	6,448	—	—	—
TiBr$_4$	K 13	11,272	—	—	—
TiC	K 5	4,329	—	—	—
TiCo	K 1	2,994	—	—	—
TiCo$_2$	K 22	6,704	—	—	—
TiCO$_2$	H	4,725	—	15,401	—
TiCr$_2$	K 22	6,943	—	—	—

	Struktur	a	b	c	α oder β
TiCr$_2$	H 14	4,932	—	9,469	—
TiCu	T 1	3,108–3,118	—	5,887–5,921	—
Ti$_3$Cu	T 2	4,127	—	3,588	—
TiFe	K 3	2,975	—	—	—
TiFe$_2$	H 14	4,780	—	7,806	—
TiH$_2$	T 1	3,126	—	4,188	—
Ti$_3$Hg	K	5,1992	—	—	—
TiI$_2$	H 2	4,118	—	6,834	—
TiI$_4$	K 13	12,026	—	—	—
TiN	K 5	4,244	—	—	—
TiO	K 5	4,244	—	—	—
TiO$_2$	T 4	4,603	—	2,965	—
TiO$_2$	R	9,189	5,451	5,150	—
Ti$_2$O$_3$	H 7	5,381	—	—	56° 48'
TiS$_2$	H 2	3,407	—	5,701	—
TiSb	H 4	4,070	—	6,306	—
TiSb$_2$	T 6	6,666	—	5,817	—
TiSe	H 4	3,566	—	6,233	—
TiSe$_2$	H 2	3,540	—	6,007	—
Ti$_5$Si$_3$	H	7,465	—	5,162	—
Ti$_5$Sn$_3$	H	8,049	—	5,454	—
TiTe	H 2	3,842	—	6,403	—
TiTe$_2$	H 2	3,782	—	6,552	—
TiU$_2$	H 20	4,838	—	2,853	—
TiZn$_2$	H 14	5,074	—	8,227	—
TiZn$_3$	K 2	3,940	—	—	—
Tl	H 1	3,4565	—	5,5249	—
Tl	K 2	4,851	—	—	—
TlAsS$_2$	M	15,050	11,333	6,112	127° 45'
TlBF$_4$	R	9,489	5,822	7,415	—
TlBi	K 3	3,988	—	—	—
TlBr	K 3	3,978	—	—	—
TlCl	K 3	3,842	—	—	—
TlClO$_4$	K 19	7,716	—	—	—
TlClO$_4$	R 1	9,439	5,892	7,515	—
TlF	R	5,190	5,506	6,092	—
TlI	K 3	4,206	—	—	—
TlI	R	5,251	4,579	12,946	—
TlNO$_3$	R	6,182	12,295	3,988	—
Tl$_2$O$_3$	K 16	10,591	—	—	—
TlReO$_4$	T 10	5,773	—	13,357	—
TlReO$_4$	R	5,634	5,803	13,322	—

Tafel A 9 (Fortsetzung)

	Struktur	a	b	c	α oder β
TlSe	T	8,036	—	7,014	—
Tm	H 1	3,530	—	5,575	—
Tm$_2$O$_3$	K 16	10,541	—	—	—
TmVO$_4$	T 4	7,014	—	6,223	—
U	R	2,858	5,877	4,955	—
UCl$_4$	K	14,609	—	—	—
UO$_2$	K 6	5,481	—	—	—
V	K 1	3,0399	—	—	—
VBe$_2$	H 14	4,399	—	7,145	—
VBr$_2$	H 2	3,776	—	6,192	—
VC	K 5	4,158	—	—	—
V$_2$C	H 13	2,861	—	4,529	—
VCrO$_4$	R	5,579	8,225	5,989	—
V$_2$FeO$_4$	K 10	8,485	—	—	—
VI$_2$	H 2	4,008	—	6,689	—
V$_2$MgO$_4$	K 10	8,411	—	—	—
VN	K 5	4,137	—	—	—
VO	K 5	4,108	—	—	—
VO$_2$	T 4	4,549	—	2,886	—
V$_2$O$_3$	H 7	5,441	—	—	53° 53′
V$_2$O$_5$	R	11,503	4,369	3,557	—
VS	H 4	3,367	—	5,825	—
VSe	H 4	3,587	—	5,989	—
W	K 1	3,1647	—	—	—
β-W	K	5,048	—	—	—
WBe$_2$	H 14	4,449	—	7,285	—
WC	H 12	2,916	—	2,844	—
W$_2$C	H	5,862	—	5,291	—
WO$_2$	T 4	4,870	—	2,776	—
WO$_3$	R	7,295	7,495	3,828	—
W$_2$P	H	6,192	—	6,794	—
WS$_2$	H	3,187	—	12,525	—
WSi$_2$	T 5	3,218	—	7,900	—
W$_2$Zr	K 22	7,625	—	—	—
Y	H 1	3,670	—	5,827	—
YAlO$_3$	K 18	3,677	—	—	—
YAsO$_4$	T 13	6,904	—	6,282	—

	Struktur	a	b	c	α oder β
YC$_2$	H	3,798	—	6,593	—
YCbO$_4$	T	7,776	—	11,343	—
Y$_2$O$_3$	K 16	10,621	—	—	—
YPO$_4$	T 13	6,894	—	6,052	—
YTaO$_4$	T	7,766	—	11,433	—
YVO$_4$	T 13	7,144	—	6,363	—
YbCl$_2$	R	6,543	6,693	6,924	—
Yb$_2$O$_3$	K 16	10,411	—	—	—
YbVO$_4$	T 13	7,034	—	6,243	—
Zn	H 1	2,6648	—	4,9456	—
ZnAs$_2$	R	7,736	8,006	36,353	—
Zn$_3$As$_2$	T 12	8,333	—	11,784	—
Zn(CN)$_2$	K 7	5,902	—	—	—
ZnCO$_4$	H 8	5,680	—	—	48° 26′
ZnCe	K 3	3,707	—	—	—
ZnCl$_2$	H 19	6,323	—	—	34° 48,
ZnCrO$_4$	R	5,516	8,400	6,232	—
ZnF$_2$	T 4	4,730	—	3,146	—
Zn$_3$Hg	H	2,705	—	5,451	—
ZnLa	K 3	3,758	—	—	—
Zn$_3$N$_2$	K 16	9,763	—	—	—
ZnO	H 3	3,2491	—	5,2052	—
Zn(OH)$_2$	R	5,170	8,547	4,930	—
ZnP$_2$	T	5,080	—	18,668	—
Zn$_3$P$_2$	T 12	8,113	—	11,473	—
ZnPr	K 3	3,677	—	—	—
ZnS	K 4	5,423	—	—	—
ZnS	H 3	3,819	—	6,247	—
ZnSO$_4$	R	11,874	12,114	6,844	—
ZnSe	K 4	5,661	—	—	—
Zn$_2$SiO$_4$	H	8,637	—	—	107° 44′
Zn$_2$SnO$_4$	K 10	8,627	—	—	—
ZnTe	K 4	6,082	—	—	—
Zn$_2$TiO$_4$	K 10	8,462	—	—	—
ZnWO$_4$	M	4,689	5,742	4,960	89° 30′
α-Zr	H 1	3,237	—	5,150	—
β-Zr	K 1	3,617	—	—	—
ZrAl$_2$	R	10,421	7,225	4,980	—
ZrAl$_3$	T	16,934	—	4,315	—
ZrB	K 2	4,659	—	—	—
ZrB$_2$	H 20	3,156	—	3,537	—

Tafel A 9 (Fortsetzung)

	Struktur	a	b	c	α oder β		Struktur	a	b	c	α oder β
ZrB_{12}	K 2	7,423	—	—	—	ZrP_2O_7	K	8,206	—	—	—
ZrC	K 5	4,696	—	—	—	$ZrPt_3$	H 22	5,644	—	9,229	—
$ZrCl_4$	K 13	10,341	—	—	—	$ZrRu_2$	H 14	5,141	—	8,507	—
$ZrCO_2$	K 22	6,901	—	—	—	ZrS_2	H 2	3,687	—	5,862	—
$ZrCr_2$	H 14	5,089	—	8,279	—	Zr_2Sb	H	8,417	—	5,611	—
Zr_2Cu	T 2	4,545	—	3,724	—	$ZrSe_2$	H 2	3,798	—	6,192	—
$ZrGe_2$	R	3,808	15,040	3,768	—	$ZrSi_2$	R	3,728	14,640	3,677	• —
Zr_3Ge	H 22	6,533	—	5,391	—	$ZrSiO_4$	T 13	6,593	—	5,942	—
ZrH_2	T 2	4,974	—	4,449	—	ZrSn	R	7,448	5,834	5,167	—
$ZrMn_2$	H 14	5,039	—	8,240	—	Zr_2U	K 1	10,699	—	—	—
ZrN	K 5	4,619	—	—	—	ZrV_2	H 14	5,288	—	8,664	—
ZrO_2	K 6	5,080	—	—	—	ZrW_2	K 2	7,625	—	—	—
$ZrOs_2$	H 14	5,189	—	8,526	—	$ZrZn_2$	K 12	7,410	—	—	—

Tafel A 10

Struktureinzelheiten

(RG: Raumgruppe; N: Zahl der Atome pro Elementarzelle; K: Koordinaten;
∂: $2 \times$ Koordinatenvertauschung)

K 1: A_2-Typ, kub. raumz.
RG: O_h^2, O_h^3, O_h^4, O_h^9 $\quad N = 2$ $\qquad$ K: $(0\,0\,0)$, $(\tfrac{1}{2}\,\tfrac{1}{2}\,\tfrac{1}{2})$

K 2: A_1-Typ, kub. flz.
RG: O_h^4, O_h^5 $\qquad\qquad N = 4$ $\qquad$ K: $(0\,0\,0)$, $(\tfrac{1}{2}\,\tfrac{1}{2}\,0)$, (∂)

K 3: B_2-Caesiumchlorid-Typ (CsCl)
RG: O_h^1 $\qquad\qquad\qquad N = 2$ $\qquad$ K: Cs $(0\,0\,0)$; Cl $(\tfrac{1}{2}\,\tfrac{1}{2}\,\tfrac{1}{2})$

K 4: B_3-Zinkblende-Typ (ZnS)
RG: T_d^2 $\qquad\qquad\qquad N = 8$ $\qquad$ K: $[(0\,0\,0)$, $(\tfrac{1}{2}\,\tfrac{1}{2}\,0)$, $(\partial)]$
$\qquad\qquad + 4\,\text{Zn}: (000)$
$\qquad\qquad + 4\,\text{S}: (\tfrac{1}{4}\,\tfrac{1}{4}\,\tfrac{1}{4})$

K 5: B_1-Steinsalz-Typ (NaCl)
RG: O_h^5 $\qquad\qquad\qquad N = 8$ $\qquad$ K: $4\,\text{Na}: (0\,0\,0)$, $(\tfrac{1}{2}\,\tfrac{1}{2}\,0)$, (∂)
$\qquad\qquad\quad 4\,\text{Cl}: (\tfrac{1}{2}\,\tfrac{1}{2}\,\tfrac{1}{2})$, $(1\,1\,\tfrac{1}{2})$, (∂)

K 6: C_1-CaF$_2$-Typ
RG: O_h^5 $\qquad\qquad\qquad N = 12$ $\qquad$ K: $[(0\,0\,0)$, $(\tfrac{1}{2}\,\tfrac{1}{2}\,0)$, $(\partial)]$
$\qquad\qquad + 4\,\text{Ca}: (000)$
$\qquad\qquad + 8\,\text{F}: \pm (\tfrac{1}{4}\,\tfrac{1}{4}\,\tfrac{1}{4})$

K 7: C_3-Cuprit-Typ
RG: O_h^4 $\qquad\qquad\qquad N = 6$ $\qquad$ K: $2\,\text{O}: (0\,0\,0)$, $(\tfrac{1}{2}\,\tfrac{1}{2}\,\tfrac{1}{2})$
$\qquad\qquad\quad 4\,\text{Cu}: (\tfrac{1}{4}\,\tfrac{1}{4}\,\tfrac{1}{4})$, $(\tfrac{3}{4}\,\tfrac{3}{4}\,\tfrac{1}{4})$, (∂)

K 8: C_9-β-Christobalit-Typ (SiO$_2$)
RG: O_h^7 $\qquad\qquad\qquad N = 24$ $\qquad$ K: $[(0\,0\,0)$, $(\tfrac{1}{2}\,\tfrac{1}{2}\,0)$, $(\partial)]$
$\qquad\qquad + 8\,\text{Si}: (0\,0\,0)$, $(\tfrac{1}{4}\,\tfrac{1}{4}\,\tfrac{1}{4})$
$\qquad\qquad + 16\,\text{O}: (\tfrac{1}{8}\,\tfrac{1}{8}\,\tfrac{1}{8})$, $(\tfrac{1}{8}\,\tfrac{3}{8}\,\tfrac{3}{8})$, (∂)

K 9: C_2-Pyrit-Typ (FeS$_2$)
RG: T_h^6 $\qquad\qquad\qquad N = 12$ $\qquad$ K: $4\,\text{Fe}: (0\,0\,0)$, $(\tfrac{1}{2}\,\tfrac{1}{2}\,0)$, (∂)
$\qquad\qquad\quad 8\,\text{Si}: \pm (x\,x\,x),$
$\qquad\qquad\quad \pm (\tfrac{1}{2} + x,\ \tfrac{1}{2} - x,\ \bar{x})$, (∂)

K 10: H_{I_1}-Spinell-Typ (Al$_2$MgO$_4$)
RG: O_h^7 $\qquad\qquad\qquad N = 56$ $\qquad$ K: $[(0\,0\,0)$, $(\tfrac{1}{2}\,\tfrac{1}{2}\,0)$, $(\partial)]$
$\qquad\qquad + 8\,\text{Mg}: (0\,0\,0)$, $(\tfrac{1}{4}\,\tfrac{1}{4}\,\tfrac{1}{4})$
$\qquad\qquad + 16\,\text{Al}: (\tfrac{5}{8}\,\tfrac{5}{8}\,\tfrac{5}{8})$, $(\tfrac{5}{8}\,\tfrac{7}{8}\,\tfrac{7}{8})$, (∂)
$\qquad\qquad + 32\,\text{O}: (x\,x\,x)$, $(x\,\bar{x}\,\bar{x})$, (∂)
$\qquad\qquad\qquad (\tfrac{1}{4} - x,\ \tfrac{1}{4} - x,\ \tfrac{1}{4} - x)$
$\qquad\qquad\qquad (\tfrac{1}{4} - x,\ \tfrac{1}{4} + x,\ \tfrac{1}{4} + x)$, (∂)

K 11: I_1-Kaliumplatinchlorid-Typ ((PtCl$_6$)K$_2$)
RG: O_h^5 $\qquad\qquad\qquad N = 36$ $\qquad$ K: $[(000)$, $(\tfrac{1}{2}\,\tfrac{1}{2}\,0)$, $(\partial)]$
$\qquad\qquad + 4\,\text{Pt}: (000)$
$\qquad\qquad + 8\,\text{K}: (\tfrac{1}{4}\,\tfrac{1}{4}\,\tfrac{1}{4})$, $(\tfrac{3}{4}\,\tfrac{3}{4}\,\tfrac{3}{4})$
$\qquad\qquad + 24\,\text{Cl}: \pm (x\,0\,0)$, (∂)

Tafel A 10 (Fortsetzung)

Struktureinzelheiten

K 12: A_{13}-β-Mn-Typ
RG: O^6, O^7

$N = 20$

K: 8 Mn: (xxx), $(\tfrac{1}{2} + x, \tfrac{1}{2} - x, \bar{x})$, (∂)
$(\tfrac{3}{4} - x, \tfrac{3}{4} - x, \tfrac{3}{4} - x)$,
$(\tfrac{1}{4} - x, \tfrac{3}{4} + x, \tfrac{1}{4} + x)$, (∂)
12 Mn: $(\tfrac{3}{8}, \bar{y}, \tfrac{3}{4} + y$, (∂)
$(\tfrac{7}{8}, \tfrac{1}{2} + y, \tfrac{1}{4} - y)$, (∂)
$(\tfrac{1}{8}, y, \tfrac{1}{4} + y)$, (∂)
$(\tfrac{5}{8}, \tfrac{1}{2} - y, \tfrac{3}{4} - y)$, (∂)

K 13: D_{I_1}-SnI$_4$-Typ
RG: T_h^6

$N = 40$

K: 8 Sn: $\pm[(xxx)$, $(x + \tfrac{1}{2}, \tfrac{1}{2} - x, \bar{x})$, $(\partial)]$
8 I: $\pm[(yyy)$, $(y + \tfrac{1}{2}, \tfrac{1}{2} - y, \bar{y})$, $(\partial)]$
24 I: $\pm[(uvw)$, $(u + \tfrac{1}{2}, \tfrac{1}{2} - u, \bar{w})$,
$(\bar{u}, v + \tfrac{1}{2}, \tfrac{1}{2} - w)$, $(\tfrac{1}{2} - u, \bar{v}, w + \tfrac{1}{2})$,
(w, u, v), $(\bar{w}, u + \tfrac{1}{2}, \tfrac{1}{2} - v)$,
$(\tfrac{1}{2} - w, \bar{u}, w + \tfrac{1}{2})$, $(w + \tfrac{1}{2}, \tfrac{1}{2} - u, \bar{v})$,
(vwu), $(\tfrac{1}{2} - v, \bar{w}, u + \tfrac{1}{2})$,
$(v + \tfrac{1}{2}, \tfrac{1}{2} - w, \bar{u}, (\bar{v}, w + \tfrac{1}{2}, \tfrac{1}{2} - u)]$

K 14: A_{12}-α-Mn-Typ
RG: T_d^3

$N = 58$

K: $[(000)$, $(\tfrac{1}{2}\tfrac{1}{2}\tfrac{1}{2})]$
$+$ 2 Mn: (000)
$+$ 8 Mn: (xxx), $(\bar{x}\bar{x}x)$, (∂)
$+$ 24 Mn: (xxy), (∂)
$(\bar{x}\bar{x}y)$, (∂)
$(\bar{x}x\bar{y})$, (∂)
$(x\bar{x}\bar{y})$, (∂)
$+$ 29 Mn: gleiche Koordinaten,
aber andere Parameter

K 15: B_{20}-FeSi-Typ
RG: T^4

$N = 8$

K: 4 Fe: (xxx), $(\tfrac{1}{2} + x, \tfrac{1}{2} - x, \bar{x})$, (∂)
4 Si: gleiche Koordinaten,
aber andere Parameter

K 16: $D5_3$-Mn$_2$O$_3$-Typ
RG: T_h^7

$N = 80$

K: $[(000)$, $(\tfrac{1}{2}\tfrac{1}{2}\tfrac{1}{2})]$
$+$ 8 Mn: $(\tfrac{1}{4}\tfrac{1}{4}\tfrac{1}{4})$, $(\tfrac{1}{4}\tfrac{3}{4}\tfrac{3}{4})$, (∂)
$+$ 24 Mn: $\pm (x\,0\,\tfrac{1}{4})$, (∂)
$\pm (x\,\tfrac{1}{2}\,\tfrac{3}{4})$, (∂)
$+$ 48 O: $\pm (xyz)$, (∂)
$\pm (x, \bar{y}, \tfrac{1}{2} - z$, (∂)
$\pm (\tfrac{1}{2} + x, \bar{y}, z$, (∂)
$\pm (x, \tfrac{1}{2} + y, \bar{z})$, (∂)

K 17: $D2_1$-CaB$_6$-Typ
RG: O_h^1

$N = 7$

K: 1 Ca: (000), 6 B: $\pm (\tfrac{1}{2}\tfrac{1}{2}x)$, (∂)

K 18: $E2_1$-CaTiO$_3$-Typ
RG: O_h^1

$N = 5$

K: 1 Ca: (000), 1 Ti: $(\tfrac{1}{2}\tfrac{1}{2}\tfrac{1}{2})$, 3 O: $(\tfrac{1}{2}\,0\,0)$, (∂)

Tafel A 10 (Fortsetzung)
Struktureinzelheiten

K 19: GO_3-$NaClO_3$-Typ
RG: T^4 $N = 20$ K: 4 Na: $(x\,x\,x)$, $(x + \tfrac{1}{2}, \tfrac{1}{2} - x, \bar{x})$, (∂)
    4 Cl: $(y\,y\,y)$, $(y + \tfrac{1}{2}, \tfrac{1}{2} - y, \bar{y})$, (∂)
    12 O: (u, v, w), $(u + \tfrac{1}{2}, \tfrac{1}{2} - v, \bar{w})$,
    $(\bar{u}, v, + \tfrac{1}{2}, \tfrac{1}{2} - w)$, $(\tfrac{1}{2} - u, \bar{v}, w + \tfrac{1}{2})$,
    (w, u, v), $(\bar{w}, u + \tfrac{1}{2}, \tfrac{1}{2} - v)$,
    $(\tfrac{1}{2} - w, \bar{u}, v + \tfrac{1}{2})$, $(w + \tfrac{1}{2}, \tfrac{1}{2} - u, \bar{v})$,
    (v, w, u), $(\tfrac{1}{2} - v, \bar{w}, u + \tfrac{1}{2})$,
    $(v + \tfrac{1}{2}, \tfrac{1}{2} - w, \bar{u})$, $(\bar{v}, w + \tfrac{1}{2}, \tfrac{1}{2} - u)$

K 20: FO_1-$NiSbS$-Typ
RG: T^4 $N = 12$ K: 4 Ni: $(x\,x\,x)$, $(\tfrac{1}{2} + x, \tfrac{1}{2} - x, \bar{x})$, (∂)
    4 Sb und 4 S: die gleichen Koordinaten,
    aber andere Parameter

K 21: B_{32}-$NaTl$-Typ
RG: O_h^7 $N = 16$ K: $[(0\,0\,0), (\tfrac{1}{2}\,\tfrac{1}{2}\,0), (\partial)]$
    $+ 8$ Na: $(0\,0\,0)$, $(\tfrac{1}{4}\,\tfrac{1}{4}\,\tfrac{1}{4})$
    $+ 8$ Tl: $(\tfrac{1}{2}\,\tfrac{1}{2}\,\tfrac{1}{2})$, $(\tfrac{3}{4}\,\tfrac{3}{4}\,\tfrac{3}{4})$

K 22: C_{15}-Cu_2Mg-Typ
RG: O_h^7 $N = 24$ K: $[(0\,0\,0), (\tfrac{1}{2}\,\tfrac{1}{2}\,0), (\partial)]$
    $+ 8$ Mg: $(0\,0\,0)$, $(\tfrac{1}{4}\,\tfrac{1}{4}\,\tfrac{1}{4})$
    $+16$ Cu: $(\tfrac{5}{8}\,\tfrac{5}{8}\,\tfrac{5}{8})$, $(\tfrac{7}{8}\,\tfrac{7}{8}\,\tfrac{5}{8})$, (∂)

K 23: L_{21}-Cu_2AlMn-Typ
RG: O_h^5 $N = 16$ K: $[(0\,0\,0), (\tfrac{1}{2}\,\tfrac{1}{2}\,0), (\partial)] + 4$ Al: $(0\,0\,0)$
    $+ 8$ Cu: $(\tfrac{1}{4}\,\tfrac{1}{4}\,\tfrac{1}{4})$, $(\tfrac{3}{4}\,\tfrac{3}{4}\,\tfrac{3}{4})$
    $+ 4$ Mn: $(\tfrac{1}{2}\,\tfrac{1}{2}\,\tfrac{1}{2})$

K 24: $D8_{1-3}$-Typ, γ-Phasen (Fe_3Zn_{10})
RG: O_h^9, T_d^3, T_d^1 $N = 52$ K: $[(0\,0\,0), (\tfrac{1}{2}\,\tfrac{1}{2}\,\tfrac{1}{2})] + 12$ Fe: $\pm (x\,0\,0)$, (∂)
    $+ 16$ Zn: $\pm (y\,y\,y)$, $(y\,\bar{y}\,\bar{y})$, (∂)
    $+ 24$ Zn: $\pm (z\,z\,0)$, $(z\,\bar{z}\,0)$, (∂)

T 1: $A5$-β-Sn-Typ
RG: D_{4h}^{19} $N = 4$ K: 4 Sn: $(0\,0\,0)$, $(\tfrac{1}{2}\,\tfrac{1}{2}\,\tfrac{1}{2})$, $(\tfrac{1}{2}\,0\,\tfrac{1}{4})$, $(0\,\tfrac{1}{2}\,\tfrac{3}{4})$

T 2: $A6$-In-Typ
RG: D_{4h}^4, D_{4h}^6, D_{4h}^9, $N = 4$ K: 4 In: $(0\,0\,0)$, $(\tfrac{1}{2}\,\tfrac{1}{2}\,0)$, (∂)
        D_{4h}^{12}, D_{4h}^{17}

T 3: B-SnO-Typ
RG: D_{4h}^7 $N = 4$ K: 2 Sn: $(0\,0\,0)$, $(\tfrac{1}{2}\,\tfrac{1}{2}\,0)$
    2 O: $(0\,\tfrac{1}{2}\,p)$, $(\tfrac{1}{2}\,0\,\bar{p})$

T 4: C_4-Rutil-Typ (TiO_2)
RG: D_{4h}^{14} $N = 6$ K: 2 Ti: $(0\,0\,0)$, $(\tfrac{1}{2}\,\tfrac{1}{2}\,\tfrac{1}{2})$
    4 O $(p\,p\,0)$, $(\bar{p}\,\bar{p}\,0)$, $(\tfrac{1}{2} - p, \tfrac{1}{2} + p, \tfrac{1}{2})$,
    $(\tfrac{1}{2} + p, \tfrac{1}{2} - p, \tfrac{1}{2})$

T 5: $C2$-CaC_2-Typ
RG: D_{4h}^{17} $N = 6$ K: $[(0\,0\,0), (\tfrac{1}{2}\,\tfrac{1}{2}\,\tfrac{1}{2})] + 2$ Ca: $(0\,0\,0)$
    $+ 4$ C: $\pm (0\,0\,z)$

Tafel A 10 (Fortsetzung)

Struktureinzelheiten

T 6: C16-Cu-Al$_2$-Typ
 RG: D$_{4h}^{18}$ $N = 12$ K: $[(0\,0\,0),\ (\tfrac{1}{2}\tfrac{1}{2}\tfrac{1}{2})] + 4$ Cu: $\pm(0\,0\,\tfrac{1}{4})$
                 $+ 8$ Al: $\pm(x,\ \tfrac{1}{2}+x,\ 0)$
                     $\pm(\tfrac{1}{2}+x,\ \bar{x},\ 0)$

T 7: E-KHF$_2$-Typ
 RG: D$_{4h}^{18}$ $N = 16$ K: $[(0\,0\,0),\ (\tfrac{1}{2}\tfrac{1}{2}\tfrac{1}{2})] + 4$ K: $(0\,0\,\tfrac{1}{4}),\ (\tfrac{1}{2}\tfrac{1}{2}\tfrac{1}{4})$
                  $+ 4$ H: $(0\,\tfrac{1}{2}\,0),\ (\tfrac{1}{2}0\,0)$
                  $+ 8$ F: $(p,\ p + \tfrac{1}{2},\ 0)$
                    $(\tfrac{1}{2} - p,\ p,\ 0)$
                    $(\bar{p},\ \tfrac{1}{2} - p,\ 0)$
                    $(p + \tfrac{1}{2},\ \bar{p},\ 0)$

T 8: D-Kalomel-Typ (Hg$_2$Cl$_2$)
 RG: D$_{4h}^{4}$ $N = 16$ K: $[(0\,0\,0),\ (\tfrac{1}{2}\tfrac{1}{2}0),\ (\partial)]$
                 $+ 8$ Hg: $(0\,0\,p),\ (0\,0\,\bar{p})$
                 $+ 8$ Cl: $(\tfrac{1}{2}0\,q,\ (\tfrac{1}{2}0\,\bar{q})$

T 9: H-[PtCl$_4$] K$_2$-Typ
 RG: D$_{4h}^{1}$ $N = 7$ K: Pt: $(0\,0\,0)$; 2 K: $(0\,\tfrac{1}{2}\tfrac{1}{2}),\ (\tfrac{1}{2}0\,\tfrac{1}{2})$
                4 C $(x\,x\,0),\ (x\,\bar{x}\,0),\ (\bar{x}\,x\,0),\ (\bar{x}\,\bar{x}\,0)$

T 10: H-KIO$_4$-Typ (Scheelit)
 RG: C$_{4h}^{6}$ $N = 24$ K: 4 K: $[(0\,0\,\tfrac{1}{2}),\ (\tfrac{1}{2}0\,\tfrac{1}{4})] + (\tfrac{1}{2}\tfrac{1}{2}\tfrac{1}{2})$
                4 I: $[(0\,0\,0),\ (0\,\tfrac{1}{2}\tfrac{1}{4})] + (\tfrac{1}{2}\tfrac{1}{2}\tfrac{1}{2})$
                16 O: $[(x\,y\,z),\ (\bar{x}\,\bar{y}\,z),\ (\bar{y}\,x\,\bar{z}),\ (y\,\bar{x}\,\bar{z}),$
                  $(x,\ y + \tfrac{1}{2},\ \tfrac{1}{4} - z),\quad (\bar{x},\ \tfrac{1}{2} - y,\ \tfrac{1}{4} - z),$
                  $(\bar{y},\ x + \tfrac{1}{2},\ z + \tfrac{1}{4}),\quad (y,\ \tfrac{1}{2} - x,\ z + \tfrac{1}{4})]$
                  $+ (\tfrac{1}{2}\tfrac{1}{2}\tfrac{1}{2})$

T 11: E-PbFCl-Typ
 RG: D$_{4h}^{7}$ $N = 6$ K: 2 F: $(0\,0\,0),\ (\tfrac{1}{2}\tfrac{1}{2}0)$
                2 Cl: $(0\,\tfrac{1}{2}x),\ (\tfrac{1}{2}0\,\bar{x})$
                2 Pb: $(0\,\tfrac{1}{2}y),\ (\tfrac{1}{2}0\,\bar{y})$

T 12: D5$_9$-Zn$_3$P$_2$-Typ
 RG: D$_{4h}^{15}$ $N = 40$ K: 4 P: $\pm(0\,0\,z_1),\ \pm(\tfrac{1}{2},\tfrac{1}{2},\tfrac{1}{2} + z_1)$
                4 P: $(0\,\tfrac{1}{2}z_2),\ (\tfrac{1}{2}0\,\bar{z}_2),\ (0,\tfrac{1}{2},\tfrac{1}{2} + z_2),$
                  $(\tfrac{1}{2},\ 0,\ \tfrac{1}{2} - z_2)$
                8 P: $\pm(x\,x\,0),\ (\bar{x}\,x\,0),\ (\tfrac{1}{2} + x,\ \tfrac{1}{2} + x,\ \tfrac{1}{2}),$
                  $(\tfrac{1}{2} - x,\ \tfrac{1}{2} + x,\ \tfrac{1}{2})$
                8 Zn: $(0\,x_2z_3),\ (0\,\bar{x}_2\,z_3),\ (x_2\,0\,\bar{z}_3),\ (\bar{x}_2,0\,\bar{z}_3),$
                  $(\tfrac{1}{2},\ \tfrac{1}{2} + x_2,\ \tfrac{1}{2} - z_3),\ (\tfrac{1}{2},\ \tfrac{1}{2} - x_2,\ x_2 - z_3)$
                16 Zn: **2** mal die gleichen Koordinaten,
                  aber andere Parameter

H 1: A3-Typ: hex. dicht. Packung (Mg)
 RG: D$_{6h}^{4}$ $N = 2$ K: 2 Mg: $(\tfrac{2}{3}\tfrac{1}{3}0),\ (\tfrac{1}{3}\tfrac{2}{3}\tfrac{1}{2})$

H 2: C6-CdI$_2$-Typ
 RG: D$_{3d}^{3}$ $N = 3$ K: 1 Cd: (000)
                2 I: $(\tfrac{1}{3}\tfrac{2}{3}z),\ (\tfrac{2}{3}\tfrac{1}{3}\bar{z})$

Tafel A 10 (Fortsetzung)

Struktureinzelheiten

H 3: B 4-Wurtzit-Typ (ZnS)

RG: C_{6v}^4 $\qquad$ $N = 4$ $\qquad$ K: 2 Zn: $(\frac{1}{3} \frac{2}{3} 0)$, $(\frac{2}{3} \frac{1}{3} \frac{1}{2})$

$\qquad$ 2 S: $(\frac{1}{3} \frac{2}{3} z)$, $(\frac{2}{3}, \frac{1}{3}, \frac{1}{2} + z)$

H 4: B 8-NiAs-Typ

RG: D_{6h}^4 $\qquad$ $N = 4$ $\qquad$ K: 2 Ni: $(0\,0\,0)$, $(0\,0\,\frac{1}{2})$

$\qquad$ 2 As: $(\frac{1}{3} \frac{2}{3} \frac{1}{4})$, $(\frac{2}{3} \frac{1}{3} \frac{3}{4})$

H 5: C 7-MoS$_2$-Typ

RG: D_{6h}^4 $\qquad$ $N = 6$ $\qquad$ K: 2 Mo: $(\frac{1}{3} \frac{2}{3} \frac{1}{4})$, $\frac{2}{3} \frac{1}{3} \frac{1}{4})$

$\qquad$ 4 S: $(\frac{1}{3} \frac{2}{3} z)$, $(\frac{2}{3} \frac{1}{3} \bar{z})$, $(\frac{1}{3}, \frac{2}{3}, \frac{1}{2} - z)$

$\qquad$ $(\frac{2}{3}, \frac{1}{3}, \frac{1}{2} + z)$

H 6: B 5-SiC-Typ: Carborund

RG: SiC I: C_{3v}^5

$\qquad$ SiC II: C_{6v}^4 $\qquad$ } Nähere Einzelheiten

$\qquad$ SiC III: C_{6v}^4 $\qquad$ OTT: Z. Kristallogr. **62** u. **63** (1925/26)

H 7: D-Corund-Typ

RG: D_{3d}^6 $\qquad$ $N = 10$ $\qquad$ K: 4 Al: $[(x\,x\,x), (\bar{x}\,\bar{x}\,\bar{x})] + (\frac{1}{2} \frac{1}{2} \frac{1}{2})$

$\qquad$ 6 O: $(y\,\bar{y}\,0)$, $(\bar{y}\,0\,y)$, $(0\,y\,\bar{y})$,

$\qquad$ $(\frac{1}{2} - y, y + \frac{1}{2}, \frac{1}{2})$, $(y + \frac{1}{2}, \frac{1}{2}, y - \frac{1}{2})$,

$\qquad$ $(\frac{1}{2}, \frac{1}{2} - y, y + \frac{1}{2})$

H 8: G-Kalkspat-Typ (CaCO$_3$)

RG: D_{3d}^6 $\qquad$ $N = 10$ $\qquad$ K: 2 Ca: $(\frac{1}{4} \frac{1}{4} \frac{1}{4})$, $(\frac{3}{4} \frac{3}{4} \frac{3}{4})$

$\qquad$ 2 C; $(0\,0\,0)$, $(\frac{1}{2} \frac{1}{2} \frac{1}{2})$

$\qquad$ 6 O: $(x\,\bar{x}\,0)$, (∂)

$\qquad$ $(\frac{1}{2} - x, x + \frac{1}{2}, \frac{1}{2})$, (∂)

H 9: A 7-Antimon-Typ (As)

RG: D_{3d}^5 $\qquad$ $N = 6$ $\qquad$ Hexagonale K: 6 As: $[(000), (\frac{2}{3} \frac{1}{3} \frac{1}{3}), (\frac{1}{3} \frac{2}{3} \frac{2}{3})]$

$\qquad$ $\pm (00x)$

H 10: A 8-Se-Typ

RG: D_3^4, D_3^6 $\qquad$ $N = 3$ $\qquad$ K: 3 Se: $(x\,0\,0)$, $(\bar{x}\,\bar{x}\,\frac{1}{3})$, $(0\,x\,\frac{2}{3})$ u.

$\qquad$ $(x\,0\,0)$, $(\bar{x}\,\bar{x}\,\frac{2}{3})$, $(0\,x\,\frac{1}{3})$

H 11: C 8-β-Quarz-Typ (SiO$_2$)

RG: D_6^4, D_6^5 $\qquad$ $N = 9$ $\qquad$ K: 3 Si: $(\frac{1}{2} \frac{1}{2} \frac{1}{3})$, $(\frac{1}{2} 0\,0)$, $(0 \frac{1}{2} \frac{2}{3})$

$\qquad$ 6 O: $(x\,\bar{x}\,\frac{5}{6})$, $(\bar{x}\,x\,\frac{5}{6})$, $(x, 2x, \frac{1}{2})$

$\qquad$ $(\bar{x}, 2\bar{x}, \frac{1}{2})$, $(2x, x, \frac{1}{6})$, $(2\bar{x}, \bar{x}, \frac{1}{6})$

H 12: B$_h$-WC-Typ

RG: D_{6h}^1 $\qquad$ $N = 2$ $\qquad$ K: 1 W: $(0\,0\,0)$

$\qquad$ 1 C: $(\frac{1}{3} \frac{2}{3} \frac{1}{2})$

H 13: A 3-ε-Phasen

RG: D_{6h}^4 $\qquad$ $N = 4$ $\qquad$ K: Hexagonal dichteste Kugelpackung; genaue Atomverteilung noch nicht bekannt

Tafel A 10 (Fortsetzung)

Struktureinzelheiten

H 14: C 14-MgZn$_2$-Typ
RG: D$_{6h}^4$ $\qquad$ $N = 12$ $\qquad$ K: 4 Mg: $\pm(\frac{1}{3}\frac{2}{3}z)$, $\pm(\frac{1}{3}, \frac{2}{3}, \frac{1}{2} - z)$
$\qquad$ 2 Zn: $(0\,0\,0)$, $(0\,0\,\frac{1}{2})$
$\qquad$ 6 Zn: $\pm(x, 2x, \frac{1}{4})$, $\pm(\overline{2}\,\overline{x}, \overline{x}, \frac{1}{4})$, $\pm(x\,\overline{x}\frac{1}{4})$

H 15: D 0$_{18}$-Na$_3$As-Typ
RG: D$_{6h}^4$ $\qquad$ $N = 8$ $\qquad$ K: 2 As: $\pm(\frac{1}{3}\frac{2}{3}\frac{1}{4})$
$\qquad$ 2 Na: $\pm(0\,0\,\frac{1}{4})$
$\qquad$ 4 Na: $\pm(\frac{1}{3}\frac{2}{3}z)$, $\pm(\frac{2}{3}, \frac{1}{3}, \frac{1}{2} + z)$

H 16: D 5$_2$-La$_2$O$_3$-Typ
RG: D$_{3d}^3$ $\qquad$ $N = 5$ $\qquad$ K: 2 La: $(\frac{1}{3}\frac{2}{3}z)$, $(\frac{2}{3}\frac{1}{3}\overline{z})$
$\qquad$ 1 O: (000)
$\qquad$ 2 O: $(\frac{1}{3}\frac{2}{3}y)$, $(\frac{2}{3}\frac{1}{3}\overline{y})$

H 17: D-FeF$_3$-Typ
RG: D$_3^7$ $\qquad$ $N = 8$ $\qquad$ K: 2 Fe: $(x\,x\,x)$, $(\overline{x}\,\overline{x}\,\overline{x})$
$\qquad$ 3 F; $(0\,y\,\overline{y})$, (∂)
$\qquad$ 3 F: $(\frac{1}{2}\,z\,\overline{z}$, (∂)

H 18: C 36-BiI$_3$-Typ
RG: C$_{3i}^2$ $\qquad$ $N = 8$ $\qquad$ K: 1 Bi $(\overline{u}\,\overline{u}\,\overline{u})$
$\qquad$ 2 I $(x\,y\,z)$, (∂)

H 19: C 19 -CdCl$_2$-Typ
RG: D$_{3d}^5$ $\qquad$ $N = 3$ $\qquad$ K: 1 Cd $(0\,0\,0)$
$\qquad$ 2 Cl $(x\,x\,x)$, $(\overline{x}\,\overline{x}\,\overline{x})$

H 20: C 32-AlB$_2$-Typ
RG: D$_{6h}^1$ $\qquad$ $N = 3$ $\qquad$ K: 1 Al: $(0\,0\,0)$
$\qquad$ 2 B: $(\frac{1}{3}\frac{2}{3}\frac{1}{2})$, $(\frac{2}{3}\frac{1}{3}\frac{1}{2})$

H 21: E-CsICl$_2$-Typ
RG: D$_{3d}^5$ $\qquad$ $N = 4$ $\qquad$ K: 1 Cs: $(0\,0\,0)$
$\qquad$ 1 I: $(\frac{1}{2}\frac{1}{2}\frac{1}{2})$
$\qquad$ 2 Cl: $\pm(x\,x\,x)$

H 22: D 0$_{19}$-Mg$_3$Cd-Typ
RG: D$_{6h}^4$ $\qquad$ $N = 8$ $\qquad$ K: 2 Cd: $\pm(\frac{1}{3}\frac{2}{3}\frac{1}{4})$
$\qquad$ 6 Mg: $\pm(2x, x, \frac{1}{4})$, $\pm(\overline{x}\,x\frac{1}{4})$,
$\qquad\qquad$ $\pm(\overline{x}, 2x, \frac{1}{4})$

Tafel A 11

Eichsubstanzen

(Die angegebenen Gitterkonstanten gelten alle für 25° C)

Substanz	Reinheitsgrad	Gitterkonstante [$\mathring{A}$]	Ausdehnungskoeffizient [grad^{-1}]	Referent
Al	99,971	4,04958	$23,29 \cdot 10^{-6}$	JETTE, E. R., u. F. FOOTE: J. chem. Physics **3**, 605 (1935)
	99,99	4,04958	$23,29 \cdot 10^{-6}$	BERGEN, H. VAN: Ann. Physik **39**, 553 (1941)
	99,992	4,04953	—	WILSON, A. J. C.: Proc. physic. Soc. (London) **53**, 235 (1941)
	99,9986	4,04963	—	JEVINS, A., u. M. STRAUMANIS: Z. physik. Chem. B **34**, 402 (1936)
Ag	99,999	4,08613	$18,72 \cdot 10^{-6}$	JETTE, E. R., u. F. FOOTE: J. chem. Physics **3**, 605 (1935)
	—	4,08610	—	STRAUMANIS: J. appl. Physics **20**, 726 (1949)
Au	99,998	—	$14,13 \cdot 10^{-6}$	WEYERRER, H.: Z. angew. Physik **8**, 297 (1956)
Si	99,84	5,43078	$4,15 \cdot 10^{-6}$	JETTE, E. R., u. F. FOOTE: J. chem. Physics **3**, 605 (1935)
	—	5,43078	—	STRAUMANIS, M.: J. appl. Physics **20**, 726 (1949)
	99,9	5,43075	—	LIPSON, H., u. L. E. R. ROGERS: Philos. Mag. **35**, 544 (1944)
	99,97	5,43100	—	STRAUMANIS, M. E., u. E. Z. AKA: J. appl. Physics **23**, 330 (1952)
Ge	99,999	5,65758	$5,92 \cdot 10^{-6}$	STRAUMANIS, M. W., u. E. Z. AKA: J. appl. Physics **23**, 330 (1952)
NaCl	—	5,64009	$40,49 \cdot 10^{-6}$	JEVINS, A., u. M. STRAUMANIS: Z. physik. Chem. B **34**, 402 (1936)
TlCl	99,999	3,84236	$54,57 \cdot 10^{-6}$	STRAUMANIS, M.: Z. appl. Physics **20** 726 (1949)
TlBr	99,999	3,98584	$51,2 \cdot 10^{-6}$	STRAUMANIS, M.: J. appl. Physics **20**, 726 (1949)
CaF$_2$	99,999	5,4626	—	SWANSON, H. E., u. E. TATGE: Nat. Bureau of Standards. Diss. POLLERNS, Vol. I, 69 (1953)
CsI	0,01 % Na u. K 0,05 % Rb	4,5678	$48,6 \cdot 10^{-6}$	RYMER, T. B., u. P. G. HAMBLING: Acta crystallogr. **4**, 565 (1951)

Tafel A 12

Glanzwinkel von NaCl für verschiedene Strahlungen bei 21° C mit $a = 5,63919$ Å

$h\ k\ l$	$\sum h^2$		Cr		Fe		Co		Cu		Mo	
			$\sin^2\Theta$	Θ	$\sin^2\Theta$	Θ	$\sin^2\Theta$	Θ	$\sin^2\Theta$	Θ	$\sin^2\Theta$	Θ
1 1 1	3	K_{α_1}	0,12364	20,59°	0,08840	17,30°	0,07548	15,95°	0,05597	13,69°	0,01187	6,26°
		K_{α_2}	0,12406	20,62°	0,08876	17,33°	0,07580	15,98°	0,05625	13,72°	0,01201	6,29°
		K_α	0,12378	20,60°	0,08852	17,31°	0,07559	15,96°	0,05606	13,70°	0,01191	6,27°
2 0 0	4	K_{α_1}	0,16485	23,96°	0,11786	20,08°	0,10064	18,50°	0,07463	15,85°	0,01582	7,23°
		K_{α_2}	0,16541	24,00°	0,11834	20,12°	0,10107	18,54°	0,07500	15,89°	0,01601	7,27°
		K_α	0,16504	23,97°	0,11802	20,09°	0,10078	18,51°	0,07475	15,87°	0,01588	7,24°
2 2 0	8	K_{α_1}	0,32970	35,04°	0,23572	29,05°	0,20127	26,66°	0,14926	22,73°	0,03164	10,25°
		K_{α_2}	0,33082	35,11°	0,23668	29,11°	0,20214	26,72°	0,15000	22,79°	0,03202	10,31°
		K_α	0,33008	35,07°	0,23604	29,07°	0,20156	26,68°	0,14950	22,75°	0,03177	10,27°
1 1 3	11	K_{α_1}	0,45334	42,32°	0,32412	34,70°	0,27675	31,74°	0,20523	26,94°	0,04351	12,04°
		K_{α_2}	0,45488	42,41°	0,32544	34,78°	0,27795	31,82°	0,20625	27,01°	0,04402	12,11°
		K_α	0,45386	42,35°	0,32456	34,73°	0,27715	31,77°	0,20556	26,96°	0,04368	12,06°
2 2 2	12	K_{α_1}	0,49456	44,69°	0,35358	36,49°	0,30191	33,33°	0,22388	28,24°	0,04746	12,58°
		K_{α_2}	0,49624	44,78°	0,35502	36,57°	0,30322	33,41°	0,22500	28,32°	0,04802	12,66°
		K_α	0,49512	44,72°	0,35406	36,51°	0,30234	33,36°	0,22424	28,26°	0,04765	12,61°
4 0 0	16	K_{α_1}	0,65941	54,30°	0,47144	43,36°	0,40254	39,38°	0,29851	33,12°	0,06328	14,57°
		K_{α_2}	0,66165	54,43°	0,47336	43,47°	0,40429	39,48°	0,30000	33,21°	0,06403	14,66°
		K_α	0,66016	54,34°	0,47208	43,40°	0,40312	39,41°	0,29899	33,15°	0,06354	14,60°
1 3 3	19	K_{α_1}	0,78305	62,24°	0,55984	48,44°	0,47802	43,74°	0,35448	36,54°	0,07515	15,91°
		K_{α_2}	0,78571	62,42°	0,56212	48,57°	0,48009	43,86°	0,35625	36,65°	0,07604	16,01°
		K_α	0,78394	62,30°	0,56060	48,48°	0,47871	43,78°	0,35505	36,57°	0,07545	15,94°
0 4 2	20	K_{α_1}	0,82426	65,22°	0,58930	50,14°	0,50318	45,18°	0,37314	37,65°	0,07910	16,33°
		K_{α_2}	0,82706	65,43°	0,59170	50,28°	0,50536	45,31°	0,37500	37,76°	0,08004	16,43°
		K_α	0,82520	65,29°	0,59010	50,19°	0,50390	45,22°	0,37374	37,69°	0,07942	16,37°

Tafel A 13

Glanzwinkel von Au für verschiedene Strahlungen bei 21° C mit $a = 4{,}07841$ Å

$h\ k\ l$	$\sum h^2$		Cr		Fe		Co		Cu		Mo	
			$\sin^2\Theta$	Θ	$\sin^2\Theta$	Θ	$\sin^2\Theta$	Θ	$\sin^2\Theta$	Θ	$\sin^2\Theta$	Θ
1 1 1	3	K_{α_1}	0,23638	29,09°	0,16900	24,27°	0,14430	22,33°	0,10701	19,09°	0,02268	8,66°
		K_{α_2}	0,23718	29,15°	0,16969	24,33°	0,14492	22,38°	0,10754	19,14°	0,02296	8,72°
		K_α	0,23665	29,11°	0,16922	24,29°	0,14451	22,34°	0,10718	19,11°	0,02277	8,68°
2 0 0	4	K_{α_1}	0,31517	34,15°	0,22533	28,34°	0,19240	26,02°	0,14268	22,19°	0,03024	10,02°
		K_{α_2}	0,31624	34,22°	0,22625	28,40°	0,19323	26,08°	0,14338	22,25°	0,03061	10,08°
		K_α	0,31553	34,18°	0,22563	28,36°	0,19268	26,04°	0,14291	22,21°	0,03036	10,04°
2 2 0	8	K_{α_1}	0,63034	52,56°	0,45066	42,17°	0,38480	38,34°	0,28535	32,29°	0,06049	14,24°
		K_{α_2}	0,63249	52,69°	0,45250	42,27°	0,38646	38,44°	0,28677	32,38°	0,06122	14,33°
		K_α	0,63106	52,60°	0,45126	42,20°	0,38535	38,37°	0,28582	32,32°	0,06073	14,27°
1 1 3	11	K_{α_1}	0,86671	68,59°	0,61965	51,92°	0,52910	46,67°	0,39236	38,78°	0,08317	16,76°
		K_{α_2}	0,86967	68,84°	0,62218	52,07°	0,53139	46,80°	0,39431	38,90°	0,08417	16,86°
		K_α	0,86771	68,67°	0,62049	51,97°	0,52986	46,71°	0,39300	38,82°	0,08350	16,80°
2 2 2	12	K_{α_1}	0,94550	76,50°	0,67598	55,30°	0,57720	49,44°	0,42803	40,86°	0,09073	17,53°
		K_{α_2}	0,94873	76,91°	0,67874	55,47°	0,57970	49,59°	0,43015	40,98°	0,09182	17,64°
		K_α	0,94660	76,64°	0,67690	55,36°	0,57803	49,49°	0,42872	40,90°	0,09109	17,57°
4 0 0	16	K_{α_1}			0,90131	71,69°	0,76960	61,32°	0,57070	49,06°	0,12098	20,35°
		K_{α_2}			0,90499	72,05°	0,77293	61,54°	0,57354	49,23°	0,12243	20,48°
		K_α			0,90253	71,81°	0,77070	61,39°	0,57163	49,12°	0,12146	20,40°
1 3 3	19	K_{α_1}					0,91390	72,94°	0,67771	55,41°	0,14366	22,27°
		K_{α_2}					0,91785	73,34°	0,68107	55,62°	0,14539	22,41°
		K_α					0,91521	73,07°	0,67881	55,48°	0,14423	22,32°
0 4 2	20	K_{α_1}					0,96200	78,76°	0,71338	57,63°	0,15122	22,88°
		K_{α_2}					0,96616	79,40°	0,71692	57,86°	0,15304	23,03°
		K_α					0,96338	78,97°	0,71454	57,70°	0,15182	22,93°

Tafel A 14
Glanzwinkel kubischer Gitter für verschiedene Strahlungen
[Entn.: MULDAWER und FEDER: Rev. sci. Instr. **26**, 827 (1955)]

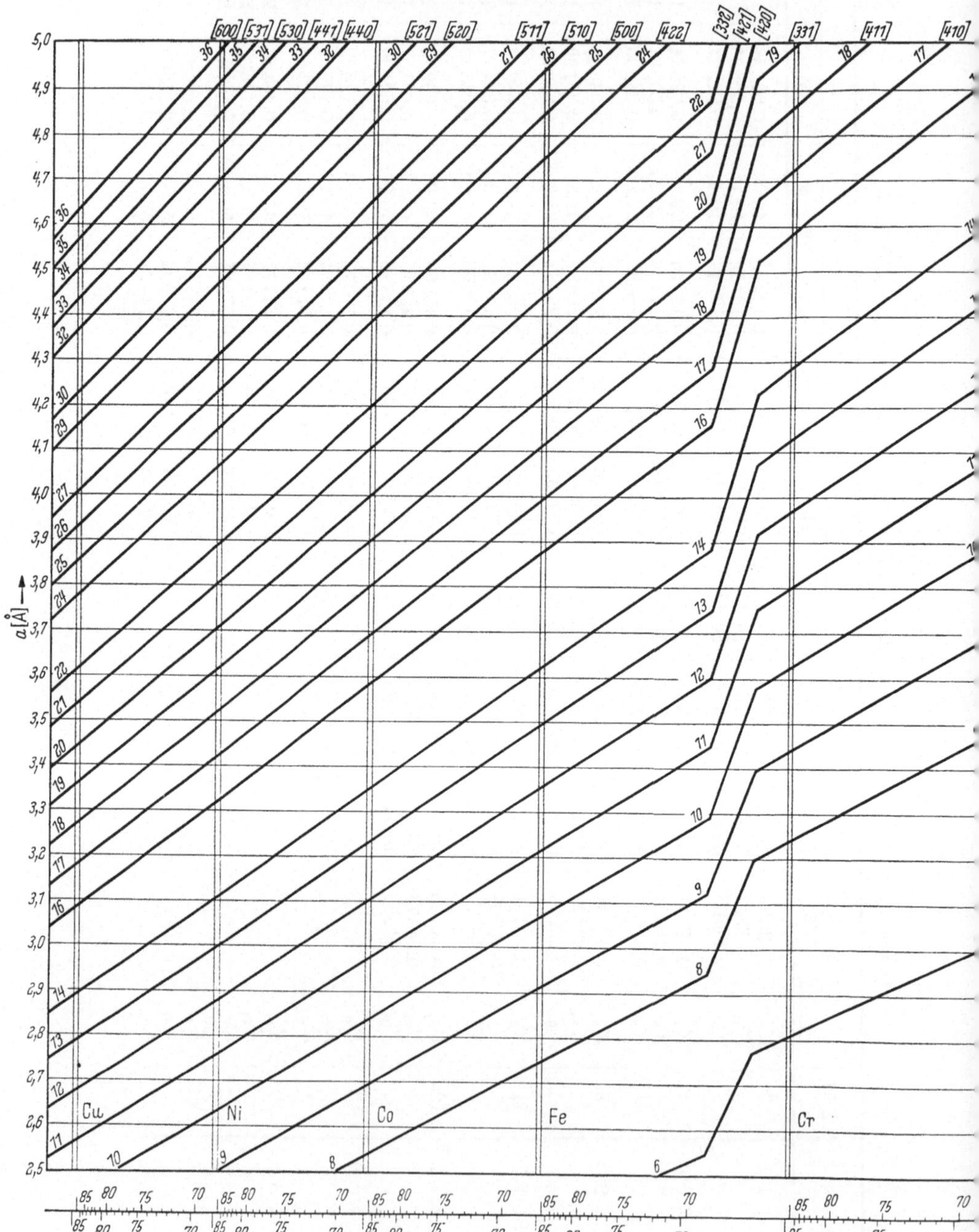

Tafel A 15

$$\frac{1}{2}\left(\frac{\cos^2\Theta}{\sin\Theta} + \frac{\cos^2\Theta}{\Theta}\right)$$

[Entn.: NELSON und RILEY: Proc. Phys. Soc. **57**, 160 (1945)]

$\Theta°$	0,0	0,1	0,2	0,3	0,4	0,5	0,6	0,7	0,8	0,9
10	5,572	5,513	5,456	5,400	5,345	5,291	5,237	5,185	5,134	5,084
11	5,034	4,986	4,939	4,892	4,846	4,800	4,756	4,712	4,669	4,627
12	4,585	4,544	4,504	4,464	4,425	4,386	4,348	4,311	4,274	4,238
13	4,202	4,167	4,133	4,098	4,065	4,032	3,999	3,967	3,935	3,903
14	3,872	3,842	3,812	3,782	3,753	3,724	3,695	3,667	3,639	3,612
15	3,584	3,558	3,531	3,505	3,479	3,454	3,429	3,404	3,379	3,355
16	3,331	3,307	3,284	3,260	3,237	3,215	3,192	3,170	3,148	3,127
17	3,105	3,084	3,063	3,042	3,022	3,001	2,981	2,962	2,942	2,922
18	2,903	2,884	2,865	2,847	2,828	2,810	2,792	2,774	2,756	2,738
19	2,921	2,704	2,687	2,670	2,653	2,636	2,620	2,604	2,588	2,572
20	2,556	2,540	2,525	2,509	2,494	2,479	2,464	2,449	2,434	2,420
21	2,405	2,391	2,376	2,362	2,348	2,335	2,321	2,307	2,294	2,280
22	2,267	2,254	2,241	2,228	2,215	2,202	2,189	2,177	2,164	2,152
23	2,140	2,128	2,116	2,104	2,092	2,080	2,068	2,056	2,045	2,034
24	2,022	2,011	2,000	1,989	1,978	1,967	1,956	1,945	1,934	1,924
25	1,913	1,903	1,892	1,882	1,872	1,861	1,851	1,841	1,831	1,821
26	1,812	1,802	1,792	1,782	1,773	1,763	1,754	1,745	1,735	1,726
27	1,717	1,708	1,699	1,690	1,681	1,672	1,663	1,654	1,645	1,637
28	1,628	1,619	1,611	1,602	1,594	1,586	1,577	1,569	1,561	1,553
29	1,545	1,537	1,529	1,521	1,513	1,505	1,497	1,489	1,482	1,474
30	1,466	1,459	1,451	1,444	1,436	1,429	1,421	1,414	1,407	1,400
31	1,392	1,385	1,378	1,371	1,364	1,357	1,350	1,343	1,336	1,329
32	1,323	1,316	1,309	1,302	1,296	1,289	1,282	1,276	1,269	1,263
33	1,256	1,250	1,244	1,237	1,231	1,225	1,218	1,212	1,206	1,200
34	1,194	1,188	1,182	1,176	1,170	1,164	1,158	1,152	1,146	1,140
35	1,134	1,128	1,123	1,117	1,111	1,106	1,100	1,094	1,098	1,083
36	1,078	1,072	1,067	1,061	1,056	1,050	1,045	1,040	1,034	1,029
37	1,024	1,019	1,013	1,008	1,003	0,998	0,993	0,988	0,982	0,977
38	0,972	0,967	0,962	0,958	0,953	0,948	0,943	0,938	0,933	0,928
39	0,924	0,919	0,914	0,909	0,905	0,900	0,895	0,891	0,886	0,881
40	0,877	0,872	0,868	0,863	0,859	0,854	0,850	0,845	0,841	0,837
41	0,832	0,828	0,823	0,819	0,815	0,810	0,806	0,802	0,798	0,794
42	0,789	0,785	0,781	0,777	0,773	0,769	0,765	0,761	0,757	0,753
43	0,749	0,745	0,741	0,737	0,733	0,729	0,725	0,721	0,717	0,713
44	0,709	0,706	0,702	0,698	0,694	0,690	0,687	0,683	0,679	0,676
45	0,672	0,668	0,665	0,661	0,657	0,654	0,650	0,647	0,643	0,640
46	0,636	0,632	0,629	0,625	0,622	0,619	0,615	0,612	0,608	0,605
47	0,602	0,598	0,595	0,591	0,588	0,585	0,582	0,578	0,575	0,572
48	0,569	0,565	0,562	0,559	0,556	0,553	0,549	0,546	0,543	0,540
49	0,537	0,534	0,531	0,528	0,525	0,522	0,518	0,515	0,512	0,505

Tafel A 15 (Fortsetzung)

$$\frac{1}{2}\left(\frac{\cos^2\Theta}{\sin\Theta} + \frac{\cos^2\Theta}{\Theta}\right)$$

$\Theta°$	0,0	0,1	0,2	0,3	0,4	0,5	0,6	0,7	0,8	0,9
50	0,506	0,504	0,501	0,498	0,495	0,492	0,489	0,486	0,483	0,480
51	0,477	0,474	0,472	0,469	0,466	0,463	0,460	0,458	0,455	0,452
52	0,449	0,447	0,444	0,441	0,439	0,436	0,433	0,430	0,428	0,425
53	0,423	0,420	0,417	0,415	0,412	0,410	0,407	0,404	0,402	0,399
54	0,397	0,394	0,392	0,389	0,387	0,384	0,382	0,379	0,377	0,375
55	0,372	0,370	0,367	0,365	0,363	0,360	0,358	0,356	0,353	0,351
56	0,349	0,346	0,344	0,342	0,339	0,337	0,335	0,333	0,330	0,328
57	0,326	0,324	0,322	0,319	0,317	0,315	0,313	0,311	0,309	0,306
58	0,304	0,302	0,300	0,298	0,296	0,294	0,292	0,290	0,288	0,286
59	0,284	0,282	0,280	0,278	0,276	0,274	0,272	0,270	0,268	0,266
60	0,264	0,262	0,260	0,258	0,256	0,254	0,252	0,250	0,249	0,247
61	0,245	0,243	0,241	0,239	0,237	0,236	0,234	0,232	0,230	0,229
62	0,227	0,225	0,223	0,221	0,220	0,218	0,216	0,215	0,213	0,211
63	0,209	0,208	0,206	0,204	0,203	0,201	0,199	0,198	0,196	0,195
64	0,193	0,191	0,190	0,188	0,187	0,185	0,184	0,182	0,180	0,179
65	0,177	0,176	0,174	0,173	0,171	0,170	0,168	0,167	0,165	0,164
66	0,162	0,161	0,160	0,158	0,157	0,155	0,154	0,152	0,151	0,150
67	0,148	0,147	0,146	0,144	0,143	0,141	0,140	0,139	0,138	0,136
68	0,135	0,134	0,132	0,131	0,130	0,128	0,127	0,126	0,125	0,123
69	0,122	0,121	0,120	0,119	0,117	0,116	0,115	0,114	0,112	0,111
70	0,110	0,109	0,108	0,107	0,106	0,104	0,103	0,102	0,101	0,100
71	0,099	0,098	0,097	0,096	0,095	0,094	0,092	0,091	0,090	0,089
72	0,088	0,087	0,086	0,085	0,084	0,083	0,082	0,081	0,080	0,079
73	0,078	0,077	0,076	0,075	0,075	0,074	0,073	0,072	0,071	0,070
74	0,069	0,068	0,067	0,066	0,065	0,065	0,064	0,063	0,062	0,061
75	0,060	0,059	0,059	0,058	0,057	0,056	0,055	0,055	0,054	0,053
76	0,052	0,052	0,051	0,050	0,049	0,048	0,048	0,047	0,046	0,045
77	0,045	0,044	0,043	0,043	0,042	0,041	0,041	0,040	0,039	0,039
78	0,038	0,037	0,037	0,036	0,035	0,035	0,034	0,034	0,033	0,032
79	0,032	0,031	0,031	0,030	0,029	0,029	0,028	0,028	0,027	0,027
80	0,026	0,026	0,025	0,025	0,024	0,023	0,023	0,023	0,022	0,022
81	0,021	0,021	0,020	0,020	0,019	0,019	0,018	0,018	0,017	0,017
82	0,017	0,016	0,016	0,015	0,015	0,015	0,014	0,014	0,013	0,013
83	0,013	0,012	0,012	0,012	0,011	0,011	0,010	0,010	0,010	0,010
84	0,009	0,009	0,009	0,008	0,008	0,008	0,007	0,007	0,007	0,007
85	0,006	0,006	0,006	0,006	0,005	0,005	0,005	0,005	0,005	0,004
86	0,004	0,004	0,004	0,003	0,003	0,003	0,003	0,003	0,003	0,002
87	0,002	0,002	0,002	0,002	0,002	0,002	0,001	0,001	0,001	0,001
88	0,001	0,001	0,001	0,001	0,001	0,001	0,001	0,000	0,000	0,000

Tafel A 16

Brechungskorrektur $\delta = 2{,}71 \cdot 10^{-6}\, \lambda^2\, \varrho\, \dfrac{\Sigma Z}{\Sigma A}$

$\delta \cdot 10^6$

$\varsigma\ \dfrac{\Sigma Z}{\Sigma A}$ ＼λ	V K_α	Cr K_α	Mn K_α	Fe K_α	Co K_α	Ni K_α	Cu K_α	Mo K_α
0,1	1,84	1,42	1,20	1,02	0,87	0,75	0,64	0,14
2	3,63	2,84	2,40	2,03	1,74	1,49	1,29	0,27
3	5,52	4,27	3,60	3,05	2,61	2,24	1,93	0,42
4	7,37	5,69	4,79	4,07	3,47	2,98	2,58	0,56
5	9,21	7,11	5,99	5,09	4,34	3,73	3,22	0,68
6	11,05	8,53	7,19	6,10	5,21	4,48	3,87	0,82
7	12,89	9,96	8,39	7,12	6,08	5,22	4,51	0,96
8	14,73	11,38	9,59	8,14	6,95	5,97	5,15	1,10
9	16,57	12,80	10,79	9,15	7,82	6,71	5,80	1,23
1,0	18,42	14,22	11,99	10,17	8,69	7,46	6,44	1,37
1	20,25	15,65	13,18	11,19	9,55	8,21	7,09	1,51
2	22,10	17,07	14,38	12,20	10,42	8,95	7,73	1,64
3	23,94	18,49	15,58	13,22	11,29	9,70	8,37	1,78
4	25,78	19,91	16,78	14,24	12,16	10,44	9,02	1,92
5	27,62	21,33	17,98	15,26	13,03	11,19	9,66	2,05
6	29,46	22,76	19,18	16,27	13,90	11,94	10,31	2,19
7	31,30	24,18	20,38	17,29	14,76	12,68	10,95	2,33
8	33,14	25,60	21,57	18,31	15,63	13,43	11,60	2,46
9	34,98	27,02	22,77	19,32	16,50	14,17	12,24	2,60
2,0	36,83	28,45	23,97	20,34	17,37	14,92	12,88	2,74
1	38,67	29,87	25,17	21,36	18,24	15,67	13,53	2,87
2	40,51	31,29	26,37	22,38	19,11	16,41	14,17	3,01
2	42,35	32,71	27,57	23,39	19,98	17,16	14,82	3,15
3	44,19	34,13	28,77	24,41	20,84	17,90	15,46	3,29
4	46,03	35,56	29,97	25,43	21,71	18,65	16,11	3,42
6	47,87	36,98	31,16	26,44	22,58	19,40	16,75	3,56
7	49,71	38,40	32,36	27,46	23,45	20,14	17,39	3,70
8	51,56	39,82	33,56	28,48	24,35	20,89	18,04	3,83
9	53,40	41,25	34,76	29,50	25,19	21,63	18,68	3,97
3,0	55,24	42,67	35,96	30,51	26,06	22,38	19,33	4,11
1	57,08	44,09	37,16	31,53	26,92	23,13	19,97	4,24
2	58,92	45,51	38,36	32,55	27,79	23,87	20,61	4,38
3	60,76	46,94	39,55	33,56	28,66	24,62	21,26	4,52
4	62,60	48,36	40,75	34,58	29,53	25,36	21,90	4,65
5	64,45	49,78	41,95	35,60	30,40	26,11	22,55	4,79
6	66,29	51,20	43,15	36,61	31,27	26,86	23,19	4,93
7	68,13	52,62	44,35	37,63	32,14	27,60	23,84	5,07
8	69,97	54,05	45,55	38,65	33,00	28,35	24,48	5,20
9	71,81	55,47	46,75	39,67	33,87	29,09	25,12	5,34
4,0	73,65	56,89	47,94	40,68	34,74	29,84	25,77	5,48
1	75,49	58,31	49,14	41,70	35,61	30,59	26,41	5,61
2	77,33	59,74	50,34	42,72	36,48	31,33	27,06	5,75
3	79,18	61,16	51,54	43,73	37,35	32,08	27,70	5,89
4	81,02	62,58	52,74	44,75	38,21	32,82	28,34	6,02
5	82,86	64,00	53,94	45,77	39,08	33,57	28,99	6,16
6	84,70	65,43	55,14	46,79	39,95	34,32	29,63	6,30
7	86,54	66,85	56,33	47,80	40,82	35,06	30,28	6,43
8	88,38	68,27	57,53	48,82	41,69	35,81	30,92	6,57
9	90,22	69,69	58,73	49,84	42,56	36,55	31,57	6,71

Tafel A 16 (Fortsetzung)

$\varrho\,\dfrac{\Sigma Z}{\Sigma A}$	$V\,K_\alpha$	$Cr\,K_\alpha$	$Mn\,K_\alpha$	$Fe\,K_\alpha$	$Co\,K_\alpha$	$Ni\,K_\alpha$	$Cu\,K_\alpha$	$Mo\,K_\alpha$
5,0	92,06	71,11	59,93	50,85	43,43	37,30	32,21	6,85
1	93,91	72,54	61,13	51,87	44,29	38,05	32,85	6,98
2	95,75	73,96	62,33	52,89	45,16	38,79	33,50	7,12
3	97,59	75,38	63,53	53,91	46,03	39,54	34,14	7,26
4	99,43	76,80	64,74	54,92	46,90	40,28	34,79	7,39
5	101,27	78,23	65,92	55,94	47,77	41,03	35,43	7,53
6	103,11	79,65	67,12	56,96	48,64	41,78	36,08	7,67
7	104,95	81,07	68,32	57,97	49,51	42,52	36,72	7,80
8	106,79	82,49	69,52	58,99	50,37	43,27	37,36	7,94
9	108,64	83,92	70,72	60,01	51,24	44,01	38,01	8,08
6,0	110,48	85,34	71,92	61,02	52,11	44,76	38,65	8,21
1	112,32	86,76	73,11	62,04	52,98	45,51	39,30	8,35
2	114,16	88,18	74,31	63,06	53,85	46,25	39,94	8,49
3	116,00	89,60	75,51	64,08	54,72	47,00	40,58	8,62
4	117,84	91,03	76,71	65,09	55,58	47,74	41,23	8,76
5	119,68	92,45	77,91	66,11	56,45	48,49	41,87	8,90
6	121,53	93,87	79,11	67,13	57,32	49,24	42,52	9,04
7	123,37	95,29	80,31	68,14	58,19	49,98	43,16	9,17
8	125,21	96,72	81,50	69,16	59,06	50,73	43,81	9,31
9	127,05	98,14	82,70	70,18	59,93	51,44	44,45	9,45
7,0	128,89	99,56	83,90	71,20	60,80	52,22	45,09	9,58
1	130,73	100,98	85,10	72,21	61,66	52,97	45,74	9,72
2	132,57	102,40	86,30	73,23	62,53	53,71	46,38	9,86
3	134,41	103,83	87,50	74,25	63,40	54,46	47,03	9,99
4	136,26	105,25	88,70	75,26	64,27	55,20	47,67	10,13
5	138,10	106,67	89,90	76,28	65,14	55,95	48,32	10,27
6	139,94	108,09	91,09	77,30	66,01	56,70	48,96	10,40
7	141,78	109,52	92,29	78,32	66,88	57,44	49,60	10,54
8	143,62	110,94	93,49	79,33	67,74	58,19	50,25	10,68
9	145,46	112,36	94,69	80,50	68,61	58,93	50,89	10,82
8,0	147,30	113,78	95,89	81,37	69,48	59,78	51,54	10,95
1	149,14	115,21	97,09	82,38	70,35	60,43	52,18	11,09
2	150,99	116,63	98,29	83,40	71,22	61,17	52,82	11,23
3	152,83	118,05	99,48	84,42	72,09	61,92	53,47	11,36
4	154,67	119,47	100,68	85,43	72,96	62,66	54,11	11,50
5	156,51	120,89	101,88	86,45	73,82	63,41	54,76	11,64
6	158,35	122,32	103,08	87,47	74,69	64,16	55,40	11,77
7	160,19	123,74	104,28	88,49	75,56	64,90	56,05	11,91
8	162,03	125,16	105,48	89,50	76,43	65,65	56,69	12,05
9	163,87	126,58	106,68	90,52	77,30	66,39	57,33	12,18
9,0	165,72	128,01	107,87	91,54	78,17	67,14	57,98	12,32
1	167,56	129,43	109,07	92,55	79,03	67,89	58,62	12,46
2	169,40	130,85	110,27	93,57	79,90	68,63	59,27	12,59
3	171,24	132,27	111,47	94,59	80,77	69,38	59,91	12,73
4	173,08	133,70	112,67	95,61	81,64	70,12	60,55	12,87
5	174,92	135,12	113,87	96,62	82,51	70,87	61,20	13,01
6	176,76	136,54	115,07	97,64	83,38	71,62	61,84	13,14
7	178,61	137,96	116,26	98,66	84,25	72,36	62,49	13,28
8	180,45	139,38	117,46	99,67	85,11	73,11	63,13	13,42
9	182,29	140,85	118,66	100,69	85,98	73,85	63,78	13,55
10,0	184,13	142,23	119,86	101,71	86,85	74,60	64,42	13,69

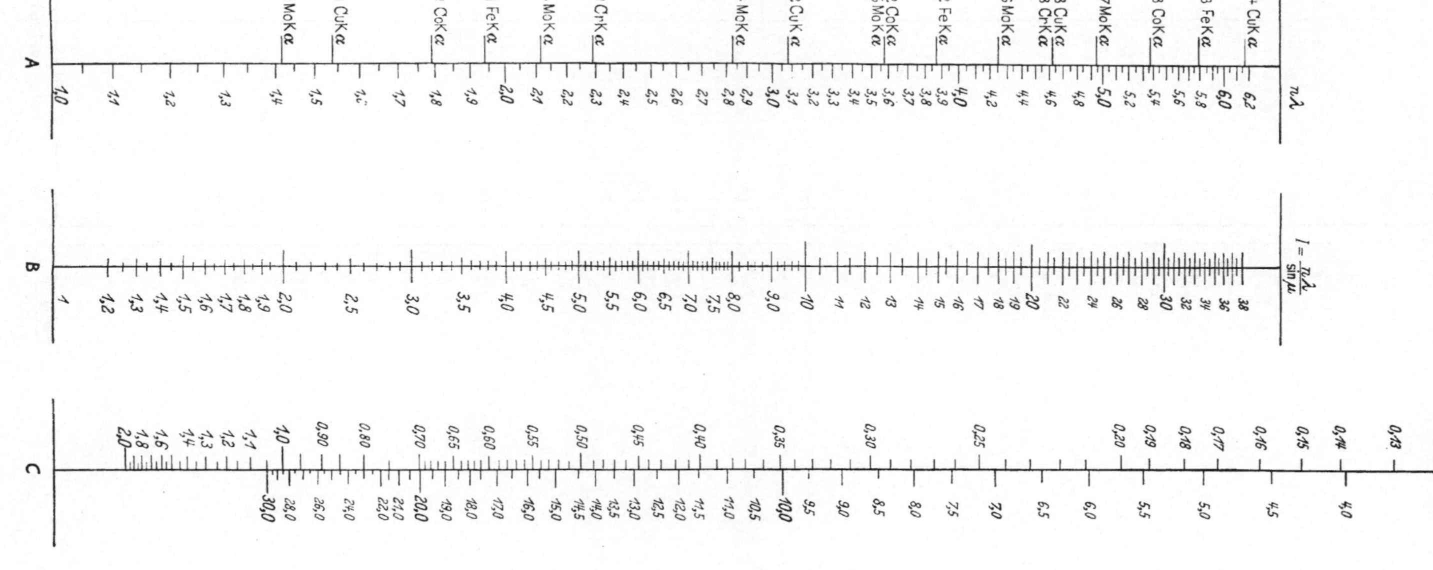

Tafel A17
Nomogramm zur Berechnung des Idenditätsabstandes bei Drehkristallaufnahmen mit zylindrischer Filmkassette
A
n λ
B
$l = \dfrac{n\lambda}{\sin\mu}$
C
$\operatorname{tg}\mu_n = \dfrac{h n}{R}$ $R = \dfrac{180}{2\pi} = 28{,}65$ h n für

Tafel A18

Nomogramm zur Berechnung des Identitätsabstandes bei Drehkristallaufnahmen mit ebener Filmkassette

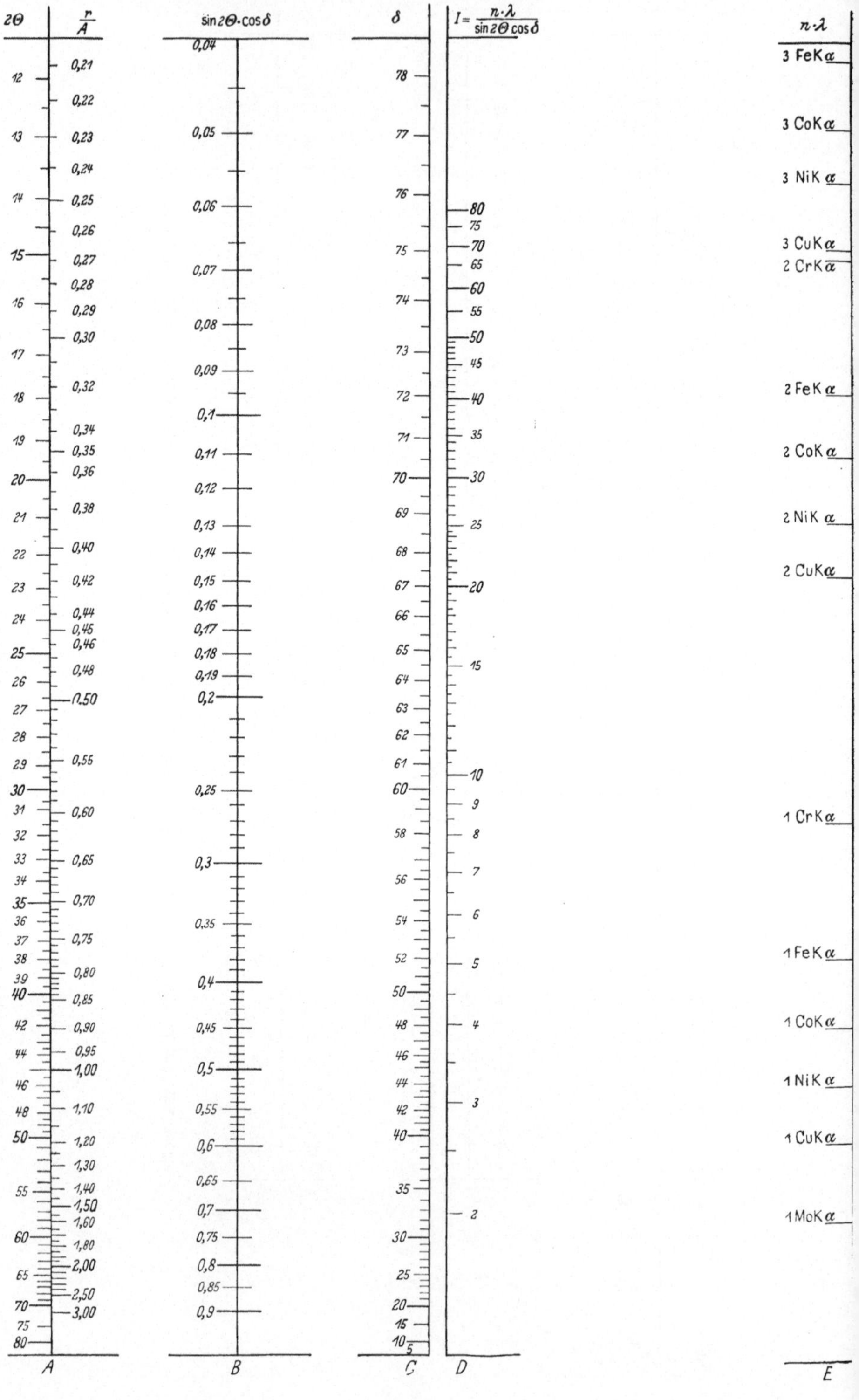

Tafel A 19
Nomogramm zur Umrechnung von Gewichts- in Atomprozente für binäre Systeme

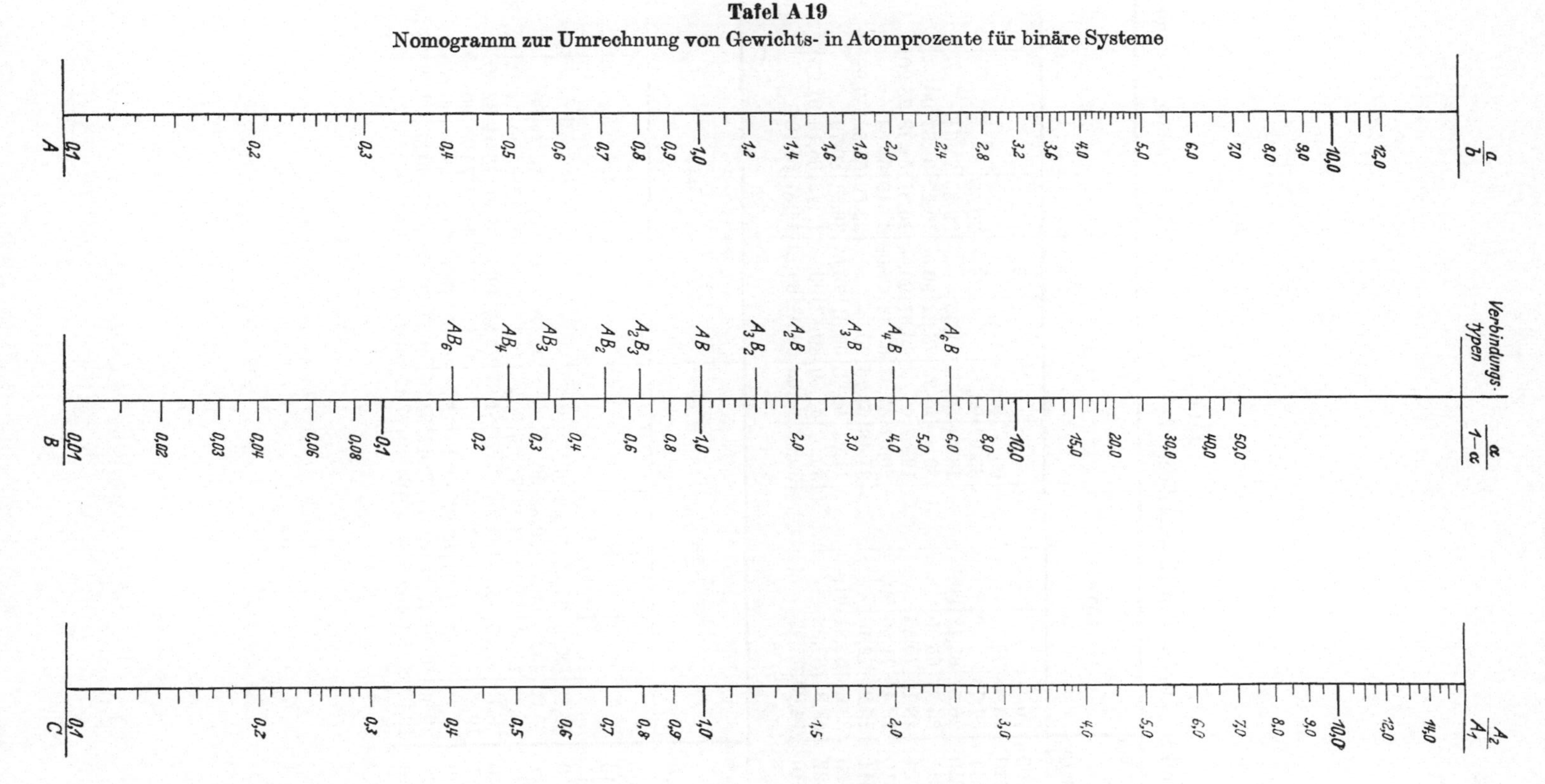

Tafel A 20

Winkel zwischen den Kristallebenen $h_1\,k_1\,l_1$ und $h_2\,k_2\,l_2$ in kubischen Systemen

$h_2\,k_2\,l_2$ \ $h_1\,k_1\,l_1$	100			110				111		
100	90,—									
110	45,—	90,—		60,—	90,—					
111	54,73			35,27	90,—			70,53		
210	26,57	63,43	90,—	18,44	50,77	71,56		39,23	75,04	
211	35,27	65,90		30,—	54,73	73,22	90,—	19,47	61,87	90,—
221	48,19	70,53		19,47	45,—	76,37	90,—	15,81	54,73	78,90
310	18,44	71,56	90,—	26,57	47,87	63,43	77,08	43,10	68,58	
311	25,24	72,45		31,48	64,76	90,—		29,50	58,52	79,98
320	33,69	56,81	61,—	11,31	53,96	66,91	78,69	36,81	80,79	
322	43,31	60,98		30,97	46,69	80,13	90,—	11,42	65,16	81,95
410	14,03	75,97		30,97	46,68	59,03	80,13	45,57	65,16	

$h_2\,k_2\,l_2$ \ $h_1\,k_1\,l_1$	210						211					
100												
110												
111												
210	36,87	53,13	66,42	78,46	90,—							
211	24,09	43,09	56,78	79,48	90,—		33,56	48,19	60,—	70,53	80,41	
221	26,57	41,81	53,40	63,43	72,65	90,—	17,72	35,26	47,12	65,90	74,21	82,18
310	8,13	31,95	45,—	64,90	73,57	81,87	25,35	49,80	58,91	75,04	82,59	
311	19,29	47,61	66,14	82,25			10,02	42,39	60,50	75,75	90,—	
320	7,12	29,75	41,91	60,25	68,15	75,64	25,07	37,57	55,52	63,07	83,50	
322	29,80	40,60	49,40	64,29	77,47	83,77	8,05	26,98	53,55	60,33	72,72	78,58
410	12,53	29,80	40,60	49,40	64,29	77,47	26,98	46,13	53,55	60,33	72,72	78,58

Tafel A21

Winkel zwischen den Kristallebenen $h_1 k_1 l_1$ und $h_2 k_2 l_2$ für tetragonale Systeme

$h_1 k_1 l_1$	$h_2 k_2 l_2$	$\dfrac{c}{a} = 0{,}5$	$\dfrac{c}{a} = 0{,}6$	$\dfrac{c}{a} = 0{,}9$	$\dfrac{c}{a} = 1{,}2$	$\dfrac{c}{a} = 1{,}5$
1 0 0	011 101	90,0 63,4	90,0 59,0	90,0 48,0	90,0 39,8	90,0 33,7
	012 102	90,0 76,0	90,0 73,3	90,0 65,8	90,0 59,0	90,0 53,1
	013 103	90,0 80,5	90,0 78,7	90,0 73,3	90,0 68,2	90,0 63,4
	014 104	90,0 82,9	90,0 81,5	90,0 77,3	90,0 73,3	90,0 69,4
	021 201	90,0 45,0	90,0 39,8	90,0 29,1	90,0 22,6	90,0 18,4
	023 203	90,0 71,6	90,0 68,2	90,0 59,0	90,0 51,3	90,0 45,0
	025 205	90,0 78,7	90,0 76,5	90,0 70,2	90,0 64,4	90,0 59,0
	110	45,0	45,0	45,0	45,0	45,0
	111	65,9	62,8	56,2	52,5	50,2
	112	76,4	74,0	67,7	62,8	59,0
	113	80,7	78,9	74,0	69,6	65,9
	120 210	63,4 26,6	63,4 26,6	63,4 26,6	63,4 26,6	63,4 26,6
	121 211	70,5 48,2	69,0 44,2	66,4 36,8	65,2 33,1	64,6 31,0
	122 212	77,4 64,1	75,6 60,1	71,5 50,6	69,0 44,2	67,4 39,8
	123 213	81,0 71,8	79,5 68,6	75,6 60,1	72,7 53,4	70,5 48,2
1 1 0	012 102	80,1 80,1	78,3 78,3	73,1 73,1	68,7 68,7	64,9 64,9
	013 103	83,3 83,3	82,0 82,0	78,3 78,3	75,0 75,0	71,6 71,6
	021 201	60,0 60,0	57,1 57,1	51,8 51,8	49,3 49,3	47,9 47,9
	023 203	77,1 77,1	74,8 74,8	68,7 68,7	63,8 63,8	60,0 60,0
	111 $\bar{1}$11	54,7 90,0	49,7 90,0	38,2 90,0	30,5 90,0	25,2 90,0
	112 $\bar{1}$12	70,5 90,0	67,0 90,0	57,5 90,0	49,7 90,0	43,3 90,0
	113 $\bar{1}$13	76,7 90,0	74,3 90,0	67,0 90,0	60,5 90,0	54,7 90,0
1 1 1	011 $\bar{1}$01	24,1 56,8	27,2 65,3	33,8 85,0	37,5 81,8	39,8 72,8
	012 $\bar{1}$02	27,0 46,1	30,5 53,2	37,7 70,4	41,5 83,0	43,5 87,6
	013 $\bar{1}$03	29,3 42,4	33,1 48,9	41,3 64,4	45,8 75,8	48,1 84,5
	021 $\bar{2}$01	30,0 73,2	32,9 82,1	38,2 79,3	40,8 68,5	42,1 61,8
	023 $\bar{2}$03	25,4 49,8	28,6 57,4	35,3 75,7	39,0 80,9	41,1 81,3
	112 $\bar{1}$12	15,8 39,7	17,3 45,4	19,4 58,6	19,2 67,2	18,1 73,0
	113 $\bar{1}$13	22,0 37,4	24,5 42,8	28,9 55,3	30,0 63,8	29,5 69,6

Tafel A 22

Winkel zwischen den Kristallebenen $h_1\,k_1\,l_1$ und $h_2\,k_2\,l_2$ in hexagonalen Systemen

$h_1\,k_1\,l_1$	$h_2\,k_2\,l_2$	$\frac{c}{a}=1{,}40$	$\frac{c}{a}=1{,}50$	$\frac{c}{a}=1{,}55$	$\frac{c}{a}=1{,}60$	$\frac{c}{a}=1{,}65$	$\frac{c}{a}=1{,}70$	$\frac{c}{a}=1{,}75$	$\frac{c}{a}=1{,}80$	$\frac{c}{a}=1{,}85$	$\frac{c}{a}=1{,}90$	$\frac{c}{a}=1{,}95$	$\frac{c}{a}=2{,}00$
001	100	90	90	90	90	90	90	90	90	90	90	90	90
	101		60	60,81	61,58	62,31	63,01	63,67	64,31	64,91	65,50	66,05	66,59
	102		40,89	41,82	42,73	43,61	44,46	45,30	46,10	46,89	47,65	48,39	49,11
	103		30,—	30,82	31,63	32,42	33,20	33,96	34,71	35,45	36,18	36,89	37,59
	104		23,41	24,11	24,79	25,47	26,14	26,80	27,46	28,10	28,74	29,38	30,00
	105		19,10	19,70	20,38	20,86	21,44	22,00	22,57	23,14	23,69	24,24	24,79
	201		73,90	74,39	74,86	75,30	75,71	76,10	76,47	76,83	77,16	77,48	77,78
	203		49,11	50,03	50,93	51,79	52,62	53,41	54,18	54,92	55,64	56,33	57,00
	205		34,72	35,60	36,46	37,31	38,14	38,95	39,74	40,48	41,27	42,01	42,73
	207		26,33	27,08	27,83	28,56	29,29	30,00	30,70	31,40	32,08	32,76	33,42
	110	90	90	90	90	90	90	90	90	90	90	90	90
	112		56,31	57,17	58,00	58,78	59,53	60,26	60,94	61,61	62,24	62,85	63,44
	114		36,87	37,78	38,66	39,52	40,36	41,19	41,99	42,77	43,53	44,28	45,00
	116		26,56	27,32	28,07	28,81	29,54	30,26	30,96	31,66	32,35	33,02	33,69
	210	90	90	90	90	90	90	90	90	90	90	90	90
	211		77,69	78,08	78,44	78,18	79,10	79,41	79,69	80,22	80,22	80,47	80,70
	212		66,42	67,10	67,75	68,36	68,94	69,49	70,00	70,51	70,99	71,44	71,88
100	010	60	60	60	60	60	60	60	60	60	60	60	60
	110	30	30	30	30	30	30	30	30	30	30	30	30
	210	19,11	19,11	19,11	19,11	19,11	19,11	19,11	19,11	19,11	19,11	19,11	19,11

Tafel A 23

Wachstumstexturen von Metallen

Metall	Struktur	Guß [ ] Kristallrichtung ‖ Längsrichtung der Kristalle	Elektrolytisch abgesch. Schichten [ ] ⊥ zur Kathodenoberfläche	Aufgedampfte Schichten
Ag	k. flz.	[100]	[111] + [100]; [111]; [110]	[111]; [100]; [110]
Al	k. flz.	[100]		[111]; [100]; [110]
Au	k. flz.	[100]	[110]	[110]; [111]
Co	k. flz.		[110]	
Cr	k. flz.		[110] + [111]	[111]
Cu	k. flz.	[100]	[110]; [100]	
Ni	k. flz.		[100]; [100] + [110]; [112]; [111]	[111]
Pb	k. flz.	[100]	[112]	
Pd	k. flz.			[111]
Fe	k. r. z.	[100]	[111]; [112]	[111]
Cr	k. r. z.		[111]; [112]	
Mo	k. r. z.			[110]
Cd	hex.	[0001] ⊥ zur Längsrichtung	[11$\bar{2}$2]	[0001]
Zn	hex.	[0001]	[0001]	[0001]
Mg	hex.	[11$\bar{2}$0]		
β-Sn	tetrag.	[110]	[111]; [001]	

Tafel A 24

Deformations- und Rekristallisationstexturen von Metallen

(Abkürzungen: st = stark; sw = schwach; ≡ = identische Lage; || = parellel; ⊥ = senkrecht; WE = Walzebene; WR = Walzrichtung; DA = Stabachse; ⪦ = Winkel)

Metall	Struktur	Ziehen: ([ ] || DA)		Pressen		Walzen	
		gezogen	rekristallisiert	gepreßt	rekristallisiert	gewalzt	rekristallisiert
Ag	k. flz.	[111] sw; [100] st	≡	≡ m. Ziehtextur			(113) || WE; [112] || WR
Al	k. flz.	[111]		≡ m. Ziehtextur		1. (110)||WE; [112]||WR	regellos
Au	k. flz.	[111]; [100]		≡ m. Ziehtextur		2. (112)||WE; [111]||WR	
Cu	k. flz.	[111] st; [100] sw	[112]	≡ m. Ziehtextur		3. nach Rekristallisierungs-Gleichung:	(100) || WE; [100] || WR
Ni	k. flz.	[111] st; [100] sw		≡ m. Ziehtextur		(100) || WE; [100] || WR	
Pb	k. flz.	[111]	[111]	≡ m. Ziehtextur			
Pd	k. flz.	[111]		≡ m. Ziehtextur			
Fe	k. r. z.	[110]	[110]	≡ m. Ziehtextur		1. (100)||WE; [110]||WR	1. (100) || WE; [011] 15° ⪦ WR
Mo	k. r. z.	[110]	[100]	≡ m. Ziehtextur		2. (112)||WE; [110]||WR	2. (112) || WE; [110] 15° ⪦ WR
W	k. r. z.	[110]		≡ m. Ziehtextur		3. (111)||WE; [112]||WR	3. (111) || WE; [112] || WR
Cd	hex.					(0001) 30° ⪦ in WR $[11\bar{2}0]$ || WR	≡
Zn	hex.	[0001] || DA bei sw Verf. [0001] 72° ⪦ DA bei st Verf.	≡	[0001] ⊥ DA [0001] || DA		(0001) 20—25° ⪦ in WR $[11\bar{2}0]$ || WR	≡
Mg	hex.	[0001] ⊥ DA $[11\bar{2}0]$ || DA $[10\bar{1}0]$ || DA bei hoher Temp.		[0001] ⊥ DA		(0001)||WE; $[11\bar{2}0]$||WR	≡
Zr	hex.	$[10\bar{1}0]$ || DA	$[11\bar{2}0]$ 11° ⪦ DA			(0001) 25° ⪦ in Q. R. $[10\bar{1}0]$ || WR	(0001) 25° ⪦ in Q. R. $[11\bar{2}0]$ || WR
Ti	hex.	$[10\bar{1}0]$ || DA	$[11\bar{2}0]$ 11° ⪦ DA	1. [0001] || DA 2. [0001] 60° ⪦ DA	≡	(0001) 25° ⪦ in Q. R. $[10\bar{1}0]$ || WR	1. (0001) 25° ⪦ in Q. R. $[10\bar{1}0]$ || WR 2. (0001) 25° ⪦ in Q. R. $[11\bar{2}0]$ 30° ⪦ WR

B. Tafeln zur Bestimmung der Linienintensitäten

1. Absolute Intensitäten

Das Verhältnis der unter dem Reflexionswinkel Θ gebeugten Gesamtintensität P' zu der Intensität des unpolarisierten Primärstrahls läßt sich für Mosaikkristalle und Kristallpulver ganz allgemein angeben durch die Formel:

$$\frac{P'}{J_0} = \frac{N^2\, e^4\, \lambda^3}{m^2\, c^4}\, V_s\, P\, L\, G\, H\, F^2\, \vartheta\,. \tag{B 1}$$

Dabei bedeuten:

N = Zahl der Elementarzellen pro Volumeneinheit
V_s = bestrahltes Kristallvolumen
P = Polarisationsfaktor
L = Lorentzfaktor
G = Geometrische Faktoren der Aufnahmetechnik
H = Flächenhäufigkeit
F = Strukturfaktor
ϑ = Temperaturfaktor.

a) Der Polarisationsfaktor P (Tafel B 1, B 2)

P ist im allgemeinen für alle Beugungsuntersuchungen gegeben durch

$$P = \frac{1}{2}\,(1 + \cos^2 2\Theta)\,. \tag{B 2}$$

Wird der Primärstrahl durch ein Kristall monochromatisiert, dann gilt

$$P_k = \frac{1 + \cos^2 2\alpha \cos^2 2\Theta}{1 + \cos^2 2\alpha}\,, \tag{B 3a}$$

wenn der Monochromator kinematisch reflektiert

$$P_d = \frac{1 + \cos 2\alpha \cos^2 2\Theta}{1 + \cos 2\alpha}\,, \tag{B 3b}$$

wenn der Monochromator dynamisch reflektiert mit α als Reflexionswinkel des Monochromators. Die Unterschiede zwischen P_k und P_d betragen maximal 6%, die zwischen P und P_k maximal etwa 12%.

b) Der Lorentzfaktor L

Für alle Aufnahmemethoden zur Messung der Linienintensitäten ist

$$L = \frac{1}{\sin 2\Theta}\,. \tag{B 4}$$

Er trägt dem Umstand Rechnung, daß auch bei einer sehr großen Zahl von reflektierenden Ebenen der Bragg-Reflex immer noch eine endliche Winkelbreite hat.

c) Die geometrischen Faktoren G

Die geometrischen Faktoren tragen bei Pulveraufnahmen der Veränderung der Kreise Rechnung, die die Flächennormalen der Reflexionsebenen beschreiben, und berücksichtigen die Größe der Debye-Kreise. Sie werden häufig mit dem Lorentzfaktor zusammengefaßt und dann als Lorentzfaktor der betreffenden Aufnahmetechnik bezeichnet. Bei Messung der Gesamtintensität eines Debye-Scherrer-Kreises ist $G = \frac{\cos\Theta}{2}$. Da im allgemeinen aber nur die Intensität eines kurzen Umfangstückes des Kreises gemessen wird, ist die Intensität pro Bogeneinheit um den Faktor $\frac{1}{2\pi r \sin 2\Theta}$ kleiner als der Formel (B 1) entspricht, wobei r die Entfernung Präparat-Reflexionskreis auf dem Film, also bei einer Zylinderkamera der Radius R, bei einer ebenen Filmkamera senkrecht zum Strahl $\frac{A}{\cos 2\Theta}$ (A = Abstand Präparat-Film), bedeutet. Bei Debye-Scherrer-Aufnahmen mit der Guinier-Kamera ändert sich die Größe des Debye-Scherrer-Kreises mit $\dfrac{1}{\sin\dfrac{4\pi\,\Theta}{(\pi\pm 2\beta)}}$, wobei β die Stellung der Guinier-Kamera zum Primärstrahl angibt[1].

Für Drehkristallaufnahmen ist $G = \dfrac{\cos\Theta}{\sqrt{\cos^2\varphi - \sin^2\Theta}}$. φ gibt dabei den Neigungswinkel der reflektierenden Ebenen zur Rotationsachse an und wird damit gleich 1 für die Äquatorreflexe.

Zusammenfassend ergibt sich also für den winkelabhängigen Teil des kombinierten Polarisations- und Lorentzfaktors für:
Bragg'sche Reflexion an einer Kristallfläche:

$$PLG = \frac{1 + \cos^2 2\Theta}{\sin 2\Theta}. \tag{B 5}$$

Drehkristallaufnahmen:

$$PLG = \frac{1 + \cos^2 2\Theta}{\sin 2\Theta}\;\frac{\cos\Theta}{\sqrt{\cos^2\psi - \sin^2\Theta}}. \tag{B 6}$$

Pulveraufnahmen nach dem Debye-Scherrer-Verfahren:

$$PLG = \frac{1 + \cos^2 2\Theta}{\sin^2\Theta \cos\Theta}. \tag{B 7}$$

Pulveraufnahmen mit ebener Filmkassette senkrecht zum Primärstrahl:

$$PLG = \frac{(1 + \cos^2 2\Theta)\cos 2\Theta}{\sin^2\Theta \cos\Theta}. \tag{B 8}$$

Pulveraufnahmen mit der Guinier-Kamera:

$$PLG = \frac{1 + \cos^2 2\alpha \cos 2\Theta}{(1 + \cos^2 2\alpha)\sin\Theta \sin\dfrac{4\pi\,\Theta}{(\pi\pm 2\beta)}}. \tag{B 9}$$

In der Tafel B 1 sind die nach Gleichung 5, 7 und 8 berechneten Produkte in Abhängigkeit vom Reflexionswinkel tabellarisch aufge-

---

[1] HELLNER, E.: Z. Kristallogr. **106**, 2 (1954).

führt. Tafel B 2 gibt die Werte nach Gleichung B 9 für Guinier-Aufnahmen mit einem Quarzmonochromator für verschiedene Wellenlängen bei symmetrischer Durchstrahlung ($\beta = 0°$). Die Werte für die wichtigsten asymmetrischen Stellungen der Kamera ergeben sich durch Multiplikation der in der Tafel B 2 aufgeführten Werte mit:

$$\frac{\sin 4\Theta}{\sin 3\Theta} \quad \text{für} \quad \beta = 30°,$$

$$\frac{\sin 4\Theta}{\sin \frac{8}{3}\Theta} \quad \text{für} \quad \beta = 45°,$$

$$\frac{\sin 4\Theta}{\sin \frac{12}{5}\Theta} \quad \text{für} \quad \beta = 60°.$$

d) Der Flächenhäufigkeitsfaktor H (Tafel B 3)

Der Flächenhäufigkeitsfaktor H trägt dem Umstand Rechnung, daß die Zahl der Fälle, in denen sich die Ebenen hkl in Reflexionsstellung befinden, um so größer ist, je mehr gleichwertige Ebenen, die zu einem bestimmten Indextripel hkl gehören, vorhanden sind. Bei regelloser Lage der Kristallite ist für Pulveraufnahmen H nur von der Kristallsymmetrie abhängig. In der Tafel B 3 sind die Flächenhäufigkeitszahlen H der 32 Kristallklassen für spezielle Werte von (hkl) angegeben.

Bei Dreh-Kristallaufnahmen ist H noch abhängig von der kristallographischen Richtung der Drehachse. Es überdecken sich nur die Reflexe, bei denen die reflektierenden Ebenen außer der Gleichwertigkeit noch gleiche Neigung zur Drehachse haben.

e) Der Strukturfaktor F (Tafel B 4, B 5)

Durch das elektrische Feld des einfallenden Röntgenlichtes werden die Elektronen der einzelnen Atome zum Mitschwingen angeregt und senden ihrerseits Wellen aus. Für jedes Ebenensystem (hkl) überlagern sich diese Schwingungen, so daß je nach den Phasenbeziehungen der Wellen in den einzelnen Richtungen Verstärkungen oder Auslöschungen auftreten können. Die Amplitude der auf diese Weise auftretenden resultierenden Schwingung ist der Strukturfaktor und ist definiert durch

$$F_{(hkl)} \doteq \sum_i f_i e^{2\pi i (h x_i + k y_i + l z_i)}, \tag{B 10}$$

f_i ist dabei der Strukturfaktor desjenigen Atoms (Atomfaktor), das sich auf den durch die Atomkoordinaten $x_i y_i z_i$ angegebenen Gitterplatz befindet. Die Summation ist über alle Atome der Elementarzelle zu erstrecken.

Mit Hilfe der Eulerschen Formel ergibt sich aus (B 10) für die der Intensität proportionale Größe $F^2_{(hkl)}$:

$$F^2_{(hkl)} = \{\sum_i f_i \cos 2\pi(h x_i + k y_i + l z_i)\}^2 + {} $$
$$+ \{\sum_i f_i \sin 2\pi(h x_i + k y_i + l z_i)\}^2. \tag{B 11}$$

Besitzt die Elementarzelle ein Symmetriezentrum und wird dies als Koordinatenursprung gewählt, dann verschwinden die sinus-Terme in Gleichung (B 11) und es gilt:

$$F^2_{(hkl)} = \{\sum_i f_i \cos 2\pi (h\,x_i + k\,y_i + l\,z_i)\}^2. \qquad (B\,12)$$

In Tafel B 4 sind auf dem Einheitskreis die $\cos 2\pi h\,x$- und $\sin 2\pi h\,x$-Werte für die am häufigsten vorkommenden einfachen Atomkoordinaten eingetragen. Für beliebige Koordinaten sind die Werte der Tafel B 5 zu entnehmen. Die Atomfaktoren der Elemente sind in der Tafel B 6 als Funktion von $s' = \dfrac{\sin \Theta}{\lambda}$ dargestellt. Aus den Tafeln C 1 des Abschnittes C lassen sich nach Division mit $4\,\pi$ für die gebräuchlichsten Wellenlängen die zugehörenden Reflexionswinkel entnehmen. Die angegebenen Atomformfaktoren wurden möglichst neueren Literaturwerten entnommen. Die entsprechenden Literaturstellen sind in der Tabelle mit angegeben. In Tabelle B 7 sind noch die Korrekturfaktoren $\Delta f'$ und $\Delta f''$ für den Atomformfaktor f_0 als Funktion von λ/λ_K und δ_K angegeben für den Fall, daß die Primärwellenlänge in der Nähe der Absorptionskante des streuenden Atoms liegt. Es ist dann $|f| = f_0 + \delta f$, wobei δf näherungsweise gegeben ist durch:

$$\delta f = \Delta f' + \frac{1}{2}\,\frac{(\Delta f'')^2}{f_0 + \Delta f'} \qquad (B\,13)$$

δ_K ist ein charakteristischer Parameter des streuenden Atoms und berechnet sich aus:

$$\delta_K = (A - 911/\lambda_K)/A, \qquad (B\,14)$$

wobei $A = (Z - 0{,}3)^2 + 1{,}33 \cdot 10^{-5}(Z - 0{,}3)^4$ und $Z =$ die Atomzahl bedeutet[1,2].

Für eine Reihe von Elementen sind die δ_K-Werte in Tabelle B 8 berechnet worden.

f) Der Temperaturfaktor

In der Reihe der Korrekturfaktoren für die beobachteten Intensitäten ist der Temperaturfaktor der schwierigste, da es bis heute nur in den einfachsten Fällen möglich ist, ihn quantitativ zu erfassen. Infolge der Wärmeschwingungen befinden sich die Atome auch beim absoluten Nullpunkt nicht in Ruhe. Hierdurch entstehen zwischen den Phasendifferenzen der Sekundärwellen Störungen, die eine Intensitätsminderung der Röntgenreflexe bedingen. Da mit steigender Temperatur die Amplitude der Schwingungen der Atome um ihre Gleichgewichtslage größer wird, nimmt auch die Intensitätsminderung mit zu. Dasselbe gilt bei konstanter Temperatur für zunehmende Reflexionswinkel. Der Einfluß der Temperatur auf die Beugungsintensität wurde

---

[1] Hönl. H.: Z. Physik **84**. 1 (1953).

[2] Siehe R. W. James: The Optical Principles of the Diffraction of x-Ray 1950. London: Verlag G. Bellard Sons.

zuerst theoretisch von DEBYE[1], LAUE[2], FAXEN[3], WALLER[4], ZENER und JAUNCEY[5] untersucht.

Die Resultate dieser Untersuchungen ergeben folgendes[6]:

α) **Kubische Kristalle:** 1. Bei kubischen Kristallen, die aus einer Atomart bestehen, wird das Intensitätsmaximum des Reflexes um den Faktor

$$e^{-B\left(\frac{\sin\Theta}{\lambda}\right)^2} \quad \text{(Debye-Waller-Faktor)} \tag{B 15}$$

geschwächt. B ist eine für jeden Stoff charakteristische Konstante, die mit dem mittleren Verschiebungsquadrat $\overline{u}^2$ der Schwingungen zusammenhängt durch die Beziehung:

$$B = 8\pi^2\,\overline{u}^2 \tag{B 16}$$

$\overline{u}^2$ ist abhängig von der Temperatur T und den zwischenatomaren Kräften. Nach DEBYE erhält man:

$$B = \frac{6h^2}{m_a\,k\,\Theta_m}\left\{\frac{\Phi(x)}{x} + \frac{1}{4}\right\}, \tag{B 17}$$

wobei m_a die Atommasse, h die Plancksche Konstante, k die Boltzmann-Konstante und $x = \Theta_m/T$ mit $\Theta_m = \frac{h\,v_{\max}}{k}$ (charakteristische Temperatur des Kristalls) bedeutet. $\Phi(x)$ ist die Debye-Funktion:

$$\Phi(x) = \frac{1}{x}\int_0^x \frac{\xi\,d\xi}{e^\xi - 1} \tag{B 18}$$

Werte von $B' = \frac{6h^2}{k}\left\{\frac{\Phi(x)}{x} + \frac{1}{4}\right\}$ für verschiedene x und einige charakteristische Temperaturen sind in den Tafeln B 9 und B 10 zusammengestellt. Debye-Waller-Faktoren für verschiedene B-Werte enthält Tafel B 11.

2. Der Einfluß der Temperatur auf die Intensität eines aus mehreren Atomarten bestehenden kubischen Kristalls kann nicht durch einen ähnlichen Faktor e^{-M} in Rechnung gesetzt werden, da jede Atomart ihren eigenen Temperaturfaktor hat. Die strenge Formulierung des Strukturfaktors lautet daher in diesem Falle:

$$F_{(hkl)} = \sum_i f_i\,e^{-B_i\left(\frac{\sin\Theta}{\lambda}\right)^2}\,e^{2\pi i(h\,x_i + k\,y_i + l\,z_i)}. \tag{B 19}$$

Da keine Methode bekannt ist, um B_i allgemein zu berechnen, ist es selbst für den einfachsten Fall eines kubischen Gitters nicht möglich, die Temperaturkorrektur streng quantitativ zu erfassen. Die wenigen Fälle aber, in denen die B_i aus experimentellen Daten getrennt berechnet werden konnten, z. B. für NaCl und KCl, zeigen, daß die Multiplikation

---

[1] DEBYE, P.: Ann. Physik **43**, 49 (1914).

[2] v. LAUE, M.: Ann. Physik **42**, 1561 (1913); **81**, 877 (1926).

[3] FAXEN, H.: Ann. Physik **17**, 615 (1918); Z. Physik **17**, 266 (1923).

[4] WALLER, J.: Z. Physik **17**, 398 (1923); **51**, 213 (1928).

[5] ZENER, C. u. G. E. M. JAUNCEY: Physic. Rev. **49**, 17 und 122 (1936).

[6] Siehe R. W. JAMES: The Optical Principles of the Diffraction of x-Ray 1950, London: Verlag G. Bellard Sons.

des Strukturfaktors der Gleichung (B 10) mit $e^{-\bar{B}\left(\frac{\sin\Theta}{\lambda}\right)^2}$, wobei B aus der Debye-Temperatur und dem Mittelwert der Atommassen berechnet wurde, eine recht gute Näherung darstellt.

β) **Kristalle mit nichtkubischer Struktur.** Bei Kristallen mit niedrigerer als kubischer Symmetrie sind die Amplituden der Atomschwingungen nicht mehr unabhängig von der Verschiebungsrichtung. Eine allgemeine Berechnung der Temperaturkorrektur ist daher nicht möglich. Es besteht dann die Möglichkeit anisotrope Temperaturfaktoren zu verwenden, wie beispielsweise von HELMHOLZ[1], HUGHES[2], LIPCOMBS[3] gezeigt wird.

Allgemein ist zu sagen, daß der Temperaturfaktor von allen Korrekturfaktoren der Linienintensitäten praktisch die geringste Bedeutung hat und daher die Unkenntnis der Temperaturkorrektur bei Strukturanalysen nicht zu sehr stört. Die Vernachlässigung des Temperaturfaktors bedeutet dann nämlich nur, daß die berechneten Linienintensitäten weniger stark abfallen als die experimentellen.

2. Die Absorption der Röntgenstrahlen
a) Der Massenschwächungskoeffizient (Tafel B 12)

Durchdringt ein paralleles, monochromatisches Röntgenbündel eine Materialschicht der Dicke d, dann wird die Intensität des durchgehenden Strahles um den Faktor $e^{-\mu d}$ geschwächt. Der Energieverlust, den dabei der Primärstrahl erfahren hat, hat drei Ursachen: die Photoabsorption, die Streuung und die Paarbildung. Daher setzt sich der Schwächungskoeffizient μ zusammen aus einem Absorptionskoeffizienten τ, aus einem Streuungskoeffizienten δ und ganz allgemein auch aus dem Paarbildungsbeiwert $\varkappa$, so daß gilt:

$$\mu = \tau + \sigma + \varkappa. \tag{B 20}$$

Da die Paarbildung jedoch erst bei kurzen Wellenlängen ($< 0{,}01$ Å) einsetzt, braucht sie bei der für die Feinstruktur verwendeten Strahlung nicht berücksichtigt zu werden.

Die auf die Einheit der Dichte bezogenen Schwächungskoeffizienten $\frac{\mu}{\varrho}$ $\left(\text{bzw. } \frac{\sigma}{\varrho} \text{ und } \frac{\tau}{\varrho}\right)$ werden Massenschwächungskoeffizienten genannt. Diese Größen sind dann vom physikalischen Zustand der durchstrahlten Materie weitgehend unabhängig und verändern sich nur mit der Wellenlänge sowie der Ordnungszahl und dem Atomgewicht des Absorbers. Abgesehen von den Stellen selektiver Absorption (Absorptionskanten) gilt:

$$\frac{\tau}{\varrho} = C\,\lambda^3\,Z^3. \tag{B 21}$$

Da sich $\frac{\sigma}{\varrho}$ nur wenig mit der Wellenlänge ändert und für $Z > 20$ wesentlich kleiner als $\frac{\tau}{\varrho}$ ist, gilt näherungsweise für die Wellenlängenabhängigkeit von $\frac{\mu}{\varrho}$ Gleichung (B 21) ebenfalls.

[1] HELMHOLZ, L.: J. chem. Physics **4**, 316 (1936).
[2] HUGHES, E. W.: J. Amer. chem. Soc. **63**, 1737 (1941).
[3] HUGHES, E. W. u. W. N. LIPSCOMB: J. Amer. chem. Soc. **68**, 1970 (1946).

Für die Elemente sind die Massenschwächungskoeffizienten der gebräuchlichsten Wellenlängen in der Tafel B 12 eingetragen. Der Massenschwächungskoeffizient einer chemischen Verbindung oder eines Gemenges verschiedener Stoffe setzt sich additiv aus den $\frac{\mu}{\varrho}$-Werten des betreffenden Bestandteils, multipliziert mit den Gewichtsanteilen, zusammen, so daß also gilt:

$$\frac{\mu}{\varrho} = \sum_i \alpha_i \frac{\mu_i}{\varrho_i}.$$ (B 22)

(α_i = Gewichtsanteil der Komponente i)

b) Der Absorptionsfaktor A (Θ)

Die in (B 1) angegebenen Formeln können nur dann mit den experimentell bestimmten Intensitäten verglichen werden, wenn die Absorption des Präparates zu vernachlässigen ist. Da dies im allgemeinen nicht der Fall ist, sind die angegebenen Intensitäten mit einem Absorptionsfaktor zu multiplizieren, der die verschieden große Absorption des Primärstrahls und der Interferenzstrahlen verschiedener Richtung innerhalb des Präparates berücksichtigt, so daß gilt:

$$I_{\text{beob.}} = I_{\text{theor.}} A(\Theta).$$ (B 23)

α) A (Θ) für homogene zylindrische Proben (Tafel B 13, B 14). Für den wichtigen Fall von zylindrischen Proben sind die von CLAASSEN[1] RUSTERHOLZ[2] und BRADLEY[3] berechneten Absorptionsfaktoren in der Tafel B 13 aufgeführt. r ist darin der Radius der Probe und μ der Schwächungskoeffizient. Die in Tafel B 14 angegebenen Relativwerte des Absorptionsfaktors für $\mu r > 5$ sind nach einem von CLAASSEN[1] angegebenen Näherungsausdruck

$$A(\Theta) = \frac{\alpha(\Theta)}{\mu\,r} + \frac{\beta(\Theta)}{(\mu\,r)^2} + \frac{\gamma(\Theta)}{(\mu\,r)^3} + \frac{\delta(\Theta)}{(\mu\,r)^5}$$ (B 24)

mit

$\alpha(\Theta)$	$\beta(\Theta)$	$\gamma(\Theta)$	$\delta(\Theta)$	
0	0	0,318	0,48	für = 0°
0,031	0,080	0,240	0	für = 22,5°
0,114	0,180	0	0	für = 45°
0,232	0,100	0	0	für = 67,5°
0,311	0,014	0	0	für = 90°

berechnet. Die Werte von $A(\Theta)$ für die anderen in Tafel B 13 und B 14 angegebenen Reflexionswinkel entstammen einer linearen Interpolation von $A(\Theta)$ gegen $\sin^2 \Theta$.

Um die Absorption zu verringern, ist es möglich, das zu untersuchende Pulver mit einer sehr durchlässigen Substanz, z. B. Korkmehl oder Canada-Balsam zu vermischen. Die günstigste Verdünnung ist dann die, durch die der Primärstrahl um den Faktor $e^{-1} = 0{,}37$

---

[1] CLAASSEN, A.: Philos. Mag. **2**, 57 (1930).
[2] RUSTERHOLZ, A.: Z. Physik **63**, 1 (1930); **65**, 226 (1930).
[3] BRADLEY, A. J.: Proc. Phys. Soc. London **47**, 879 (1935).

geschwächt wird. Wenn das Material zu dicht ist, wird zu viel absorbiert, während dann, wenn das Material zu verdünnt ist, die Zahl der reflektierenden Elementarzellen aber zu gering ist.

$\beta)$ $A(\Theta)$ **für Kristallpulver auf zylindrischen Trägern** (Tafel B 15). Die in Tafel B 13 (Abschnitt α) angegebenen $A(\Theta)$-Werte gelten für homogene, zylindrische Pulverproben. In vielen Fällen, besonders für die Bestimmung der relativen Linienintensitäten, ist jedoch das Kristallpulver nur auf einem zylindrischen Träger, z. B. auf einen Glasfaden, aufgestäubt und bildet somit keinen homogenen Zylinder. Die Berechnung des Absorptionsfaktors $A(\Theta)$ für diesen Fall ist für einige Winkel von MÖLLER[1] durchgeführt worden. Durch graphische Interpolation wurden daraus die Absorptionsfaktoren der Tafel B 15 bestimmt.

Dabei bedeuten:

μ_g Schwächungskoeffizient des Trägers,
μ Schwächungskoeffizient des Kristallpulvers,
r_g Radius des Trägers,
r Gesamtradius der Probe.

$\gamma)$ $A(\Theta)$ **für plättchenförmige Proben** (B 16—B 24). Für einen durch das Plättchen hindurchgehenden, unter dem Winkel 2Θ gebeugten Strahl ist die Intensität

$$J_d = J_1 \int\limits_{x=0}^{b/\cos\psi} \int\limits_{y=0}^{d} \int\limits_{z=0}^{h} e^{-\mu(s_1 + s_2)}\, d\,x\,d\,y\,d\,z$$

J_1 ist dabei die pro Volumeneinheit gestreute Intensität und d die Plättchendicke, ψ der Winkel zwischen Präparatnormale und dem einfallenden Strahl und bh der Querschnitt des Primärstrahles. Wird statt des Beugungswinkels 2Θ der Winkel δ zwischen der N-Richtung und dem gebeugten Strahl eingeführt, dann wird (s. Abb. 1)

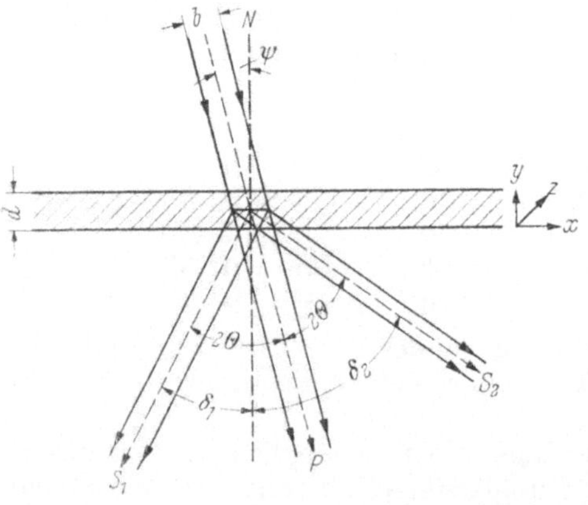

$$s_1 = \frac{d-y}{\cos\psi}\,; \qquad s_2 = \frac{y}{\cos\delta}\,.$$

Dabei ist $\delta = 2\Theta - \psi$, wenn N und der gebeugte Strahl auf der gleichen Seite vom Primärstrahl liegen, und $\delta = 2\Theta + \psi$, wenn der Primärstrahl zwischen der Normalen und dem gebeugten Strahl verläuft. Wir wollen die erstere Beugungsrichtung mit S_1, die zweite mit S_2 bezeichnen.

Abb. 1. Zur Ableitung der Gleichung (B 25)

[1] MÖLLER, E.: Acta crystallogr. **5**, 345 (1952).

Die Integration der Gleichung ergibt dann für den durchgehenden gebeugten Strahl die Intensität

$$J_d = J_1 h\, b\, \frac{1}{\mu}\, \frac{\cos\delta}{\cos\psi - \cos\delta}\,[e^{-\mu d/\cos\psi} - e^{-\mu d/\cos\delta}].$$

Ganz analog erhält man für die Rückstrahlinterferenzen entsprechend der Abbildung 2 mit $s_1 = \dfrac{y}{\cos\psi}$; $\quad s_2 = \dfrac{y}{-\cos\delta}$

$$J_r = J_1 h\, b\, \frac{1}{\mu}\, \frac{\cos\delta}{\cos\psi - \cos\delta}\,[e^{-\mu d/\cos\psi}\, e^{\mu d/\cos\delta} - 1].$$

Dabei ist für S_1: $\delta = 2\Theta - \psi$; für S_2: $\delta = 2\Theta + \psi$.

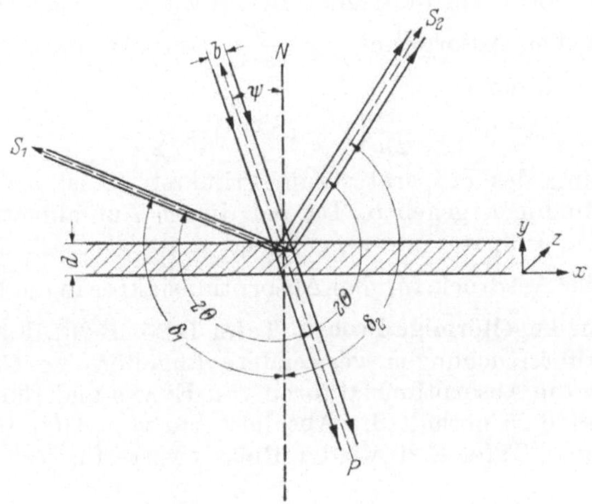

Abb. 2. Zur Ableitung der Gleichung (B 26)

Die Absorptionsfaktoren lauten daher für die Interferenzen in Vorwärtsrichtung:

$$\left.\begin{aligned}
A_d^{S_1}(\Theta) &= \frac{1}{\mu}\, \frac{\cos(2\Theta - \psi)}{\cos\psi - \cos(2\Theta - \psi)}\,[e^{-\mu d/\cos\psi} - e^{-\mu d/\cos(2\Theta - \psi)}], \\[2mm]
A_d^{S_2}(\Theta) &= \frac{1}{\mu}\, \frac{\cos(2\Theta + \psi)}{\cos\psi - \cos(2\Theta + \psi)}\,[e^{-\mu d/\cos\psi} - e^{-\mu d/\cos(2\Theta + \psi)}],
\end{aligned}\right\} \quad \text{(B 25)}$$

für die Rückstrahlinterferenzen:

$$\left.\begin{aligned}
A_r^{S_1}(\Theta) &= \frac{1}{\mu}\, \frac{\cos(2\Theta - \psi)}{\cos\psi - \cos(2\Theta - \psi)}\,[e^{-\mu d/\cos\psi}\, e^{\mu d/\cos(2\Theta - \psi)} - 1], \\[2mm]
A_r^{S_2}(\Theta) &= \frac{1}{\mu}\, \frac{\cos(2\Theta + \psi)}{\cos\psi - \cos(2\Theta + \psi)}\,[e^{-\mu d/\cos\psi}\, e^{\mu d/\cos(2\Theta + \psi)} + 1].
\end{aligned}\right\} \quad \text{(B 26)}$$

Das Produkt $J_1 h b\, \dfrac{1}{\mu}$ ist für alle Röntgeninterferenzen einer Aufnahme konstant. Bei einem Vergleich der Intensitäten genügt es daher, nur den winkelabhängigen Teil der Formeln (B 25) und (B 26) zu betrachten. In der Tafel B 16—B 24 ist daher für verschiedene Werte von μd dieser winkelabhängige Teil, also das Produkt $\mu \cdot A(\Theta)$ für verschiedene Winkel ψ angegeben. Dabei beziehen sich die in der jeweils ersten Zeile mit Θ bezeichneten Reflexionswinkel auf die in der Abbildung 1 und 2 mit S_1, die in der zweiten Zeile mit Θ' bezeichneten Beugungswinkel auf die mit S_2 bezeichneten Röntgenreflexe.

Sonderfälle:

$\psi = \Theta$. Dann ist:

$$A_d^{S_1}(\Theta) = \frac{d}{\cos\Theta}\, e^{-\mu d/\cos\Theta}.$$ (B 27)

Diese Stellung des Präparates zum Primärstrahl ist besonders zur Messung der Absolutintensität der Interferenz des Winkels geeignet, da hier sowohl der direkt durchgehende Strahl wie auch der gebeugte Strahl den gleichen Absorptionsweg $\dfrac{d}{\cos\Theta}$ durchlaufen.

$\psi = 90 - \Theta$. Dann ist:

$$A_r^{S_2}(\Theta) = \frac{1}{2\mu}\left[1 - e^{-2\mu d}\right] \approx \frac{1}{2\mu}.$$ (B 28)

Diese Stellung des Präparates zum Primärstrahl ist bei allen Diffraktometeraufnahmen gegeben. Da bei dieser Aufnahmetechnik im allgemeinen das Präparat stets genügend dick ist ($\approx > 30\,\mu$), vereinfacht sich der Ausdruck für den Absorptionsfaktor in die Form $\dfrac{1}{2\mu}$.

d) **$A(\Theta)$ für kugelförmige Proben** (Tafel B 25, B 26). Für die häufig bei Texturuntersuchungen verwendete kugelförmige Gestalt der Proben wurden die Absorptionsfaktoren von EVANS und EKSTEIN[1] abgeschätzt. Tafel B 25 enthält die Absolutwerte von $A(\Theta)$ für $\mu r < 5$ (r = Kugelradius), Tafel B 26 wieder Relativwerte für $\mu r > 5$.

3. Absolute Intensitäten der häufigsten Meßverfahren

Zusammenfassend seien nun noch einmal die Formeln der wichtigsten Methoden zur absoluten Intensitätsmessung, wie sie sich aus dem oben Gesagten errechnen, angegeben:

a) Braggsche Reflexion an einer Mosaik-Kristallfläche:

Wird mit $\dfrac{E\,w}{J_0} = \int P'(\Theta)\,d\Theta$ das integrale Reflexionsvermögen bezeichnet (E = Gesamtenergie der in Richtung Θ reflektierten Intensität, w = Winkelgeschwindigkeit des Kristalls), dann ist:

$$\frac{E\,w}{J_0} = \frac{N^2}{2\mu}\, \frac{e^4\,\lambda^3}{2\,m^2\,c^4}\, F^2\, \frac{1 + \cos^2 2\Theta}{\sin 2\Theta}.$$ (B 29)

b) Durchstrahlung eines Mosaik-Kristalls der Dicke d für $\psi = \Theta$:

$$\frac{E\,w}{J_0} = N^2\, \frac{e^4\,\lambda^3}{2\,m^2\,c^4}\, F^2\, \frac{1 + \cos^2 2\Theta}{\sin 2\Theta}\, \frac{d}{\cos\Theta}\, e^{-\mu d/\cos\Theta}.$$ (B 30)

c) Reflexion an einem plättchenförmigen Pulverpräparat mit $\psi = 90 - \Theta$:

Ist J die Gesamtprimärintensität und P'' der Teil der abgebeugten

---

[1] EVANS, H. T., u. M. G. EKSTEIN: Acta crystallogr. **5**, 540 (1952).

Intensität, der durch die Blende der Länge l in die Ionisationskammer gelangt, dann ist: ($r =$ Goniometer-Radius)

$$\frac{P''}{J} = \frac{N^2}{18\,\mu\,r}\;\frac{e^4\,\lambda^3}{2\,m^2\,c^4}\;F^2\,H\,l\,\frac{1+\cos^2 2\Theta}{\sin 2\Theta \sin\Theta}\;.\tag{B 31}$$

d) Durchstrahlung eines plättchenförmigen Pulverpräparates für $\psi = \Theta$:

Das Verhältnis des Intensität des abgebeugten Strahles P_t zu der des direkt durchgehenden Strahles ist dann:

$$\frac{P_t}{J_t} = \frac{N^2}{4\,\pi\,r}\;\frac{e^4\,\lambda^3}{2\,m^2\,c^4}\;F^2\,H\,l\,\frac{1+\cos^2 2\Theta}{\sin 2\Theta}\;\frac{\varrho'}{\varrho}\;.\tag{B 32}$$

ϱ' und ϱ sind dabei die Dichten des Pulvermaterials bzw. die des Einkristalls. In Tabelle B 27 ist der Faktor $\dfrac{e^4\,\lambda^3}{2\,m^2\,c^4}$ für die wichtigsten Wellenlängen angegeben.

4. Relative Intensitäten

Statt der in Gleichung (B 1) angegebenen absoluten Intensität wird im allgemeinen nur die relative gesucht. Formel (B 1) bleibt dann gültig, wenn man den absoluten Faktor $\dfrac{J_0\,N^2\,e^4\,V_s^2}{m^2\,c^4}$ ersetzt durch einen Proportionalitätsfaktor α. Für die verschiedenen Aufnahmemethoden ergeben sich dann folgende Formeln für die relativen Intensitäten.

a) Pulveraufnahmen nach dem Debye-Scherrer-Verfahren:

$$J = \alpha\,\frac{1+\cos^2 2\Theta}{\sin^2\Theta\,\cos\Theta}\,F^2\,A(\Theta)\,\vartheta\;.\tag{B 33}$$

b) Pulveraufnahme mit ebener Filmkassette senkrecht zum Primärstrahl:

$$J = \alpha\,\frac{(1+\cos^2 2\Theta)\cos 2\Theta}{\sin^2\Theta\,\cos\Theta}\,F^2\,A(\Theta)\,\vartheta\;.\tag{B 34}$$

c) Pulveraufnahme mit der Guinier-Kamera

$$J = \alpha\,\frac{1+\cos^2 2\alpha\,\cos 2\Theta}{(1+\cos^2 2\alpha)\sin\Theta\,\sin\!\left(\dfrac{4\,\pi\,\Theta}{\pi \pm 2\beta}\right)}\,F^2\,A(\Theta)\,\vartheta\;.\tag{B 35}$$

d) Reflexion an einer Einkristallfläche

$$J = \alpha\,\frac{1+\cos^2 2\Theta}{\sin 2\Theta}\,F^2\,A(\Theta)\,\vartheta\;.\tag{B 36}$$

e) Drehskritallaufnahmen:

$$J = \alpha\,\frac{1+\cos^2 2\Theta}{\sin 2\Theta}\;\frac{\cos\Theta}{\sqrt{\cos^2\varphi-\sin^2\Theta}}\,F^2\,A(\Theta)\,\vartheta\;.\tag{B 37}$$

Der Anschluß der relativen Intensitäten an die absoluten erfolgt am besten durch Vergleichsaufnahmen mit Standardkristallen, für deren Interferenzen die absoluten Intensitäten bereits bekannt sind.

Tafel B 28 gibt eine Übersicht über die 14 Translationsgitter. Die sich aus der Kristallsymmetrie ergebenden Auslöschungsgesetze sind der Vollständigkeit halber noch in Tafel B 29 angegeben.

Tafel B1

Das Produkt PLG für verschiedene Aufnahmemethoden

$\Theta°$	$\dfrac{1+\cos^2 2\Theta}{\sin^2\Theta\,\cos\Theta}$				
	0,0	0,2	0,4	0,6	0,8
2	1639	1354	1138	968,9	835,1
3	727,2	638,8	565,6	504,6	452,3
4	408,0	369,9	336,8	308,0	282,6
5	260,3	240,5	222,9	207,1	192,9
6	180,1	168,5	158,0	148,4	139,7
7	131,7	124,4	117,6	111,4	105,6
8	100,3	95,37	90,78	86,15	82,52
9	78,79	75,31	72,05	68,99	66,12
10	63,41	60,87	58,46	56,20	54,06
11	52,04	50,12	48,30	46,58	44,94
12	43,39	41,91	40,50	39,16	37,88
13	36,67	35,50	34,39	33,33	32,31
14	31,34	30,41	29,51	28,66	27,83
15	27,05	26,29	25,56	24,86	24,19
16	23,54	22,92	22,32	21,74	21,18
17	20,64	20,12	19,62	19,14	18,67
18	18,22	17,78	17,36	16,95	16,56
19	16,17	15,80	15,45	15,10	14,76
20	14,44	14,12	13,81	13,52	13,23
21	12,95	12,68	12,41	12,15	11,91
22	11,66	11,43	11,20	10,98	10,76
23	10,55	10,35	10,15	9,951	9,763
24	9,579	9,400	9,226	9,057	8,891
25	8,730	8,573	8,420	8,271	8,126
26	7,984	7,846	7,711	7,580	7,452
27	7,327	7,205	7,086	6,969	6,856
28	6,745	6,637	6,532	6,429	6,329
29	6,230	6,135	6,042	5,950	5,861
30	5,774	5,688	5,605	5,524	5,445
31	5,367	5,292	5,218	5,145	5,075
32	5,006	4,939	4,873	4,809	4,746
33	4,685	4,625	4,566	4,509	4,453
34	4,399	4,346	4,294	4,243	4,193
35	4,145	4,097	4,052	4,006	3,962
36	3,919	3,877	3,836	3,797	3,758
37	3,720	3,683	3,647	3,612	3,577
38	3,544	3,513	3,481	3,449	3,419
39	3,389	3,361	3,333	3,306	3,280
40	3,255	3,230	3,206	3,183	3,160
41	3,138	3,117	3,096	3,076	3,057
42	3,038	3,020	3,003	2,986	2,970
43	2,954	2,939	2,925	2,911	2,897
44	2,884	2,872	2,860	2,849	2,838

$\Theta°$	$\dfrac{1+\cos^2 2\Theta}{\sin^2\Theta\,\cos\Theta}$				
	0,0	0,2	0,4	0,6	0,8
45	2,828	2,819	2,810	2,801	2,793
46	2,785	2,778	2,772	2,766	2,760
47	2,755	2,750	2,746	2,742	2,738
48	2,736	2,733	2,731	2,730	2,729
49	2,728	2,728	2,728	2,729	2,730
50	2,731	2,733	2,735	2,738	2,741
51	2,745	2,749	2,753	2,758	2,763
52	2,769	2,775	2,782	2,788	2,795
53	2,803	2,811	2,820	2,828	2,838
54	2,848	2,858	2,868	2,879	2,890
55	2,902	2,914	2,927	2,940	2,953
56	2,967	2,981	2,996	3,011	3,026
57	3,042	3,059	3,075	3,092	3,110
58	3,128	3,147	3,166	3,185	3,205
59	3,225	3,246	3,267	3,289	3,311
60	3,333	3,356	3,380	3,404	3,429
61	3,454	3,479	3,505	3,532	3,559
62	3,587	3,615	3,643	3,673	3,703
63	3,733	3,764	3,796	3,828	3,861
64	3,894	3,928	3,963	3,998	4,034
65	4,071	4,108	4,147	4,185	4,225
66	4,265	4,306	4,348	4,390	4,434
67	4,478	4,523	4,569	4,616	4,664
68	4,712	4,762	4,812	4,864	4,916
69	4,970	5,024	5,080	5,137	5,195
70	5,254	5,315	5,376	5,440	5,504
71	5,569	5,636	5,705	5,775	5,846
72	5,919	5,994	6,071	6,149	6,229
73	6,311	6,394	6,480	6,568	6,658
74	6,750	6,844	6,941	7,041	7,142
75	7,247	7,354	7,465	7,578	7,694
76	7,813	7,936	8,063	8,193	8,327
77	8,465	8,607	8,754	8,905	9,061
78	9,223	9,389	9,561	9,739	9,924
79	10,12	10,31	10,52	10,73	10,95
80	11,18	11,42	11,67	11,93	12,20
81	12,48	12,78	13,08	13,40	13,74
82	14,10	14,47	14,86	15,28	15,71
83	16,17	16,66	17,17	17,72	18,31
84	18,93	19,59	20,30	21,07	21,89
85	22,77	23,73	24,78	25,92	27,16
86	28,53	30,04	31,73	33,60	35,72
87	38,11	40,84	44,00	47,68	52,02
88	57,24				

Tafel B1 (Fortsetzung)

Das Produkt PLG für verschiedene Aufnahmemethoden

$\Theta°$	$\dfrac{1 + \cos^2 2\Theta}{\sin 2\Theta}$					$\Theta°$	$\dfrac{1 + \cos^2 2\Theta}{\sin 2\Theta}$				
	0,0	0,2	0,4	0,6	0,8		0,0	0,2	0,4	0,6	0,8
						45	1,000	1,000	1,000	1,001	1,001
2	28,60	25,99	23,83	21,97	20,40	46	1,002	1,003	1,004	1,005	1,006
3	19,03	17,83	16,77	15,84	14,99	47	1,007	1,009	1,011	1,012	1,014
4	14,23	13,55	12,92	12,35	11,82	48	1,017	1,019	1,021	1,024	1,027
5	11,34	10,90	10,49	10,10	9,747	49	1,029	1,033	1,036	1,039	1,043
6	9,413	9,099	8,806	8,529	8,270	50	1,046	1,050	1,054	1,058	1,062
7	8,025	7,796	7,573	7,367	7,166	51	1,067	1,071	1,076	1,081	1,086
8	6,980	6,801	6,631	6,468	6,312	52	1,091	1,096	1,102	1,107	1,113
9	6,163	6,020	5,884	5,753	5,627	53	1,119	1,125	1,132	1,138	1,145
10	5,506	5,381	5.277	5,169	5,065	54	1,152	1,159	1,166	1,173	1,181
11	4,965	4,867	4,773	4,683	4,595	55	1,189	1,196	1,205	1,213	1,221
12	4,511	4,428	4,348	4,271	4,196	56	1,230	1,239	1,248	1,257	1,266
13	4,124	4,053	3,985	3,919	3,853	57	1,276	1,286	1,295	1,305	1,316
14	3,791	3,730	3,669	3,612	3,555	58	1,326	1,337	1,348	1,359	1,371
15	3,501	3,446	3,394	3,343	3,293	59	1,382	1,394	1,406	1,418	1,431
16	3,244	3,197	3,151	3,105	3,061	60	1,443	1,456	1,469	1,483	1,497
17	3,017	2,975	2,934	2,894	2,854	61	1,510	1,524	1,539	1,553	1,568
18	2,815	2,777	2,740	2,703	2,668	62	1,584	1,599	1,614	1,630	1,647
19	2,633	2,598	2,566	2,533	2,500	63	1,663	1,680	1,698	1,714	1,732
20	2,469	2,438	2,407	2,378	2,349	64	1,750	1,768	1,787	1,806	1,825
21	2,320	2,293	2,264	2,236	2,212	65	1,845	1,865	1,885	1,906	1,927
22	2,184	2,159	2,134	2,110	2,085	66	1,948	1,970	1,992	2,014	2,038
23	2,061	2,039	2,016	1,992	1,970	67	2,061	2,085	2,109	2,134	2,159
24	1,948	1,927	1,906	1,885	1,865	68	2,184	2,211	2,237	2,264	2,292
25	1,845	1,825	1,806	1,787	1,768	69	2,320	2,348	2,378	2,407	2,438
26	1,750	1,732	1,714	1,697	1,680	70	2,469	2,500	2,532	2,566	2,599
27	1,663	1,647	1,630	1,614	1,599	71	2,633	2,668	2,704	2,740	2,777
28	1,583	1,568	1,553	1,539	1,524	72	2,815	2,854	2,893	2,934	2,975
29	1,510	1,497	1,483	1,469	1,456	73	3,018	3,061	3,105	3,150	3,197
30	1,443	1,431	1,418	1,406	1,394	74	3,244	3,293	3,343	3,394	3,446
31	1,382	1,371	1,359	1,348	1,337	75	3,500	3,555	3,612	3,670	3,729
32	1,326	1,316	1,306	1,295	1,285	76	3,791	3,853	3,918	3,985	4,054
33	1,276	1,266	1,257	1,248	1,239	77	4,124	4,197	4,272	4,349	4,428
34	1,230	1,221	1,213	1,205	1,196	78	4,511	4,595	4,683	4,773	4,868
35	1,189	1,181	1,174	1,166	1,159	79	4,967	5,064	5,170	5,277	5,388
36	1,152	1,145	1,138	1,132	1,126	80	5,505	5,627	5,753	5,885	6,022
37	1,119	1,113	1,108	1,102	1,096	81	6,163	6,315	6,466	6,628	6,800
38	1,091	1,086	1,081	1,076	1,071	82	6,981	7,168	7,365	7,576	7,793
39	1,066	1,062	1,058	1,054	1,050	83	8,025	8,271	8,528	8,805	9,101
40	1,046	1,042	1,039	1,036	1,032	84	9,413	9,745	10,10	10,48	10,90
41	1,029	1,027	1,024	1,021	1,019	85	11,34	11,82	12,35	12,92	13,54
42	1,016	1,014	1,012	1,011	1,009	86	14,23	14,99	15,83	16,77	17,83
43	1,007	1,006	1,005	1,004	1,003	87	19,03	20,40	21,98	23,82	25,99
44	1,002	1,001	1,001	1,000	1,000	88	28,60				

Tafel B 1 (Fortsetzung)

Das Produkt PLG für verschiedene Aufnahmemethoden

$\Theta°$	$\dfrac{(1 + \cos^2 2\,\Theta)\,\cos 2\,\Theta}{\sin^2\Theta\,\cos\Theta}$					$\Theta°$	$\dfrac{(1 + \cos^2 2\,\Theta)\,\cos 2\,\Theta}{\sin^2\Theta\,\cos\Theta}$				
	0,0	0,2	0,4	0,6	0,8		0,0	0,2	0,4	0,6	0,8
						45	0,000	− 0,020	− 0,039	− 0,059	− 0,078
2	1635	1350	1134	964,9	831,1	46	− 0,097	− 0,116	− 0,135	− 0,154	− 0,173
3	723,2	634,8	561,6	500,6	448,3	47	− 0,192	− 0,211	− 0,230	− 0,249	− 0,267
4	404,0	365,9	332,8	304,0	278,6	48	− 0,286	− 0,305	− 0,323	− 0,342	− 0,361
5	256,3	236,5	219,0	203,2	189,0	49	− 0,380	− 0,399	− 0,417	− 0,436	− 0,455
6	176,2	164,6	154,1	144,5	135,8	50	− 0,474	− 0,493	− 0,512	− 0,532	− 0,551
7	127,8	120,5	113,7	107,5	101,7	51	− 0,571	− 0,590	− 0,610	− 0,630	− 0,650
8	96,41	91,49	86,91	82,64	78,66	52	− 0,670	− 0,690	− 0,711	− 0,731	− 0,752
9	74,93	71,46	68,20	65,15	62,28	53	− 0,773	− 0,794	− 0,815	− 0,836	− 0,858
10	59,58	56,96	54,65	52,39	50,26	54	− 0,880	− 0,902	− 0,924	− 0,947	− 0,969
11	48,25	46,33	44,52	42,81	41,18	55	− 0,993	− 1,016	− 1,039	− 1,063	− 1,087
12	39,63	38,16	36,76	35,43	34,16	56	− 1,111	− 1,136	− 1,161	− 1,186	− 1,211
13	32,95	31,79	30,69	29,64	28,63	57	− 1,237	− 1,264	− 1,290	− 1,317	− 1,344
14	27,67	26,75	25,86	25,01	24,19	58	− 1,371	− 1,399	− 1,427	− 1,456	− 1,485
15	23,42	22,67	21,95	21,26	20,60	59	− 1,514	− 1,544	− 1,574	− 1,605	− 1,635
16	19,96	19,35	18,76	18,19	17,64	60	− 1,667	− 1,698	− 1,731	− 1,763	− 1,797
17	17,11	16,60	16,11	15,64	15,18	61	− 1,830	− 1,864	− 1,899	− 1,934	− 1,970
18	14,74	14,31	13,90	13,50	13,12	62	− 2,006	− 2,042	− 2,079	− 2,117	− 2,156
19	12,74	12,38	12,04	11,70	11,37	63	− 2,194	− 2,234	− 2,274	− 2,314	− 2,356
20	11,06	10,75	10,45	10,17	9,893	64	− 2,397	− 2,440	− 2,483	− 2,527	− 2,571
21	9,624	9,364	9,106	8,857	8,625	65	− 2,617	− 2,662	− 2,710	− 2,757	− 2,805
22	8,388	8,166	7,947	7,737	7,528	66	− 2,854	− 2,904	− 2,954	− 3,005	− 3,058
23	7,329	7,138	6,948	6,761	6,583	67	− 3,111	− 3,165	− 3,219	− 3,275	− 3,332
24	6,410	6,241	6,077	5,918	5,762	68	− 3,390	− 3,448	− 3,508	− 3,569	− 3,630
25	5,612	5,465	5,322	5,183	5,047	69	− 3,693	− 3,757	− 3,822	− 3,889	− 3,956
26	4,915	4,787	4,662	4,541	4,422	70	− 4,025	− 4,095	− 4,166	− 4,240	− 4,313
27	4,307	4,194	4,085	3,977	3,873	71	− 4,388	− 4,465	− 4,544	− 4,624	− 4,705
28	3,772	3,673	3,577	3,483	3,391	72	− 4,789	− 4,874	− 4,961	− 5,049	− 5,140
29	3,301	3,215	3,130	3,047	2,966	73	− 5,232	− 5,326	− 5,422	− 5,521	− 5,622
30	2,887	2,810	2,734	2,661	2,590	74	− 5,724	− 5,829	− 5,937	− 6,048	− 6,160
31	2,520	2,452	2,385	2,320	2,257	75	− 6,276	− 6,394	− 6,516	− 6,641	− 6,768
32	2,194	2,134	2,075	2,017	1,961	76	− 6,898	− 7,033	− 7,171	− 7,313	− 7,459
33	1,906	1,852	1,799	1,747	1,697	77	− 7,608	− 7,762	− 7,921	− 8,084	− 8,252
34	1,648	1,600	1,553	1,507	1,462	78	− 8,426	− 8,604	− 8,788	− 8,978	− 9,173
35	1,418	1,374	1,333	1,291	1,251	79	− 9,383	− 9,586	− 9,808	−10,031	−10,263
36	1,211	1,172	1,134	1,098	1,061	80	−10,51	−10,76	−11,02	−11,29	−11,58
37	1,025	0,990	0,956	0,923	0,890	81	−11,87	−12,18	−12,50	−12,83	−13,18
38	0,857	0,826	0,795	0,764	0,734	82	−13,55	−13,94	−14,34	−14,77	−15,22
39	0,705	0,676	0,647	0,619	0,592	83	−15,69	−16,19	−16,72	−17,28	−17,88
40	0,565	0,539	0,513	0,487	0,462	84	−18,52	−19,19	−19,91	−20,70	−21,53
41	0,437	0,412	0,388	0,364	0,341	85	−22,42	−23,40	−24,46	−25,61	−26,87
42	0,318	0,295	0,272	0,250	0,228	86	−28,25	−29,78	−31,48	−33,36	−35,50
43	0,206	0,185	0,163	0,142	0,121	87	−37,90	−40,65	−43,82	−47,51	−51,87
44	0,101	0,080	0,060	0,040	0,020	88	−57,10				

Tafel B2

Das Produkt PL für symmetrische Guinier-Aufnahmen mit Quarz-Monochromator

$$\frac{1 + \cos^2 2\,\alpha \cos^2 2\Theta}{(1 + \cos^2 2\,\alpha)\,\sin\Theta \sin 4\Theta}$$

$\Theta°$	Cu_{k_α}-Strahlung: $\alpha = 13° 24'$					$\Theta°$	Cu_{k_α}-Strahlung: $\alpha = 13° 24'$				
	0,0	0,2	0,4	0,6	0,8		0,0	0,2	0,4	0,6	0,8
						45	$+\infty$	56,150	28,000	18,608	13,917
2	205,365	169,861	142,833	121,615	104,935	46	11,102	9,228	7,891	6,889	6,111
3	91,458	80,379	71,251	63,585	57,086	47	5,490	4,982	4,559	4,202	3,897
4	51,557	46,785	42,660	39,049	35,886	48	3,634	3,403	3,201	3,021	2,861
5	33,097	30,625	28,418	26,447	24,668	49	2,717	2,587	2,470	2,362	2,265
6	23,067	21,624	20,308	19,113	18,024	50	2,177	2,092	2,017	1,947	1,882
7	17,026	16,107	15,263	14,486	13,766	51	1,821	1,765	1,713	1,664	1,618
8	13,102	12,486	11,912	11,377	10,880	52	1,575	1,534	1,496	1,460	1,427
9	10,415	9,980	9,572	9,191	8,832	53	1,395	1,364	1,336	1,309	1,284
10	8,494	8,177	7,879	7,594	7,327	54	1,259	1,237	1,215	1,194	1,174
11	7,075	6,836	6,610	6,395	6,191	55	1,156	1,137	1,121	1,105	1,089
12	5,997	5,813	5,638	5,471	5,312	56	1,074	1,061	1,047	1,034	1,022
13	5,161	5,016	4,878	4,746	4,620	57	1,011	1,000	0,989	0,979	0,970
14	4,499	4,383	4,272	4,166	4,064	58	0,960	0,952	0,943	0,935	0,928
15	3,967	3,873	3,783	3,697	3,226	59	0,921	0,914	0,907	0,901	0,895
16	3,534	3,457	3,383	3,312	3,243	60	0,890	0,885	0,880	0,875	0,871
17	3,177	3,114	3,053	2,993	2,936	61	0,866	0,862	0,859	0,853	0,852
18	2,881	2,828	2,777	2,727	2,680	62	0,849	0,846	0,844	0,842	0,840
19	2,634	2,589	2,546	2,504	2,464	63	0,838	0,836	0,834	0,833	0,832
20	2,425	2,387	2,351	2,316	2,282	64	0,831	0,830	0,830	0,829	0,829
21	2,249	2,217	2,186	2,156	2,127	65	0,829	0,829	0,829	0,830	0,830
22	2,100	2,073	2,046	2,021	1,997	66	0,831	0,832	0,833	0,835	0,836
23	1,973	1,950	1,928	1,907	1,887	67	0,838	0,839	0,841	0,843	0,846
24	1,867	1,848	1,829	1,811	1,794	68	0,848	0,851	0,854	0,857	0,860
25	1,777	1,762	1,746	1,731	1,717	69	0,863	0,867	0,870	0,874	0,878
26	1,704	1,691	1,678	1,666	1,655	70	0,883	0,887	0,892	0,897	0,902
27	1,644	1,633	1,624	1,614	1,606	71	0,907	0,912	0,918	0,924	0,930
28	1,597	1,589	1,582	1,575	1,569	72	0,936	0,943	0,950	0,957	0,964
29	1,563	1,558	1,553	1,549	1,545	73	0,971	0,979	0,987	0,996	1,004
30	1,541	1,539	1,536	1,534	1,533	74	1,013	1,023	1,032	1,042	1,052
31	1,532	1,532	1,533	1,533	1,535	75	1,063	1,074	1,085	1,097	1,109
32	1,537	1,540	1,543	1,547	1,551	76	1,122	1,135	1,148	1,162	1,176
33	1,556	1,562	1,569	1,576	1,584	77	1,191	1,207	1,223	1,240	1,257
34	1,593	1,603	1,613	1,625	1,637	78	1,275	1,293	1,313	1,333	1,354
35	1,650	1,665	1,680	1,697	1,714	79	1,375	1,400	1,421	1,446	1,471
36	1,734	1,754	1,776	1,799	1,824	80	1,498	1,526	1,554	1,585	1,616
37	1,851	1,879	1,910	1,943	1,978	81	1,650	1,684	1,721	1,759	1,799
38	2,015	2,056	2,099	2,145	2,195	82	1,841	1,886	1,933	1,982	2,035
39	2,249	2,307	2,370	2,438	2,512	83	2,090	2,149	2,212	2,278	2,349
40	2,592	2,680	2,776	2,881	2,997	84	2,425	2,506	2,593	2,686	2,787
41	3,125	3,268	3,427	3,605	3,806	85	2,896	3,014	3,142	3,283	3,436
42	4,035	4,298	4,602	4,958	5,379	86	3,606	3,793	4,001	4,234	4,496
43	5,887	6,508	7,285	8,287	9,622	87	4,793	5,133	5,525	5,983	6,524
44	11,496	14,309	19,004	28,397	56,563	88	7,174	7,969	8,962	10,240	11,944

92

Tafel B2 (Fortsetzung)

Das Produkt PL für symmetrische Guinier-Aufnahmen mit Quarz-Monochromator

$$\frac{1 + \cos^2 2\,\alpha \cos^2 2\Theta}{(1 + \cos^2 2\,\alpha)\,\sin\Theta\,\sin 4\Theta}$$

$\Theta°$	Co_{k_α}-Strahlung: $\alpha = 15° 37'$					$\Theta°$	Co_{k_α}-Strahlung: $\alpha = 15° 37'$				
	0,0	0,2	0,4	0,6	0,8		0,0	0,2	0,4	0,6	0,8
2	205,424	169,968	142,885	121,662	104,943	45	$+\infty$	58,277	29,057	19,311	14,442
3	91,464	80,434	71,260	63,598	57,109	46	11,522	9,576	8,189	7,148	6,341
4	51,578	46,810	42,681	39,071	35,912	47	5,696	5,168	4,730	4,359	4,042
5	33,116	30,647	28,439	26,466	24,690	48	3,768	3,529	3,319	3,132	2,966
6	23,089	21,646	20,330	19,135	18,046	49	2,816	2,681	2,559	2,448	2,346
7	17,048	16,129	15,285	14,507	13,788	50	2,253	2,168	2,089	2,016	1,948
8	13,125	12,508	11,934	11,398	10,901	51	1,885	1,827	1,772	1,721	1,673
9	10,437	10,002	9,594	9,213	8,854	52	1,628	1,586	1,546	1,509	1,474
10	8,517	8,199	7,901	7,616	7,350	53	1,441	1,409	1,380	1,351	1,325
11	7,097	6,859	6,632	6,417	6,213	54	1,300	1,276	1,253	1,231	1,210
12	6,020	5,836	5,661	5,494	5,335	55	1,191	1,172	1,154	1,138	1,121
13	5,183	5,039	4,901	4,769	4,643	56	1,106	1,091	1,077	1,064	1,051
14	4,522	4,406	4,296	4,189	4,088	57	1,039	1,027	1,016	1,006	0,995
15	3,990	3,897	3,807	3,720	3,247	58	0,986	0,977	0,968	0,959	0,951
16	3,558	3,481	3,407	3,336	3,268	59	0,944	0,937	0,930	0,923	0,917
17	3,202	3,138	3,077	3,018	2,961	60	0,911	0,905	0,900	0,895	0,890
18	2,906	2,853	2,802	2,753	2,705	61	0,886	0,881	0,877	0,871	0,870
19	2,659	2,614	2,571	2,530	2,489	62	0,867	0,864	0,861	0,858	0,856
20	2,451	2,413	2,377	2,342	2,308	63	0,854	0,852	0,850	0,849	0,847
21	2,275	2,244	2,213	2,183	2,154	64	0,846	0,845	0,844	0,843	0,843
22	2,127	2,100	2,074	2,049	2,025	65	0,843	0,843	0,843	0,843	0,843
23	2,001	1,979	1,957	1,936	1,915	66	0,844	0,845	0,846	0,847	0,848
24	1,895	1,877	1,858	1,841	1,824	67	0,849	0,851	0,853	0,855	0,857
25	1,807	1,791	1,776	1,762	1,748	68	0,859	0,862	0,864	0,867	0,870
26	1,734	1,722	1,709	1,698	1,686	69	0,873	0,877	0,880	0,884	0,888
27	1,676	1,666	1,656	1,647	1,639	70	0,892	0,896	0,901	0,906	0,910
28	1,630	1,623	1,616	1,609	1,603	71	0,915	0,921	0,926	0,932	0,938
29	1,598	1,593	1,588	1,584	1,581	72	0,944	0,951	0,957	0,964	0,971
30	1,579	1,575	1,573	1,572	1,571	73	0,979	0,987	0,995	1,003	1,011
31	1,571	1,571	1,572	1,573	1,575	74	1,020	1,029	1,039	1,049	1.059
32	1,578	1,581	1,585	1,589	1,594	75	1,069	1,080	1,091	1,103	1,115
33	1,600	1,606	1,613	1,621	1,630	76	1,127	1,140	1,154	1,168	1,182
34	1,640	1,650	1,661	1,673	1,687	77	1,197	1,212	1,228	1,245	1,262
35	1,701	1,716	1,732	1,750	1,769	78	1,280	1,298	1,317	1,337	1,358
36	1,789	1,810	1,833	1,858	1,884	79	1,380	1,402	1,425	1,450	1,475
37	1,912	1,942	1,974	2,008	2,045	80	1,502	1,529	1,558	1,588	1,620
38	2,084	2,126	2,171	2,220	2,272	81	1,653	1,688	1,724	1,762	1,802
39	2,328	2,389	2,454	2,525	2,602	82	1,844	1,889	1,936	1,985	2,038
40	2,685	2,777	2,876	2,986	3,106	83	2,093	2,152	2,214	2,281	2,351
41	3,239	3,388	3,553	3,738	3,947	84	2,427	2,508	2,595	2,688	2,789
42	4,185	4,458	4,774	5,143	5,581	85	2,898	3,016	3,144	3,284	3,438
43	6,108	6,752	7,559	8,599	9,986	86	3,607	3,794	4,002	4,235	4,497
44	11,931	14,850	19,722	29,477	58,722	87	4,794	5,134	5,526	5,984	6,525
						88	7,175	7,970	8,962	10,241	11,944

Tafel B2 (Fortsetzung)

Das Produkt PL für symmetrische Guinier-Aufnahmen mit Quarz-Monochromator

$$\frac{1 + \cos^2 2\alpha \cos^2 2\Theta}{(1 + \cos^2 2\alpha)\sin\Theta\sin 4\Theta}$$

$\Theta°$	Cr_{k_α}-Strahlung: $\alpha = 20° 09'$					$\Theta°$	Cr_{k_α}-Strahlung: $\alpha = 20° 90'$				
	0,0	0,2	0,4	0,6	0,8		0,0	0,2	0,4	0,6	0,8
						45	$+\infty$	63,818	31,810	21,138	15,805
2	205,311	170,069	142,898	121,768	105,005	46	12,608	10,479	8,960	7,821	6,936
3	91,535	80,452	71,329	63,639	57,166	47	6,257	5,652	5,171	4,765	4,418
4	51,624	46,872	42,738	39,121	35,964	48	4,118	3,856	3,625	3,420	3,238
5	33,173	30,707	28,495	26,522	24,744	49	3,073	2,925	2,791	2,669	2,558
6	23,145	21,700	20,385	19,190	18,102	50	2,455	2,361	2,275	2,194	2,120
7	17,103	16,185	15,340	14,563	13,844	51	2,050	1,986	1,926	1,869	1,817
8	13,180	12,564	11,990	11,455	10,958	52	1,767	1,721	1,677	1,636	1,597
9	10,494	10,059	9,651	9,269	8,911	53	1,560	1,525	1,492	1,461	1,431
10	8,573	8,256	7,959	7,674	7,408	54	1,403	1,377	1,351	1,327	1,304
11	7,155	6,916	6,690	6,475	6,272	55	1,282	1,262	1,242	1,223	1,205
12	6,078	5,894	5,719	5,553	5,394	56	1,187	1,171	1,155	1,140	1,126
13	5,243	5,098	4,960	4,829	4,702	57	1,112	1,099	1,086	1,074	1,063
14	4,582	4,466	4,356	4,250	4,149	58	1,052	1,041	1,031	1,022	1,013
15	4,051	3,958	3,868	3,782	3,302	59	1,004	0,995	0,987	0,980	0,973
16	3,620	3,543	3,470	3,399	3,330	60	0,966	0,959	0,953	0,947	0,941
17	3,265	3,201	3,140	3,082	3,025	61	0,936	0,931	0,926	0,914	0,917
18	2,970	2,918	2,867	2,818	2,770	62	0,913	0,909	0,905	0,902	0,899
19	2,724	2,680	2,637	2,596	2,556	63	0,896	0,893	0,891	0,889	0,887
20	2,518	2,481	2,445	2,410	2,376	64	0,885	0,883	0,882	0,881	0,879
21	2,344	2,312	2,282	2,253	2,224	65	0,879	0,942	0,877	0,877	0,877
22	2,197	2,171	2,145	2,120	2,097	66	0,877	0,877	0,878	0,878	0,879
23	2,074	2,051	2,030	2,009	1,989	67	0,880	0,881	0,883	0,884	0,886
24	1,970	1,952	1,934	1,917	1,900	68	0,888	0,890	0,892	0,894	0,897
25	1,884	1,869	1,854	1,840	1,827	69	0,900	0,903	0,906	0,909	0,913
26	1,814	1,802	1,790	1,779	1,769	70	0,916	0,920	0,924	0,929	0,933
27	1,759	1,749	1,740	1,732	1,724	71	0,938	0,943	0,948	0,954	0,959
28	1,717	1,710	1,704	1,698	1,693	72	0,965	0,971	0,978	0,984	0,991
29	1,688	1,684	1,680	1,677	1,674	73	0,998	1,006	1,013	1,021	1,029
30	1,672	1,671	1,670	1,670	1,670	74	1,038	1,047	1,056	1,065	1,075
31	1,671	1,672	1,674	1,676	1,679	75	1,086	1,096	1,107	1,118	1,130
32	1,683	1,688	1,693	1,699	1,705	76	1,142	1,155	1,168	1,182	1,196
33	1,712	1,720	1,729	1,739	1,749	77	1,210	1,225	1,241	1,258	1,274
34	1,760	1,773	1,786	1,800	1,815	78	1,292	1,310	1,329	1,349	1,369
35	1,831	1,849	1,868	1,888	1,909	79	1,391	1,413	1,436	1,460	1,485
36	1,932	1,956	1,982	2,009	2,039	80	1,512	1,539	1,568	1,598	1,629
37	2,070	2,104	2,139	2,177	2,218	81	1,662	1,696	1,733	1,771	1,810
38	2,262	2,309	2,359	2,412	2,470	82	1,852	1,897	1,943	1,993	2,045
39	2,532	2,599	2,671	2,749	2,834	83	2,100	2,159	2,221	2,287	2,357
40	2,926	3,027	3,136	3,257	3,389	84	2,433	2,514	2,600	2,693	2,794
41	3,536	3,698	3,880	4,083	4,312	85	2,902	3,020	3,148	3,288	3,442
42	4,574	4,873	5,219	5,624	6,103	86	3,611	3,798	4,006	4,238	4,500
43	6,680	7,387	8,270	9,409	10,927	87	4,797	5,143	5,529	5,986	6,527
44	13,056	16,252	21,585	32,262	64,269	88	7,177	7,971	8,964	10,242	11,946

Tafel B3

Flächenhäufigkeitsfaktor H der 32 Kristallklassen für spezielle Werte von hkl (Die in der Form wie 2 (12) angegebene Flächenhäufigkeitszahl deutet an, daß es sich um 2 Gruppen von Reflexen bei den gleichen Reflexionswinkeln handelt, die aber einen unterschiedlichen Strukturfaktor haben.)

Kubisches System			Tetragonales System			Hexagonales System			Rhomboedrisches System			Rhombisches System		Monoklines System		Triklines System	
	O_h O T_d	T_h T'		D_{4h} D_4 C_{4v} V_d	C_{4h} C_4 S_4		D_{6h} D_6 C_{6v} D_{3h}	C_{6h} C_6 C_{3h}		D_{3d} D_3 C_{3v}	C_{3i} C_3		V_h V C_{2v}		C_{2h} C_2 C_s		C_i C_1
hkl	H	H	hkl	H	H	hkl	H	H	hkl	H	H	hkl	H	hkl	H	hkl	H
hkl	48	2 (24)	hkl	16	2 (8)	hkl	24	2 (12)	hkl	2 (12)	4 (6)	hkl	8	hkl	4	hkl	2
hhl	24	24	hhl	8	8	hhl	12	12	hhl	12	2 (6)	hol	4	hol	2	okl	2
hko	24	2 (12)	hol	8	8	hol	12	12	hol	2 (6)	2 (6)	hko	4	okl	4	hko	2
hho	12	12	hko	8	2 (4)	hko	12	2 (6)	hko	12	2 (6)	okl	4	hko	4	hko	2
hhh	8	8	hho	4	4	hho	6	6	hho	6	6	hoo	2	oko	2	oko	2
hoo	6	6	hoo	4	4	hoo	6	6	hoo	6	6	oko	2	ool	2	ool	2
			ool	2	2	ool	2	2	ool	2	2	ool	2	hoo	2	hoo	2

Tafel B4

Einheitskreis zur Berechnung von $\cos 2\pi h x$ und $\sin 2\pi h x$

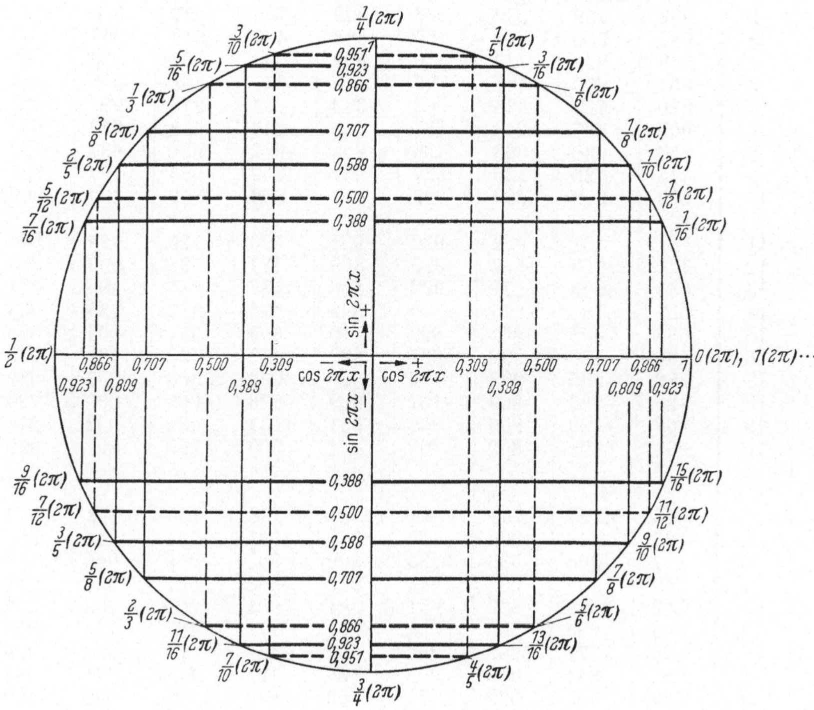

Tafel B 5

Numerische Werte von $\cos 2\pi hx$ und $\sin 2\pi hx$

	h \ x	0,01	0,02	0,03	0,04	0,05	0,06	0,07	0,08	0,09
$\cos 2\pi hx$	1	0,998	0,992	0,982	0,969	0,951	0,930	0,905	0,876	0,844
	2	992	969	930	876	809	729	637	536	426
	3	982	930	844	729	588	426	249	063	−125
	4	969	876	729	536	309	063	−187	−426	−637
	5	951	809	588	309	0	−309	−588	−809	−951
	6	930	729	426	063	−309	−637	−876	−992	−969
	7	905	637	249	−187	−588	−876	−998	−930	−685
	8	876	536	063	−426	−809	−992	−930	−637	−187
	9	844	426	−125	−637	−951	−969	−685	−187	368
	10	809	309	−309	−809	− 1	−809	−309	309	809
	11	771	187	−482	−930	−951	−536	125	729	998
	12	729	063	−637	−992	−809	−187	536	969	876
	13	685	−063	−771	−992	−588	187	844	969	482
	14	637	−187	−876	−930	−309	536	992	729	−063
	15	588	−309	−951	−809	0	809	951	309	−588
	16	536	−426	−992	−637	390	969	729	−187	−930
	17	482	−536	−998	−426	588	992	368	−637	−982
	18	426	−637	−969	−187	809	876	−063	−930	−729
	19	368	−729	−905	063	951	637	−482	−992	−249
	20	309	−809	−809	309	1	309	−809	−809	309
$\sin 2\pi hx$	1	0,063	0,125	0,187	0,249	0,309	0,368	0,426	0,482	536
	2	125	249	368	482	588	685	771	844	905
	3	187	368	536	685	809	905	969	998	992
	4	249	482	685	844	951	998	982	905	771
	5	309	588	809	951	1	951	809	588	309
	6	368	685	905	998	951	771	482	125	−249
	7	426	771	969	982	809	482	063	−368	−729
	8	482	844	998	905	588	125	−368	−771	−982
	9	536	905	992	771	309	−249	−729	−982	−930
	10	588	951	951	588	0	−588	−951	−951	−588
	11	637	982	876	368	−309	−844	−992	−685	−063
	12	685	998	771	125	−588	−982	−844	−249	482
	13	729	998	637	−125	−809	−982	−536	249	876
	14	771	982	482	−368	−951	−844	−125	685	998
	15	809	951	309	−588	− 1	−588	309	951	809
	16	844	905	125	−771	−951	−249	685	982	368
	17	876	844	−063	−905	−809	125	930	771	−187
	18	905	771	−249	−982	−588	482	998	368	−685
	19	930	685	−426	−998	−309	771	876	−125	−969
	20	951	588	−588	−951	0	951	588	−588	−951

Tafel B5 (Fortsetzung)

Numerische Werte von $\cos 2\pi hx$ und $\sin 2\pi hx$

	h \ x	0,10	0,11	0,12	0,13	0,14	0,15	0,16	0,17	0,18	0,19
$\cos 2\pi hx$	1	0,809	0,771	0,729	0,685	0,637	0,588	0,536	0,482	0,426	0,368
	2	309	187	063	-063	-187	-309	-426	-536	-637	-729
	3	-309	-482	-637	-771	-876	-951	-992	-998	-969	-905
	4	-809	-930	-992	-992	-930	-809	-637	-426	-187	063
	5	- 1	-951	-809	-588	-309	0	309	588	809	951
	6	-809	-536	-187	187	536	809	969	992	876	637
	7	-309	125	536	844	992	951	729	368	-063	-482
	8	309	729	969	969	729	309	-187	-637	-930	-992
	9	809	998	876	482	-063	-588	-930	-982	-729	-249
	10	1	809	309	-309	-809	- 1	-809	-309	309	809
	11	809	249	-426	-905	-969	-588	063	685	992	844
	12	309	-426	-930	-930	-426	309	876	969	536	-187
	13	-309	-905	-930	-368	426	951	876	249	-536	-982
	14	-809	-969	-426	426	969	809	063	-729	-992	-536
	15	- 1	-588	309	951	809	0	-809	-951	-309	588
	16	-809	063	876	876	063	-809	-930	-187	729	969
	17	-309	685	969	249	-729	-951	-187	771	930	125
	18	309	992	536	-536	-992	-309	729	930	063	-876
	19	809	844	-187	-982	-536	588	969	125	-876	-771
	20	1	309	-809	-809	309	1	309	-809	-809	309
$\sin 2\pi hx$	1	0,588	0,637	0,685	0,729	0,771	0,809	0,844	0,876	0,905	0,930
	2	951	982	998	998	982	951	905	844	771	685
	3	951	876	771	637	482	309	125	-063	-249	-426
	4	588	368	125	-125	-368	-588	-771	-905	-982	-998
	5	0	-309	-588	-809	-951	- 1	-951	-809	-588	-309
	6	-588	-844	-982	-982	-844	-588	-249	125	482	771
	7	-951	-992	-844	-536	-125	309	685	930	998	876
	8	-951	-685	-249	249	685	951	982	771	368	-125
	9	-588	-063	482	876	998	809	368	-187	-685	-969
	10	0	588	951	951	588	0	-588	-951	-951	-588
	11	588	969	905	426	-249	-809	-998	-729	-125	536
	12	951	905	368	-368	-905	-951	-482	249	844	982
	13	951	426	-368	-930	-905	-309	482	969	844	187
	14	588	-249	-905	-905	-249	588	998	685	-125	-844
	15	0	-809	-951	-309	588	1	588	-309	-951	-809
	16	-588	-998	-482	482	998	588	-368	-982	-685	249
	17	-951	-729	249	969	685	-309	-982	-637	368	992
	18	-951	-125	844	844	-125	-951	-685	368	998	482
	19	-588	536	982	187	-844	-809	249	992	482	-637
	20	0	951	588	-588	-951	0	951	588	-588	-951

Tafel B5 (Fortsetzung)

Numerische Werte für $\cos 2\pi h x$ und $\sin 2\pi h x$

	h \ x	0,20	0,21	0,22	0,23	0,24	0,25	0,26	0,27	0,28	0,29
$\cos 2\pi h x$	1	0,309	0,249	0,187	0,125	0,063	0	−0,063	−0,125	−0,187	−0,249
	2	− 809	− 876	− 930	− 969	− 992	−1	− 992	− 969	− 930	− 876
	3	− 809	− 685	− 536	− 368	− 187	0	187	368	536	685
	4	309	536	729	876	969	1	969	876	729	536
	5	1	951	809	588	309	0	− 309	− 588	− 809	− 951
	6	309	− 063	− 426	− 729	− 930	−1	− 930	− 729	− 426	− 063
	7	− 809	− 982	− 969	− 771	− 426	0	426	771	969	982
	8	− 809	− 426	063	536	876	1	876	536	063	− 426
	9	309	771	992	905	536	0	− 536	− 905	− 992	− 771
	10	1	809	309	−309	− 809	−1	− 809	− 309	309	809
	11	309	− 368	− 876	− 982	− 637	0	637	982	876	368
	12	− 809	− 992	− 637	063	729	1	729	063	− 637	− 992
	13	− 809	− 125	637	998	729	0	− 729	− 998	− 637	125
	14	309	930	876	187	− 637	−1	− 637	187	876	930
	15	1	588	− 309	− 951	− 809	0	809	951	309	− 588
	16	309	− 637	− 992	− 426	536	1	536	− 426	− 992	− 637
	17	− 809	− 905	− 063	844	876	0	− 876	− 844	063	905
	18	− 809	187	969	637	− 426	−1	− 426	637	969	187
	19	309	998	426	− 685	− 930	0	930	685	− 426	− 998
	20	1	309	− 809	− 809	309	1	309	− 809	− 809	309
$\sin 2\pi h x$	1	0,951	0,969	0,982	0,992	0,998	1	0,998	0,992	0,982	0,969
	2	588	482	368	249	125	0	− 125	− 249	− 368	− 482
	3	− 588	− 729	− 844	− 930	− 982	−1	− 982	− 930	− 844	− 729
	4	− 951	− 844	− 685	− 482	− 249	0	249	482	685	844
	5	0	309	588	809	951	1	951	809	588	309
	6	951	998	905	685	368	0	− 368	− 685	− 905	− 998
	7	588	187	− 249	− 637	− 905	−1	− 905	− 637	− 249	187
	8	− 588	− 905	− 998	− 844	− 482	0	482	844	998	905
	9	− 951	− 637	− 125	426	844	1	844	426	− 125	− 637
	10	0	588	951	951	588	0	− 588	− 951	− 951	− 588
	11	951	930	482	− 187	− 771	−1	− 771	− 187	482	930
	12	588	− 125	− 771	− 998	− 685	0	685	998	771	125
	13	− 588	− 992	− 771	− 063	685	1	685	− 063	− 771	− 992
	14	− 951	− 368	482	982	771	0	− 771	− 982	− 482	368
	15	0	809	951	309	− 588	−1	− 588	309	951	809
	16	951	771	− 125	− 905	− 844	0	844	905	125	− 771
	17	588	− 426	− 998	− 536	482	1	482	− 536	− 998	− 426
	18	− 588	− 982	− 249	771	905	0	− 905	− 771	249	982
	19	− 951	− 063	905	729	− 368	−1	− 368	729	905	− 063
	20	0	951	588	− 588	− 951	0	951	588	− 588	− 951

Tafel B5 (Fortsetzung)

Numerische Werte für $\cos 2\pi h x$ und $\sin 2\pi h x$

$\cos 2\pi h x$

h	0,30	0,31	0,32	0,33	0,34	0,35	0,36	0,37	0,38	0,39
1	−0,309	−0,368	−0,426	−0,482	−0,536	−0,588	−0,637	−0,685	−0,729	−0,771
2	− 809	− 729	− 637	− 536	− 426	− 309	− 187	− 063	063	187
3	809	905	969	998	992	951	876	771	637	482
4	309	063	− 187	− 426	− 637	− 809	− 930	− 992	− 992	− 930
5	− 1	− 951	− 809	− 588	− 309	0	309	588	809	951
6	309	637	876	992	969	809	536	187	− 187	− 536
7	809	482	063	− 368	− 729	− 951	− 992	− 844	− 536	− 125
8	− 809	− 992	− 930	− 637	− 187	309	729	969	969	729
9	− 309	249	729	982	930	588	063	− 482	− 876	− 998
10	1	809	309	− 309	− 809	− 1	− 809	− 309	309	809
11	− 309	− 844	− 992	− 685	− 063	588	969	905	426	− 249
12	− 809	− 187	536	969	876	309	− 426	− 930	− 930	− 426
13	809	982	536	− 249	− 876	− 951	− 426	368	930	905
14	309	− 536	− 992	− 729	063	809	969	426	− 426	− 969
15	− 1	− 588	309	951	809	0	− 809	− 951	− 309	588
16	309	969	729	− 187	− 930	− 809	063	876	876	063
17	809	− 125	− 930	− 771	187	951	729	− 249	− 969	− 685
18	− 809	− 876	063	930	729	− 309	− 992	− 536	536	992
19	− 309	771	876	− 125	− 969	− 588	536	982	187	− 844
20	1	309	− 809	− 809	309	1	309	− 809	− 809	309

$\sin 2\pi h x$

h	0,30	0,31	0,32	0,33	0,34	0,35	0,36	0,37	0,38	0,39
1	0,951	0,930	0,905	0,876	0,844	0,809	0,771	0,729	0,685	0,637
2	− 588	− 685	− 771	− 844	− 905	− 951	− 982	− 998	− 998	− 982
3	− 588	− 426	− 249	− 063	125	309	482	637	771	876
4	951	998	982	905	771	588	368	125	− 125	− 368
5	0	− 309	− 588	− 809	− 951	− 1	− 951	− 809	− 588	− 309
6	− 951	− 771	− 482	− 125	249	588	844	982	982	844
7	588	876	998	930	685	309	− 125	− 536	− 844	− 992
8	588	125	− 368	− 771	− 982	− 951	− 685	− 249	249	685
9	− 951	− 969	− 685	− 187	368	809	998	876	482	− 063
10	0	588	951	951	588	0	− 588	− 951	− 951	− 588
11	951	536	− 125	− 729	− 998	− 809	− 249	426	905	969
12	− 588	− 982	− 844	− 249	482	951	905	368	− 368	− 905
13	− 588	187	844	969	482	− 309	− 905	− 930	− 368	426
14	951	844	125	− 685	− 998	− 588	249	905	905	249
15	0	− 809	− 951	− 309	588	1	588	− 309	− 951	− 809
16	− 951	− 249	685	982	368	− 588	− 998	− 482	− 482	998
17	588	992	368	− 637	− 982	− 309	685	969	249	− 729
18	588	− 482	− 998	− 368	685	951	125	− 844	− 844	125
19	− 951	− 637	482	992	249	− 809	− 844	187	982	536
20	0	951	588	− 588	− 951	0	951	588	− 588	− 951

Tafel B5 (Fortsetzung)

Numerische Werte für $\cos 2\pi h x$ und $\sin 2\pi h x$

$\cos 2\pi h x$

h \ x	0,40	0,41	0,42	0,43	0,44	0,45	0,46	0,47	0,48	0,49
1	−0,809	−0,844	−0,876	−0,905	−0,930	−0,951	−0,969	−0,982	−0,992	−0,998
2	309	426	536	637	729	809	876	930	969	992
3	309	125	− 063	− 249	− 426	− 588	− 729	− 844	− 930	− 982
4	− 809	− 637	− 426	− 187	063	309	536	729	876	969
5	1	951	809	588	309	0	− 309	− 588	− 809	− 951
6	− 809	− 969	− 992	− 876	− 637	− 309	063	426	729	930
7	309	685	930	998	876	588	187	− 249	− 637	− 905
8	309	− 187	− 637	− 930	− 992	− 809	− 426	063	536	876
9	− 809	− 368	187	685	969	951	637	125	− 426	− 844
10	1	809	309	− 309	− 809	− 1	− 809	− 309	309	809
11	− 809	− 998	− 729	− 125	536	951	930	482	− 187	− 771
12	309	876	969	536	− 187	− 809	− 992	− 637	063	729
13	309	− 482	− 969	− 844	− 187	588	992	771	063	− 685
14	− 809	− 063	729	992	536	− 309	− 930	− 876	− 187	637
15	1	588	− 309	− 951	− 809	0	809	951	309	− 588
16	− 809	− 930	− 187	729	969	309	− 637	− 992	− 426	536
17	309	982	637	− 368	− 992	− 588	426	998	536	− 482
18	309	− 729	− 930	− 063	876	809	− 187	− 969	− 637	426
19	− 809	249	992	482	− 637	− 951	− 063	905	729	− 368
20	1	309	− 809	− 809	309	1	309	− 809	− 809	309

$\sin 2\pi h x$

h \ x	0,40	0,41	0,42	0,43	0,44	0,45	0,46	0,47	0,48	0,49
1	0,588	0,536	0,482	0,426	0,368	0,309	0,249	0,187	0,125	0,063
2	− 951	− 905	− 844	− 771	− 685	− 588	− 482	− 368	− 249	− 125
3	951	992	998	969	905	809	685	536	368	187
4	− 588	− 771	− 905	− 982	− 998	− 951	− 844	− 685	− 482	− 249
5	0	309	588	809	951	1	951	809	588	309
6	588	249	− 125	− 482	− 771	− 951	− 998	− 905	− 685	− 368
7	− 951	− 729	− 368	063	482	809	982	969	771	426
8	951	982	771	368	− 125	− 588	− 905	− 998	− 844	− 482
9	− 588	− 930	− 982	− 729	− 249	309	771	992	905	536
10	0	588	951	951	588	0	− 588	− 951	− 951	− 588
11	588	− 063	− 685	− 992	− 844	− 309	368	876	982	637
12	− 951	− 482	249	844	982	588	− 125	− 771	− 998	− 685
13	951	876	249	− 536	− 982	− 809	− 125	637	998	729
14	− 588	− 998	− 685	125	844	951	368	− 482	− 982	− 771
15	0	809	951	309	− 588	− 1	− 588	309	951	809
16	588	− 368	− 982	− 685	249	951	771	− 125	− 905	− 844
17	− 951	− 187	771	930	125	− 809	− 905	− 063	844	876
18	951	685	− 368	− 998	− 482	588	982	249	− 771	− 905
19	− 588	− 969	− 125	876	771	− 309	− 998	− 426	685	930
20	0	951	588	− 588	− 951	0	951	588	− 588	− 951

Tafel B5 (Fortsetzung)

Numerische Werte von $\cos 2\pi h x$ und $\sin 2\pi h x$

$\cos 2\pi h x$

$h \backslash x$	0,50	0,51	0,52	0,53	0,54	0,55	0,56	0,57	0,58	0,59
1	−1	−0,998	−0,992	−0,982	−0,969	−0,951	−0,930	−0,905	−0,876	−0,844
2	1	992	969	930	876	809	729	637	536	426
3	−1	− 982	− 930	− 844	− 729	− 588	− 426	− 249	− 063	125
4	1	969	876	729	536	309	063	− 187	− 426	− 637
5	−1	− 951	− 809	− 588	− 309	0	309	588	809	951
6	1	930	729	426	063	− 309	− 637	− 876	− 992	− 969
7	−1	− 905	− 637	− 249	187	588	876	998	930	685
8	1	876	536	063	− 426	− 809	− 992	− 930	− 637	− 187
9	−1	− 844	− 426	125	637	951	969	685	187	− 368
10	1	809	309	− 309	− 809	− 1	− 809	− 309	309	809
11	−1	− 771	− 187	482	930	951	536	− 125	− 729	− 998
12	1	729	063	− 637	− 992	− 809	− 187	536	969	876
13	−1	− 685	063	771	992	588	− 187	− 844	− 969	− 482
14	1	637	− 187	− 876	− 930	− 309	536	992	729	− 063
15	−1	− 588	309	951	809	0	− 809	− 951	− 309	588
16	1	536	− 426	− 992	− 637	309	969	729	− 187	− 930
17	−1	− 482	536	998	426	− 588	− 992	− 368	637	982
18	1	426	− 637	− 969	− 187	809	876	− 063	− 930	− 729
19	−1	− 368	729	905	− 063	− 951	− 637	482	992	249
20	1	309	− 809	− 809	309	1	309	− 809	− 809	309

$\sin 2\pi h x$

$h \backslash x$	0,50	0,51	0,52	0,53	0,54	0,55	0,56	0,57	0,58	0,59
1	0	−0,063	−0,125	−0,187	−0,249	−0,309	−0,368	−0,426	−0,482	−0,536
2	0	125	249	368	482	588	685	771	844	905
3	0	− 187	− 368	− 536	− 685	− 809	− 905	− 969	− 998	− 992
4	0	249	482	685	844	951	998	982	905	771
5	0	− 309	− 588	− 809	− 951	− 1	− 951	− 809	− 588	− 309
6	0	368	685	905	998	951	771	482	125	− 249
7	0	− 426	− 771	− 969	− 982	− 809	− 482	− 063	368	729
8	0	482	844	998	905	588	125	− 368	− 771	− 982
9	0	− 536	− 905	− 992	− 771	− 309	249	729	982	930
10	0	588	951	951	588	0	− 588	− 951	− 951	− 588
11	0	− 637	− 982	− 876	− 368	309	844	992	685	063
12	0	685	998	771	125	− 588	− 982	− 844	− 249	482
13	0	− 729	− 998	− 637	125	809	982	536	− 249	− 876
14	0	771	982	482	− 368	− 951	− 844	− 125	685	998
15	0	− 809	− 951	− 309	588	1	588	− 309	− 951	− 809
16	0	844	905	125	− 771	− 951	− 249	685	982	368
17	0	− 876	− 844	063	905	809	− 125	− 930	− 771	187
18	0	905	771	− 249	− 982	− 588	482	998	368	− 685
19	0	− 930	− 685	426	998	309	− 771	− 876	125	969
20	0	951	588	− 588	− 951	0	951	588	− 588	− 951

Tafel B5 (Fortsetzung)

Numerische Werte von $\cos 2\pi h x$ und $\sin 2\pi h x$

	h＼x	0,60	0,61	0,62	0,63	0,64	0,65	0,66	0,67	0,68	0,69
$\cos 2\pi h x$	1	−0,809	−0,771	−0,729	−0,685	−0,637	−0,588	−0,536	−0,482	−0,426	−0,368
	2	309	187	063	− 063	− 187	− 309	− 426	− 536	− 637	− 729
	3	309	482	637	771	876	951	992	998	969	905
	4	− 809	− 930	− 992	− 992	− 930	− 809	− 637	− 426	− 187	063
	5	1	951	809	588	309	0	− 309	− 588	− 809	− 951
	6	− 809	− 536	− 187	187	536	809	969	992	876	637
	7	309	− 125	− 536	− 844	− 992	− 951	− 729	− 368	063	482
	8	309	729	969	969	729	309	− 187	− 637	− 930	− 992
	9	− 809	− 998	− 876	− 482	063	588	930	982	729	249
	10	1	809	309	− 309	− 809	− 1	− 809	− 309	309	809
	11	− 809	− 249	426	905	969	588	− 063	− 685	− 992	− 844
	12	309	− 426	− 930	− 930	− 426	309	876	969	536	− 187
	13	309	905	930	368	− 426	− 951	− 876	− 249	536	982
	14	− 809	− 969	− 426	426	969	809	063	− 729	− 992	− 536
	15	1	588	− 309	− 951	− 809	0	809	951	309	− 588
	16	− 809	063	876	876	063	− 809	− 930	− 187	729	969
	17	309	− 685	− 969	− 249	729	951	187	− 771	− 930	− 125
	18	309	992	536	− 536	− 992	− 309	729	930	063	− 876
	19	− 809	− 844	187	982	536	− 588	− 969	− 125	876	771
	20	1	309	− 809	− 809	309	1	309	− 809	− 809	309
$\sin 2\pi h x$	1	−0,588	−0,637	−0,685	−0,729	−0,771	−0,809	−0,844	−0,876	−0,905	−0,930
	2	951	982	998	998	982	951	905	844	771	685
	3	− 951	− 876	− 771	− 637	− 482	− 309	− 125	063	249	426
	4	588	368	125	− 125	− 368	− 588	− 771	− 905	− 982	− 998
	5	0	309	588	809	951	1	951	809	588	309
	6	− 588	− 844	− 982	− 982	− 844	− 588	− 249	125	482	771
	7	951	992	844	536	125	− 309	− 685	− 930	− 998	− 876
	8	− 951	− 685	− 249	249	685	951	982	771	368	− 125
	9	588	063	− 482	− 876	− 998	− 809	− 368	187	685	969
	10	0	588	951	951	588	0	− 588	− 951	− 951	− 588
	11	− 588	− 969	− 905	− 426	249	809	998	729	125	− 536
	12	951	905	368	− 368	− 905	− 951	− 482	249	844	982
	13	− 951	− 426	368	930	905	309	− 482	− 969	− 844	− 187
	14	588	− 249	− 905	− 905	− 249	588	998	685	− 125	− 844
	15	0	809	951	309	− 588	− 1	− 588	309	951	809
	16	− 588	− 998	− 482	482	998	588	− 368	− 982	− 685	249
	17	951	729	− 249	− 969	− 685	309	982	637	− 368	− 992
	18	− 951	− 125	844	844	− 125	− 951	− 685	368	998	482
	19	588	− 536	− 982	− 187	844	809	− 249	− 992	− 482	637
	20	0	951	588	− 588	− 951	0	951	588	− 588	− 951

Tafel B5 (Fortsetzung)

Numerische Werte von $\cos 2\pi h x$ und $\sin 2\pi h x$

h \ x	0,70	0,71	0,72	0,73	0,74	0,75	0,76	0,77	0,78	0,79
$\cos 2\pi h x$										
1	−0,309	−0,249	−0,187	−0,125	−0,063	0	0,063	0,125	0,187	0,249
2	− 809	− 876	− 930	− 969	− 992	−1	− 992	− 969	− 930	− 876
3	809	685	536	368	187	0	− 187	− 368	− 536	− 685
4	309	536	729	876	969	1	969	876	729	536
5	− 1	− 951	− 809	− 588	− 309	0	309	588	809	951
6	309	− 063	− 426	− 729	− 930	−1	− 930	− 729	− 426	− 063
7	809	982	969	771	426	0	− 426	− 771	− 969	− 982
8	− 809	− 426	063	536	876	1	876	536	063	− 426
9	− 309	− 771	− 992	− 905	− 536	0	536	905	992	771
10	1	809	309	− 309	− 809	−1	− 809	− 309	309	809
11	− 309	368	876	982	637	0	− 637	− 982	− 876	− 368
12	− 809	− 992	− 637	063	729	1	729	063	− 637	− 992
13	809	125	− 637	− 998	− 729	0	729	998	637	− 125
14	309	930	876	187	− 637	−1	− 637	187	876	930
15	− 1	− 588	309	951	809	0	− 809	− 951	− 309	588
16	309	− 637	− 992	− 426	536	1	536	− 426	− 992	− 637
17	809	905	063	− 844	− 876	0	876	844	− 063	− 905
18	− 809	187	969	637	− 426	−1	− 426	637	969	187
19	− 309	− 998	− 426	685	930	0	− 930	− 685	426	998
20	1	309	− 809	− 809	309	1	309	− 809	− 809	309
$\sin 2\pi h x$										
1	−0,951	−0,969	−0,982	−0,992	−0,998	−1	−0,998	−0,992	−0,982	−0,969
2	588	482	368	249	125	0	− 125	− 249	− 368	− 482
3	588	729	844	930	982	1	982	930	844	729
4	− 951	− 844	− 685	− 482	− 249	0	249	482	685	844
5	0	− 309	− 588	− 809	− 951	−1	− 951	− 809	− 588	− 309
6	951	998	905	685	368	0	− 368	− 685	− 905	− 998
7	− 588	− 187	249	637	905	1	905	637	249	− 187
8	− 588	− 905	− 998	− 844	− 482	0	482	844	998	905
9	951	637	125	− 426	− 844	−1	− 844	− 426	125	637
10	0	588	951	951	588	0	− 588	− 951	− 951	− 588
11	− 951	− 930	− 482	187	771	1	771	187	− 482	− 930
12	588	− 125	− 771	− 998	− 685	0	685	998	771	125
13	588	992	771	063	− 685	−1	− 685	063	771	992
14	− 951	− 368	482	982	771	0	− 771	− 982	− 482	368
15	0	− 809	− 951	− 309	588	1	588	− 309	− 951	− 809
16	951	771	− 125	− 905	− 844	0	844	905	125	− 771
17	− 588	426	998	536	− 482	−1	− 482	536	998	426
18	− 588	− 982	− 249	771	905	0	− 905	− 771	249	982
19	951	063	− 905	− 729	368	1	368	− 729	− 905	063
20	0	951	588	− 588	− 951	0	951	588	− 588	− 951

Tafel B 5 (Fortsetzung)

Numerische Werte von $\cos 2\pi hx$ und $\sin 2\pi hx$

$\cos 2\pi hx$

h \ x	0,80	0,81	0,82	0,83	0,84	0,85	0,86	0,87	0,88	0,89
1	0,309	0,368	0,426	0,482	0,536	0,588	0,637	0,685	0,729	0,771
2	− 809	− 729	− 637	− 536	− 426	− 309	− 187	− 063	063	187
3	− 809	− 905	− 969	− 998	− 992	− 951	− 876	− 771	− 637	− 482
4	309	063	− 187	− 426	− 637	− 809	− 930	− 992	− 992	− 930
5	1	951	809	588	309	0	− 309	− 588	− 809	− 951
6	309	637	876	992	969	809	536	187	− 187	− 536
7	− 809	− 482	− 063	368	729	951	992	844	536	125
8	− 809	− 992	− 930	− 637	− 187	309	729	969	969	729
9	309	− 249	− 729	− 982	− 930	− 588	− 063	482	876	998
10	1	809	309	− 309	− 809	− 1	− 809	− 309	309	809
11	309	844	992	685	063	− 588	− 969	− 905	− 426	249
12	− 809	− 187	536	969	876	309	− 426	− 930	− 930	− 426
13	− 809	− 982	− 536	249	876	951	426	− 368	− 930	− 905
14	309	− 536	− 992	− 729	063	809	969	426	− 426	− 969
15	1	588	− 309	− 951	− 809	0	809	951	309	− 588
16	309	969	729	− 187	− 930	− 809	063	876	876	063
17	− 809	125	930	771	− 187	− 951	− 729	249	969	685
18	− 809	− 876	063	930	729	− 309	− 992	− 536	536	992
19	309	− 771	− 876	125	969	588	− 536	− 982	− 187	844
20	1	309	− 809	− 809	309	1	309	− 809	− 809	309

$\sin 2\pi hx$

h \ x	0,80	0,81	0,82	0,83	0,84	0,85	0,86	0,87	0,88	0,89
1	−0,951	−0,930	−0,905	−0,876	−0,844	−0,809	−0,771	−0,729	−0,685	− 0,637
2	− 588	− 685	− 771	− 844	− 905	− 951	− 982	− 998	− 998	− 982
3	588	426	249	063	− 125	− 309	− 482	− 637	− 771	− 876
4	951	998	982	905	771	588	368	125	− 125	− 368
5	0	309	588	809	951	1	951	809	588	309
6	− 951	− 771	− 482	− 125	249	588	844	982	982	844
7	− 588	− 876	− 998	− 930	− 685	− 309	125	536	844	992
8	588	125	− 368	− 771	− 982	− 951	− 685	− 249	249	685
9	951	969	685	187	− 368	− 809	− 998	− 876	− 482	063
10	0	588	951	951	588	0	− 588	− 951	− 951	− 588
11	− 951	− 536	125	729	998	809	249	− 426	− 905	− 969
12	− 588	− 982	− 844	− 249	482	951	905	368	− 368	− 905
13	588	− 187	− 844	− 969	− 482	309	905	930	368	− 426
14	951	844	125	− 685	− 998	− 588	249	905	905	249
15	0	809	951	309	− 588	− 1	− 588	309	951	809
16	− 951	− 249	685	982	368	− 588	− 998	− 482	482	998
17	− 588	− 992	− 368	637	982	309	− 685	− 969	− 249	729
18	588	− 482	− 998	− 368	685	951	125	− 844	− 844	125
19	951	637	− 482	− 992	− 249	809	844	− 187	− 982	− 536
20	0	951	588	− 588	− 951	0	951	588	− 588	− 951

Tafel B5 (Fortsetzung)

Numerische Werte von $\cos 2\pi h x$ und $\sin 2\pi h x$

	x → h ↓	0,90	0,91	0,92	0,93	0,94	0,95	0,96	0,97	0,98	0,99
$\cos 2\pi h x$	1	0,809	0,844	0,876	0,905	0,930	0,951	0,969	0,982	0,992	0,998
	2	309	426	536	637	729	809	876	930	969	992
	3	− 309	− 125	063	249	426	588	729	844	930	982
	4	− 809	− 637	− 426	− 187	063	309	536	729	876	969
	5	− 1	− 951	− 809	− 588	− 309	0	309	588	809	951
	6	− 809	− 969	− 992	− 876	− 637	− 309	063	426	729	930
	7	− 309	− 685	− 930	− 998	− 876	− 588	− 187	249	637	905
	8	309	− 187	− 637	− 930	− 992	− 809	− 426	063	536	876
	9	809	368	− 187	− 685	− 969	− 951	− 637	− 125	426	844
	10	1	809	309	− 309	− 809	− 1	− 809	− 309	309	809
	11	809	998	729	125	− 536	− 951	− 930	− 482	187	771
	12	309	876	969	536	− 187	− 809	− 992	− 637	063	729
	13	− 309	482	969	844	187	− 588	− 992	− 771	− 063	685
	14	− 809	− 063	729	992	536	− 309	− 930	− 876	− 187	637
	15	− 1	− 588	309	951	809	0	− 809	− 951	− 309	588
	16	− 809	− 930	− 187	729	969	309	− 637	− 992	− 426	536
	17	− 309	− 982	− 637	368	992	588	− 426	− 998	− 536	482
	18	309	− 729	− 930	− 063	876	809	− 187	− 969	− 637	426
	19	809	− 249	− 992	− 482	637	951	063	− 905	− 729	368
	20	1	309	− 809	− 809	309	1	309	− 809	− 809	309
$\sin 2\pi h x$	1	−0,588	− 536	−0,482	−0,426	−0,368	−0,309	−0,249	−0,187	−0,125	−0,063
	2	− 951	− 905	− 844	− 771	− 685	− 588	− 482	− 368	− 249	− 125
	3	− 951	− 992	− 998	− 969	− 905	− 809	− 685	− 536	− 368	− 187
	4	− 588	− 771	− 905	− 982	− 998	− 951	− 844	− 685	− 482	− 249
	5	0	− 309	− 588	− 809	− 951	− 1	− 951	− 809	− 588	− 309
	6	588	249	− 125	− 482	− 771	− 951	− 998	− 905	− 685	− 368
	7	951	729	368	− 063	− 482	− 809	− 982	− 969	− 771	− 426
	8	951	982	771	368	− 125	− 588	− 905	− 998	− 844	− 482
	9	588	930	982	729	249	− 309	− 771	− 992	− 905	− 536
	10	0	588	951	951	588	0	− 588	− 951	− 951	− 588
	11	− 588	063	685	992	844	309	− 368	− 876	− 982	− 637
	12	− 951	− 482	249	844	982	588	− 125	− 771	− 998	− 685
	13	− 951	− 876	− 249	536	982	809	125	− 637	− 998	− 729
	14	− 588	− 998	− 685	125	844	951	368	− 482	− 982	− 771
	15	0	− 809	− 951	− 309	588	1	588	− 309	− 951	− 809
	16	588	− 368	− 982	− 685	249	951	771	− 125	− 905	− 844
	17	951	187	− 771	− 930	− 125	809	905	063	− 844	− 876
	18	951	685	− 368	− 998	− 482	588	982	249	− 771	− 905
	19	588	969	125	− 876	− 771	309	998	426	− 685	− 930
	20	0	951	588	− 588	− 951	0	951	588	− 588	− 951

Tafel B6

Atomformfaktoren der Elemente

[1] McWEENY, R.: Acta crystallogr. **4**, 513 (1951). — [2] J. BERGHUIS, J. IBERTHA, M. HAANAPPEL, u. M. POTTERS: Acta crystallogr. **8**, 478 (1955). — [3] C. S. ABRAHAMS: Acta crystallogr. **8**, 661 (1955). — [4] M. QURASHI: Acty crystallogr. **7**, 310 (1954). — [5] R. W. JAMES, u. G. W. BRINDLEY: Z. Kristallogr. **78**, 470 (1931) — Elemente der Ordnungszahlen 25—80: L. H. THOMOS, u. K. UMEDA: J. chem. Physics **26**, 293 (1957)

	Element	$\frac{\sin\Theta}{\lambda}$ 0,00	0,05	0,10	0.15	0,20	0,25	0,30	0,35	0,40	0,50	0,60	0,70	0,80	0,90	1,00	1,10	1,20	1,30
1	H . . .	1,00	0,945	0,802	0,638	0,481	0,350	0,250	0,180	0,132	0,078	0,040	0,023	0,018	0,01	0	—	—	—
1	He . . .	2,00	1,956	1,850	1,700	1,510	1,306	1,104	0,920	0,766	0,512	0,345	0,236	0,167	0,120	0,085	0,063	0,048	0,036
5	Li+ . . .	2,0	1,98	1,96	1,88	1,8	1,7	1,5	1,4	1,3	1,0	0,8	0,6	0,5	0,4	0,3	0,3	—	—
2	Li . . .	3,000	2,710	2,215	1,904	1,741	1,627	1,512	1,394	1,269	1,032	0,823	0,650	0,513	0,404	0,320	0,255	0,205	0,164
5	Be++ . .	2,0	2,0	2,0	1,9	1,9	1,8	1,7	1,7	1,6	1,4	1,2	1,0	0,9	0,7	0,6	0,5	—	—
2	Be . . .	4,000	3,706	3,065	2,462	2,059	1,827	1,693	1,600	1,520	1,362	1,195	1,030	0,877	0,739	0,621	0,521	0,438	0,369
5	B+3 . . .	2,0	2,0	1,99	1,95	1,9	1,9	1,8	1,8	1,7	1,6	1,4	1,3	1,2	1,0	0,9	0,7	—	—
1	B . . .	5,00	4,752	4,063	3,348	2,601	2,162	1,864	1,772	1,620	1,501	1,399	1,283	1,168	1,036	0,901	0,795	0,696	0,600
2	C . . .	6,000	5,764	5,141	4,362	3,612	3,003	2,538	2,212	1,983	1,707	1,548	1,423	1,313	1,202	1,096	0,992	0,896	0,802
5	*C . . .	5,89	5,65	5,41	4,32	4,23	3,72	3,20	2,88	2,55	2,20	1,99	1,83	1,71	1,63	1,55	—	—	—
5	N+5 . . .	2,0	2,0	2,0	2,0	2,0	2,0	1,9	1,9	1,9	1,8	1,7	1,6	1,5	1,4	1,3	1,16	—	—
5	N+3 . .	4,0	3,9	3,7	3,4	3,0	2,7	2,4	2,2	2,0	1,8	1,66	1,56	1,49	1,39	1,28	1,17	—	—
2	N . . .	7,000	6,781	6,203	5,420	4,600	3,856	3,241	2,760	2,397	1,944	1,698	1,550	1,444	1,350	1,263	1,175	1,083	1,005
5	*O . . .	8,26	8,03	7,80	7,30	6,80	6,20	5,60	5,09	4,57	3,75	3,10	2,58	2,20	1,90	1,71	—	—	—
2	O . . .	8,000	7,796	7,250	6,482	5,634	4,814	4,094	3,492	3,010	2,338	1,944	1,714	1,566	1,462	1,374	1,296	1,220	1,144
5	O-2 . .	10,0	9,0	8,0	6,8	5,5	4,7	3,8	3,3	2,7	2,1	1,8	1,5	1,5	1,4	1,35	1,26	—	—
2	F . . .	9,000	8,790	8,208	7,396	6,501	5,625	4,837	4,160	3,598	2,769	2,252	1,926	1,725	1,587	1,484	1,404	1,333	1,263
2	F- . . .	10,000	9,630	8,733	7,656	6,597	5,643	4,820	4,129	3,566	2,751	2,237	1,921	1,723	1,583	1,485	1,406	1,334	1,264
2	Ne . . .	10,000	9,812	9,295	8,546	7,665	6,768	5,905	5,128	4,454	3,403	2,692	2,234	1,934	1,737	1,601	1,496	1,418	1,345
5	Na+ . . .	10,0	9,8	9,5	8,9	8,2	7,5	6,7	5,98	5,25	4,05	3,2	2,65	2,25	1,95	1,75	1,6	—	—
2	Na . . .	11,000	10,56	9,76	9,02	8,34	7,62	6,89	6,16	5,47	4,29	3,40	2,76	2,31	2,00	1,78	1,63	1,52	1,44
2	Mg+2 . .	10,00	9,91	9,66	9,26	8,75	8,15	7,51	6,85	6,20	4,99	4,03	3,28	2,71	2,30	2,01	1,81	1,65	1,54
5	Mg . . .	12,0	11,3	10,5	9,6	8,6	7,6	7,25	6,60	5,95	4,8	3,85	3,15	2,55	2,2	2,0	1,8	—	—
2	Al+3 . .	10,00	9,93	9,72	9,38	8,94	8,42	7,85	7,26	6,65	5,51	4,53	3,72	3,10	2,62	2,27	2,01	1,82	1,68

Tafel B6 (Fortsetzung)

Atomformfaktoren der Elemente

	Element	$\frac{\sin\Theta}{\lambda}$ 0,00	0,05	0,10	0,15	0,20	0,25	0,30	0,35	0,40	0,50	0,60	0,70	0,80	0,90	1,00	1,10	1,20	1,30
5	Al	13,0	12,0	11,0	9,98	8,95	8,35	7,75	7,18	6,6	5,5	4,5	3,7	3,1	2,65	2,3	2,0	—	—
2	Si^{+4}	10,00	9,95	9,79	9,54	9,20	8,79	8,33	7,83	7,31	6,26	5,28	4,42	3,71	3,13	2,68	2,33	2,06	1,86
5	Si	14,0	12,68	11,35	10,38	9,4	8,8	8,2	7,68	7,15	6,1	5,1	4,2	3,4	2,95	2,6	2,3	—	—
5	P^{+5}	10,0	9,9	9,8	9,53	9,25	8,85	8,45	7,98	7,5	6,55	5,65	4,8	4,05	3,4	3,0	2,6	—	—
5	P	15,0	13,7	12,4	11,2	10,0	9,23	8,45	7,95	7,45	6,5	5,65	4,8	4,05	3,4	3,0	2,6	—	—
5	P^{-3}	18,0	15,4	12,7	11,3	9,8	9,1	8,4	7,9	7,45	6,5	5,65	4,85	4,05	3,4	3,0	2,6	—	—
5	S^{+6}	10,0	9,93	9,85	9,63	9,4	9,1	8,7	8,2	7,85	6,85	6,05	5,25	4,5	3,9	3,35	2,9	—	—
3	S	16,00	15,8	15,0	14,1	12,3	10,7	8,95	8,40	7,85	6,85	6,05	5,25	4,5	3,9	3,35	2,9	—	—
5	S^{2-}	18,0	16,2	14,3	12,5	10,7	9,8	8,9	8,38	7,85	6,85	6,0	5,25	4,5	3,9	3,35	2,9	—	—
5	Cl	17,0	15,8	14,6	13,0	11,3	10,3	9,25	8,65	8,05	7,25	6,5	5,75	5,05	4,4	3,85	3,35	—	—
2	Cl^{-}	18,00	17,33	15,68	13,74	11,97	10,57	9,51	8,74	8,15	7,30	6,60	5,91	5,24	4,60	4,01	3,49	3,06	2,69
2	A	18,00	17,54	16,30	14,65	12,93	11,42	10,20	9,25	8,54	7,56	6,86	6,23	5,61	5,01	4,43	3,90	3,43	3,03
2	K^{-}	18,00	17,65	16,68	15,30	13,76	12,27	10,96	9,89	9,04	7,86	7,11	6,51	5,94	5,39	4,84	4,43	3,83	3,40
5	K	19,0	17,8	16,5	14,9	13,3	12,1	10,8	9,0	9,2	7,9	6,7	5,9	5,2	4,6	4,2	3,7	3,3	—
5	Ca^{++}	18,0	17,4	16,8	15,4	14,0	12,8	11,5	10,4	9,3	8,1	7,35	6,7	6,2	5,7	5,1	4,6	—	—
2	Ca	20,00	19,09	17,33	15,73	14,32	12,98	11,71	10,59	9,64	8,26	7,38	6,75	6,21	5,70	5,19	4,69	4,21	3,77
5	Sc^{3+}	18,0	17,4	16,7	15,4	14,0	12,7	11,4	10,4	9,4	8,3	7,6	6,9	6,4	5,8	5,35	4,85	—	—
4	Sc	21,00	19,08	17,21	15,80	14,29	13,02	11,79	10,71	9,80	8,41	7,52	6,85	6,30	5,80	5,37	4,91	4,45	4,02
5	Ti^{+4}	18,0	17,5	17,0	15,7	14,4	13,2	11,9	10,9	9,9	8,5	7,85	7,3	6,7	6,15	5,65	5,05	—	—
4	Ti	22,00	20,05	18,05	16,42	14,97	13,52	12,23	11,22	10,23	8,77	7,81	7,12	6,52	6,05	5,70	5,19	4,77	4,38
4	V	23,00	21,30	19,19	17,62	15,81	14,22	12,90	11,76	10,79	9,19	8,09	7,41	6,77	6,28	5,82	5,42	5,03	4,64
2	Cr^{2+}	22,00	21,65	20,67	19,27	17,67	16,04	14,50	13,10	11,87	9,93	8,60	7,69	7,06	6,56	6,13	5,72	5,31	4,91
5	Cr	24,0	22,6	21,1	19,3	17,4	15,8	14,2	13,2	12,1	10,6	9,2	8,0	7,1	6,3	5,7	5,1	4,6	—
	Mn	25,00	24,38	22,77	20,78	18,88	17,25	15,84	14,56	13,41	11,54	10,04	8,84	7,85	7,03	6,34	5,75	5,25	4,82
	Mn^{+}	24,00	23,59	22,44	20,82	19,02	17,30	15,79	14,51	13,42	11,55	10,04	8,84	7,85	7,03	6,34	5,75	5,25	4,82
	Mn^{2+}	23,00	22,70	21,84	20,55	19,01	17,42	15,90	14,55	13,38	11,53	10,06	8,84	7,85	7,03	6,34	5,75	5,25	4,82
	Mn^{3+}	22,06	21,77	21,10	20,08	18,80	17,40	15,99	14,65	13,45	11,50	10,03	8,85	7,85	7,03	6,34	5,75	5,25	4,82
	Mn^{4+}	21,00	20,82	20,30	19,47	18,42	17,23	15,97	14,72	13,54	11,53	1,000	8,82	7,85	7,03	6,34	5,75	5,25	4,82

Tafel B6 (Fortsetzung)

Atomformfaktoren der Elemente

Element $\dfrac{\sin\Theta}{\lambda}$	0,00	0,05	0,10	0,15	0,20	0,25	0,30	0,35	0,40	0,50	0,60	0,70	0,80	0,90	1,00	1,10	1,20	1,30
Fe	26,00	25,36	23,71	21,66	19,71	18,03	16,56	15,24	14,05	12,11	10,54	9,29	8,25	7,39	6,67	6,06	5,53	5,08
Fe^+	25,00	24,57	23,39	21,71	19,85	18,08	16,52	15,20	14,05	12,12	10,54	9,29	8,25	7,39	6,67	6,06	5,53	5,08
Fe^{2+}	24,00	23,68	22,79	21,44	19,85	18,19	16,62	15,22	14,02	12,09	10,56	9,29	8,25	7,39	6,67	6,06	5,53	5,08
Fe^{3+}	23,00	22,76	22,06	20,98	19,65	18,19	16,71	15,33	14,08	12,06	10,54	9,30	8,25	7,39	6,67	6,06	5,53	5,08
Fe^{4+}	22,00	21,81	21,26	20,39	19,28	18,03	16,71	15,40	14,18	12,09	10,50	9,28	8,25	7,39	6,67	6,06	5,53	5,08
Co	27,00	26,34	24,65	22,55	20,54	18,81	17,29	15,92	14,69	12,67	11,05	9,74	8,66	7,77	7,01	6,37	5,82	5,34
Co^+	26,00	25,56	24,33	22,60	20,68	18,85	17,25	15,88	14,70	12,68	11,04	9,74	8,66	7,77	7,01	6,37	5,82	5,34
Co^{2+}	25,00	24,67	23,74	22,34	20,69	18,97	17,35	15,90	14,66	12,66	11,07	9,74	8,66	7,77	7,01	6,37	5,82	5,34
Co^{3+}	24,00	23,75	23,01	21,87	20,50	18,97	17,44	16,01	14,72	12,63	11,04	9,76	8,66	7,77	7,01	6,37	5,82	5,34
Co^{4+}	23,00	22,80	22,22	21,30	20,14	18,82	17,45	16,09	14,81	12,65	11,00	9,73	8,66	7,77	7,01	6,37	5,82	5,34
Ni	28,00	27,33	25,60	23,44	21,37	19,59	18,03	16,61	15,34	13,25	11,56	10,20	9,08	8,14	7,35	6,68	6,11	5,61
Ni^+	27,00	26,54	25,28	23,49	21,52	19,63	17,98	16,57	15,34	13,25	11,55	10,20	9,08	8,14	7,35	6,68	6,11	5,61
Ni^{2+}	26,00	25,66	24,69	23,24	21,53	19,75	18,08	16,59	15,30	13,24	11,58	10,19	9,08	8,14	7,35	6,68	6,11	5,61
Ni^{3+}	25,00	24,73	23,97	22,80	21,35	19,76	18,18	16,69	15,36	13,20	11,56	10,21	9,08	8,14	7,35	6,68	6,11	5,61
Ni^{4+}	24,00	23,79	23,18	22,22	21,00	19,63	18,19	16,78	15,45	13,22	11,52	10,19	9,08	8,14	7,35	6,68	6,11	5,61
Cu	29,00	28,31	26,54	24,33	22,10	20,38	18,76	17,30	15,98	13,82	12,07	10,66	9,49	8,52	7,70	7,00	6,40	5,88
Cu^+	28,00	27,53	26,22	24,38	22,35	20,42	18,71	17,26	15,99	13,83	12,07	10,66	9,49	8,52	7,70	7,00	6,40	5,88
Cu^{2+}	27,00	26,64	25,64	24,14	22,37	20,54	18,81	17,27	15,95	13,81	12,09	10,65	9,49	8,52	7,70	7,00	6,40	5,88
Cu^{3+}	26,00	25,72	24,93	23,71	22,20	20,56	18,91	17,38	16,00	13,77	12,07	10,68	9,49	8,52	7,70	7,00	6,40	5,88
Cu^{4+}	25,00	24,78	24,14	23,13	21,86	20,43	18,93	17,47	16,10	13,79	12,03	10,66	9,49	8,52	7,70	7,00	6,40	5,88
Zn	30,00	29,30	27,48	25,22	23,05	21,17	19,50	17,99	16,64	14,40	12,59	11,12	9,91	8,90	8,05	7,32	6,70	6,15
Zn^+	29,00	28,51	27,17	25,28	23,19	21,20	19,45	17,95	16,65	14,41	12,58	11,13	9,91	8,90	8,05	7,32	6,70	6,15
Zn^{2+}	28,00	27,63	26,59	25,04	23,22	21,33	19,55	17,97	16,60	14,40	12,61	11,12	9,91	8,90	8,05	7,32	6,70	6,15
Zn^{3+}	27,00	26,71	25,88	24,61	23,05	21,35	19,65	18,07	16,65	14,35	12,59	11,14	9,91	8,90	8,05	7,32	6,70	6,15
Zn^{4+}	26,00	25,77	25,10	24,05	22,73	21·23	19,68	18,16	16,75	14,36	12,55	11,12	9,91	8,90	8,05	7,32	6,70	6,15

Tafel B6 (Fortsetzung)

Atomformfaktoren der Elemente

Element $\frac{\sin \Theta}{\lambda}$	0,05	0,00	0,10	0,15	0,20	0,25	0,30	0,35	0,40	0,50	0,60	0,70	0,80	0,90	1,00	1,10	1,20	1,30
Ga . . .	31,00	30,28	28,43	26,11	23,89	21,96	20,25	18,69	17,29	14,98	13,11	11,59	10,33	9,29	8,40	7,64	6,99	6,43
Ga$^+$ . .	30,00	29,50	28,12	26,17	24,03	21,99	20,19	18,65	17,30	14,99	13,10	11,60	10,33	9,29	8,40	7,64	6,99	6,43
Ga^{2+} . .	29,00	28,62	27,54	25,95	24,06	22,12	20,29	18,66	17,26	14,98	13,13	11,59	10,33	9,29	8,40	7,64	6,99	6,43
Ga^{3+} . .	28,00	27,70	26,84	25,52	23,90	22,14	20,39	18,76	17,30	14,93	13,11	11,61	10,33	9,29	8,40	7,64	6,99	6,43
Ga^{4+} . .	27,00	26,76	26,06	24,97	23,59	22,04	20,42	18,86	17,40	14,94	13,07	11,60	10,33	9,29	8,40	7,64	6,99	6,43
Ge . . .	32,00	31,26	29,37	27,00	24,73	22,75	20,99	19,39	17,95	15,57	13,63	12,06	10,76	9,68	8,76	7,97	7,29	6,71
Ge$^+$ . .	31,00	30,49	29,07	27,07	24,87	22,78	20,94	19,35	17,96	15,57	13,63	12,07	10,76	9,68	8,76	7,97	7,29	6,71
Ge^{2+} . .	30,00	29,61	28,50	26,85	24,91	22,91	21,03	19,36	17,92	15,57	13,65	12,06	10,76	9,68	8,76	7,97	7,29	6,71
Ge^{3+} . .	29,00	28,69	27,80	26,43	24,76	22,94	21,14	19,46	17,96	15,52	13,64	12,08	10,76	9,68	8,76	7,97	7,29	6,71
Ge^{4+} . .	28,00	27,75	27,02	25,89	24,45	22,84	21,18	19,55	18,05	15,53	13,60	12,07	10,76	9,68	8,76	7,97	7,29	6,71
As . . .	33,00	32,25	30,32	27,90	25,58	23,54	21,74	20,09	18,61	16,16	14,16	12,54	11,19	10,07	9,11	8,30	7,60	6,99
As$^+$ . .	32,00	31,47	30,02	27,97	25,72	23,57	21,68	20,06	18,63	16,16	14,16	12,54	11,19	10,07	9,11	8,30	7,60	6,99
As^{2+} . .	31,00	30,60	29,45	27,76	25,76	23,70	21,77	20,06	18,58	16,16	14,18	12,53	11,19	10,07	9,11	8,30	7,60	6,99
As^{3+} . .	30,00	29,68	28,75	27,35	25,62	23,74	21,88	20,16	18,61	16,11	14,17	12,55	11,19	10,07	9,11	8,30	7,60	6,99
As^{4+} . .	29,00	28,74	27,98	26,80	25,32	23,65	21,93	20,26	18,71	16,11	14,13	12,55	11,19	10,07	9,11	8,30	7,60	6,99
Se . . .	34,00	33,23	31,26	28,80	26,42	24,34	22,49	20,80	19,28	16,75	14,69	13,02	11,62	10,46	9,47	8,63	7,91	7,27
Se$^+$ . .	33,00	32,46	30,97	28,87	26,57	24,37	22,43	20,76	19,29	16,76	14,69	13,02	11,62	10,46	9,47	8,63	7,91	7,27
Se^{2+} . .	32,00	31,58	30,41	28,66	26,61	24,50	22,52	20,76	19,24	16,75	14,71	13,01	11,62	10,46	9,47	8,63	7,91	7,27
Se^{3+} . .	31,00	30,67	29,71	28,26	26,47	24,54	22,63	20,86	19,28	16,71	14,70	13,03	11,62	10,46	9,47	8,63	7,91	7,27
Se^{4+} . .	30,00	29,73	28,94	27,72	26,18	24,46	22,68	20,96	19,37	16,70	14,66	13,03	11,62	10,46	9,47	8,63	7,91	7,27
Br . . .	35,00	34,22	32,21	29,70	27,27	25,14	23,24	21,51	19,95	17,35	15,22	13,50	12,06	10,86	9,84	8,97	8,21	7,56
Br$^+$ . .	34,00	33,45	31,92	29,77	27,41	25,17	23,18	21,47	19,96	17,35	15,22	13,50	12,06	10,86	9,84	8,97	8,21	7,56
Br^{2+} . .	33,00	32,57	31,36	29,57	27,46	25,30	23,27	21,47	19,91	17,35	15,24	13,49	12,06	10,86	9,84	8,97	8,21	7,56
Br^{3+} . .	32,00	31,66	30,67	29,17	27,33	25,35	23,38	21,56	19,94	17,30	15,24	13,51	12,06	10,86	9,84	8,97	8,21	7,56
Br^{4+} . .	31,00	30,72	29,90	28,64	27,05	25,27	23,44	21,67	20,03	17,29	15,20	13,51	12,06	10,86	9,84	8,97	8,21	7,56

Tafel B6 (Fortsetzung)

Atomformfaktoren der Elemente

Element	$\frac{\sin\Theta}{\lambda}$ 0,00	0,05	0,10	0,15	0,20	0,25	0,30	0,35	0,40	0,50	0,60	0,70	0,80	0,90	1,00	1,10	1,20	1,30
Kr . . .	36,00	35,21	33,16	30,60	28,12	25,94	24,00	22,22	20,62	17,95	15,76	13,98	12,50	11,26	10,21	9,31	8,53	7,85
Kr^+ . .	35,00	34,43	32,87	30,67	28,26	25,97	23,94	22,18	20,63	17,95	15,76	13,99	12,50	11,26	10,21	9,31	8,53	7,85
Kr^{2+} . .	34,00	33,56	32,31	30,47	28,31	26,10	24,02	22,18	20,58	17,95	15,78	13,97	12,50	11,26	10,21	9,31	8,53	7,85
Kr^{3+} . .	33,00	32,65	31,63	30,08	28,19	26,15	24,14	22,27	20,61	17,90	15,78	14,00	12,50	11,26	10,21	9,31	8,53	7,85
Kr^{4+} . .	32,00	31,71	30,87	29,56	27,91	26,08	24,19	22,37	20,70	17,89	15,73	14,00	12,50	11,26	10,21	9,31	8,53	7,85
Rb . . .	37,00	36,19	34,11	31,50	28,97	26,75	24,75	22,93	21,29	18,55	16,30	14,47	12,94	11,66	10,58	9,65	8,84	8,14
Rb^+ . .	36,00	35,42	33,82	31,58	29,11	26,77	24,70	22,90	21,31	18,55	16,30	14,48	12,94	11,66	10,58	9,65	8,84	8,14
Rb^{2+} . .	35,00	34,55	33,27	31,38	29,17	26,90	24,78	22,89	21,26	18,55	16,32	14,46	12,94	11,66	10,58	9,65	8,84	8,14
Rb^{3+} . .	34,00	33,63	32,59	31,00	29,05	26,96	24,89	22,98	21,28	18,50	16,32	14,48	12,94	11,66	10,58	9,65	8,84	8,14
Rb^{4+} . .	33,00	32,70	31,83	30,48	28,78	26,89	24,95	23,09	21,37	18,49	16,28	14,49	12,94	11,66	10,58	9,65	8,84	8,14
Sr . . .	38,00	37,18	35,06	32,40	29,83	27,55	25,51	23,65	21,96	19,15	16,84	14,96	13,39	12,07	10,95	9,99	9,16	8,44
Sr^+ . .	37,00	36,41	34,77	32,48	29,97	27,57	25,45	23,61	21,98	19,15	16,84	14,97	13,39	12,07	10,95	9,99	9,16	8,44
Sr^{2+} . .	36,00	35,54	34,23	32,29	30,03	27,71	25,53	23,61	21,93	19,16	16,86	14,95	13,39	12,07	10,95	9,99	9,16	8,44
Sr^{3+} . .	35,00	34,62	33,55	31,91	29,91	27,77	25,65	23,69	21,95	19,11	16,86	14,97	13,39	12,07	10,95	9,99	9,16	8,44
Sr^{4+} . .	34,00	33,69	32,79	31,40	29,65	27,71	25,72	23,80	22,04	19,09	16,82	14,98	13,39	12,07	10,95	9,99	9,16	8,44
Y . . .	39,00	38,16	36,01	33,30	30,68	28,36	26,28	24,37	22,64	19,76	17,39	15,46	13,84	12,48	11,32	10,34	9,48	8,73
Y^+ . . .	38,00	37,39	35,73	33,39	30,82	28,38	26,22	24,33	22,66	19,76	17,39	15,46	13,84	12,48	11,32	10,34	9,48	8,73
Y^{2+} . .	37,00	36,52	35,18	33,20	30,88	28,51	26,29	24,32	22,61	19,77	17,41	15,45	13,84	12,48	11,32	10,34	9,48	8,73
Y^{3+} . . .	36,00	35,61	34,51	32,83	30,78	28,58	26,41	24,41	22,63	19,72	17,41	15,47	13,84	12,48	11,32	10,34	9,48	8,73
Y^{4+} . .	35,00	34,68	33,75	32,32	30,52	28,52	26,48	24,51	22,71	19,70	17,37	15,47	13,84	12,48	11,32	10,34	9,48	8,73
Zr . . .	40,00	39,15	36,96	34,21	31,54	29,17	27,04	25,09	23,32	20,37	17,94	15,95	14,29	12,89	11,70	10,68	9,80	9,03
Zr^+ . . .	39,00	38,38	36,68	34,29	31,68	29,19	26,98	25,06	23,35	20,37	17,93	15,96	14,29	12,89	11,70	10,68	9,80	9,03
Zr^{2+} . .	38,00	37,51	36,14	34,11	31,74	29,32	27,05	25,04	23,29	20,38	17,95	15,94	14,29	12,89	11,70	10,68	9,80	9,03
Zr^{3+} . .	37,00	36,60	35,47	33,74	31,64	29,39	27,17	25,13	23,31	20,33	17,96	15,96	14,29	12,89	11,70	10,68	9,80	9,03
Zr^{4+} . .	36,00	35,67	34,72	33,24	31,39	29,34	27,25	25,23	23,39	20,31	17,92	15,97	14,29	12,89	11,70	10,68	9,80	9,03

Tafel B6 (Fortsetzung)

Atomformfaktoren der Elemente

Element $\frac{\sin\vartheta}{\lambda}$	0,00	0,05	0,10	0,15	0,20	0,25	0,30	0,35	0,40	0,50	0,60	0,70	0,80	0,90	1,00	1,10	1,20	1,30
Nb	41,00	40,14	37,91	35,11	32,40	29,98	27,81	25,81	24,01	20,98	18,49	16,45	14,74	13,31	12,08	11,04	10,13	9,33
Nb$^+$	40,00	39,37	37,63	35,20	32,53	30,00	27,74	25,78	24,03	20,98	18,49	16,46	14,74	13,31	12,08	11,04	10,13	9,33
Nb^{2+}	39,00	38,50	37,10	35,02	32,60	30,13	27,82	25,77	23,98	20,99	18,50	16,44	14,74	13,31	12,08	11,04	10,13	9,33
Nb^{3+}	38,00	37,59	36,43	34,66	32,51	30,20	27,94	25,85	23,99	20,94	18,51	16,46	14,74	13,31	12,08	11,04	10,13	9,33
Nb^{4+}	37,00	36,66	35,68	34,16	32,26	30,16	28,01	25,95	24,07	20,92	18,47	16,47	14,74	13,31	12,08	11,04	10,13	9,33
Mo	42,00	41.12	38,86	36,02	33,25	30,79	28,57	26,53	24,69	21,60	19,04	16,95	15,20	13,73	12,46	11,39	10,45	9,64
Mo$^+$	41,00	40,36	38,59	36,11	33,39	30,81	28,51	26,51	24,72	21,59	19,04	16,96	15,20	13,73	12,46	11,39	10,45	9,64
Mo^{2+}	40,00	39,49	38,05	35,94	33,46	30,94	28,58	26,49	24,66	21,61	19,06	16,94	15,20	13,73	12,46	11,39	10,45	9,64
Mo^{3+}	39,00	38,58	37,39	35,58	33,37	31,02	28,70	26,57	24,67	21,56	19,07	16,96	15,20	13,73	12,46	11,39	10,45	9,64
Mo^{4+}	38,00	37,65	36,64	35,08	33,14	30,98	28,78	26,68	24,75	21,53	19,03	16,97	15,20	13,73	12,46	11,39	10,45	9,64
Tc	43,00	42,11	39,81	36,92	34,12	31,61	29,34	27,26	25,38	22,21	19,60	17,46	15,65	14,15	12,85	11,74	10,78	9,94
Tc$^+$	42,00	41,34	39,54	37,02	34,25	31,62	29,28	27,24	25,41	22,21	19,60	17,46	15,65	14,15	12,85	11,74	10,78	9,94
Tc^{2+}	41,00	40,48	39,01	36,85	34,33	31,75	29,35	27,22	25,35	22,22	19,61	17,45	15,65	14,15	12,85	11,74	10,78	9,94
Tc^{3+}	40,00	39,57	38,35	36,49	34,24	31,83	29,47	27,29	25,36	22,18	19,62	17,46	15,65	14,15	12,85	11,74	10,78	9,94
Tc^{4+}	39,00	38,64	37,60	36,01	34,01	31,80	29,55	27,40	25,43	22,15	19,59	17,48	15,65	14,15	12,85	11,74	10,78	9,94
Ru	44,00	43,10	40,76	37,83	34,98	32,43	30,12	27,99	26,07	22,83	20,16	17,96	16,12	14,57	13,24	12,10	11,11	10,25
Ru$^+$	43,00	42,33	40,50	37,93	35,12	32,44	30,05	27,97	26,10	22,83	20,16	17,97	16,12	14,57	13,24	12,10	11,11	10,25
Ru^{2+}	42,00	41,47	39,97	37,76	35,19	32,57	30,12	27,94	26,04	22,84	20,17	17,95	16,12	14,57	13,24	12,10	11,11	10,25
Ru^{3+}	41,00	40,56	39,31	37,41	35,11	32,65	30,24	28,02	26,05	22 80	20,18	17,97	16,12	14,57	13,24	12,10	11,11	10,25
Ru^{4+}	40,00	39,63	38,57	36,93	34,88	32,62	30,32	28,13	26,12	22,77	20,15	17,98	16,12	14,57	13,24	12,10	11,11	10,25
Rh	45,00	44,08	41,72	38,74	35,84	33,24	30,89	28,72	26,76	23,46	20,72	18,47	16,58	14,99	13,63	12,46	11,45	10,56
Rh$^+$	44,00	43,32	41,45	38,84	35,98	33,25	30,83	28,70	26,79	23,45	20,72	18,48	16,58	14,99	13,63	12,46	11,45	10,56
Rh^{2+}	43,00	42,46	40,93	38,68	36,06	33,38	30,89	28,67	26,74	23,47	20,73	18,46	16,58	14,99	13,63	12,46	11,45	10,56
Rh^{3+}	42,00	41,55	40,27	38,33	35,98	33,47	31,01	28,75	26,74	23,42	20,75	18,48	16,58	14,99	13,63	12,46	11,45	10,56
Rh^{4+}	41,00	40,62	39,53	37,85	35,76	33,45	31,10	28,86	26,81	23,39	20,71	18,49	16,58	14,99	13,63	12,46	11,45	10,56

Tafel B6 (Fortsetzung)
Atomformfaktoren der Elemente

Element \ $\frac{\sin\Theta}{\lambda}$	0,00	0,05	0,10	0,15	0,20	0,25	0,30	0,35	0,40	0,50	0,60	0,70	0,80	0,90	1,00	1,10	1,20	1,30
Pd	46,00	45,07	42,67	39,65	36,70	34,06	31,67	29,46	27,46	24,08	21,28	18,98	17,05	15,42	14,02	12,82	11,78	10,87
Pd$^+$	45,00	44,31	42,41	39,75	36,84	34,07	31,60	29,43	27,49	24,08	21,28	18,99	17,05	15,42	14,02	12,82	11,78	10,87
Pd^{2+}	44,00	43,45	41,89	39,59	36,92	34,20	31,66	29,41	27,43	24,09	21,30	18,97	17,05	15,42	14,02	12,82	11,78	10,87
Pd^{3+}	43,00	42,54	41,23	39,25	36,85	34,29	31,78	29,48	27,43	24,05	21,31	18,99	17,05	15,42	14,02	12,82	11,78	10,87
Pd^{4+}	42,00	41,61	40,50	38,78	36,63	34,27	31,87	29,59	27,50	24,01	21,28	19,01	17,05	15,42	14,02	12,82	11,78	10,87
Ag	47,00	46,06	43,63	40,56	37,57	34,88	32,44	30,19	28,16	24,71	21,85	19,50	17,52	15,85	14,42	13,19	12,12	11,19
Ag$^+$	46,00	45,30	43,37	40,66	37,71	34,89	32,38	30,17	28,18	24,70	21,85	19,50	17,52	15,85	14,42	13,19	12,12	11,19
Ag^{2+}	45,00	44,44	42,85	40,51	37,79	35,02	32,44	30,14	28,13	24,72	21,86	19,49	17,52	15,85	14,42	13,19	12,12	11,19
Ag^{3+}	44,00	43,53	42,19	40,17	37,72	35,11	32,56	30,21	28,13	24,68	21,88	19,50	17,52	15,85	14,42	13,19	12,12	11,19
Ag^{4+}	43,00	42,60	41,46	39,70	37,51	35,10	32,65	30,32	28,19	24,64	21,85	19,52	17,52	15,85	14,42	13,19	12,12	11,19
Cd	48,00	47,04	44,58	41,47	38,44	35,71	33,22	30,93	28,85	25,34	22,42	20,02	17,99	16,28	14,81	13,56	12,46	11,51
Cd$^+$	47,00	46,28	44,32	41,58	38,57	35,71	33,16	30,91	28,88	25,33	22,42	20,02	17,99	16,28	14,81	13,56	12,46	11,51
Cd^{2+}	46,00	45,42	43,80	41,43	38,66	35,84	33,22	30,88	28,83	25,35	22,43	20,00	17,99	16,28	14,81	13,56	12,46	11,51
Cd^{3+}	45,00	44,52	43,16	41,09	38,59	35,93	33,34	30,95	28,82	25,31	22,45	20,02	17,99	16,28	14,81	13,56	12,46	11,51
Cd^{4+}	44,00	43,59	42,43	40,63	38,39	35,92	33,43	31,05	28,89	25,27	22,42	20,04	17,99	16,28	14,81	13,56	12,46	11,51
In	49,00	48,03	45,53	42,39	39,31	36,53	34,00	31,67	29,56	25,97	22,99	20,53	18,46	16,71	15,21	13,93	12,80	11,82
In$^+$	48,00	47,27	45,28	42,49	39,44	36,53	33,94	31,65	29,58	25,96	22,99	20,54	18,46	16,71	15,21	13,93	12,80	11,82
In^{2+}	47,00	46,41	44,76	42,34	39,53	36,66	33,99	31,62	29,53	25,98	23,00	20,52	18,46	16,71	15,21	13,93	12,80	11,82
In^{3+}	46,00	45,51	44,12	42,01	39,47	36,76	34,11	31,68	29,52	25,94	23,02	20,54	18,46	16,71	15,21	13,93	12,80	11,82
In^{4+}	45,00	44,59	43,39	41,55	39,27	36,75	34,21	31,79	29,59	25,90	22,99	20,55	18,46	16,71	15,21	13,93	12,80	11,82
Sn	50,00	49,02	46,49	43,30	40,17	37,36	34,78	32,41	30,26	26,60	23,56	21,05	18,93	17,15	15,61	14,30	13,15	12,14
Sn$^+$	49,00	48,26	46,24	43,41	40,31	37,36	34,72	32,39	30,29	26,60	23,56	21,06	18,93	17,15	15,61	14,30	13,15	12,14
Sn^{2+}	48,00	47,40	45,72	43,26	40,40	37,49	34,77	32,36	30,26	26,61	23,57	21,04	18,93	17,15	15,61	14,30	13,15	12,14
Sn^{3+}	47,00	46,50	45,08	42,94	40,34	37,58	34,89	32,42	30,22	26,57	23,59	21,06	18,93	17,15	15,61	14,30	13,15	12,14
Sn^{4+}	46,00	45,58	44,35	42,48	40,15	37,58	34,99	32,53	30,28	26,53	23,56	21,08	18,93	17,15	15,61	14,30	13,15	12,14

Tafel B6 (Fortsetzung)
Atomformfaktoren der Elemente

Element \ $\frac{\sin\Theta}{\lambda}$	0,00	0,05	0,10	0,15	0,20	0,25	0,30	0,35	0,40	0,50	0,60	0,70	0,80	0,90	1,00	1,10	1,20	1,30
Sb	51,00	50,01	47,45	44,21	41,05	38,18	35,57	33,15	30,96	27,24	24,14	21,58	19,41	17,59	16,02	14,67	13,49	12,47
Sb$^+$	50,00	49,25	47,20	44,32	41,18	38,18	35,50	33,13	30,99	27,23	24,14	21,58	19,41	17,59	16,02	14,67	13,49	12,47
Sb^{2+}	49,00	48,39	46,69	44,18	41,27	38,31	35,56	33,10	30,94	27,25	24,15	21,57	19,41	17,59	16,02	14,67	13,49	12,47
Sb^{3+}	48,00	47,49	46,04	43,86	41,22	38,41	35,67	33,16	30,93	27,21	24,17	21,58	19,41	17,59	16,02	14,67	13,49	12,47
Sb^{4+}	47,00	46,57	45,32	43,40	41,03	38,41	35,77	33,27	30,99	27,17	24,14	21,60	19,41	17,59	16,02	14,67	13,49	12,47
Te	52,00	51,00	48,40	45,13	41,92	39,01	36,35	33,90	31,67	27,87	24,71	22,10	19,89	18,03	16,42	15,05	13,84	12,79
Te$^+$	51,00	50,24	48,15	45,24	42,05	39,01	36,29	33,88	31,70	27,87	24,71	22,11	19,89	18,03	16,42	15,05	13,84	12,79
Te^{2+}	50,00	49,38	47,65	45,10	42,14	39,14	36,34	33,84	31,64	27,89	24,72	22,09	19,89	18,03	16,42	15,05	13,84	12,79
Te^{3+}	49,00	48,48	47,01	44,78	42,09	39,24	36,46	33,90	31,63	27,85	24,74	22,10	19,89	18,03	16,42	15,05	13,84	12,79
Te^{4+}	48,00	47,56	46,28	44,33	41,91	39,24	36,56	34,01	31,69	27,81	24,72	22,12	19,89	18,03	16,42	15,05	13,84	12,79
J	53,00	51,98	49,36	46,05	42,79	39,84	37,14	34,64	32,38	28,51	25,29	22,63	20,37	18,47	16,83	15,42	14,19	13,12
J$^+$	52,00	51,23	49,11	46,15	42,92	39,84	37,08	34,62	32,41	28,51	25,29	22,63	20,37	18,47	16,83	15,42	14,19	13,12
J^{2+}	51,00	50,37	48,61	46,02	43,02	39,97	37,12	34,59	32,35	28,53	25,30	22,62	20,37	18,47	16,83	15,42	14,19	13,12
J^{3+}	50,00	49,47	47,97	45,70	42,97	40,07	37,24	34,65	32,34	28,49	25,32	22,63	20,37	18,47	16,83	15,42	14,19	13,12
J^{4+}	49,00	48,55	47,25	45,26	42,79	40,08	37,35	34,75	32,39	28,45	25,30	22,65	20,37	18,47	16,83	15,42	14,19	13,12
Xe	54,00	52,97	50,32	46,96	43,66	40,67	37,93	35,39	33,09	29,16	25,87	23,16	20,86	18,92	17,24	15,80	14,54	13,44
Xe$^+$	53,00	52,22	50,07	47,07	43,80	40,67	37,86	35,37	33,12	29,15	25,88	23,16	20,86	18,92	17,24	15,80	14,54	13,44
Xe^{2+}	52,00	51,36	49,57	46,94	43,89	40,80	37,91	35,34	33,06	29,17	25,88	23,15	20,86	18,92	17,24	15,80	14,54	13,44
Xe^{3+}	51,00	50,46	48,93	46,63	43,85	40,90	38,03	35,39	33,05	29,13	25,90	23,16	20,86	18,92	17,24	15,80	14,54	13,44
Xe^{4+}	50,00	49,54	48,22	46,18	43,67	40,91	38,13	35,50	33,10	29,09	25,88	23,18	20,86	18,92	17,24	15,80	14,54	13,44
Cs	55,00	53,96	51,27	47,88	44,54	41,50	38,72	36,14	33,80	29,80	26,46	23,69	21,34	19,36	17,65	16,18	14,90	13,77
Cs$^+$	54,00	53,21	51,03	47,99	44,67	41,50	38,65	36,12	33,83	29,79	26,46	23,69	21,34	19,36	17,65	16,18	14,90	13,77
Cs^{2+}	53,00	52,35	50,53	47,86	44,77	41,63	38,70	36,08	33,78	29,81	26,47	23,68	21,34	19,36	17,65	16,18	14,90	13,77
Cs^{3+}	52,00	51,45	49,90	47,55	44,72	41,73	38,81	36,14	33,76	29,77	26,49	23,69	21,34	19,36	17,65	16,18	14,90	13,77
Cs^{4+}	51,00	50,53	49,18	47,11	44,55	41,75	38,92	36,24	33,81	29,73	26,47	23,71	21,34	19,36	17,65	16,18	14,90	13,77

Tafel B6 (Fortsetzung)

Atomformfaktoren der Elemente

Element $\dfrac{\sin\Theta}{\lambda}$	0,00	0,05	0,10	0,15	0,20	0,25	0,30	0,35	0,40	0,50	0,60	0,70	0,80	0,90	1,00	1,10	1,20	1,30
Ba . . .	56,00	54,95	52,23	48,80	45,41	42,33	39,51	36,89	34,51	30,44	27,04	24,22	21,83	19,81	18,07	16,57	15,25	14,11
Ba$^+$ . .	55,00	54,20	51,99	48,91	45,54	42,33	39,44	36,87	34,54	30,43	27,04	24,23	21,83	19,81	18,07	16,57	15,25	14,11
Ba^{2+} . .	54,00	53,34	51,49	48,78	45,64	42,46	39,49	36,83	34,49	30,46	27,05	24,21	21,83	19,81	18,07	16,57	15,25	14,11
Ba^{3+} . .	53,00	52,44	50,86	48,48	45,60	42,56	39,60	36,89	34,47	30,42	27,07	24,22	21,83	19,81	18,07	16,57	15,25	14,11
Ba^{4+} . .	52,00	51,52	50,15	48,04	45,43	42,58	39,71	36,99	34,52	30,38	27,05	24,24	21,83	19,81	18,07	16,57	15,25	14,11
La . . .	57,00	55,94	53,19	49,71	46,29	43,17	40,30	37,64	35,23	31,09	27,63	24,76	22,32	20,26	18,48	16,95	15,61	14,44
La$^+$ . .	56,00	55,18	52,95	49,83	46,42	43,16	40,23	37,63	35,26	31,08	27,63	24,76	22,32	20,26	18,48	16,95	15,61	14,44
La^{2+} . .	55,00	54,33	52,45	49,71	46,52	43,29	40,28	37,59	35,20	31,10	27,64	24,75	22,32	20,26	18,48	16,95	15,61	14,44
La^{3+} . .	54,00	53,43	51,82	49,40	46,48	43,39	40,39	37,64	35,18	31,07	27,66	24,76	22,32	20,26	18,48	16,95	15,61	14,44
La^{4+} . .	53,00	52,51	51,11	48,97	46,32	43,42	40,50	37,74	35,23	31,02	27,64	24,78	22,32	20,26	18,48	16,95	15,61	14,44
Ce . . .	58,00	56,93	54,15	50,63	47,16	44,00	41,09	38,40	35,94	31,74	28,22	25,30	22,81	20,71	18,90	17,34	15,97	14,77
Ce$^+$ . .	57,00	56,17	53,91	50,75	47,29	43,99	41,03	38,38	35,97	31,73	28,22	25,30	22,81	20,71	18,90	17,34	15,97	14,77
Ce^{2+} . .	56,00	55,32	53,42	50,63	47,40	44,12	41,07	38,34	35,92	31,75	28,23	25,29	22,81	20,71	18,90	17,34	15,97	14,77
Ce^{3+} . .	55,00	54,42	52,79	50,33	47,37	44,23	41,19	38,39	35,90	31,72	28,25	25,29	22,81	20,71	18,90	17,34	15,97	14,77
Ce^{4+} . .	54,00	53,50	52,08	49,90	47,20	44,26	41,29	38,49	35,95	31,67	28,23	25,32	22,81	20,71	18,90	17,34	15,97	14,77
Pr . . .	59,00	57,91	55,11	51,55	48,04	44,84	41,89	39,15	36,66	32,39	28,81	25,84	23,31	21,17	19,32	17,72	16,33	15,11
Pr$^+$ . .	58,00	57,16	54,87	51,67	48,17	44,83	41,82	39,14	36,69	32,38	28,81	25,84	23,31	21,17	19,32	17,72	16,33	15,11
Pr^{2+} . .	57,00	56,31	54,38	51,55	48,28	44,96	41,86	39,10	36,64	32,40	28,82	25,83	23,31	21,17	19,32	17,72	16,33	15,11
Pr^{3+} . .	56,00	55,42	53,75	51,25	48,25	45,07	41,98	39,14	36,62	32,37	28,84	25,83	23,31	21,17	19,32	17,72	16,33	15,11
Pr^{4+} . .	55,00	54,50	53,05	50,83	48,09	45,09	42,09	39,25	36,66	32,32	28,83	25,85	23,31	21,17	19,32	17,72	16,33	15,11
Nd . . .	60,00	58,90	56,07	52,47	48,92	45,68	42,69	39,91	37,38	33,04	29,40	26,38	23,80	21,62	19,74	18,11	16,69	15,45
Nd$^+$ . .	59,00	58,15	55,83	52,59	49,05	45,66	42,62	39,89	37,41	33,03	29,40	26,38	23,80	21,62	19,74	18,11	16,69	15,45
Nd^{2+} . .	58,00	57,30	55,34	52,48	49,16	45,79	42,66	39,85	37,36	33,06	29,41	26,37	23,80	21,62	19,74	18,11	16,69	15,45
Nd^{3+} . .	57,00	56,41	54,72	52,18	49,13	45,90	42,77	39,90	37,34	33,02	29,43	26,37	23,80	21,62	19,74	18,11	16,69	15,45
Nd^{4+} . .	56,00	55,49	54,01	51,76	48,97	45,94	42,88	40,00	37,38	32,98	29,42	26,39	23,80	21,62	19,74	18,11	16,69	15,45

Tafel B6 (Fortsetzung)
Atomformfaktoren der Elemente

Element $\frac{\sin \Theta}{\lambda}$	0,00	0,05	0,10	0,15	0,20	0,25	0,30	0,35	0,40	0,50	0,60	0,70	0,80	0,90	1,00	1,10	1,20	1,30
Pm	61,00	59,89	57,02	53,39	49,80	46,51	43,48	40,67	38,10	33,69	29,99	26,92	24,30	22,08	20,16	18,51	17,05	15,79
Pm$^+$	60,00	59,14	56,79	53,51	49,93	46,50	43,42	40,65	38,13	33,68	30,00	26,92	24,30	22,08	20,16	18,51	17,05	15,79
Pm^{2+}	59,00	58,29	56,31	53,40	50,04	46,63	43,45	40,61	38,08	33,71	30,00	26,91	24,30	22,08	20,16	18,51	17,05	15,79
Pm^{3+}	58,00	57,40	55,68	53,11	50,01	46,74	43,57	40,66	38,06	33,68	30,03	26,91	24,30	22,08	20,16	18,51	17,05	15,79
Pm^{4+}	57,00	56,48	54,98	52,69	49,86	46,78	43,68	40,76	38,10	33,63	30,01	26,94	24,30	22,08	20,16	18,51	17,05	15,79
Sm	62,00	60,88	57,98	54,32	50,68	47,35	44,28	41,43	38,82	34,35	30,59	27,46	24,80	22,54	20,58	18,90	17,42	16,13
Sm$^+$	61,00	60,13	57,75	54,43	50,81	47,34	44,21	41,41	38,86	34,34	30,59	27,46	24,80	22,54	20,58	18,90	17,42	16,13
Sm^{2+}	60,00	59,28	57,27	54,33	50,92	47,47	44,25	41,37	38,81	34,37	30,60	27,45	24,80	22,54	20,58	18,90	17,42	16,13
Sm^{3+}	59,00	58,39	56,65	54,04	50,90	47,58	44,37	41,41	38,78	34,33	30,62	27,46	24,80	22,54	20,58	18,90	17,42	16,13
Sm^{4+}	58,00	57,47	55,95	53,62	50,75	47,62	44,48	41,51	38,82	34,29	30,61	27,48	24,80	22,54	20,58	18,90	17,42	16,13
Eu	63,00	61,87	58,94	55,24	51,56	48,19	45,08	42,19	39,55	35,01	31,19	28,01	25,30	23,00	21,01	19,29	17,79	16,47
Eu$^+$	62,00	61,12	58,72	55,36	51,69	48,18	45,01	42,17	39,58	34,99	31,19	28,01	25,30	23,00	21,01	19,29	17,79	16,47
Eu^{2+}	61,00	60,27	58,23	55,25	51,80	48,31	45,05	42,13	39,53	35,02	31,19	28,00	25,30	23,00	21,01	19,29	17,79	16,47
Eu^{3+}	60,00	59,38	57,61	54,96	51,78	48,42	45,16	42,17	39,50	34,99	31,22	28,00	25,30	23,00	21,01	19,29	17,79	16,47
Eu^{4+}	59,00	58,46	56,92	54,55	51,64	48,46	45,28	42,27	39,54	34,94	31,21	28,03	25,30	23,00	21,01	19,29	17,79	16,47
Gd	64,00	62,86	59,91	56,16	52,45	49,03	45,88	42,95	40,27	35,66	31,79	28,56	25,80	23,46	21,44	19,69	18,16	16,81
Gd$^+$	63,00	62,11	59,68	56,28	52,57	49,02	45,81	42,94	40,31	35,65	31,79	28,56	25,80	23,46	21,44	19,69	18,16	16,81
Gd^{2+}	62,00	61,26	59,20	56,18	52,68	49,15	45,85	42,89	40,26	35,68	31,79	28,55	25,80	23,46	21,44	19,69	18,16	16,81
Gd^{3+}	61,00	60,37	58,58	55,89	52,67	49,26	45,96	42,93	40,23	35,65	31,82	28,55	25,80	23,46	21,44	19,69	18,16	16,81
Gd^{4+}	60,00	59,45	57,88	55,48	52,52	49,30	46,08	43,03	40,27	35,60	31,81	28,57	25,80	23,46	21,44	19,69	18,16	16,81
Tb	65,00	63,85	60,87	57,08	53,33	49,88	46,68	43,71	41,00	36,33	32,39	29,11	26,31	23,93	21,87	20,09	18,53	17,16
Tb$^+$	64,00	63,10	60,64	57,20	53,45	49,86	46,62	43,70	41,03	36,31	32,39	29,11	26,31	23,93	21,87	20,09	18,53	17,16
Tb^{2+}	63,00	62,25	60,16	57,10	53,57	49,99	46,65	43,66	40,98	36,34	32,39	29,10	26,31	23,93	21,87	20,09	18,53	17,16
Tb^{3+}	62,00	61,36	59,55	56,82	53,55	50,10	46,76	43,69	40,95	36,31	32,42	29,10	26,31	23,93	21,87	20,09	18,53	17,16
Tb^{4+}	61,00	60,45	58,85	56,42	53,41	50,15	46,88	43,79	40,99	36,26	32,41	29,12	26,31	23,93	21,87	20,09	18,53	17,16

8*

Tafel B6 (Fortsetzung)
Atomformfaktoren der Elemente

Element \ $\frac{\sin\Theta}{\lambda}$	0,00	0,05	0,10	0,15	0,20	0,25	0,30	0,35	0,40	0,50	0,60	0,70	0,80	0,90	1,00	1,10	1,20	1,30
Dy	66,00	64,84	61,83	58,01	54,21	50,72	47,49	44,48	41,73	36,99	32,99	29,66	26,81	24,39	22,30	20,49	18,90	17,51
Dy^+	65,00	64,09	61,60	58,13	54,34	50,70	47,42	44,47	41,76	36,97	33,00	29,66	26,81	24,39	22,30	20,49	18,90	17,51
Dy^{2+}	64,00	63,24	61,12	58,03	54,45	50,83	47,45	44,42	41,71	37,00	33,00	29,65	26,81	24,39	22,30	20,49	18,90	17,51
Dy^{3+}	63,00	62,35	60,51	57,75	54,44	50,95	47,56	44,46	41,68	36,97	33,02	29,65	26,81	24,39	22,30	20,49	18,90	17,51
Dy^{4+}	62,00	61,44	59,82	57,35	54,30	50,99	47,68	44,55	41,72	36,93	33,02	29,67	26,81	24,39	22,30	20,49	18,90	17,51
Ho	67,00	65,83	62,79	58,93	55,10	51,56	48,29	45,24	42,46	37,65	33,59	30,21	27,32	24,86	22,73	20,89	19,27	17,86
Ho^+	66,00	65,08	62,57	59,06	55,22	51,55	48,22	45,23	42,49	37,63	33,60	30,21	27,32	24,86	22,73	20,89	19,27	17,86
Ho^{2+}	65,00	64,23	62,09	58,96	55,34	51,67	48,26	45,19	42,44	37,67	33,60	30,20	27,32	24,86	22,73	20,89	19,27	17,86
Ho^{3+}	64,00	63,34	61,48	58,68	55,33	51,79	48,37	45,22	42,41	37,64	33,63	30,20	27,32	24,86	22,73	20,89	19,27	17,86
Ho^{4+}	63,00	62,43	60,79	58,28	55,19	51,84	48,48	45,32	42,45	37,59	33,62	30,23	27,32	24,86	22,73	20,89	19,27	17,86
Er	68,00	66,82	63,75	59,86	55,98	52,41	49,10	46,01	43,19	38,31	34,20	30,76	27,83	25,33	23,17	21,29	19,65	18,21
Er^+	67,00	66,07	63,53	59,98	56,11	52,39	49,03	46,00	43,22	38,30	34,21	30,77	27,83	25,33	23,17	21,29	19,65	18,21
Er^{2+}	66,00	65,23	63,05	59,88	56,22	52,52	49,06	45,95	43,18	38,33	34,21	30,76	27,83	25,33	23,17	21,29	19,65	18,21
Er^{3+}	65,00	64,34	62,45	59,61	56,22	52,64	49,17	45,99	43,14	38,30	34,23	30,76	27,83	25,33	23,17	21,29	19,65	18,21
Er^{4+}	64,00	63,42	61,75	59,21	56,08	52,69	49,29	46,08	43,17	38,26	34,23	30,78	27,83	25,33	23,17	21,29	19,65	18,21
Tm	69,00	67,80	64,71	60,78	56,87	53,26	49,90	46,78	43,92	38,98	34,81	31,32	28,34	25,80	23,60	21,70	20,03	18,56
Tm^+	68,00	67,06	64,49	60,91	56,99	53,24	49,84	46,77	43,96	38,96	34,82	31,32	28,34	25,80	23,60	21,70	20,03	18,56
Tm^{2+}	67,00	66,22	64,02	60,81	57,11	53,36	49,87	46,72	43,91	39,00	34,81	31,31	28,34	25,80	23,60	21,70	20,03	18,56
Tm^{3+}	66,00	65,33	63,41	60,54	57,10	53,48	49,97	46,76	43,88	38,97	34,84	31,31	28,34	25,80	23,60	21,70	20,03	18,56
Tm^{4+}	65,00	64,41	62,72	60,15	56,98	53,53	50,09	46,85	43,90	38,92	34,84	31,34	28,34	25,80	23,60	21,70	20,03	18,56
Yb	70,00	68,79	65,67	61,71	57,75	54,10	50,71	47,55	44,66	39,65	35,42	31,88	28,85	26,28	24,04	22,11	20,40	18,91
Yb^+	69,00	68,05	65,46	61,83	57,88	54,08	50,64	47,54	44,69	39,35	35,43	31,88	28,85	26,28	24,04	22,11	20,40	18,91
Yb^{2+}	68,00	67,21	64,98	61,74	58,00	54,21	50,67	47,49	44,64	39,66	35,42	31,87	28,85	26,28	24,04	22,11	20,40	18,91
Yb^{3+}	67,00	66,32	64,38	61,47	57,99	54,33	50,78	47,52	44,61	39,64	35,45	31,87	28,85	26,28	24,04	22,11	20,40	18,91
Yb^{4+}	66,00	65,40	63,69	61,08	57,87	54,38	50,90	47,62	44,64	39,59	35,45	31,89	28,85	26,28	24,04	22,11	20,40	18,91

Tafel B6 (Fortsetzung)
Atomformfaktoren der Elemente

Element \ $\frac{\sin\Theta}{\lambda}$	0,00	0,05	0,10	0,15	0,20	0,25	0,30	0,35	0,40	0,50	0,60	0.70	0,80	0,90	1,00	1,10	1,20	1,30
Cp	71,00	69,78	66,64	62,63	58,64	54,95	51,52	48,32	45,39	40,32	36,03	32,44	29,37	26,75	24,48	22,51	20,78	19,27
Cp^+	70,00	69,04	66,42	62,76	58,76	54,93	51,45	48,31	45,43	40,30	36,04	32,44	29,37	26,75	24,48	22,51	20,78	19,27
Cp^{2+}	69,00	68,20	65,95	62,67	58,88	55,06	51,48	48,26	45,38	40,33	36,03	32,43	29,37	26,75	24,48	22,51	20,78	19,27
Cp^{3+}	68,00	67,31	65,35	62,41	58,88	55,18	51,59	48,29	45,34	40,31	36,06	32,43	29,37	26,75	24,48	22,51	20,78	19,27
Cp^{4+}	67,00	66,40	64,66	62,01	58,76	55,23	51,71	48,39	45,37	40,26	36,06	32,45	29,37	26,75	24,48	22,51	20,78	19,27
Hf	72,00	70,77	67,60	63,56	59,53	55,80	52,33	49,09	46,13	40,99	36,64	33,00	29,88	27,23	24,92	22,92	21,17	19,62
Hf^+	71,00	70,03	67,38	63,69	59,65	55,78	52,26	49,08	46,16	40,97	36,65	33,00	29,88	27,23	24,92	22,92	21,17	19,62
Hf^{2+}	70,00	69,19	66,91	63,60	59,77	55,90	52,29	49,03	46,12	41,00	36,64	32,99	29,88	27,23	24,92	22,92	21,17	19,62
Hf^{3+}	69,00	68,30	66,31	63,34	59,77	56,02	52,40	49,06	46,08	40,98	36,67	32,99	29,88	27,23	24,92	22,92	21,17	19,62
Hf^{4+}	68,00	67,39	65,63	62,95	59,65	56,08	52,51	49,16	46,10	40,93	36,67	33,01	29,88	27,23	24,92	22,92	21,17	19,62
Ta	73,00	71,76	68,56	64,49	60,42	56,65	53,14	49,86	46,86	41,66	37,25	33,56	30,40	27,70	25,36	23,33	21,55	19,98
Ta^+	72,00	71,02	68,35	64,62	60,54	56,63	53,07	49,86	46,90	41,64	37,26	33,56	30,40	27,70	25,36	23,33	21,55	19,98
Ta^{2+}	71,00	70,18	67,88	64,53	60,66	56,75	53,10	49,81	46,85	41,68	37,26	33,56	30,40	27,70	25,36	23,33	21,55	19,98
Ta^{3+}	70,00	69,29	67,28	64,27	60,67	56,87	53,20	49,84	46,82	41,65	37,29	33,55	30,40	27,70	25,36	23,33	21,55	19,98
Ta^{4+}	69,00	68,38	66,60	63,88	60,55	56,93	53,32	49,93	46,84	41,61	37,29	33,58	30,40	27,70	25,36	23,33	21,55	19,98
W	74,00	72,75	69,52	65,42	61,31	57,50	53,95	50,64	47,60	42,33	37,87	34,12	30,92	28,18	25,80	23,74	21,93	20,34
W^+	73,00	72,01	69,31	65,54	61,43	57,48	53,88	50,63	47,64	42,32	37,88	34,13	30,92	28,18	25,80	23,74	21,93	20,34
W^{2+}	72,00	71,17	68,85	65,46	61,55	57,60	53,91	50,58	47,59	42,35	37,87	34,12	30,92	28,18	25,80	23,74	21,93	20,34
W^{3+}	71,00	70,28	68,25	65,20	61,56	57,72	54,01	50,61	47,56	42,33	37,90	34,11	30,92	28,18	25,80	23,74	21,93	20,34
W^{4+}	70,00	69,37	67,57	64,82	61,44	57,78	54,13	50,70	47,58	42,28	37,90	34,14	30,92	28,18	25,80	23,74	21,93	20,34
Re	75,00	73,74	70,49	66,34	62,20	58,35	54,76	51,41	48,34	43,01	38,48	34,69	31,44	28,66	26,25	24,16	22,32	20,70
Re^+	74,00	73,00	70,28	66,47	62,32	58,33	54,70	51,41	48,38	42,99	38,49	34,69	31,44	28,66	26,25	24,16	22,32	20,70
Re^{2+}	73,00	72,16	69,81	66,39	62,44	58,45	54,72	51,36	48,33	43,02	38,49	34,68	31,44	28,66	26,25	24,16	22,32	20,70
Re^{3+}	72,00	71,27	69,22	66,13	62,45	58,57	54,83	51,38	48,29	43,00	38,52	34,68	31,44	28,66	26,25	24,16	22,32	20,70
Re^{4+}	71,00	70,36	68,54	65,75	62,34	58,64	54,95	51,47	48,32	42,95	38,52	34,70	31,44	28,66	26,25	24,16	22,32	20,70

Tafel B6 (Fortsetzung)
Atomformfaktoren der Elemente

Element	$\frac{\sin\Theta}{\lambda}$ 0,00	0,05	0,10	0,15	0,20	0,25	0,30	0,35	0,40	0,50	0,60	0,70	0,80	0,90	1,00	1,10	1,20	1,30
Os	76,00	74,73	71,45	67,27	63,09	59,20	55,58	52,19	49,08	43,68	39,10	35,26	31,96	29,14	26,70	24,57	22,70	21,06
Os$^+$	75,00	73,99	71,24	67,40	63,21	59,18	55,51	52,19	49,12	43,67	39,11	35,26	31,96	29,14	26,70	24,57	22,70	21,06
Os^{2+}	74,00	73,15	70,78	67,32	63,33	59,30	55,53	52,13	49,07	43,70	39,11	35,25	31,96	29,14	26,70	24,57	22,70	21,06
Os^{3+}	73,00	72,27	70,18	67,07	63,34	59,43	55,64	52,16	49,04	43,68	39,13	35,25	31,96	29,14	26,70	24,57	22,70	21,06
Os^{4+}	72,00	71,35	69,51	66,69	63,23	59,49	55,76	52,25	49,06	43,63	39,14	35,27	31,96	29,14	26,70	24,57	22,70	21,06
Ir	77,00	75,72	72,42	68,20	63,98	60,06	56,39	52,96	49,83	44,36	39,72	35,82	32,48	29,63	27,14	24,99	23,09	21,43
Ir$^+$	76,00	74,98	72,21	68,33	64,10	60,03	56,33	52,96	49,86	44,34	39,73	35,83	32,48	29,63	27,14	24,99	23,09	21,43
Ir^{2+}	75,00	74,14	71,75	68,25	64,22	60,15	56,35	52,91	49,82	44,38	39,72	35,82	32,48	29,63	27,14	24,99	23,09	21,43
Ir^{3+}	74,00	73,26	71,15	68,00	64,24	60,28	56,45	52,94	49,78	44,36	39,75	35,81	32,48	29,63	27,14	24,99	23,09	21,43
Ir^{4+}	73,00	72,35	70,48	67,63	64,13	60,34	56,57	53,02	49,80	44,31	39,76	35,84	32,48	29,63	27,14	24,99	23,09	21,43
Pt	78,00	76,71	73,38	69,13	64,87	60,91	57,21	53,74	50,57	45,04	40,34	36,39	33,01	30,11	27,59	25,41	23,48	21,79
Pt$^+$	77,00	75,97	73,17	69,26	64,99	60,88	57,14	53,74	50,61	45,02	40,35	36,40	33,01	30,11	27,59	25,41	23,48	21,79
Pt^{2+}	76,00	75,13	72,71	69,18	65,12	61,01	57,16	53,69	50,56	45,05	40,35	36,39	33,01	30,11	27,59	25,41	23,48	21,79
Pt^{3+}	75,00	74,25	72,12	68,94	65,13	61,13	57,26	53,71	50,52	45,04	40,37	36,38	33,01	30,11	27,59	25,41	23,48	21,79
Pt^{4+}	74,00	73,34	71,45	68,56	65,03	61,20	57,39	53,80	50,54	44,99	40,38	36,41	33,01	30,11	27,59	25,41	23,48	21,79
Au	79,00	77,70	74,35	70,06	65,77	61,76	58,02	54,52	51,31	45,72	40,96	36,96	33,53	30,60	28,04	25,83	23,87	22,16
Au$^+$	78,00	76,97	74,14	70,19	65,88	61,74	57,96	54,52	51,35	45,70	40,97	36,97	33,53	30,60	28,04	25,83	23,87	22,16
Au^{2+}	77,00	76,13	73,68	70,12	66,01	61,86	57,98	54,47	51,31	45,73	40,97	36,96	33,53	30,60	28,04	25,83	23,87	22,16
Au^{3+}	76,00	75,24	73,09	69,87	66,03	61,99	58,08	54,49	51,27	45,72	41,00	36,95	33,53	30,60	28,04	25,83	23,87	22,16
Au^{4+}	75,00	74,33	72,42	69,50	65,92	62,05	58,20	54,54	51,28	45,67	41,00	36,98	33,53	30,60	28,04	25,83	23,87	22,16
Hg	80,00	78,69	75,31	70,99	66,66	62,62	58,84	55,30	52,06	46,40	41,59	37,54	34,06	31,08	28,50	26,25	24,27	22,52
Hg$^+$	79,00	77,96	75,10	71,12	66,78	62,59	58,78	55,30	52,10	46,38	41,60	37,54	34,06	31,08	28,50	26,25	24,27	22,52
Hg^{2+}	78,00	77,12	74,65	71,05	66,90	62,71	58,79	55,25	52,05	46,41	41,59	37,53	34,06	31,08	28,50	26,25	24,27	22,52
Hg^{3+}	77,00	76,23	74,06	70,81	66,92	62,84	58,90	55,27	52,01	46,40	41,62	37,53	34,06	31,08	28,50	26,25	24,27	22,52
Hg^{4+}	76,00	75,32	73,38	70,43	66,82	62,91	59,02	55,36	52,03	46,35	41,63	37,55	34,06	31,08	28,50	26,25	24,27	22,52

Tafel B6 (Fortsetzung)

Atomformfaktoren der Elemente

	Element	$\dfrac{\sin\Theta}{\lambda}$ 0,00	0,05	0,10	0,15	0,20	0,25	0,30	0,35	0,40	0,50	0,60	0,70	0,80	0,90	1,00	1,10	1,20	1,30
2	Tl . . .	81,0	78,3	75,5	71,1	66,7	62,7	58,7	55,0	51,2	45,0	41,1	37,4	34,1	31,1	28,3	26,0	24,1	—
2	Pb . . .	82,0	79,3	76,5	72,0	67,5	63,5	59,5	55,7	51,9	45,7	41,6	37,9	34,6	31,5	28,8	26,4	24,5	—
2	Bi . . .	83,0	80,3	77,5	73,0	68,4	64,4	60,4	56,6	52,7	46,4	42,2	38,5	35,1	32,0	29,2	26,8	24,8	—
2	Po . . .	84,0	81,2	78,4	73,9	69,4	65,4	61,3	57,4	53,5	47,1	42,8	39,1	35,6	32,6	29,7	27,2	25,2	—
2	At . . .	85,0	82,2	79,4	74,9	70,3	66,2	62,1	58,2	54,2	47,7	43,4	39,6	36,2	33,1	30,1	27,6	25,6	—
2	Rn . . .	86,0	83,2	80,3	75,8	71,3	67,2	63,0	59,1	55,1	48,4	44,0	40,2	36,8	33,5	30,5	28,0	26,0	—
2	Fr . . .	87,0	84,2	81,3	76,8	72,2	68,0	63,8	59,8	55,8	49,1	44,5	40,7	37,3	34,0	31,0	28,4	26,4	—
2	Ra . . .	88,0	85,1	82,2	77,7	73,2	68,9	64,6	60,6	56,5	49,8	45,1	41,3	37,8	34,6	31,5	28,8	26,7	—
2	Ac . . .	89,0	86,1	83,2	78,7	74,1	69,8	65,5	61,4	57,3	50,4	45,8	41 8	38 3	35,1	32,0	29,2	27,1	—
2	Th . . .	90,0	87,1	84,1	79,6	75,1	70,7	66,3	62,2	58,1	51,1	46,5	42,4	38,8	35,5	32,4	29,6	27,5	—
2	Pa . . .	91,0	88,1	85,1	80,6	76,0	71,6	67,1	63,0	58,8	51,7	47,1	43,0	39,3	36,0	32,8	30,1	27,9	—
2	U . . .	92,0	89,0	86,0	81,5	76,9	72,4	67,9	63,8	59,6	52,4	47,7	43,5	39,8	36,5	33,3	30,6	28,3	—
2	Np . . .	93	90	87	83	78	74	69	65	60	53	48	44	40	37	34	31	29	—
2	Pu . . .	94	91	88	84	79	74	69	65	61	54	49	44	41	38	34	31	29	—
2	Am . .	95	92	89	84	79	75	70	66	62	55	50	45	42	38	35	32	30	—
2	Cm . . .	96	93	90	85	80	76	71	67	62	55	50	46	42	39	35	32	30	—
2	Bk . . .	97	94	91	86	81	77	72	68	63	56	51	46	43	39	36	33	30	—
2	Cf . . .	98	95	92	87	82	78	73	69	64	57	52	47	43	40	36	33	31	—
2	Ei . . .	99	96	93	88	83	79	74	70	65	57	52	48	44	40	37	34	31	—
2	Fm . . .	100	97	94	89	84	80	75	71	66	58	53	48	44	41	37	34	31	—

Tafel B 7

Korrekturtafeln der Atomformfaktoren bei anomaler Dispersion.
$\Delta f'$ als Funktion von λ/λ_K und δ_K. (Entn.: R. W. JAMES, The Optical Principles of the Diffraction of x-Rays, London 1950)

λ/λ_K \ δ_K	0,12	0,14	0,16	0,18	0,20	0,22	0,24	0,26	0,28	0,30
0,05	0,02	0,02	0,02	0,02	0,02	0,02	0,03	0,03	0,03	0,03
0,10	0,05	0,06	0,06	0,06	0,07	0,07	0,07	0,08	0,08	0,08
0,15	0,10	0,10	0,11	0,11	0,12	0,12	0,13	0,13	0,14	0,15
0,20	0,14	0,15	0,15	0,16	0,17	0,18	0,18	0,19	0,20	0,21
0,25	0,18	0,19	0,20	0,21	0,22	0,23	0,24	0,25	0,26	0,27
0,30	0,22	0,23	0,24	0,25	0,26	0,27	0,28	0,29	0,30	0,32
0,35	0,25	0,25	0,26	0,28	0,29	0,30	0,31	0,32	0,34	0,35
0,40	0,26	0,27	0,28	0,29	0,30	0,31	0,32	0,33	0,35	0,36
0,45	0,25	0,26	0,27	0,28	0,29	0,30	0,32	0,33	0,34	0,35
0,50	0,23	0,24	0,24	0,25	0,26	0,27	0,28	0,29	0,29	0,30
0,55	0,19	0,19	0,20	0,20	0,21	0,22	0,22	0,23	· 0,23	0,24
0,60	0,12	0,12	0,12	0,12	0,12	0,12	0,12	0,12	0,12	0,12
0,65	0,02	0,02	0,01	0,01	0,00	-0,00	-0,01	-0,02	-0,03	-0,04
0,70	-0,12	-0,13	-0,14	- 0,15	-0,16	-0,18	-0,19	-0,21	-0,23	-0,25
0,75	-0,30	-0,32	-0,34	-0,35	-0,38	-0,40	-0,43	-0,46	-0,49	-0,53
0,80	-0,52	-0,54	-0,57	-0,60	-0,63	-0,66	-0,70	-0,74	-0,78	-0,83
0,85	-0,89	-0,93	-0,97	-1,02	-1,07	-1,12	-1,18	-1,24	-1,31	-1,39
0,90	-1,38	-1,44	-1,50	-1,57	-1,65	-1,72	-1,81	-1,90	-2,00	-2,10
0,95	-2,22	-2,31	-2,41	-2,51	-2,62	-2,74	-2,87	-3,00	-3,14	-3,30
0,975	-2,93	-3,04	-3,17	-3,30	-3,44	-3,59	-3,75	-3,92	-4,10	-4,29
0,980	-3,17	-3,30	-3,43	-3,57	-3,72	-3,88	-4,06	-4,23	-4,43	-4,54
0,985	-3,46	-3,60	-3,75	-3,90	-4,06	-4,23	-4,42	-4,61	-4,82	-5,04
0,990	-3,91	-4,06	-4,23	-4,40	-4,57	-4,76	-4,99	-5,21	-5,44	-5,69
1,005	-4,72	-4,89	-5,20	-5,30	-5,52	-5,75	-5,99	-6,26	-6,53	-6,83
1,010	-4,09	-4,25	-4,42	-4,59	-4,79	-4,99	-5,20	-5,43	-5,67	-5,93
1,015	-3,73	-3,88	-4,03	-4,19	-4,37	-4,55	-4,75	-4,96	-5,18	-5,45
1,020	-3,49	-3,62	-3,77	-3,92	-4,08	-4,26	-4,54	-4,64	-4,85	-5,07
1,025	-3,28	-3,41	-3,55	-3,69	-3,85	-4,01	-4,19	-4,37	-4,57	-4,78
1,030	-3,13	-3,25	-3,39	-3,52	-3,67	-3,83	-3,99	-4,17	-4,36	-4,56
1,035	-3,00	-3,12	-3,25	-3,38	-3,52	-3,67	-3,83	-4,00	-4,18	-4,38
1,040	-2,90	-3,02	-3,14	-3,27	-3,40	-3,55	-3,71	-3,87	-4,04	-4,23
1,045	-2,81	-2,92	-3,03	-3,16	-3,29	-3,43	-3,58	-3,74	-3,91	-4,10
1,050	-2,72	-2,83	-2,95	-3,07	-3,20	-3,33	-3,48	-3,63	-3,80	-3,98
1,055	-2,65	-2,76	-2,87	-2,99	-3,12	-3,25	-3,39	-3,53	-3,70	-3,88
1,060	-2,59	-2,69	-2,80	-2 92	-3,04	-3 17	-3,31	-3,46	-3,62	-3,79
1 065	-2,53	-2,63	-2,74	-2,85	-2,97	-3,10	-3,23	-3,38	-3,53	-3,70
1,070	-2,47	-2,57	-2,68	-2,79	-2,91	-3,03	-3,17	-3,31	-3,46	-3,62
1,08	-2,38	-2,47	-2,57	-2,68	-2,80	-2,91	-3,04	-3,18	-3,33	-3,48
1,09	-2,30	-2,39	-2,50	-2,59	-2,70	-2,82	-2,94	-3,08	-3,22	-3,37
1,10	-2,23	-2,32	-2,41	-2,51	-2,62	-2,73	-2,86	-2,98	-3,12	-3,27
1,15	-1,98	-2,05	-2,14	-2,23	-2,32	-2,42	-2,53	-2,65	-2,77	-2,92
1,20	-1,82	-1,89	-1,97	-2,05	-2,14	-2,23	-2,33	-2,44	-2,55	-2,69
1,25	-1,70	-1,77	-1,85	-1,92	-2,01	-2,09	-2,19	-2,29	-2,40	-2,51
1,30	-1,64	-1,71	-1,78	-1,86	-1,94	-2,02	-2,11	-2,21	-2,32	-2,43
1,40	-1,50	-1,56	-1,63	-1,69	-1,77	-1,85	-1,93	-2,02	-2,11	-2,22
1,50	-1,42	-1,48	-1,54	-1,61	-1,68	-1,75	-1,83	-1,92	-2,01	-2,11
1,60	-1,37	-1,43	-1,49	-1,55	-1,62	-1,69	-1,76	-1,85	-1,93	-2,03
1,80	-1,29	-1,35	-1,40	-1,46	-1,53	-1,59	-1,67	-1,75	-1,83	-1,92
2,00	-1,25	-1,30	-1,35	-1,41	-1,47	-1,54	-1,61	-1,68	-1,76	-1,85
3,0	-1,15	-1,20	-1,25	-1,30	-1,36	-1,42	-1,49	-1,56	-1,63	-1,71

Korrekturtafeln der Atomformfaktoren bei anomaler Dispersion
$\Delta f''$ als Funktion von λ/λ_K und δ_K

λ/λ_K \\ δ_K	0,12	0,14	0,16	0,18	0,20	0,22	0,24	0,26	0,28	0,30
0,0	0,00	0,00	0,00	0,00	0,00	0,00	0,00	0,00	0,00	0,00
0,1	0,04	0,04	0,05	0,05	0,05	0,05	0,05	0,06	0,06	0,06
0,2	0,16	0,17	0,17	0,18	0,19	0,20	0,21	0,22	0,23	0,25
0,3	0,35	0,36	0,38	0,40	0,42	0,44	0,46	0,48	0,51	0,54
0,4	0,60	0,63	0,65	0,68	0,72	0,75	0,79	0,83	0,87	0,92
0,5	0,91	0,95	0,99	1,03	1,08	1,13	1,18	1,24	1,31	1,37
0,6	1,26	1,32	1,37	1,43	1,50	1,56	1,64	1,72	1,80	1,89
0,7	1,66	1,73	1,80	1,88	1,96	2,04	2,14	2,24	2,34	2,46
0,8	2,09	2,17	2,26	2,35	2,45	2,56	2,67	2,79	2,92	3,05
0,9	2,55	2,65	2,75	2,86	2,98	3,10	3,23	3,37	3,52	3,67
1,0	3,03	3,14	3,26	3,38	3,52	3,65	3,80	3,96	4,12	4,30

Tafel B 8
δ_K der Elemente

Z	Element	δ_K	Z	Element	δ_K	Z	Element	δ_K	Z	Element	δ_K
20	Ca	0,240	39	Y	0,188	58	Ce	0,156	77	Ir	0,141
21	Sc	0,233	40	Zr	0,186	59	Pr	0,155	78	Pt	0,140
22	Ti	0,227	41	Nb	0,184	60	Nd	0,154	79	Au	0,140
23	V	0,223	42	Mo	0,182	61	Pm	0,153	80	Hg	0,139
24	Cr	0,218	43	Ti	0,180	62	Sm	0,152	81	Tl	0,138
25	Mn	0,216	44	Ru	0,179	63	Eu	0,151	82	Pb	0,138
26	Fe	0,215	45	Rh	0,177	64	Gd	0,150	83	Bi	0,137
27	Co	0,212	46	Pd	0,176	65	Tb	0,150	84	Po	0,136
28	Ni	0,209	47	Ag	0,174	66	Dy	0,149	85	Al	0,136
29	Cu	0,207	48	Cd	0,172	67	Ho	0,148	86	Rn	0,135
30	Zn	0,205	49	In	0,170	68	Er	0,147	87	Fr	0,134
31	Ga	0,203	50	Sn	0,169	69	Tm	0,147	88	Ra	0,134
32	Ge	0,201	51	Sb	0,167	70	Yb	0,146	89	Ac	0,133
33	As	0,200	52	Te	0,166	71	Lu	0,145	90	Th	0,132
34	Se	0,198	53	J	0,163	72	Hf	0,144	91	Pa	0,132
35	Br	0,196	54	Xe	0,162	73	Ta	0,144	92	U	0,131
36	Kr	0,194	55	Cs	0,160	74	W	0,143			
37	Rb	0,192	56	Ba	0,159	75	Re	0,142			
38	Sr	0,190	57	La	0,158	76	Os	0,142			

Tafel B 9
Werte des Faktors $B' = \dfrac{6\,h^2}{k}\left\{\dfrac{\Phi(x)}{x} + \dfrac{1}{4}\right\}$

x	$B' \cdot 10^{36}$	x	$B' \cdot 10^{36}$	x	$B' \cdot 10^{36}$	x	$B' \cdot 10^{36}$
0	∞	0,8	2,39	2,5	0,876	10,0	0,501
0,1	18,79	0,9	2,13	3,0	0,772	12,0	0,491
0,2	8,98	1,0	1,93	4,0	0,652	14,0	0,485
0,3	6,29	1,2	1,62	5,0	0,590	16,0	0,482
0,4	4,72	1,4	1,41	6,0	0,555	20,0	0,477
0,5	3,78	1,6	1,26	7,0	0,533		
0,6	3,16	1,8	1,13	8,0	0,518		
0,7	2,72	2,0	1,04	9,0	0,508		

Tafel B 10
Charakteristische Temperaturen Θ (Bestimmt aus C_v-Messungen)

	Θ [°K]		Θ [°K]		Θ [°K]		Θ [°K]
H₂ . . .	(105)	Ca . . .	230	Ag	212	Hg . .	(95)
D₂ . . .	(97)	Cr . . .	485	Cd	(160)	TL . .	(93)
He . . .	25—35	Fe . . .	434	Sn (weiß) .	(130)	Pb . .	88
Be . . .	(900)	Co . . .	410	J	(106)	Bi . . .	(100)
Ne . . .	64	Ni . .	400	Xe	55	NaCl .	281
Na . . .	202	Cu . .	320	Ta	245	KCl . .	230
Mg . . .	(320)	Zn . .	(220)	W	310	KBr . .	177
Al . . .	390	Kr . .	63	Ir	285	CaF₂ . .	474
A . . .	80	Mo . .	380	Pt	230	FeS₂ .	645
K . . .	126	Pd . .	275	Au	175	MgO .	750
						Diamant	1860

Die in Klammern eingeschlossenen Θ-Werte gehören zu Elementen, die nicht-kubisch kristallisieren.

Tafel B 11

Debye-Waller-Temperaturfaktor $e^{-B\left(\frac{\sin\Theta}{\lambda}\right)^2}$

$10^{-8} \cdot \frac{\sin\Theta}{\lambda}$	0,0	0,1	0,2	0,3	0,4	0,5	0,6	0,7	0,8	0,9	1,0	1,1	1,2
$B \cdot 10^{16}$ = 0,0	1,000	1,000	1,000	1,000	1,000	1,000	1,000	1,000	1,000	1,000	1,000	1,000	1,000
0,1	1,000	0,999	0,996	0,991	0,984	0,975	0,964	0,952	0,938	0,923	0,905	0,886	0,866
0,2	1,000	998	992	982	968	951	931	906	880	850	819	785	750
0,3	1,000	997	988	973	953	928	898	863	826	784	741	695	649
0,4	1,000	996	984	964	938	905	866	821	774	724	670	616	562
0,5	1,000	995	980	955	924	882	834	782	726	667	607	548	487
0,6	1,000	994	976	947	909	860	804	745	681	615	549	484	421
0,7	1,000	993	972	939	894	839	776	710	639	567	497	429	365
0,8	1,000	992	968	931	880	818	750	676	599	523	449	380	314
0,9	1,000	991	964	923	866	798	724	644	561	482	406	336	273
1,0	1,000	990	960	915	852	779	698	613	527	445	368	298	236
1,1	1,000	989	957	907	839	759	672	584	494	410	333	264	205
1,2	1,000	988	953	898	826	740	649	556	464	378	301	234	178
1,3	1,000	987	950	890	813	722	626	529	435	349	273	207	154
1,4	1,000	986	946	882	800	704	604	503	408	322	247	184	133
1,5	1,000	985	942	874	787	687	582	479	383	297	223	167	116
1,6	1,000	984	938	866	774	670	562	458	359	274	202	144	100
1,7	1,000	983	935	858	762	654	543	436	337	252	183	128	086
1,8	1,000	982	931	850	750	638	523	414	316	233	165	113	075
1,9	1,000	981	927	842	739	622	505	394	296	215	149	100	065
2,0	1,000	980	924	834	727	607	487	375	278	198	135	089	056
2,2	1,000	978	916	820	719	577	452	340	245	169	110	—	—
2,4	1,000	976	908	806	698	549	421	327	215	144	090	—	—
2,6	1,000	974	901	791	677	522	391	283	190	122	074	—	—
2,8	1,000	972	894	777	657	497	361	254	167	108	060	—	—
3,0	1,000	970	887	763	638	472	348	230	147	089	049	—	—
3,5	1,000	966	869	730	592	419	284	180	106	059	036	—	—
4,0	1,000	961	852	698	549	368	237	141	078	039	018	—	—
4,5	1,000	956	835	667	487	325	198	111	056	—	—	—	—
5,0	1,000	951	819	638	449	287	165	106	041	—	—	—	—
5,5	1,000	946	793	610	415	253	138	068	027	—	—	—	—
6,0	1,000	942	786	583	383	223	115	054	011	—	—	—	—
7,0	1,000	932	763	533	326	174	080	—	—	—	—	—	—
8,0	1,000	923	726	487	278	135	056	—	—	—	—	—	—
9,0	1,000	914	698	445	237	105	039	—	—	—	—	—	—
10,0	1,000	905	670	407	202	082	027	—	—	—	—	—	—

Tafel B 12

Massenschwächungskoeffizient μ/ϱ in $g^{-1}\,cm^2$ für verschiedene Wellenlängen
(Durch Interpolation erhalten aus den Werten von J. A. VICTOREEN: J. appl. Physics **20**, 1141 (1949))

z	Element	λ 0,200	0,5608 Ag	0,6147 Rh	0,7107 Mo	1,436 Zn	1,542 Cu	1,659 Ni	1,790 Co	1,937 Fe	2,103 Mn	2,291 Cr	2,50 V
1	H	0,326	0,370	0,37	0,38	0,44	0,46	0,47	0,48	0,49	0,50	0,55	0,59
2	He	0,165	0,191	0,199	0,18	0,31	0,37	0,43	0,52	0,64	0,74	0,86	1,00
3	Li	0,143	0,187	0,20	0,22	0,54	0,68	0,87	1,13	1,48	1,76	2,11	2,49
4	Be	0,149	0,22	0,25	0,30	1,02	1,35	1,80	2,42	3,24	3,90	4,74	5,79
5	B	0,157	0,30	0,35	0,45	2,51	3,06	3,79	4,67	5,80	7,36	9,37	9,52
6	C	0,177	0,42	0,51	0,70	4,43	5,50	6,76	8,50	10,7	13,8	17,9	18,8
7	N	0,181	0,60	0,70	1,10	6,85	8,51	10,7	13,6	17,3	21,8	27,7	30,9
8	O	0,189	0,80	1,00	1,50	11,4	12,7	16,2	20,2	25,2	32,2	40,1	47,3
9	F	0,191	1,00	1,32	1,93	14,4	17,5	21,5	36,6	33,0	41,1	51,6	64,66
10	Ne	0,215	1,41	1,80	2,67	20,2	24,6	30,2	37,2	46,0	57,6	72,7	93,29
11	Na	0,225	1,75	2,25	3,36	25,6	30,9	37,9	46,2	56,9	72,3	92,5	119
12	Mg	0,254	2,27	2,93	4,38	33,0	40,6	47,9	60,0	75,7	95,2	120	159
13	Al	0,274	2,74	3,60	(5,30)	40,0	48,7	58,4	73,4	92,8	117	149	195
14	Si	0,310	3,44	4,52	6,70	49,5	60,3	75,8	94,1	116	146	192	244
15	P	0,337	4,20	5,36	7,98	59,4	73,0	90,5	113	141	177	223	289
16	S	0,390	5,15	6,65	10,03	75,0	91,3	112	139	175	217	273	356
17	Cl	0,422	5,86	7,50	11,62	85,0	103	126	158	199	245	308	402
18	A	0,446	6,40	8,00	12,55	93,0	113	141	174	217	270	341	437
19	K	0,542	8,05	10,7	16,7	119	143	179	218	269	330	425	537
20	Ca	0,626	9,66	12,8	19,8	142	172	210	257	317	400	508	619
21	Sc	—	10,5	13,8	21,1	153	185	222	273	338	428	545	—
22	Ti	0,726	11,8	15,8	23,7	167	204	247	304	377	475	603	—
23	V	—	13,3	17,7	26,5	186	227	275	339	422	530	77,3	—
24	Cr	0,910	15,7	20,4	30,4	213	259	316	392	490	70,5	89,9	—
25	Mn	—	17,4	22,6	33,5	234	284	348	431	63,6	79,6	99,4	—
26	Fe	1,134	19,9	25,8	38,3	270	324	397	59,5	72,8	90,9	115	147
27	Co	1,26	21,8	28,1	41,6	292	354	54,4	65,9	80,6	102	126	—
28	Ni	1,420	25,0	32,3	47,4	325	49,3	61,0	75,1	93,1	116	145	180
29	Cu	1,495	26,4	34,0	49,7	42,0	52,7	65,0	79,8	98,8	123	154	197

Tafel B 12 (Fortsetzung)

Massenschwächungskoeffizient μ/ϱ in $\mathrm{g^{-1}\,cm^2}$ für verschiedene Wellenlängen

Z	Element	λ 0,200	0,5608 Ag	0,6147 Rh	0,7101 Mo	1,436 Zn	1,542 Cu	1,659 Ni	1,790 Co	1,037 Fe	2,103 Mn	2,291 Cr	2,50 V
30	Zn	1,65	28,2	37,7	54,8	49,3	59,0	72,1	88,5	109	135	169	228
31	Ga	—	30,8	39,7	57,3	52,4	63,3	76,9	94,3	116	144	179	—
32	Ge	1,90	33,5	42,8	63,4	57,6	69,4	84,2	104	128	158	196	—
33	As.	—	36,5	46,0	69,5	63,5	76,5	93,8	115	142	175	218	—
34	Se	2,198	38,5	49,0	74,0	69,4	82,8	101	125	152	188	235	—
35	Br. . . .	2,43	42,3	53,5	82,2	77,0	92,6	112	137	169	206	264	—
36	Kr	2,58	45,0	57,5	88,1	83,0	100	122	148	182	226	285	—
37	Rb	2,80	48,2	62,8	94,4	91,5	109	133	161	197	246	309	—
38	Sr.	3,03	52,1	68,3	101,1	100	119	145	176	214	266	334	—
39	Y	—	55,5	74,0	109,9	107	129	158	192	235	289	360	—
40	Zr.	—	61,1	80,9	17,2	118	143	173	211	260	317	391	—
41	Nb	—	65,8	86,0	18,7	126	153	183	225	279	338	415	—
42	Mo . . .	4,05	70,7	91,6	20,2	136	164	197	242	299	360	439	—
44	Ru	—	79,9 (α_1) 12,2 (α_2)	15,4	23,4	153	185	221	272	337	404	488	—
45	Rh	—	13,1	16,6	25,3	165	198	240	293	361	432	522	—
46	Pd	5,13	13,8	17,6	26,7	173	207	254	308	376	450	545	—
47	Ag	5,50	14,8	19,1	28,6	192	223	276	332	402	486	585	710
48	Cd	—	15,5	20,1	29,9	202	234	289	352	417	500	608	—
49	In.	—	16,5	21,7	31,8	214	252	307	366	440	531	648	—
50	Sn	6,32	17,4	22,9	33,3	230	265	322	382	457	555	681	850
51	Sb	—	18,6	24,6	35,3	245	284	342	404	482	589	727	—
52	Te.	6,76	19,1	25,0	36,1	248	289	347	410	488	598	742	—
53	J	7,29	20,9	27,3	39,2	269	314	375	442	527	650	808	—
54	Xe	7,54	22,1	28,5	41,3	283	330	392	463	552	680	852	—
55	Cs.	—	23,6	30,0	43,3	298	347	410	486	579	715	844	—
56	Ba	8,22	24,5	31,1	45,2	307	359	423	501	599	677	819	—
57	La	—	26,0	33,0	47,9	—	378	444	—	632	—	218	—
58	Ce	8,18	28,4	35,8	52,0	358	407	476	549	636	670	235	—
59	Pr	—	29,4	37,2	54,5	—	422	493	—	624	—	251	—
60	Nd	8,88	30,5	38,8	57,0	—	437	510	—	651	—	263	—

Tafel B 12 (Fortsetzung)

Massenschwächungskoeffizient μ/ϱ in $g^{-1}\,cm^2$ für verschiedene Wellenlängen

Z	Element	λ 0,200	0,5608 Ag	0,6147 Rh	0,7101 Mo	1,436 Zn	1,542 Cu	1,659 Ni	1,790 Co	1,937 Fe	2.103 Mn	2,291 Cr	2,50 V
62	Sm	—	33,1	41,2	62,3	—	467	519	—	183	—	289	—
63	Eu	—	35,0	44,5	65,9	—	461	498	—	193	—	306	—
64	Gd	—	35,8	45,7	68,0	—	470	509	—	199	—	316	—
65	Tb . . .	10,64	37,5	47,9	71,7	—	435	140	—	211	—	333	—
66	Dy	—	39,1	49,9	75,0	—	462	146	—	220	—	345	—
67	Ho	—	41,3	52,7	79,3	—	128	153	—	232	—	361	—
68	Er. . . .	—	42,6	54,6	82,0	—	133	159	—	242	—	370	—
69	Tm	—	44,8	57,6	86,3	—	139	168	—	257	—	387	—
70	Yb . . .	—	46,1	59,4	88,7	—	144	174	—	265	—	396	—
71	Lu	—	48,4	62,6	93,2	—	151	184	—	281	—	414	—
72	Hf	—	50,6	65,0	96,9	—	157	191	—	291	—	426	—
73	Ta	3,4	52,2	67,7	100,7	136	164	200	246	305	364	440	—
74	W.	3,5	54,6	70,7	105,4	143	171	209	258	320	380	456	—
76	Os.	—	58,6	76,3	112,9	152	186	226	278	346	406	480	—
77	Ir	—	61,2	80,0	117,9	160	194	237	292	362	422	498	—
78	Pt	4,25	64,2	83,8	123	172	205	248	304	376	436	518	596
79	Au	4,4	66,7	87,1	128	179	214	260	317	390	456	537	—
80	Hg	—	69,3	90,1	132	186	223	272	330	404	471	552	—
81	Tl.	—	71,7	92,4	136	194	231	282	341	416	484	568	—
82	Pb	4,9	74,4	95,8	141	202	241	294	354	429	499	585	—
83	Bi.	5,1	78,1	100,4	145	214	253	310	372	448	522	612	—
86	Nt	—	84,7	109,1	159	—	278	341	—	476	—	657	—
88	Ra	—	91,1	117	172	258	304	371	433	509	598	708	—
90	Th	—	97,0	119	143	286	327	399	460	536	633	755	—
92	U	5,4	104,2	129	153	310	352	423	488	566	672	805	560
	Luft	0,186	0,6	0,62	1	8,9	9,8	—	15	20	24	—	40
	Wasser.	0,21	0,7	0,72	1,2	9,2	10,2	—	17	21	25	—	42,1
	Nylon	0,19	0,4	0,55	0,7	4,8	5,00	—	8	11	14	—	22,5
	Polyäthylen . . .	0,20	0,38	0,45	0,6	3,4	4,2	—	6	8	10	—	16,2
	Polystyrol	0,19	0,4	0,46	0,62	3,5	4,5	—	7	9	11	—	17,4

Tafel B 13

$A(\Theta)$ für homogene zylindrische Proben (Absolutwerte)

$\sin^2\Theta$	0	0,0302	0,1170	0,2500	0,4132	0,5868	0,7500	0,8830	0,9699	1
$\mu\,r$ $\diagdown$ Θ	0°	10°	20°	30°	40°	50°	60°	70°	80°	90°
0,0	1,—	1,—	1,—	1,—	1,—	1,—	1,—	1,—	1,—	1, —
0,1	0,847	0,8475	0,9481	0,8486	0,8493	0,8499	0,850	0,8502	0,8505	0,851
0,2	712	7135	7150	7165	7181	7200	7222	7245	7270	729
0,3	600	6022	6050	6082	6120	6170	6221	6252	6310	635
0,4	510	5135	5162	5200	5245	5308	5390	5460	5510	556
0,5	435	4362	4401	4465	4540	4626	4720	4800	4875	490
0,6	369	3709	3759	3832	3910	4020	4145	4255	4330	436
0,7	314	3160	3220	3312	3420	3555	3690	3801	3899	393
0,8	268	2701	2762	2862	2985	3130	3278	3410	3520	356
0,9	230	2320	2385	2500	2640	2792	2945	3088	3198	324
1,0	1977	2002	2075	2190	2338	2507	2672	2810	2910	295
1,1	1698	1722	1800	1920	2070	2250	2434	2582	2685	2715
1,2	1459	1487	1571	1702	1865	2052	2232	2381	2473	2510
1,3	1256	1285	1375	1512	1680	1870	2050	2202	2303	2335
1,4	1084	1115	1203	1342	1518	1710	1892	2044	2148	2180
1,5	0,0938	0,0967	1060	1200	1374	1569	1749	1900	2012	2050
1,6	0811	841	0,0940	1085	1260	1452	1632	1808	1900	1932
1,7	0710	744	839	0,0980	1153	1345	1525	1679	1783	1824
1,8	0615	695	747	888	1063	1250	1426	1580	1692	1730
1,9	0537	571	670	812	0,0983	1171	1346	1496	1605	1644
2,0	0471	502	600	741	914	1099	1271	1420	1528	1567
2,1	0416	450	545	683	856	1039	1205	1348	1455	1493
2,2	0367	402	500	636	800	0,0961	1146	1277	1388	1426
2,3	0324	356	453	588	748	901	1083	1225	1330	1365
2,4	0287	317	412	548	706	859	1037	1169	1271	1309
2,5	0255	288	380	510	665	812	0,0987	1120	1220	1256
2,6	0227	258	349	478	631	777	947	1073	1173	1211
2,7	0202	233	322	447	594	737	903	1032	1131	1167
2,8	01803	212	300	420	563	702	870	0,0998	1095	1127
2,9	01607	190	277	395	534	671	833	960	1056	1089
3,0	01436	173	262	375	510	640	797	914	0,0993	1054
3,1	01288	158	244	356	490	627	766	890	984	1021
3,2	01159	142	228	338	468	604	740	862	956	0,0990
3,3	01049	130	215	321	447	582	715	836	928	961
3,4	0,00955	121	205	306	430	561	691	810	900	983
3,5	871	111	192	293	413	541	670	786	874	906
3,6	796	106	179	281	399	521	649	762	850	881
3,7	729	0,00988	171	270	384	504	628	742	828	858
3,8	670	928	1625	260	370	489	611	722	806	836
3,9	617	867	1552	250	358	473	595	701	786	815
4,0	568	810	1478	239	347	458	576	682	764	794
4,1	525	755	1402	230	335	445	559	663	745	774
4,2	488	715	1345	222	324	432	544	645	726	755
4,3	453	678	1288	215	315	420	528	630	710	738
4,4	420	641	1240	207	305	408	517	615	692	721
4,5	391	604	1190	201	297	398	502	600	677	705
4,6	364	569	1141	195	289	388	492	587	662	689
4,7	340	539	1100	1887	281	378	449	574	650	675
4,8	316	518	1061	1834	274	370	467	560	636	661
4,9	2945	492	1032	1784	267	361	557	550	622	647
5,0	2755	468	1000	1738	260	352	448	540	610	635

Tafel B 14

$A(\Theta)$ für homogene zylindrische Proben (Relativwerte bezogen auf $A(90) = 100$)

$\sin^2\Theta$	0	0,0302	0,1170	0,2500	0,4132	0,5868	0,7500	0,8830	0,9699	1
$\mu\,r$ \ Θ	0	10°	20°	30°	40°	50°	60°	70°	80°	90°
5,0	4,34	7,28	15,83	27,33	40,85	55,54	70,8	84,8	94,7	100
5,5	3,50	6,44	14,90	26,35	39,90	54,76	70,0	84,3	94,5	100
6,0	2,91	5,81	14,19	25,57	39,06	53,89	69,3	83,9	94,4	100
6,5	2,44	5,32	13,59	24,92	38,40	53,27	68,9	83,6	94,3	100
7,0	2,12	4,96	13,12	24,35	37,82	52,74	68,4	83,4	94,2	100
7,5	1,83	4,67	12,70	23,88	37,47	52,25	68,0	83,1	94,1	100
8,0	1,61	4,39	12,36	23,47	36,85	51,83	67,7	82,9	94,0	100
8,5	1,44	4,17	12,05	23,11	36,45	51,48	67,4	82,7	93,95	100
9,0	1,26	3,98	11,78	22,76	36,10	51,14	67,1	82,5	93,9	100
9,5	1,14	3,82	11,57	22,50	35,80	50,88	66,9	82,3	93,85	100
10	1,02	3,69	11,37	22,24	35,54	50,60	66,7	82,2	93,8	100
11	0,84	3,50	11,06	21,84	35,09	50,16	66,3	82,0	93,7	100
12	0,69	3,32	10,78	21,50	34,71	49,75	66,0	81,8	93,6	100
13	0,59	3,15	10,53	21,18	34,35	49,40	65,7	81,6	93,5	100
14	0,50	3,03	10,30	20,92	34,09	49,17	65,5	81,4	93,45	100
15	0,44	2,93	10,08	20,72	33,85	48,94	65,3	81,3	93,4	100
16	0,39	2,86	9,90	20,52	33,66	48,73	65,1	81,2	93,4	100
17	0,35	2,80	9,73	20,37	33,47	48,57	65,0	81,1	93,35	100
18	0,31	2,75	9,57	20,22	33,30	48,42	64,9	81,0	93,35	100
19	0,28	2,72	9,45	20,06	33,16	48,28	64,8	80,95	93,3	100
20	0,25	2,70	9,35	19,93	33,01	48,16	64,7	80,9	93,3	100
25	0,16	2,60	9,17	19,55	32,58	47,86	64,3	80,7	—	100
30	0,11	2,51	9,03	12,26	32,20	47,55	64,0	80,5	—	100
35	0,08	2,42	8,90	19,04	31,94	47,29	63,8	80,3	93,2	100
40	0,06	2,35	8,80	19,78	31,75	47,07	63,6	80,2	—	100
45	0,05	2,30	8,72	19,65	31,61	46,90	63,5	80,1	—	100
50	0,04	2,26	8,64	18,54	31,50	46,75	63,4	79,95	93,1	100
60	0,03	2,22	8,56	18,42	31,37	46 60	63,3	79,9	—	100
70	0,02	2,20	8,49	18,33	31,27	46,46	63,2	—	—	100
80	0,015	2,18	8,43	18,27	31,20	46,35	63,1	79,8	93,0	100
90	0,013	2,17	8,37	18,23	31,15	46,27	63,05	—	—	100
100	0,01	2,16	8,33	18,19	31,10	46,20	63,0	79,8	92,9	100
										—
∞	0,00	2,07	8,03	17,77	30,55	45,80	62,6	79,5	92,8	100

Tafel B 15

$A(\Theta)$ für Kristallpulver auf zylindrische Träger (Absolutwerte)

$$r_g/r = 0,4$$

μ_g	μr \ Θ	sin²Θ 0 / 0°	0,0302 / 10°	0,1170 / 20°	0,2500 / 30°	0,4132 / 40°	0,5868 / 50°	0,7500 / 60°	0,8830 / 70°	0,9699 / 80°	1 / 90°
200	0,1	0,559	0,560	0,566	0,570	0,573	0,601	0,650	0,688	0,712	0,721
	0,25	0,434	0,440	0,450	0,458	0,467	0,493	0,538	0,566	0,590	0,597
	0,50	0,317	0,320	0,330	0,342	0,359	0,386	0,420	0,447	0,465	0,473
	0,75	0,224	0,228	0,239	0,256	0,276	0,302	0,329	0,352	0,367	0,372
	1,00	0,160	0,167	0,178	0,196	0,216	0,245	0,273	0,296	0,311	0,316
	1,25	0,119	0,124	0,135	0,153	0,174	0,202	0,226	0,249	0,262	0,269
	1,50	0,089	0,092	0,104	0,121	0,144	0,170	0,193	0,216	0,226	0,232
	1,75	0,063	0,068	0,082	0,097	0,125	0,143	0,169	0,187	0,199	0,204
	2,00	0,045	0,0484	0,0625	0,0800	0,108	0,124	0,146	0,165	0,176	0,181
	2,25	0,0360	0,0399	0,053	0,068	0,093	0,108	0,127	0,147	0,156	0,162
	2,50	0,0268	0,0310	0,0430	0,058	0,080	0,096	0,115	0,132	0,142	0,146
	2,75	0,0207	0,0241	0,0359	0,051	0,069	0,087	0,105	0,121	0,129	0,132
	3,00	0,0155	0,0188	0,0305	0,044	0,060	0,078	0,095	0,110	0,120	0,123
	3,50	0,0102	0,0132	0,0225	0,0342	0,048	0,065	0,083	0,095	0,107	0,108
	4,00	0,0067	0,0095	0,0175	0,0281	0,041	0,056	0,071	0,084	0,094	0,0942
	4,50	0,0045	0,0071	0,0136	0,0244	0,0352	0,049	0,063	0,074	0,083	0,085
	5,00	0,0034	0,0055	0,0115	0,0208	0,0310	0,044	0,056	0,066	0,074	0,077
	6,00	0,0020	0,0038	0,0089	0,0162	0,0247	0,0351	0,046	0,055	0,061	0,0630
	7,00	0,0012	0,0030	0,0069	0,0126	0,0201	0,0292	0,0388	0,047	0,052	0,054
	8,00	0,0008	0,0021	0,0058	0,0104	0,0172	0,0255	0,0341	0,041	0,046	0,0473
	10,00	0,0004	0,0012	0,0043	0,0087	0,0133	0,0200	0,0270	0,0329	0,0366	0,0379

$$r_g/r = 0,4$$

μ_g	μr	0°	10°	20°	30°	40°	50°	60°	70°	80°	90°
30	0,1	0,759	0,760	0,763	0,765	0,766	0,771	0,779	0,786	0,791	0,793
	0,25	0,596	0,603	0,606	0,612	0,615	0,621	0,632	0,642	0,644	0,646
	0,50	0,435	0,439	0,450	0,458	0,464	0,475	0,486	0,496	0,503	0,505
	0,75	0,308	0,311	0,323	0,335	0,346	0,361	0,376	0,389	0,397	0,400
	1,00	0,222	0,225	0,238	0,250	0,264	0,281	0,300	0,315	0,325	0,329
	1,25	0,156	0,165	0,173	0,184	0,205	0,226	0,245	0,263	0,273	0,280
	1,50	0,112	0,118	0,126	0,141	0,162	0,184	0,208	0,218	0,232	0,236
	1,75	0,082	0,090	0,098	0,114	0,133	0,154	0,174	0,192	0,203	0,211
	2,00	0,062	0,066	0,077	0,092	0,111	0,132	0,152	0,169	0,180	0,184
	2,25	0,049	0,053	0,064	0,078	0,094	0,117	0,134	0,150	0,159	0,166
	2,50	0,0356	0,0397	0,051	0,065	0,082	0,101	0,120	0,136	0,145	0,149
	2,75	0,0273	0,0318	0,042	0,055	0,074	0,091	0,108	0,122	0,132	0,138
	3,00	0,0213	0,0243	0,0348	0,048	0,064	0,082	0,098	0,113	0,122	0,125
	3,50	0,0133	0,0151	0,0248	0,0369	0,050	0,066	0,084	0,105	0,106	0,108
	4,00	0,0080	0,0098	0,0184	0,0291	0,042	0,056	0,071	0,084	0,094	0,0942
	4,50	0,0054	0,0073	0,0144	0,0250	0,0364	0,048	0,063	0,074	0,083	0,085
	5,00	0,0036	0,0054	0,0119	0,0213	0,0317	0,043	0,056	0,066	0,074	0,077
	6,00	0,0019	0,0035	0,0089	0,0162	0,0247	0,0351	0,046	0,055	0,061	0,0630
	7,00	0,0013	0,0026	0,0069	0,0125	0,0203	0,0290	0,0388	0,047	0,052	0,054
	8,00	0,0008	0,0021	0,0058	0,0104	0,0172	0,0255	0,0341	0,041	0,046	0,0473
	10,00	0,0004	0,0012	0,0043	0,0087	0,0133	0,0200	0,0270	0,0329	0,0366	0,0379

Tafel B 15 (Fortsetzung)

$A(\Theta)$ für Kristallpulver auf zylindrischen Trägern (Absolutwerte)

$$r_g/r = 0,4$$

μ_g	$\sin^2\Theta$ μr / Θ	0	0,0302	0,1170	0,2500	0,4132	0,5868	0,7500	0,8830	0,9699	1
		0°	10°	20°	30°	40°	50°	60°	70°	80°	90°
5	0,1	0,850	0,850	0,849	0,850	0,850	0,851	0,853	0,855	0,856	0,858
	0,25	0,668	0,669	0,670	0,676	0,676	0,678	0,685	0,692	0,693	0,693
	0,50	0,490	0,495	0,500	0,504	0,505	0,514	0,522	0,529	0,534	0,535
	0,75	0,356	0,359	0,361	0,367	0,375	0,386	0,400	0,412	0,419	0,423
	1,00	0,251	0,253	0,257	0,265	0,282	0,301	0,316	0,329	0,338	0,341
	1,25	0,175	0,181	0,196	0,205	0,222	0,243	0,262	0,271	0,281	0,286
	1,50	0,128	0,133	0,148	0,162	0,175	0,194	0,214	0,229	0,239	0,243
	1,75	0,097	0,102	0,116	0,129	0,143	0,163	0,181	0,196	0,207	0,211
	2,00	0,070	0,075	0,089	0,103	0,117	0,135	0,155	0,172	0,182	0,186
	2,25	0,055	0,059	0,074	0,087	0,101	0,113	0,136	0,151	0,162	0,166
	2,50	0,0398	0,044	0,058	0,071	0,085	0,103	0,122	0,137	0,147	0,150
	2,75	0,0301	0,0353	0,047	0,060	0,073	0,092	0,111	0,123	0,131	0,136
	3,00	0,0231	0,0269	0,0378	0,051	0,065	0,082	0,100	0,114	0,123	0,126
	3,50	0,0135	0,0170	0,0262	0,0396	0,050	0,067	0,084	0,105	0,106	0,109
	4,00	0,0086	0,0112	0,0194	0,0320	0,044	0,056	0,071	0,084	0,094	0,0944
	4,50	0,0055	0,0075	0,0150	0,0258	0,0359	0,049	0,063	0,074	0,083	0,085
	5,00	0,0036	0,0055	0,0124	0,0225	0,0315	0,043	0,056	0,066	0,074	0,077
	6,00	0,0019	0,0033	0,0089	0,0162	0,0247	0,0351	0,046	0,055	0,061	0,0630
	7,00	0,0011	0,0026	0,0069	0,0125	0,0203	0,0294	0,0388	0,047	0,052	0,054
	8,00	0,0008	0,0021	0,0058	0,0104	0,0172	0,0255	0,0341	0,041	0,046	0,0473
	10,00	0,0004	0,0012	0,0043	0,0087	0,0133	0,0200	0,0270	0,0329	0,0366	0,0379

$$r_g/r = 0,5$$

μ_g	μr	0°	10°	20°	30°	40°	50°	60°	70°	80°	90°
200	0,1	0,486	0,489	0,496	0,502	0,509	0,527	0,556	0,625	0,667	0,686
	0,25	0,384	0,386	0,396	0,410	0,422	0,434	0,475	0,531	0,564	0,581
	0,50	0,287	0,289	0,302	0,318	0,336	0,364	0,397	0,437	0,462	0,473
	0,75	0,210	0,214	0,227	0,246	0,269	0,298	0,330	0,364	0,385	0,395
	1,00	0,152	0,157	0,171	0,192	0,216	0,248	0,275	0,305	0,323	0,330
	1,25	0,113	0,119	0,133	0,153	0,183	0,212	0,237	0,266	0,285	0,293
	1,50	0,086	0,088	0,101	0,124	0,151	0,180	0,204	0,233	0,252	0,260
	1,75	0,065	0,069	0,081	0,102	0,128	0,153	0,176	0,203	0,219	0,226
	2,00	0,048	0,052	0,066	0,085	0,108	0,133	0,156	0,178	0,192	0,198
	2,25	0,0378	0,043	0,056	0,073	0,095	0,118	0,137	0,159	0,174	0,180
	2,50	0,0295	0,0328	0,046	0,063	0,082	0,105	0,126	0,144	0,156	0,161
	2,75	0,0230	0,0267	0,0394	0,055	0,072	0,094	0,113	0,131	0,144	0,149
	3,00	0,0180	0,0216	0,0332	0,048	0,066	0,086	0,105	0,122	0,134	0,138
	3,50	0,0114	0,0152	0,0250	0,0376	0,057	0,070	0,089	0,105	0,117	0,121
	4,00	0,0076	0,0101	0,0194	0,0311	0,050	0,060	0,076	0,091	0,102	0,105
	4,50	0,0052	0,0084	0,0159	0,0264	0,042	0,053	0,067	0,081	0,091	0,096
	5,00	0,0037	0,0068	0,0135	0,0229	0,0361	0,047	0,060	0,072	0,081	0,086
	6,00	0,0024	0,0046	0,0106	0,0184	0,0276	0,0385	0,049	0,060	0,068	0,071
	7,00	0,0014	0,0032	0,0084	0,0146	0,0247	0,0333	0,041	0,051	0,058	0,061
	8,00	0,0009	0,0026	0,0068	0,0125	0,0195	0,0297	0,0357	0,045	0,051	0,053
	10,00	0,0004	0,0018	0,0046	0,0095	0,0150	0,0217	0,0281	0,0357	0,041	0,042

Tafel B 15 (Fortsetzung)

$A(\Theta)$ für Kristallpulver auf zylindrischen Trägern (Absolutwerte)
$r_g/r = 0,5$

| μ_g | μr \ $\sin^2\Theta$ | 0 | 0,0302 | 0,1170 | 0,2500 | 0,4132 | 0,5868 | 0,7500 | 0,8830 | 0,9699 | 1 |
	Θ	0°	10°	20°	30°	40°	50°	60°	70°	80°	90°
	0,1	0,726	0,724	0,725	0,726	0,727	0,731	0,737	0,755	0,766	0,771
	0,25	0,586	0,586	0,586	0,587	0,594	0,600	0,612	0,627	0,637	0,642
	0,50	0,438	0,439	0,442	0,450	0,460	0,472	0,487	0,501	0,510	0,515
	0,75	0,320	0,320	0,329	0,343	0,355	0,368	0,380	0,400	0,412	0,420
	1,00	0,238	0,239	0,249	0,263	0,279	0,295	0,312	0,330	0,342	0,348
	1,25	0,175	0,180	0,192	0,208	0,226	0,246	0,263	0,285	0,297	0,302
	1,50	0,133	0,136	0,146	0,163	0,184	0,205	0,223	0,243	0,255	0,260
	1,75	0,100	0,106	0,117	0,132	0,150	0,171	0,189	0,210	0,223	0,231
	2,00	0,076	0,080	0,090	0,106	0,126	0,145	0,163	0,183	0,196	0,201
30	2,25	0,057	0,062	0,073	0,088	0,106	0,138	0,144	0,159	0,174	0,180
	2,50	0,044	0,048	0,060	0,076	0,094	0,113	0,129	0,141	0,157	0,162
	2,75	0,0346	0,0378	0,049	0,064	0,083	0,099	0,115	0,130	0,143	0,148
	3,00	0,0268	0,0292	0,041	0,055	0,071	0,089	0,106	0,123	0,135	0,139
	3,50	0,0164	0,0204	0,0314	0,041	0,057	0,074	0,089	0,106	0,116	0,121
	4,00	0,0108	0,0135	0,0240	0,0330	0,046	0,062	0,076	0,094	0,102	0,105
	4,50	0,0069	0,0094	0,0189	0,0281	0,0397	0,053	0,067	0,082	0,092	0,095
	5,00	0,0044	0,0070	0,0150	0,0239	0,0347	0,047	0,060	0,072	0,082	0,086
	6,00	0,0023	0,0045	0,0104	0,0183	0,0275	0,0384	0,049	0,060	0,068	0,071
	7,00	0,0014	0,0033	0,0083	0,0146	0,0231	0,0328	0,041	0,051	0,058	0,061
	8,00	0,0009	0,0026	0,0068	0,0125	0,0195	0,0297	0,0357	0,045	0,051	0,053
	10,00	0,0004	0,0018	0,0046	0,0095	0,0150	0,0217	0,0281	0,0357	0,041	0,042

$r_g/r = 0,5$

μ_g	μr	0°	10°	20°	30°	40°	50°	60°	70°	80°	90°
	0,1	0,845	0,845	0,843	0,844	0,845	0,847	0,850	0,853	0,856	0,858
	0,25	0,682	0,678	0,682	0,683	0,684	0,690	0,695	0,705	0,707	0,710
	0,50	0,517	0,514	0,517	0,521	0,529	0,537	0,546	0,552	0,556	0,560
	0,75	0,385	0,385	0,386	0,395	0,406	0,418	0,430	0,440	0,448	0,450
	1,00	0,284	0,283	0,294	0,304	0,314	0,327	0,339	0,352	0,362	0,369
	1,25	0,210	0,210	0,222	0,236	0,247	0,266	0,283	0,300	0,309	0,313
	1,50	0,160	0,161	0,169	0,183	0,198	0,217	0,236	0,251	0,262	0,264
	1,75	0,122	0,123	0,133	0,147	0,162	0,183	0,197	0,218	0,229	0,233
	2,00	0,091	0,093	0,103	0,117	0,135	0,153	0,169	0,189	0,201	0,206
	2,25	0,068	0,072	0,083	0,098	0,114	0,148	0,149	0,166	0,177	0,183
5	2,50	0,052	0,056	0,067	0,080	0,097	0,116	0,133	0,149	0,159	0,163
	2,75	0,040	0,045	0,056	0,068	0,085	0,103	0,119	0,136	0,144	0,150
	3,00	0,0318	0,0350	0,045	0,058	0,073	0,091	0,109	0,125	0,136	0,140
	3,50	0,0196	0,0237	0,0325	0,044	0,058	0,074	0,092	0,105	0,117	0,123
	4,00	0,0126	0,0151	0,0236	0,0343	0,047	0,062	0,077	0,092	0,103	0,106
	4,50	0,0075	0,0101	0,0185	0,0285	0,040	0,053	0,067	0,081	0,092	0,096
	5,00	0,0049	0,0072	0,0148	0,0244	0,0352	0,047	0,060	0,073	0,082	0,086
	6,00	0,0024	0,0042	0,0102	0,0182	0,0274	0,0384	0,049	0,060	0,068	0,071
	7,00	0,0014	0,0031	0,0078	0,0145	0,0224	0,0328	0,041	0,051	0,058	0,061
	8,00	0,0085	0,0026	0,0068	0,0125	0,0195	0,0297	0,057	0,045	0,0C51	0,053
	10,00	0,0043	0,0018	0,0046	0,0095	0,0150	0,0217	0,0281	0,0357	0,041	0,042

Tafel B 16

$\mu\, A\,(\Theta)$ für plättchenförmige Proben (Absolutwerte)

$$\psi = 0°$$

Θ	0°	10°	20°	30°	40°	45°	50°	60°	70°	80°	90°
μd \ Θ'	0°	10°	20°	30°	40°	45°	50°	60°	70°	80°	90°
0,1	0,090	0,082	0,076	0,073	0,057	0	0,068	0,090	0,092	0,093	0,094
0,2	0,164	0,161	0,159	0,150	0,105	0	0,108	0,150	0,158	0,162	0,165
0,3	0,218	0,217	0,213	0,183	0,115	0	0,126	0,194	0,219	0,224	0,226
0,4	0,268	0,265	0,253	0,210	0,119	0	0,138	0,233	0,270	0,274	0,275
0,5	0,300	0,296	0,282	0,234	0,116	0	0,142	0,256	0,300	0,312	0,315
0,6	0,330	0,324	0,301	0,246	0,110	0	0,145	0,277	0,325	0,345	0,350
0,7	0,347	0,339	0,312	0,248	0,102	0	0,146	0,289	0,345	0,371	0,378
0,8	0,359	0,351	0,319	0,245	0,091	0	0,147	0,303	0,365	0,392	0,400
0,9	0,362	0,355	0,318	0,238	0,084	0	0,147	0,309	0,376	0,409	0,415
1,0	0,364	0,356	0,315	0,231	0,076	0	0,148	0,316	0,390	0,423	0,431
1,1	0,362	0,355	0,309	0,219	0,069	0	0,148	0,322	0,397	0,435	0,443
1,2	0,360	0,352	0,304	0,210	0,064	0	0,149	0,325	0,405	0,445	0,455
1,3	0,354	0,342	0,293	0,198	0,058	0	—	0,327	0,410	0,455	0,462
1,4	0,345	0,331	0,282	0,186	0,052	0	—	0,328	0,415	0,460	0,470
1,5	0,335	0,318	0,270	0,173	0,047	0	—	0,329	0,419	0,463	0,475
1,6	0 324	0,308	0,256	0,160	0,042	0	—	0,330	0,422	0,465	0,480
1,7	0,312	0,293	0,243	0,149	0,039	0	—	0,331	0,425	0,468	0,483
1,8	0,298	0,281	0,230	0,139	0,035	0	—	0,332	0,426	0,470	0,485
1,9	0,285	0,266	0,216	0,127	0,030	0	—	0,333	0,428	0,473	0,489
2,0	0,273	0,255	0,202	0,117	0,028	0	0,150	0,334	0,430	0,476	0,492
2,1	0,259	0,240	0,191	0,107	0,024	0	—	—	—	0,477	0,492
2,2	0,245	0,226	0,176	0,100	0,022	0	—	—	0,431	0,479	0,494
2,3	0,228	0,216	0,166	0,091	0,019	0	—	—	—	0,480	0,495
2,4	0,217	0,202	0,155	0,083	0,018	0	—	—	—	0,481	0,496
2,5	0,203	0,190	0,142	0,076	0,016	0	—	—	—	—	—
2,6	0,192	0,178	0,134	0,069	0,015	0	—	—	0,432	—	—
2,7	0,180	0,167	0,122	0,062	0,013	0	—	—	—	—	—
2,8	0,172	0,157	0,115	0,056	0,012	0	—	—	—	—	0,497
2,9	0,160	0,146	0,105	0,052	0,011	0	—	—	—	—	—
3,0	0,150	0,136	0,099	0,048	0,010	0	—	—	0,433	0,482	—
3,2	0,132	0,118	0,083	0,039	0,008	0	—	—	—	—	0,498
3 4	0,116	0,103	0,069	0,032	0,006	0	—	—	—	—	—
3,6	0,099	0,086	0,059	0,025	0,004	0	—	—	—	—	—
3,8	0,086	0,074	0,050	0,021	0,003	0	—	—	—	—	—
4,0	0,073	0,065	0,042	0,018	0,002	0	—	—	—	—	—
4,5	0,052	0,048	0,027	0,010	0,001	0	—	—	—	—	—
5,0	0,040	0,033	0,018	0,006	0	0	—	—	—	—	—
∞	0	0	0	0	0	0	0,151	0,334	0,433	0,483	0,500

Tafel B 17

$\mu A(\Theta)$ für plättchenförmige Proben (Absolutwerte)

$$\psi = 10°$$

Θ	0°	5°	20°	30°	40°	50°	60°	70°	80°	90°	—
Θ' / μd	0°	—	10°	20°	30°	40°	50°	60°	70°	80°	90°
0,1	0,090	0,091	0,090	0,089	0,075	0	0,066	0,090	0,091	0,091	0,092
0,2	0,164	0,165	0,163	0,157	0,136	0	0,134	0,160	0,165	0,165	0,166
0,3	0,225	0,226	0,224	0,220	0,176	0	0,169	0,211	0,222	0,230	0,231
0,4	0,270	0,271	0,264	0,258	0,189	0	0,193	0,255	0,270	0,278	0,279
0,5	0,302	0,305	0,293	0,276	0,192	0	0,213	0,286	0,307	0,320	0,325
0 6	0 328	0,330	0,320	0,286	0,191	0	0,225	0,312	0,341	0,353	0,355
0,7	0,346	0,348	0,333	0,290	0,185	0	0,233	0,327	0,365	0,376	0,380
0,8	0,358	0,360	0,340	0,291	0,176	0	0,239	0,340	0,385	0,400	0,405
0,9	0,364	0,367	0,344	0,289	0,168	0	0,243	0,354	0,400	0,416	0,424
1,0	0,365	0,369	0,346	0,284	0,160	0	0,247	0,364	0,414	0,433	0,439
1,1	0,363	0,367	0,342	0,274	0,149	0	0,248	0,370	0,422	0,445	0,450
1,2	0,359	0,362	0,334	0,264	0,139	0	0,250	0,375	0,430	0,454	0,459
1,3	0,350	0,352	0,322	0,251	0,129	0	—	0,378	0,435	0,460	0,464
1,4	0,338	0,340	0,311	0,238	0,116	0	0,251	0,381	0,440	0,465	0,470
1,5	0,326	0,329	0,298	0,225	0,107	0	—	0,384	0,445	0,471	0,476
1,6	0,314	0,320	0,287	0,213	0,097	0	0,252	0,387	0,450	0,475	0,480
1,7	0,303	0,307	0,272	0,199	0,090	0	—	0,390	0,454	0,478	0,485
1,8	0,291	0,300	0,258	0,185	0,083	0	—	0,393	0,457	0,483	0,489
1,9	0,278	0,284	0,244	0,171	0,074	0	—	0,395	0,458	0,486	0,493
2,0	0,266	0,273	0,233	0,159	0,066	0	0,253	0,397	0,460	0,489	0,496
2,1	0,252	0,258	0,219	0,147	0,061	0	—	0,398	0,462	0,492	0,499
2,2	0,237	0,244	0,206	0,138	0,058	0	—	0,398	0,463	0,495	0,503
2,3	0,223	0,230	0,192	0,127	0,050	0	—	—	—	0,496	—
2,4	0,208	0,216	0,180	0,117	0,046	0	—	—	0,464	0,497	0,504
2,5	0,197	0,204	0,169	0,108	0,042	0	—	—	—	—	—
2,6	0,186	0,193	0,159	0,100	0,039	0	—	—	0,465	0,498	0,505
2,7	0,175	0,183	0,147	0,091	0,034	0	—	—	—	—	—
2,8	0,163	0,170	0,137	0,083	0,029	0	—	—	—	—	—
2,9	0,158	0,160	0,126	0,076	0,026	0	—	—	—	—	—
3,0	0,145	0,150	0,117	0,069	0,024	0	—	0,399	0,466	0,499	0,506
3,2	0,125	0,130	0,101	0,059	0,019	0	—	—	—	—	—
3,4	0,109	0,113	0,087	0,050	0,015	0	—	—	—	—	—
3,6	0,094	0,098	0,074	0,041	0,012	0	—	—	—	—	—
3,8	0,081	0,085	0,063	0,035	0,009	0	—	—	—	—	—
4,0	0,068	0,072	0,053	0,029	0,006	0	—	—	—	—	—
4,5	0,048	0,050	0,037	0,019	0,003	0	—	—	—	—	—
5,0	0,031	0,032	0,022	0,012	0,002	0	—	—	—	—	—
∞	0	0	0	0	0	—	0,254	0,400	0,467	0,500	0,507

Tafel B 18

$\mu A(\Theta)$ für plättchenförmige Proben (Absolutwerte)
$\psi = 20°$

Θ	0°	10°	30°	40°	50°	55°	70°	80°	90°	—	—
Θ' / μd	0°	—	10°	20°	30°	35°	50°	60°	70°	80°	90°
0,1	0,086	0,089	0,085	0,070	0,055	0	0,076	0,082	0,090	0,091	0,090
0,2	0,171	0,173	0,169	0,155	0,110	0	0,159	0,169	0,174	0,175	0,174
0,3	0,226	0,230	0,219	0,197	0,124	0	0,204	0,224	0,238	0,240	0,238
0,4	0,279	0,281	0,265	0,230	0,126	0	0,240	0,275	0,288	0,289	0,288
0,5	0,309	0,318	0,294	0,248	0,123	0	0,269	0,315	0,330	0,332	0,330
0,6	0,335	0,344	0,315	0,256	0,114	0	0,292	0,341	0,360	0,366	0,360
0,7	0,349	0,360	0,326	0,258	0,103	0	0,307	0,365	0,386	0,392	0,386
0,8	0,360	0,371	0,332	0,255	0,094	0	0,318	0,382	0,409	0,416	0,409
0,9	0,366	0,376	0,331	0,247	0,085	0	0,325	0,395	0,423	0,433	0,423
1,0	0,367	0,378	0,327	0,239	0,077	0	0,331	0,406	0,441	0,450	0,441
1,1	0,362	0,376	0,319	0,225	0,071	0	0,334	0,414	0,450	0,461	0,450
1,2	0,355	0,372	0,309	0,214	0,065	0	0,338	0,423	0,460	0,471	0,460
1,3	0,347	0,362	0,296	0,199	0,061	0	0,339	0,428	0,466	0,479	0,466
1,4	0,335	0,352	0,285	0,186	0,055	0	0,340	0,432	0,472	0,487	0,472
1,5	0,321	0,338	0,267	0,174	0,049	0	0,342	0,436	0,476	0,490	0,476
1,6	0,308	0,326	0,252	0,161	0,044	0	0,343	0,438	0,480	0,494	0,480
1,7	0,294	0,312	0,239	0,148	0,039	0	0,344	0,440	0,484	0,498	0,484
1,8	0,284	0,299	0,229	0,136	0,035	0	0,345	0,442	0,488	0,501	0,488
1,9	0,268	0,284	0,213	0,126	0,030	0	—	0,443	0,491	0,503	0,491
2,0	0,254	0,271	0,201	0,115	0,025	0	0,346	0,445	0,494	0,506	0,494
2,1	0,238	0,254	0,189	0,105	0,023	0	—	0,446	0,495	0,508	0,495
2,2	0,225	0,241	0,175	0,095	0,022	0	—	0,447	0,496	0,510	0,496
2,3	0,212	0,226	0,163	0,086	0,021	0	—	—	—	0,512	—
2,4	0,200	0,215	0,151	0,079	0,019	0	—	—	0,497	0,513	0,497
2,5	0,184	0,200	0,140	0,072	0,017	0	—	—	—	0,514	—
2,6	0,174	0,189	0,129	0,065	0,015	0	—	0,448	0,498	—	0,498
2,7	0,161	0,176	0,119	0,057	0,013	0	—	—	—	0,515	—
2,8	0,150	0,165	0,110	0,054	0,012	0	0,347	—	0,499	—	0,499
2,9	0,139	0,154	0,102	0,049	0,010	0	—	—	—	—	—
3,0	0,129	0,145	0,094	0,044	0,008	0	—	0,449	0,500	0,516	0,500
3,2	0,103	0,126	0,080	0,035	0,007	0	—	—	—	—	—
3,4	0,097	0,107	0,067	0,029	—	0	—	—	—	—	—
3,6	0,084	0,094	0,055	0,024	—	0	—	—	—	—	—
3,8	0,072	0,082	0,047	0,019	0,006	0	—	—	—	—	—
4,0	0,060	0,069	0,039	0,015	—	0	—	—	—	—	—
4,5	0,040	0,047	0,024	0,010	—	0	—	—	—	—	—
5,0	0,025	0,031	0,015	0,005	—	0	—	—	—	—	—
∞	—	—	—	—	—	—	0,348	0,450	0,500	0,517	0,500

Tafel B 19

$\mu A (\Theta)$ für plättchenförmige Proben (Absolutwerte)

$$\psi = 30°$$

$$\mu A_{\Theta = 20°} = \mu A_{\Theta = 10°}; \qquad \mu A_{\Theta' = 90°} = \mu A_{\Theta' = 60°}; \qquad \mu A_{\Theta' = 85°} = \mu A_{\Theta' = 65°}$$

Θ	0°	10°	15°	30°	40°	50°	60°	70°	80°	90°		
μd \ Θ'	0°	—	—	—	10°	20°	30°	40°	50°	60°	65°	75°
0,1	0,092	0,093	0,093	0,092	0,090	0,076	0	0,077	0,090	0,092	0,092	0,093
0,2	0,184	0,185	0,186	0,183	0,179	0,153	0	0,155	0,177	0,184	0,186	0,188
0,3	0,245	0,248	0,250	0,241	0,230	0,190	0	0,194	0,235	0,251	0,252	0,252
0,4	0,288	0,299	0,301	0,290	0,268	0,210	0	0,220	0,283	0,306	0,307	0,310
0,5	0,314	0,332	0,335	0,321	0,293	0,212	0	0,238	0,316	0,343	0,346	0,350
0,6	0,343	0,362	0,364	0,346	0,309	0,209	0	0,250	0,339	0,375	0,384	0,389
0,7	0,349	0,381	0,382	0,362	0,314	0,199	0	0,258	0,356	0,397	0,410	0,414
0,8	0,360	0,389	0,390	0,368	0,312	0,189	0	0,263	0,371	0,415	0,431	0,141
0,9	0,361	0,390	0,393	0,369	0,306	0,177	0	0,269	0,383	0,433	0,450	0,458
1,0	0,358	0,388	0,393	0,364	0,299	0,167	0	0,272	0,393	0,450	0,465	0,474
1,1	0,352	0,385	0,389	0,355	0,286	0,152	0	—	0,398	0,459	0,475	0,486
1,2	0,345	0,376	0,381	0,345	0,276	0,140	0	0,273	0,404	0,468	0,485	0,496
1,3	0,331	0,364	0,371	0,341	0,262	0,128	0	—	0,406	0,473	0,491	0,502
1,4	0,317	0,352	0,358	0,318	0,248	0,118	0	0,274	0,408	0,478	0,495	0,508
1,5	0,302	0,338	0,344	0,303	0,257	0,110	0	—	0,411	0,483	0,499	0,512
1,6	0,290	0,325	0,330	0,290	0,214	0,100	0	—	0,412	0,486	0,502	0,515
1,7	0,274	0,311	0,317	0,273	0,200	0,090	0	0,275	0,414	0,489	0,504	0,519
1,8	0,259	0,297	0,300	0,259	0,186	0,081	0	—	0,415	0,491	0,507	0,522
1,9	0,242	0,280	0,284	0,244	0,169	0,074	0	—	0,417	0,493	0,509	0,525
2,0	0,228	0,265	0,269	0,228	0,155	0,065	0	0,276	0,419	0,495	0,514	0,529
2,1	0,214	0,250	0,253	0,214	0,140	0,059	0	—	—	—	0,515	0,530
2,2	0,199	0,234	0,239	0,199	0,125	0,054	0	—	0,420	0,496	0,516	0,531
2,3	0,185	0,221	0,224	0,186	0,114	0,049	0	0,277	—	—	—	0,532
2,4	0,172	0,206	0,210	0,173	0,105	0,042	0	—	0,421	0,497	0,517	—
2,5	0,162	0,194	0,197	0,160	0,097	0,037	0	—	—	0,498	—	—
2,6	0,150	0,180	0,184	0,148	0,091	0,033	0	0,278	—	0,499	0,518	0,533
2,7	0,141	0,169	0,172	0,137	0,082	0,030	0	—	0,422	—	—	—
2,8	0,133	0,157	0,160	0,126	0,075	0,026	0	—	—	0,500	0,519	0,534
2,9	0,122	0,146	0,149	0,117	0,069	0,024	0	—	—	—	—	—
3,0	0,112	0,135	0,138	0,107	0,062	0,021	0	0,279	0,423	—	0,520	0,535
3,2	0,095	0,117	0,127	0,091	0,051	0,018	0	—	—	—	—	—
3,4	0,078	0,100	0,100	0,077	0,041	0,015	0	—	—	—	0,522	—
3,6	0,063	0,085	0,086	0,065	0,034	0,012	0	—	—	—	—	0,536
3,8	0,052	0,073	0,073	0,054	0,028	0,008	0	—	—	—	—	—
4,0	0,044	0,060	0,064	0,045	0,022	0,005	0	—	—	—	0,524	0,538
4,5	0,034	0,039	0,090	0,038	0,014	0,003	0	0,280	0,424	—	—	—
5,0	0,028	0,025	0,026	0,017	0,006	0,001	0	—	—	—	—	—
∞	0	0	0	0	0	0	0	0,282	0,425	0,500	0,526	0,540

135

Tafel B 20

$\mu A(\Theta)$ für plättchenförmige Proben (Absolutwerte)

$$\psi = 40°$$

$$\mu A_{\Theta=30°} = \mu A_{\Theta=10°}; \qquad \mu A_{\Theta'=80°} = \mu A_{\Theta'=60°};$$
$$\mu A_{\Theta=40°} = \mu A_{\Theta=0°}; \qquad \mu A_{\Theta'=90°} = \mu A_{\Theta'=50°}$$

Θ	0°	10°	20°	50°	60°	65°	70°	80°	90°	—	—
Θ' / μd	0°	—	—	10°	20°	25°	30°	40°	50°	60°	70°
0,1	0,102	0,103	0,104	0,096	0,078	0	0,085	0,094	0,105	0,107	0,108
0,2	0,201	0,206	0,207	0,188	0,133	0	0,140	0,189	0,204	0,208	0,209
0,3	0,259	0,271	0,275	0,235	0,144	0	0,160	0,240	0,273	0,279	0,283
0,4	0,309	0,325	0,329	0,271	0,145	0	0,172	0,287	0,324	0,338	0,341
0,5	0,340	0,357	0,365	0,286	0,136	0	0,179	0,313	0,362	0,383	0,386
0,6	0,357	0,385	0,393	0,292	0,125	0	0,182	0,330	0,396	0,418	0,424
0,7	0,365	0,401	0,409	0,290	0,111	0	0,184	0,349	0,419	0,444	0,455
0,8	0,366	0,406	0,416	0,282	0,100	0	0,185	0,362	0,438	0,468	0,477
0,9	0,363	0,405	0,417	0,268	0,089	0	.	0,372	0,452	0,484	0,494
1,0	0,354	0,400	0,414	0,255	0,079	0	.	0,378	0,463	0,500	0,509
1,1	0,342	0,389	0,405	0,238	0,069	0	.	0,383	0,471	0,510	0,520
1,2	0,328	0,379	0,395	0,222	0,061	0	.	0,385	0,478	0,519	0,530
1,3	0,310	0,362	0,380	0,205	0,053	0	.	0,389	0,483	0,525	0,537
1,4	0,294	0,350	0,367	0,188	0,047	0	.	0,391	0,487	0,531	0,543
1,5	0,274	0,333	0,350	0,173	0,042	0	.	0,392	0,491	0,535	0,547
1,6	0,256	0,316	0,334	0,156	0,036	0	.	0,393	0,493	0,539	0,552
1,7	0,237	0,297	0,315	0,142	0,032	0	.	0,394	0,495	0,541	0,555
1,8	0,222	0,281	0,299	0,128	0,028	0	.	0,395	0,496	0,543	0,557
1,9	0,205	0,264	0,281	0,116	0,024	0	.	.	0,497	0,545	0,559
2,0	0,190	0,247	0,265	0,104	0,022	0	.	0,396	0,498	0,546	0,560
2,1	0,176	0,229	0,248	0,093	0,020	0	.	.	.	0,547	0,562
2,2	0,162	0,214	0,232	0,084	0,017	0	.	.	0,499	0,548	0,563
2,3	0,150	0,198	0,216	0,075	0,015	0	.	.	.	.	.
2,4	0,136	0,185	0,202	0,066	0,013	0	.	0,397	.	.	0,564
2,5	0,124	0,171	0,186	0,061	0,011	0	.	.	.	0,549	.
2,6	0,112	0,159	0 174	0 053	0,010	0	.	.	0,500	.	.
2,7	0,101	0,146	0,159	0,046	0,009	0	.	.	.	.	0,565
2,8	0,092	0,135	0,149	0,041	0,008	0	.	.	.	.	.
2,9	0,084	0,124	0,138	0,037	0,007	0	.	.	.	.	.
3,0	0,076	0,115	0,128	0,033	0,006	0	.	0,398	.	0,550	0,566
3,2	0,063	0,096	0,109	0,027	0,005	0	.	.	.	.	.
3,4	0,054	0,081	0,093	0,021	0,004	0	.	.	.	.	.
3,6	0,045	0,067	0,078	0,017	0,003	0	.	.	.	.	.
3,8	0,039	0,057	0,065	0,014	0,002	0	.	.	.	.	.
4,0	0,031	0,047	0,055	0,010	.	0	.	.	.	.	.
4,5	0,018	0,030	0,037	0,006	0,001	0	.	.	.	.	.
5,0	0,011	0,017	0,026	0,004	.	0	.	.	.	.	.
∞	0	0	0	0	0	.	0,186	0,399	0,500	0,551	0,567

Tafel B 21

$\mu A(\Theta)$ für plättchenförmige Proben (Absolutwerte)
$$\psi = 50°$$

$\mu A_{\Theta = 30°} = \mu A_{\Theta = 20°};$ $\quad \mu A_{\Theta' = 70°} = \mu A_{\Theta' = 60°};$
$\mu A_{\Theta = 40°} = \mu A_{\Theta = 10°};$ $\quad \mu A_{\Theta' = 80°} = \mu A_{\Theta' = 50°};$
$\mu A_{\Theta = 50°} = \mu A_{\Theta = 0°};$ $\quad \mu A_{\Theta' = 90°} = \mu A_{\Theta' = 40°}$

Θ	0°	10°	20°	60°	70°	80°	90°	—	—
Θ' / μd	0°	—	—	10°	20°	30°	40°	50°	60°
0,1	0,106	0,116	0,118	0,098	0	0,104	0,115	0,117	0,118
0,2	0,215	0,238	0,240	0,178	0	0,202	0,229	0,239	0,244
0,3	0,284	0,313	0,315	0,230	0	0,253	0,300	0,320	0,324
0,4	0,335	0,364	0,374	0,253	0	0,296	0,355	0,380	0,389
0,5	0,360	0,393	0,411	0,257	0	0,322	0,387	0,423	0,435
0,6	0,367	0,415	0,434	0,252	0	0,339	0,420	0,462	0,476
0,7	0,364	0,423	0,447	0,235	0	0,349	0,440	0,487	0,500
0,8	0,357	0,424	0,450	0,215	0	0,355	0,456	0,509	0,520
0,9	0,343	0,415	0,448	0,194	0	0,356	0,466	0,523	0,539
1,0	0,329	0,400	0,436	0,176	0	0,357	0,474	0,535	0,553
1,1	0,309	0,384	0,420	0,155	0	.	0,481	0,544	0,566
1,2	0,289	0,368	0,402	0,138	0	.	0,485	0,552	0,576
1,3	0,267	0,348	0,386	0,123	0	.	0,488	0,556	0,582
1,4	0,246	0,331	0,370	0,110	0	.	0,490	0,559	0,587
1,5	0,224	0,310	0,347	0,099	0	.	0,492	0,562	0,591
1,6	0,204	0,289	0,328	0,090	0	.	0,493	0,564	0,593
1,7	0,185	0,267	0,307	0,078	0	.	0,494	0,566	0,595
1,8	0,168	0,249	0,288	0,067	0	.	0,495	0,568	0,597
1,9	0,153	0,230	0,268	0,058	0	.	0,496	0,570	0,599
2,0	0,139	0,211	0,249	0,049	0	0,358	0,497	0,571	0,600
2,1	0,124	0,196	0,231	0,043	0	.	.	.	0,602
2,2	0,108	0,180	0,214	0,038	0	.	0,498	0,572	0,603
2,3	0,097	0,165	0,198	0,032	0	.	.	.	.
2,4	0,088	0,149	0,182	0,028	0	.	0,499	.	0,604
2,5	0,078	0,136	0,168	0,024	0	.	.	0,573	.
2,6	0,069	0,125	0,155	0,019	0	.	0,500	.	.
2,7	0,062	0,113	0,142	0,017	0	.	.	0,574	0,605
2,8	0,056	0,102	0,130	0,015	0	.	.	.	.
2,9	0,050	0,093	0,117	0,013	0	.	.	.	.
3,0	0,044	0,085	0,108	0,011	0	.	.	0,575	0,606
3,2	0,034	0,070	0,090	.	0	.	.	.	.
3,4	0,026	0,057	0,075	.	0	.	.	.	.
3,6	0,021	0,048	0,064	.	0	.	.	.	.
3,8	0,017	0,039	0,052	.	0	.	.	.	.
4,0	0,014	0,031	0,044	0,010	0	.	.	.	.
4,5	0,007	0,019	0,027	.	0	.	.	.	.
5,0	0,003	0,010	0,017	0,008	0	0,359	.	.	.
∞	0	0	0	0	0	0,359	0,500	0,577	0,608

Tafel B 22

$\mu A(\Theta)$ für plättchenförmige Proben (Absolutwerte)
$\psi = 60°$

$\mu A_{\Theta = 40°} = \mu A_{\Theta = 20°};\qquad \mu A_{\Theta' = 70°} = \mu A_{\Theta' = 50°};$
$\mu A_{\Theta = 50°} = \mu A_{\Theta = 10°};\qquad \mu A_{\Theta' = 80°} = \mu A_{\Theta' = 40°};$
$\mu A_{\Theta = 60°} = \mu A_{\Theta = 0°};\qquad \mu A_{\Theta' = 90°} = \mu A_{\Theta' = 30°}$

μd $\;\diagdown\;$ Θ / Θ'	0° / 0°	10° / —	20° / —	30° / —	70° / 10°	75° / 15°	90° / 30°	— / 40°	— / 50°	— / 60°
0,1	0,137	0,149	0,156	0,157	0,115	0	0,139	0,154	0,159	0,159
0,2	0,268	0,288	0,295	0,296	0,189	0	0,275	0,293	0,300	0,301
0,3	0,334	0,357	0,372	0,380	0,191	0	0,340	0,375	0,385	0,393
0,4	0,359	0,415	0,436	0,442	0,186	0	0,399	0,444	0,461	0,466
0,5	0,363	0,440	0,470	0,479	0,165	0	0,429	0,486	0,506	0,517
0,6	0,360	0,448	0,485	0,495	0,144	0	0,455	0,522	0,548	0,557
0,7	0,339	0,445	0,485	0,498	0,120	0	0,470	0,544	0,573	0,582
0,8	0,311	0,432	0,481	0,495	0,102	0	0,480	0,562	0,595	0,606
0,9	0,285	0,413	0,467	0,482	0,085	0	0,486	0,573	0,610	0,620
1,0	0,264	0,391	0,448	0,465	0,070	0	0,491	0,583	0,622	0,634
1,1	0,237	0,364	0,425	0,443	0,058	0	0,493	0,590	0,630	0,642
1,2	0,215	0,340	0,402	0,420	0,048	0	0,496	0,594	0,638	0,649
1,3	0,194	0,312	0,376	0,395	0,042	0	.	0,595	0,642	0,653
1,4	0,173	0,289	0,353	0,372	0,035	0	0,497	.	0,646	0,655
1,5	0,153	0,261	0,327	0,346	0,029	0	.	.	0,648	0,658
1,6	0,132	0,239	0,304	0,324	0,024	0	.	0,596	0,650	0,660
1,7	0,116	0,216	0,279	0,299	0,020	0	.	.	0,651	0,662
1,8	0,100	0,195	0,255	0,275	0,016	0	0,498	.	0,652	0,663
1,9	0,086	0,175	0,230	0,252	0,013	0	.	.	.	0,664
2,0	0,074	0,158	0,215	0,234	0,010	0	.	0,597	0,653	0,665
2,1	0,065	0,143	0,195	0,215	0,009	0	.	.	.	.
2,2	0,058	0,127	0,179	0,196	0,007	0	0,499	0,598	.	.
2,3	0,050	0,114	0,164	0,182	0,006	0	.	.	.	.
2,4	0,044	0,103	0,150	0,170	0,005	0	.	0,599	.	.
2,5	0,039	0,091	0,136	0,154	0,004	0	0,500	.	0,654	.
2,6	0,035	0,082	0,124	0,143	0,003	0	.	.	.	0,666
2,7	0,030	0,072	0,111	0,127	.	0	.	0,600	.	.
2,8	0,026	0,065	0,101	0,116	0,002	0	.	.	.	.
2,9	0,024	0,056	0,091	0,105	.	0	.	.	.	.
3,0	0,022	0,050	0,083	0,094	0,001	0	.	0,601	0,655	0,667
3,2	0,018	0,040	0,067	0,078	.	0	.	.	.	.
3,4	0,013	0,032	0,055	0,065	0	0	.	.	.	.
3,6	0,009	0,025	0,044	0,054	.	0	.	.	.	.
3,8	0,006	0,020	0,035	0,044	.	0	.	.	.	.
4,0	0,003	0,015	0,029	0,035	.	0	.	.	.	.
4,5	0,001	0,009	0,018	0,024	.	0	.	.	.	.
5,0	0	0,004	0,011	0,013	.	0	.	.	.	.
∞	0	0	0	0	0	0	0,500	0,602	0,656	0,668

Tafel B 23

$\mu A(\Theta)$ für plättchenförmige Proben (Absolutwerte)

$$\psi = 70°$$

$\mu A_{\Theta=50°} = \mu A_{\Theta=20°}:\qquad \mu A_{\Theta'=70°} = \mu A_{\Theta'=40°};$

$\mu A_{\Theta=60°} = \mu A_{\Theta=10°};\qquad \mu A_{\Theta'=80°} = \mu A_{\Theta'=30°};$

$\mu A_{\Theta=70°} = \mu A_{\Theta=0°};\qquad \mu A_{\Theta'=90°} = \mu A_{\Theta'=20°}$

Θ	0°	10°	20°	35°	80°	90°	—	—	—
μd \ Θ'	0°	—	—	—	10°	20°	30°	40°	50°
0,1	0,176	0,196	0,204	0,208	0	0,180	0,199	0,208	0,211
0,2	0,319	0,375	0,392	0,398	0	0,345	0,386	0,400	0,405
0,3	0,352	0,466	0,476	0,490	0	0,405	0,479	0,492	0,500
0,4	0,355	0,482	0,526	0,546	0	0,452	0,544	0,576	0,589
0,5	0,334	0,482	0,539	0,570	0	0,471	0,580	0,622	0,639
0,6	0,290	0,470	0,539	0,572	0	0,482	0,607	0,655	0,673
0,7	0,255	0,443	0,523	0,562	0	0,491	0,623	0,674	0,695
0,8	0,222	0,411	0,496	0,537	0	0,496	0,634	0,690	0,712
0,9	0,185	0,369	0,462	0,506	0	0,498	0,641	0,698	0,721
1,0	0,152	0,335	0,430	0,477	0	0,499	0,644	0,705	0,729
1,1	0,127	0,299	0,397	0,446	0	.	0,646	0,708	0,733
1,2	0,104	0,268	0,365	0,412	0	.	0,647	0,710	0,737
1,3	0,086	0,237	0,334	0,380	0	.	0,648	0,711	0,740
1,4	0,074	0,209	0,299	0,350	0	0,500	.	0,712	0,741
1,5	0,057	0,186	0,271	0,322	0	.	0,649	0,713	0,742
1,6	0,045	0,156	0,243	0,293	0	.	.	0,714	.
1,7	0,040	0,139	0,220	0,270	0	.	.	.	.
1,8	0,034	0,122	0,200	0,245	0	.	.	.	0,743
1,9	0,027	0,104	0,178	0,223	0	.	.	.	.
2,0	0,021	0,089	0,157	0,202	0	.	0,650	0,715	.
2,1	0,017	0,076	0,142	0,184	0	.	.	.	.
2,2	0,014	0,066	0,127	0,166	0	.	.	.	.
2,3	0,011	0,058	0,114	0,152	0	.	.	.	.
2,4	0,008	0,051	0,102	0,136	0	.	.	0,716	.
2,5	0,005	0,044	0,091	0,124	0	.	0,651	.	0,744
2,6	0,003	0,038	0,081	0,112	0	.	.	.	.
2,7	0,002	0,032	0,072	0,102	0	.	.	.	.
2,8	0,001	0,029	0,065	0,092	0	.	.	.	.
2,9	.	0,024	0,056	0,084	0	.	.	.	.
3,0	0	0,020	0,050	0,075	0	.	0,652	0,717	.
3,2	.	0,016	0,038	0,061	0	.	.	.	.
3,4	.	0,013	0,030	0,049	0	.	.	.	.
3,6	.	0,010	0,024	0,041	0	.	.	.	.
3,8	.	0,007	0,020	0,034	0	.	.	.	.
4,0	.	0,005	0,016	0,028	0	.	.	.	.
4,5	.	0,003	0,010	0,019	0	.	.	.	.
5,0	.	0,001	0,005	0,010	0	.	.	.	.
∞	0	0	0	0		0,500	0,653	0,718	0,745

Tafel B24

$\mu A(\Theta)$ für plättchenförmige Proben (Absolutwerte)

$$\psi = 80°$$

$$\mu A_{\Theta=50°} = \mu A_{\Theta=30°}; \qquad \mu A_{\Theta'=60°} = \mu A_{\Theta'=40°};$$
$$\mu A_{\Theta=60°} = \mu A_{\Theta=20°}; \qquad \mu A_{\Theta'=70°} = \mu A_{\Theta'=30°};$$
$$\mu A_{\Theta=70°} = \mu A_{\Theta=10°}; \qquad \mu A_{\Theta'=80°} = \mu A_{\Theta'=20°};$$
$$\mu A_{\Theta=80°} = \mu A_{\Theta=0°}; \qquad \mu A_{\Theta'=90°} = \mu A_{\Theta'=10°}$$

Θ	0°	10°	20°	30°	40°	85°	90°	—	—	—	—
Θ' / μd	0°	—	—	—	—	5°	10°	20°	30°	40°	50°
0,1	0,392	0,320	0,296	0,310	0,312	0	0,236	0,301	0,319	0,324	0,330
0,2	0,384	0,543	0,587	0,604	0,608	0	0,450	0,585	0,613	0,629	0,631
0,3	0,320	0,554	0,640	0,666	0,675	0	0,480	0,675	0,699	0,730	0,742
0,4	0,246	0,535	0,638	0,679	0,690	0	0,495	0,709	0,762	0,789	0,795
0,5	0,182	0,468	0,601	0,658	0,670	0	0,497	0,725	0,787	0,816	0,822
0,6	0,127	0,413	0,550	0,609	0,625	0	0,499	0,735	0,798	0,830	0,837
0,7	0,090	0,354	0,492	0,563	0,580	0	.	0,738	0,802	0,836	0,843
0,8	0,060	0,294	0,442	0,512	0,533	0	.	0,741	0,807	0,841	0,848
0,9	0,040	0,247	0,393	0,465	0,489	0	.	.	0,808	0,842	0,850
1,0	0,028	0,202	0,346	0,419	0,440	0	0,500	0,742	0,809	0,843	0,851
1,1	0,018	0,169	0,310	0,382	0,400	0	.	.	.	.	.
1,2	0,013	0,138	0,269	0,341	0,363	0	.	.	.	.	.
1,3	0,009	0,114	0,240	0,306	0,325	0	.	.	.	.	.
1,4	0,006	0,093	0,208	0,276	0,297	0	.	.	.	.	.
1,5	0,005	0,076	0,185	0,249	0,269	0	.	.	0,810	0,844	0,852
1,6	0,003	0,062	0,160	0,223	0,245	0	.	.	.	.	.
1,7	0,002	0,052	0,141	0,201	0,220	0	.	.	.	.	.
1,8	0,001	0,042	0,123	0,181	0,195	0	.	.	.	.	.
1,9	.	0,034	0,108	0,162	0,180	0	.	.	.	.	.
2,0	.	0,028	0,095	0,146	0,164	0	.	.	.	.	.
2,1	0	0,023	0,082	0,133	0,150	0	.	.	.	.	.
2,2	.	0,019	0,073	0,118	0,136	0	.	.	.	.	.
2,3	.	0,016	0,064	0,108	0,124	0	.	.	.	.	.
2,4	.	0,013	0,056	0,095	0,110	0	.	.	.	.	.
2,5	.	0,011	0,049	0,087	0,100	0	.	.	.	.	.
2,6	.	0,009	0,043	0,077	0,090	0	.	.	.	.	.
2,7	.	0,007	0,038	0,068	0,081	0	.	.	.	.	.
2,8	.	0,006	0,033	0,062	0,074	0	.	.	.	.	.
2,9	.	0,005	0,029	0,055	0,065	0	.	.	.	.	.
3,0	.	0,004	0,026	0,050	0,060	0	.	0,743	.	.	.
3,2	.	0,003	0,021	0,042	0,050	0	.	.	.	.	.
3,4	.	0,002	0,017	0,033	0,041	0	.	.	.	.	.
3,6	.	.	0,012	0,027	0,033	0	.	.	.	.	.
3,8	.	0,001	0,009	0,022	0,027	0	.	.	.	.	.
4,0	.	.	0,007	0,018	0,022	0	.	.	.	.	.
4,5	.	.	0,004	0,012	0,014	0	.	.	.	.	.
5,0	.	0	0,002	0,006	0,008	0	.	.	.	.	.
∞	0	0	0	0	0	0	0,500	0,743	0,811	0,845	0,853

Tafel B25
$A(\Theta)$ für kugelförmige Proben (Absolutwerte)
(Entn.: Evans und Ekstein: Acta crystallogr. 5, 540 (1952))

$\sin^2\Theta$	0	0,0302	0,1170	0,2500	0,4132	0,5868	0,7500	0,8830	0,9699	1,—
Θ μr	0	10°	20°	30°	40°	50°	60°	70°	80°	90°
0,1	0,862	0,862	0,862	0,863	0,863	0,865	0,868	0,871	0,872	0,872
0,2	742	742	742	742	743	744	747	749	752	753
0,3	646	646	646	647	647	649	653	657	660	661
0,4	560	560	560	562	566	570	576	582	597	589
0,5	489	489	490	493	499	506	515	522	529	531
0,6	422	422	423	428	436	446	456	465	473	476
0,7	368	369	371	377	386	397	408	419	429	432
0,8	321	322	325	332	342	354	366	378	389	393
0,9	281	282	286	294	307	320	332	344	356	359
1,0	245	246	250	260	274	288	301	315	324	330
1,1	215	217	222	233	248	263	277	289	302	306
1,2	189	191	198	210	225	241	254	268	282	286
1,3	167	169	177	189	206	222	236	250	262	267
1,4	147	149	156	170	187	204	219	233	245	250
1,5	131	133	140	154	171	189	205	219	232	236
1,6	115	118	126	139	156	175	191	206	221	222
1,7	102	104	113	127	144	162	179	194	206	210
1,8	0,0910	0,0939	102	116	134	152	169	183	195	199
1,9	814	841	0,0925	109	125	143	159	173	185	189
2,0	731	760	846	0,0982	116	134	150	165	177	181
2,1	653	683	772	905	108	126	142	156	169	173
2,2	585	610	700	834	100	118	134	149	161	165
2,3	528	557	646	776	0,0941	112	128	142	155	159
2,4	476	505	593	726	891	106	122	136	148	152
2,5	430	458	547	681	838	101	116	131	143	147
2,6	388	415	503	632	794	0,0962	111	125	137	141
2,7	352	382	466	594	754	922	106	120	132	136
2,8	321	350	435	561	715	876	103	116	127	131
2,9	290	321	405	528	679	838	0,0986	112	124	126
3,0	267	294	377	496	646	802	948	108	118	122
3,1	244	272	356	474	619	771	912	104	113	118
3,2	224	251	331	446	590	742	881	101	111	114
3,3	205	230	311	422	562	711	850	0,0974	108	111
3,4	189	214	290	401	540	688	825	948	105	108
3,5	174	199	277	386	518	660	798	920	102	105
3,6	161	187	265	370	500	634	775	892	0,0987	102
3,7	149	174	250	353	482	616	752	868	962	0,0991
3,8	138	164	236	338	463	593	728	843	935	967
3,9	128	153	225	324	448	570	685	818	911	941
4,0	119	142	210	310	431	556	674	798	888	918
4,1	111	134	202	299	418	544	664	777	866	895
4,2	103	126	192	287	406	531	648	752	843	873
4,3	0,00960	118	181	278	394	518	633	736	821	852
4,4	899	113	176	266	377	502	616	720	805	833
4,5	841	107	169	257	368	488	600	702	786	815
4,6	787	100	162	248	357	474	585	684	767	797
4,7	738	0,0095	156	240	347	462	572	670	752	780
4,8	693	91	150	232	336	450	559	657	736	765
4,9	650	87	144	226	328	439	545	643	722	749
5,0	613	83	139	219	320	428	533	629	708	734

Tafel B 26

$A(\Theta)$ für kugelförmige Proben (Relativwerte bezogen auf $A\,(90°) = 100$)
(Entn.: Evans und Ekstein: Acta crystallogr. **5**, 540 (1952))

$\sin^2\Theta$	0	0,0302	0,1170	0,2500	0,4132	0,5868	0,7500	0,8830	0,9699	1,—
$\mu\,r$ \ Θ	0°	10°	20°	30°	40°	50°	60°	70°	80°	90°
5,0	8,35	11,0	18,8	30,0	43,6	58,4	72,6	85,4	94,9	100
5,5	6,87	9,56	17,6	28,6	42,3	47,3	71,9	84,9	94,7	100
6,0	5,75	8,46	16,3	27,6	41,2	56,3	71,2	84,5	94,6	100
6,5	4,89	7,72	15,5	26,7	40,4	55,6	70,7	84,2	94,5	100
7,0	4,23	6,92	14,7	25,9	39,6	54,9	70,2	83,9	94,4	100
7,5	3,67	6,44	14,2	25,3	39,0	54,3	69,7	83,7	94,3	100
8,0	3,26	6,00	13,7	24,7	38,4	53,8	69,4	83,5	94,2	100
8,5	2,88	5,58	13,3	24,2	37,8	53,3	69,0	83,3	94,2	100
9,0	2,56	5,17	12,9	23,8	37,4	52,9	68,7	83,1	94,1	100
9,5	2,32	4,91	12,5	23,4	37,0	52,5	68,4	82,9	94,0	100
10,0	2,07	4,69	12,2	23,1	36,6	52,2	68,2	82,7	94,0	100
11,0	1,72	4,28	11,7	22,6	36,0	51,7	67,7	82,4	93,9	100
12,0	1,44	3,97	11,2	22,2	35,5	51,2	67,4	82,1	93,8	100
13,0	1,22	3,76	10,9	21,8	35,1	50,9	67,1	81,9	93,7	100
14,0	1,06	3,56	10,6	21,5	34,8	50,6	66,9	81,6	93,7	100
15,0	0,923	3,37	10,4	21,2	34,5	50,3	66,7	81,7	93,6	100
16,0	0,800	3,25	10,2	21,0	34,2	50,0	66,6	81,7	.	100
17,0	0,692	3,16	10,00	20,8	33,9	49,7	66,5	81,6	.	100
18,0	0,620	3,05	9,85	20,6	33,7	49,5	66,4	81,6	.	100
19,0	0,565	2,95	9,70	20,3	33,5	49,3	66,3	81,5	.	100
20,0	0,513	2,86	9,59	20,2	33,3	49,2	66,2	81,5	.	100
25,0	0,317	2,60	9,25	19,9	32,8	48,8	65,9	81,3	93,5	100
30,0	0,227	2,49	8,99	19,4	32,4	48,4	65,6	81,2	93,4	100
35,0	0,172	2,38	8,74	19,1	32,1	48,1	65,4	81,1	.	100
40,0	0,124	2,31	8,57	18,9	31,8	47,9	65,3	81,0	.	100
45,0	0,094	2,27	8,48	18,7	31,6	47,7	65,2	80,9	93,3	100
50,0	0,078	2,24	8,40	18,6	31,4	47,5	65,1	80,9	.	100
60,0	0,061	2,20	8,31	18,5	31,2	47,2	65,0	80,8	.	100
70,0	0,047	2,18	8,25	18,4	31,0	47,1	64,9	80,8	.	100
80,0	0,036	2,16	8,20	18,3	30,9	47,0	64,8	80,7	.	100
90,0	0,027	2,14	8,17	18,2	30,8	46,9	64,7	80,7	.	100
100,0	0,019	2,12	8,14	18,2	30,8	46,9	64,6	80,7	93,2	100
∞	0	2,06	7,16	17,8	30,3	46,4	63,9	80,4	93,2	100

Tafel B 27

Werte von $\dfrac{e^4\,\lambda^3}{2\,m^2\,c^4}$ für verschiedene Wellenlängen

$$\frac{e^4}{m^2\,c^4} = 7,83 \cdot 10^{-26}\ [\text{cm}^2]$$

Anode	$\dfrac{e^4\,\lambda^3_{\alpha_1}}{2\,m^2\,c^4}$	$\dfrac{e^4\,\lambda^3_{\alpha_2}}{2\,m^2\,c^4}$	Anode	$\dfrac{e^4\,\lambda^3_{\alpha_1}}{2\,m^2\,c^4}$	$\dfrac{e^4\,\lambda^3_{\alpha_2}}{2\,m^2\,c^4}$	Anode	$\dfrac{e^4\,\lambda^3_{\alpha_1}}{2\,m^2\,c^4}$	$\dfrac{e^4\,\lambda^3_{\alpha_2}}{2\,m^2\,c^4}$
V . . .	61,42	61,70	Ni . .	17,83	17,96	Pd . .	0,785	0,803
Cr . . .	46,99	47,23	Cu . .	14,31	14,42	Ag . .	0,685	0,702
Mn . .	36,35	36,55	Zn . .	11,57	11,66	W . .	0,357	0,383
Fe . . .	28,40	28,58	Mo . .	1,400	1,422			
Co . . .	22,41	22,56	Rh . .	0,903	0,922			

Tafel B 28
Die 14 Translationsgitter

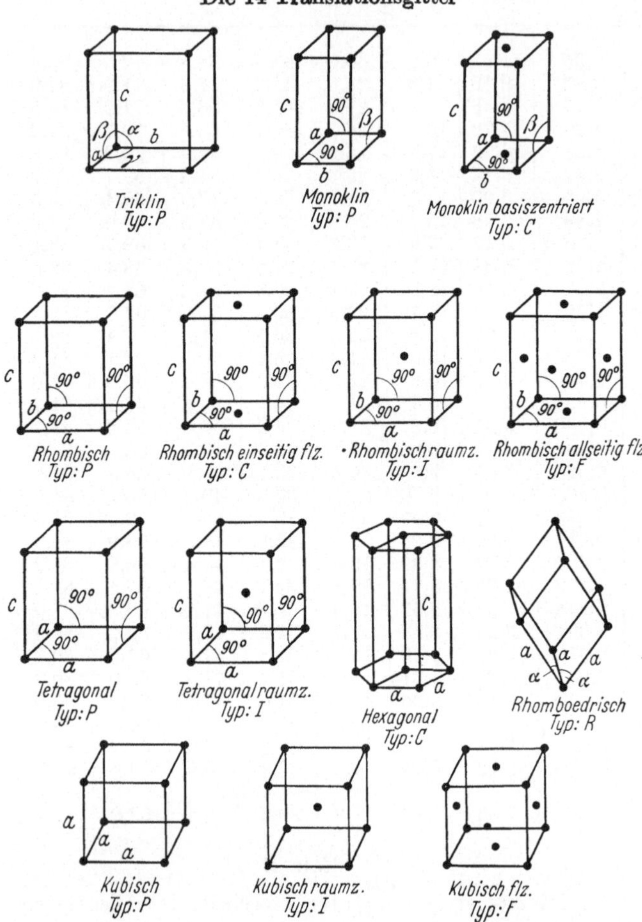

Tafel B 29
Auslöschungen der Translationsgruppen

Gruppe	Beobachtbare Interferenzen	Nichtbeobachtbare Interferenzen
P . . .	$hkl)$ in allen Ordnungen	—
A . . .	$(k+l) = 2n$	$k+l = 2n+1$
B . . .	$(h+l) = 2n$	$h+l = 2n+1$
C . . .	$(h+k) = 2n$	$h+k = 2n+1$
F . . .	$h,\,k,\,l =$ alle gerade oder alle ungerade	$h+k$ oder $k+l = 2n+1$
I . . .	$h+k+l = 2n$	$h+k+l = 2n+1$
R . . .	$-h+k+l = 3n$ für hexagonale Achsen	

Zonale Auslöschungen

Gruppe	Parallel	Gleit-spiegel-ebene	
P . .	(oyz)	b	(okl) nur mit $k = 2n$ vorhanden
		c	(okl) nur mit $l = 2n$ vorhanden
		n	(okl) nur mit $k = l = 2n$ vorhanden
	(xoz)	a	(hol) nur mit $h + 2n$ vorhanden
		c	(hol) nur mit $l = 2n$ vorhanden
		n	(hol) nur mit $h + l = 2n$ vorhanden
	(xyo)	a	(hko) nur mit $h = 2n$ vorhanden
		b	(hko) nur mit $k = 2n$ vorhanden
		n	(hko) nur mit $h + k = 2n$ vorhanden
	(xxz)	c	(hhl) nur mit $l = 2n$ bzw. $(hh\overline{2h}l)$ nur mit $l = 2n$ vorhanden
	$(x\bar{x}z)$	c	$(h\bar{h}l)$ nur mit $l = 2n$ bzw. $(h\bar{h}ol)$ nur mit $l = 2n$ vorhanden
	(xyy)	a	(hkk) nur mit $h = 2n$ vorhanden
	(zyz)	b	(lkl) nur mit $k = 2n$ vorhanden
A . .	(oyz)	b	(okl) nur mit $k = 2n$ und $l = 2n$ vorhanden
	$(x0z)$	a	(hol) nur mit $h = 2n$ und $l = 2n$ vorhanden
	(xyo)	a	(hko) nur mit $h = 2n$ und $k = 2n$ vorhanden
B . .	(oyz)	b	(okl) nur mit $k = 2n$ und $l = 2n$ vorhanden
	(xoz)	a	(hol) nur mit $h = 2n$ und $l = 2n$ vorhanden
	(xyo)	b	(hko) nur mit $h = 2n$ und $k = 2n$ vorhanden
C . .	(oyz)	c	(okl) nur mit $k = 2n$ und $l = 2n$ vorhanden
	(xoz)	c	(hol) nur mit $h = 2n$ und $l = 2n$ vorhanden
	(xyo)	a	(hko) nur mit $h = 2n$ und $k = 2n$ vorhanden
	(xxz)	c	(hhl) nur mit $l = 2n$ vorhanden
		b	(hhl) nur mit $h = 2n$ vorhanden
		n	(hhl) nur mit $h + l = 2n$ vorhanden
F . .	(oyz)	d	(okl) nur mit $k = 2n$, $l = 2n$ und $k + l = 4n$ vorhanden
	(xoz)	d	(hol) nur mit $h = 2n$, $l = 2n$ und $h + l = 4n$ vorhanden
	(xyo)	d	(hko) nur mit $h = 2n$, $k = 2n$ und $h + k = 4n$ vorhanden
	(xxz)	c	(hhl) nur mit $h = 2n$, $l = 2n$ vorhanden
	(xyy)	a	(hkk) nur mit $h = 2n$, $k = 2n$ vorhanden
	(zyz)	b	(lkl) nur mit $k = 2n$, $l = 2n$ vorhanden
I . .	(oyz)	b	(okl) nur mit $k = 2n$, $l = 2n$ vorhanden
	(xoz)	a	(hol) nur mit $h = 2n$, $l = 2n$ vorhanden
	(xyo)	a	(hko) nur mit $h = 2n$, $k = 2n$ vorhanden
	(xxz)	d	(hhl) nur mit $l = 2n$, $2h + l = 4n$ vorhanden
	(xyy)	d	(hkk) nur mit $h = 2n$, $2k + h = 4n$ vorhanden
	(zyz)	d	(lkl) nur mit $k = 2n$, $2l + k = 4n$ vorhanden

Tafel B 29 (Fortsetzung)
Seriale Auslöschungen

Gruppe	Parallel	Schraubungs-achsen	
P . . .	$(x\,o\,o)$	2_1	$(h\,o\,o)$ nur mit $h = 2n$ vorhanden
	$(o\,y\,o)$	2_1	$(o\,k\,o)$ nur mit $k = 2n$ vorhanden
	$(o\,o\,z)$	2_1	$(o\,o\,l)$ nur mit $l = 2n$ vorhanden
	$(o\,o\,z)$	3_1	$(o\,o\,l)$ nur mit $l = 3n$ vorhanden
	$(o\,o\,z)$	3_2	$(o\,o\,l)$ nur mit $l = 3n$ vorhanden
	$(x\,o\,o)$	4_1	$(h\,o\,o)$ nur mit $h = 4n$ vorhanden
	$(o\,y\,o)$	4_1	$(o\,k\,o)$ nur mit $k = 4n$ vorhanden
	$(o\,o\,z)$	4_1	$(o\,o\,l)$ nur mit $l = 4n$ vorhanden
	$(x\,o\,o)$	4_2	$(h\,o\,o)$ nur mit $h = 2n$ vorhanden
	$(o\,y\,o)$	4_2	$(o\,k\,o)$ nur mit $k = 2n$ vorhanden
	$(o\,o\,z)$	4_2	$(o\,o\,l)$ nur mit $l = 2n$ vorhanden
	$(x\,o\,o)$	4_3	$(h\,o\,o)$ nur mit $h = 4n$ vorhanden
	$(o\,y\,o)$	4_3	$(o\,k\,o)$ nur mit $k = 4n$ vorhanden
	$(o\,o\,z)$	4_3	$(o\,o\,l)$ nur mit $l = 4n$ vorhanden
	$(o\,o\,z)$	6_1	$(o\,o\,l)$ nur mit $l = 6n$ vorhanden
	$(o\,o\,z)$	6_2	$(o\,o\,l)$ nur mit $l = 3n$ vorhanden
	$(o\,o\,z)$	6_3	$(o\,o\,l)$ nur mit $l = 2n$ vorhanden
	$(o\,o\,z)$	6_4	$(o\,o\,l)$ nur mit $l = 3n$ vorhanden
	$(o\,o\,z)$	6_5	$(o\,o\,l)$ nur mit $l = 6n$ vorhanden
C . . .	$(x\,x\,o)$	2_1	$(h\,h\,o)$ nur mit $h = 2n$ vorhanden
I	$(x\,o\,o)$	4_1	$(h\,o\,o)$ nur mit $h = 4n$ vorhanden
	$(o\,y\,o)$	4_1	$(o\,k\,o)$ nur mit $k = 4n$ vorhanden
	$(x\,o\,o)$	4_3	$(h\,o\,o)$ nur mit $h = 4n$ vorhanden
	$(o\,y\,o)$	4_3	$(o\,k\,o)$ nur mit $k = 4n$ vorhanden

C. Tafeln zur Analyse des diffusen Streuuntergrundes

In diesem Abschnitt sind einige Tabellen zusammengestellt, die vorzugsweise für die Röntgenanalyse des diffusen Streuuntergrundes benötigt werden, d. h. also für die Analyse der Röntgendiagramme von nichtkristallinem Material und der Kleinwinkelaufnahmen. Unter Streuuntergrund wird dabei die in allen Raumrichtungen diffus gestreute Röntgenintensität verstanden, die durch die Wechselwirkung der streng monochromatischen Strahlung mit den Atomen des Präparates zustande kommt, d. h. die Röntgenstreuung, die nicht durch experimentelle Maßnahmen (z. B. die Luftstreuung, die Blendenstreuung, der weiße Anteil des Röntgenlichtes, die Fluoreszenzstrahlung) vermieden werden kann.

Der vollständige Ausdruck des experimentell beobachteten Röntgenstreulichtes ist eine Überlagerung der Streuintensitäten resultierend aus der Atomanordnung J_D, der Temperaturbewegung der Atome J_T und des Compton-Effektes J_C. Für die experimentell gemessene diffuse Streuung kann daher geschrieben werden:

$$
\begin{aligned}
J_{\text{ges}} &= [J_D + J_T + J_C]\, P(\Theta)\, A(\Theta)\, G(\Theta) \\
&= [J_{\text{coh}} + J_{\text{incoh}}]\, P(\Theta)\, A(\Theta)\, G(\Theta),
\end{aligned}
\tag{C 1}
$$

wobei in J_{coh} der kohärente Streuanteil resultierend aus der Atomanordnung und Temperaturstreuung zusammengefaßt ist. $P(\Theta)$ ist der Polarisationsfaktor, $A(\Theta)$ der Absorptions- und $G(\Theta)$ ein geometrischer, von der Aufnahmetechnik abhängiger Faktor. Die Polarisationsfaktoren $\dfrac{1 + \cos^2 2\,\Theta}{2}$ bei Verwendung von unpolarisiertem Licht und $\dfrac{1 + \cos^2 2\,\alpha \cos^2 2\,\Theta}{1 + \cos^2 2\,\alpha}$ bei Benutzung von vorpolarisiertem Licht sind in den Tafeln C 2 für verschiedene Wellenlängen aufgeführt. Die Absorptionsfaktoren können den Tafeln des Abschnittes B entnommen werden. Da die gemessenen Intensitäten im Abstand r vom Präparat stets auf die Flächeneinheit bezogen werden, ist je nach Aufnahmetechnik ein Korrekturfaktor $G(\Theta)$ erforderlich, der der Veränderung von r mit wachsendem Θ Rechnung trägt. Nach der Abbildung 3 läßt sich leicht ableiten, daß

$G(\Theta) = 1$ für eine zylindrische Filmkassette, in der sich das Präparat in der Achse des Zylinders befindet und die Intensität in der Äquatorebene gemessen wird.

$G(\Theta) = \dfrac{1}{\cos 2\,\Theta}$ für Aufnahmen nach der Guinier-Methode

$G(\Theta) = \cos^3 2\,\Theta$ für Aufnahmen mit ebenem Film.

Die Tafel C 2 enthält diese Funktionen für den in Frage kommenden Winkelbereich.

Tafel C 1 enthält für verschiedene Winkel und Wellenlängen die sowohl im Abschnitt B als auch in diesem Abschnitt benötigte Funk-

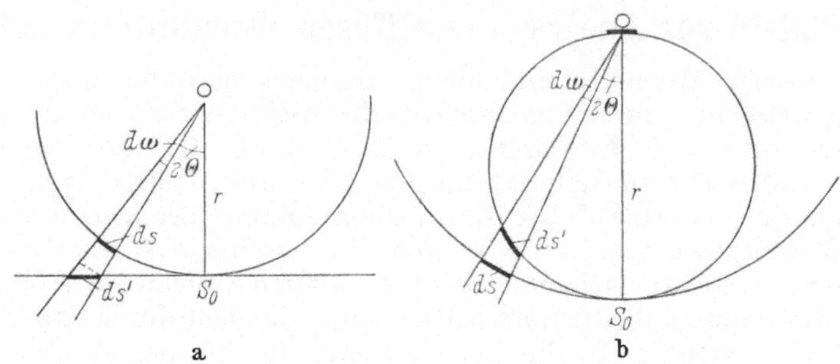

Abb. 3. Zur Ableitung der geometrischen Korrekturfaktoren

a) $ds = r^2 d\omega$

$$ds' = \frac{1}{\cos^2 2\Theta}\,\frac{1}{\cos 2\Theta}\,r^2 d\omega = \frac{ds}{\cos^3 2\Theta}$$

b) $ds = r^2 d\omega$

$$ds' = \cos^2 2\Theta\,\frac{1}{\cos 2\Theta}\,r^2 d\omega = \cos 2\Theta\,ds$$

tion $s = \dfrac{4\pi \sin \Theta}{\lambda}$. Die Benutzung der in Tafel C 3 angegebenen verschiedenen Funktionen von $s\,r$ geht aus den im folgenden angegebenen Formeln hervor.

1. Die von der Atomanordnung abhängige Streuintensität J_D

Bei der Untersuchung des diffusen Untergrundes geht es stets um die Diskussion des kohärenten Streuanteils J_D. Der unvermeidliche inkohärente Anteil muß daher von der korrigierten Gesamtstreuung abgezogen werden. Sobald eine merkliche Temperaturstreuung zu erwarten ist, muß diese ebenfalls berücksichtigt werden. Diese Fragen werden kurz in den Abschnitten C 3 und C 4 diskutiert. Hier seien zunächst einige Formeln der von der Atomanordnung abhängigen kohärenten Streuintensität angegeben.

a) Nichtkristalline Substanzen

Das Fehlen der kristallinen Struktur bedeutet, daß die gemessene Intensität nur Aussagen über die Größe der zwischenatomaren Abstandsvektoren gestattet, nichts aber über deren Richtung; d. h., daß nur Aussagen über die radiale Verteilungsfunktion möglich sind.

α) **Streuung eines einatomigen Gases**[1]. Für die Streuintensität kann geschrieben werden:

$$J(s) = N f^2 \left\{ 1 - \frac{\Omega}{V} \, \Phi(s\,R) \right\}. \qquad (C\,2)$$

N ist die Gesamtzahl der streuenden Atome, Ω das von den kugelförmigen Atomen mit dem Radius R eingenommene Gesamtvolumen und V das bestrahlte Volumen.

$\Phi(s\,R)$ ist definiert durch:

$$\Phi(s\,R) = \frac{3\,[\sin(s\,R) - s\,R\cos(s\,R)]}{(s\,R)^3} \qquad (C\,3)$$

mit

$$s = \frac{4\pi\sin\Theta}{\lambda}.$$

β) **Streuung einer einatomigen Flüssigkeit**[2,3]. Wird mit $\varrho(r)$ die radiale Verteilungsfunktion bezeichnet, dann ist:

$$J(s) = N f^2 \left\{ 1 + \int\limits_0^\infty 4\pi r^2 \, (\varrho(r) - \varrho_0(r)) \frac{\sin s\,r}{s\,r}\, dr \right\} \qquad (C\,4)$$

mit $\varrho_0(r)$ als mittlere Dichte der Flüssigkeit.

Durch Fourier-Transformation von $J(s)$ erhält man die Dichtefunktion $\varrho(r)$, also:

$$4\pi r^2 \varrho(r) = 4\pi r^2 \varrho_0(r) + \frac{2r}{\pi} \int\limits_0^\infty s\,i(s)\sin s\,r\,ds \qquad (C\,5)$$

mit

$$i(s) = \frac{J(s)}{N f^2} - 1.$$

γ) **Streuung eines mehratomigen Gases**[4]. Die Streuintensität eines Molekülgases ist:

$$J(s) = N \left[\sum_p f_p^2 + 2\sum_{pq} f_p\,f_q \frac{\sin s\,l_{pq}}{s\,l_{pq}} \right]. \qquad (C\,6)$$

Dabei ist die erste Summation über alle Atome des Moleküls und die zweite über je ein Paar der Atome des Moleküls mit l_{pq} als Abstand der beiden Atome zu erstrecken.

δ) **Streuung von mehratomigen Flüssigkeiten**[5,6]. Ist m das Bezugsatom und beträgt die durchschnittliche Zahl der Atome vom Typ

---

[1] DEBYE, P.: J. Math. Physics **4**, 153 (1925); Physik Z. **28**, 135 (1927).

[2] ZERNICKE, F., u. J. A. PRINS: Z. Physik **41**, 116 (1927).

[3] DEBYE, P., u. H. MENKE: Physik. Z. **31**, 797 (1930); Ergebn. techn. Röntgenkunde **2**, 1 (1931).

[4] JAMES, R. W.: The Optical Principles of the Diffraction of X-Rays, London: G. Bell ans Sons 1948.

[5] dto.

[6] WARREN, B. E., H. KRUTTER, u. O. MORNINGSTAR: J. Amer. ceram. Soc. **19**, 202 (1936).

$m, n, \ldots$, die auf einer Kugelschale vom Radius r und der Dicke dr liegen, $a_m, a_n, \ldots$, dann kann eine Dichtefunktion definiert werden durch

$$4\pi r^2 \varrho_m(r)\, d r = \sum_m a_m f_m .\qquad (C\,7)$$

Unter der Annahme, daß die Winkelabhängigkeit von f für alle Atome etwa gleich ist, gilt

$$f_m = K_m f_e,\qquad (C\,8)$$

wenn mit K_m die effektive Zahl der Elektronen pro Atom und mit f_e der Atomfaktor des Elektrons bezeichnet wird.

Mit diesen Definitionen kann für die Streuintensität geschrieben werden:

$$J = N \left[\sum_m f_m^2 + 4\pi \int\limits_0^\infty \sum_m K_m \varrho_m(r)\, r^2 \frac{\sin s r}{s r}\, d r \right],\qquad (C\,9)$$

wobei sich die Summationen wieder über die Struktureinheiten (z. B. der Moleküle) beziehen.

ε) Analoge Gleichungen erhält man, wenn statt der bisher angenommenen Kugelsymmetrie der Streupartikel zylindrische Symmetrie angenommen wird. Die Intensität von N unabhängig streuenden, parallel angeordneten Zylindern wird dann beispielsweise[1]:

$$J(s) = N f^2 \left[1 + \int\limits_0^\infty 2\pi r \left(\varrho(r) - \varrho_0(r) \right) J_0(s r)\, d r \right].\qquad (C\,10)$$

J_0 ist dabei die Bessel-Funktion 0. Ordnung.

b) Kleinwinkelstreuung[2,3]

Die Substitutionen des Atomfaktors in den vorhergehenden Formeln durch einen entsprechenden Partikelformfaktor führt prinzipiell zu den Streuphänomen eines Materials, das aus submikroskopischen Partikeln oder cluster besteht. Da für diesen Winkelbereich gewisse Approximationen einzuführen sind, ist es üblich, diesen Teil getrennt zu behandeln. Die Streukurve im Kleinwinkelgebiet kann kontinuierlich verlaufen oder auch bestimmte Maxima oder Minima haben. Ziel der Untersuchung ist es dann, die Partikelgröße zu bestimmen. Besteht das System aus lose gepackten kugelförmigen Partikeln mit dem Radius R und ist N die Zahl der Elektronen pro Partikel, dann ist die gesamte von M Partikel gestreute Intensität:

$$J = M N^2 \Phi^2(s R)\qquad (C\,11)$$

[1] Oster, G., u. D. P. Riley: Acta crystallogr. 5, 272 (1952).

[2] Yudowitch, K. L.: Bibliography of Small Angle X-Ray-Scattering; Am. Cryst. Assoc. 1952.

[3] Guinier, A., u. G. Fournet: Small Angle Scattering of X-Rays, London: Chapsman and Hall 1955.

In vielen Fällen ist es möglich, die Funktionen $\Phi^2(sR)$ durch $e^{-\frac{(sR)^2}{5}}$ zu approximieren, so daß für Gleichung (C 11) zu schreiben ist:

$$J = M\,N^2\,e^{-\frac{(sR)^2}{5}}\,. \qquad (C\,12)$$

Für $sR < 1{,}5$ ist der damit eingeführte Fehler kleiner als 5%. In diesem Winkelgebiet kann daher auch für (C 12) geschrieben werden:

$$J = M\,N^2\,e^{-\frac{4\pi^2\varepsilon^2 R^2}{5\lambda^2}} \qquad (C\,13)$$

mit $\varepsilon = 2\Theta$.

Trägt man $\ln J$ gegen ε^2 auf, dann erhält man eine Gerade mit der Steigung $m = -\dfrac{3{,}44\,R^2}{\lambda^2}$, aus der R bestimmt werden kann. Eine von GUINIER angegebene allgemeine Formel für Partikel beliebiger Form lautet:

$$J = M\,N^2\,e^{-q(sL)^2}\,, \qquad (C\,14)$$

wobei mit $2L$ die größte Partikelachse bezeichnet ist. Werte von q für beliebige Partikelformen wurden von RILEY und OSTER[1] angegeben.

So ist z. B. q für:

eine Kugelschale mit dem äußeren Radius L und dem inneren Radius $cL\,(c < 1)$ . . . . $q = \frac{1}{5}[c^2 + \{(c+1)/(c^2+c+1)\}]$

eine Kugel . . . . $q = \frac{1}{5}$

zwei sich berührende Kugeln mit dem Radius L . . . . . $q = 0{,}53$

fünf sich berührende Kugeln mit dem Radius L . . . . . $q = 1{,}28$

eine dünne Scheibe mit dem Radius L . . . . $q = \frac{1}{6}$

Die bisher im Abschnitt C 1 b angegebenen Intensitätsformeln haben zur Voraussetzung, daß die interpartikulären Interferenzen vernachlässigt werden können, also bei dünngepackten Systemen. Mit Berücksichtigung des Packungsgrades $\varkappa\,(0 < \varkappa < 1)$ gibt daher die von YUDOWITCH[2] für kugelförmige Partikel einheitlicher Größe angegebene Intensitätsformel

$$J = M\,N^2\,\Phi^2(sR)\left[1 + \varkappa\left\{\frac{s\sin^2 sR}{2sR} - 6\,\Phi(2sR)\right\}\right] \qquad (C\,15)$$

eine bessere Näherung. Aus der Winkellage der durch diese Funktion gegebenen Intensitätsmaxima ergibt sich der Partikelradius.

---

[1] ORTER, G., u. D. P. RILEY: Discuss. Faraday Soc. **11**, 107 (1951).
[2] YUDOWITCH, K. L.: J. appl. Physics **20**, 174 (1949).

c) Diffuse Intensität der submikroskopischen Heterogenitäten in Festkörpern

Die Erscheinung der Kleinwinkelstreuung ist ein ganz allgemeines Charakteristikum für das Vorhandensein von submikroskopischen Heterogenitäten im streuenden Material. Die im Abschnitt b gebrachte Streuung separater Partikel (z. B. in Lösungen, Suspensionen oder auch Pulver) ist daher nur ein spezieller Fall. Auch bei reinen Festkörpern und festen Lösungen kann daher eine Kleinwinkelstreuung beobachtet werden, wenn solche Heterogenitäten in der Elektronendichte vorhanden sind.

α) **Heterogenitäten in reinen Metallen**[1-4]. Die Heterogenitäten dürften im wesentlichen aus Gitterleerstellen oder Versetzungen nach Kaltbearbeitung bestehen. Es ist anzunehmen[1], daß aber nur die zu submikroskopischen cluster koagulierten Gitterfehlstellen oder Versetzungen eine experimentell beobachtbare kontinuierliche Kleinwinkelstreuung ergeben. Unter der Annahme, daß es sich um kugelförmige Heterogenitäten handelt, kann deren Größe nach der Gleichung (C 13) dann bestimmt werden.

β) **Heterogenitäten in festen Lösungen.** Heterogenitäten können dadurch entstehen, daß die Verteilung der Atome auf den Gitterplätzen keine zufällige mehr ist, sondern daß sie sich etwa mit gleichen (cluster-Bildung) ohne ungleichen Nachbarn (Ordnungserscheinungen) zu umgeben versuchen. Für binäre Legierungen wurde eine vollständige theoretische Behandlung der Intensität der so entstehenden Untergrundstreuung von COWLEY[5] gegeben. Danach ist:

$$J_D = \sum_m \sum_n x_A x_B (f_A - f_B)^2 \alpha_{lmn} \exp\left[\frac{i 2\pi}{\lambda}\left(\vec{s} - \vec{s_0}\right) \vec{R}_{mn}\right], \quad (C\ 16)$$

wobei $\dfrac{2\pi(\vec{s} - \vec{s_0})}{\lambda}$ die Vektordifferenz zwischen Einfalls- und Reflexionswinkel, $\vec{R}_{mn}$ der Abstandsvektor und x_A und x_B die Atombrüche bedeuten.

α_{lmn} ist dabei der Nahordnungsparameter definiert durch:

$$\alpha_{lmn} = 1 - \frac{P_{lmn}}{x_A}. \quad (C\ 17)$$

P_{lmn} ist die Wahrscheinlichkeit, ein A-Atom bezüglich eines B-Atoms auf dem durch lmn angegebenen Gitterplatz zu finden.

[1] BLIN, J., u. A. GUINIER: C. **236**, 2150 (1953).
[2] HAYES, S., u. R. SMOLUCHOWSKI: Appl. sci. Res. B-**4**, 10 (1954).
[3] HAYES, S., u. R. SMOLUCHOWSKI: Physic. Rev. **90**, 350 (1953).
[4] DEXTER, D. L.: Physic. Rev. **90**, 1007 (1953).
[5] COWLEY, J. M.: J. appl. Physics **21**, 24 (1950).

Für Kristallpulver ohne bevorzugte Orientierung wird angenommen[1], daß der Vektor $\vec{R}_{mn}$ mit gleicher Wahrscheinlichkeit alle Orientierungen relativ zum Vektor $(\vec{s} - \vec{s}_0)$ einnehmen kann. Die Mittelung und Summation führt dann zu dem Ausdruck:

$$J_D = N\, x_A\, x_B\, (f_A - f_B)^2 \left\{ 1 + \sum_i{}' C_i \alpha_i \frac{\sin(s\,r_i)}{s\,r_i} \right\}. \qquad \text{(C 18)}$$

$\sum_i{}'$ bedeutet dabei, daß die Summation für den Wert $i = 0$ auszuschließen ist. C_i ist die Koordinationszahl der i-ten Schale und α_i wieder der Nahordnungsgrad definiert durch:

$$\alpha_i = 1 - \frac{P_i}{x_A}. \qquad \text{(C 19)}$$

P_i ist die Wahrscheinlichkeit, in der i-ten Schale um ein B-Atom ein A-Atom zu finden.

α_i, das damit die Abweichung der festen Lösung von der zufälligen Verteilung angibt, kann positiv, null oder negativ werden. Sind die Gitterplätze nach den Gesetzen des Zufalls besetzt, wird $P_i = x_A$ und $\alpha_i = 0$. Man erhält dann aus (C 18) für die diffus gestreute Intensität die bereits von LAUE[2] angegebene Formel:

$$J_D = N\, x_A\, x_B\, (f_A - f_B)^2. \qquad \text{(C 20)}$$

Ist $P_i > 0$, d. h. besteht eine bevorzugte Anordnung von ungleichen Atomen, wird α_i negativ. Werden umgekehrt gleiche Nachbarn bevorzugt, dann ist α_i positiv. Aus der Intensitätskurve läßt sich durch Fouriertransformation der Gleichung (C 18) nach Ersetzung der Summation durch eine Integration α_i bestimmen. Da I_D experimentell nur für den Bereich $s < \frac{4\pi}{\lambda}$ zugänglich ist, die Fourierintegration sich aber von $s = 0$ bis $s = \infty$ erstreckt, entsteht ein gewisser Abbruchfehler, der von FLINN, AVERBACH und RUDMAN[3] durch das Einführen einer Gewichtsfunktion (z. B. $e^{-a^2 s^2}$), die den experimentellen Kleinwinkelwerten in ihrer Genauigkeit ein größeres Gewicht gibt, reduziert wird. Ein Weg zur Berechnung der α_i nach der Methode der kleinsten Quadrate wird von RUDMAN und AVERBACH[4] vorgeschlagen. Sie ist dann anzuwenden, wenn $\alpha_i = 0$ für $i > 2$ ist.

Für die Berücksichtigung der verschiedenen Atomgrößen sei auf die Arbeit von WARREN, AVERBACH und ROBERTS[5] verwiesen.

---

[1] S. z. B.: B. E. WARREN u. B. L. AVERBACH: Modern Research Technique in Physical Metallurgy; publ. by Amer. Soc. Met. 1955.

[2] v. LAUE, M.: Ann. Physik **56**, 497 (1918).

[3] FLINN, P. A., B. L. AVERBACH u. P. S. RUDMAN: Acta crystallogr. [ ] **7**, 153 (1954).

[4] RUDMAN, P. S., u. B. L. AVERBACH: Acta Metallurgica **2**, 576 (1954).

[5] WARREN, B. E., B. L. AVERBACH u. B. W. ROBERTS: J. appl. Physics **22**, 1493 (1951).

2. Die inkohärente oder Compton-Streuung

Die Intensität der inkohärenten Streustrahlung ist abhängig vom Streuwinkel, von der Atomzahl des streuenden Atoms und der Wellenlänge der einfallenden Röntgenstrahlung. Die Polarisierbarkeit ist die gleiche wie bei der kohärenten Streuung, d. h. also, der Polarisationsfaktor ist $\dfrac{1 + \cos^2 2\Theta}{2}$, wenn das einfallende Röntgenlicht unpolarisiert und $\dfrac{1 + \cos^2 2\alpha \cos^2 2\Theta}{1 + \cos^2 2\alpha}$ bei Vorpolarisation durch einen Monochromator. Diese Tatsache wurde bereits in Formel (C 1) berücksichtigt. Nach einer von HEISENBERG[1] angegebenen Beziehung ist die Compton-Streuung pro Atom in Elektroneneinheiten zu berechnen aus:

$$J_C = Z\,S(b)\,, \tag{C 21}$$

wobei Z die Atomzahl und $S(b)$ eine komplizierte Funktion des Reflexionswinkels, der Wellenlänge und der Atomzahl ist, deren numerischen Werte von BEWILOGUA[2] berechnet wurden. Gleichung (C 21) gibt befriedigende Resultate bis herunter zum Kohlenstoff mit $Z = 6$.

Nach WENTZEL[3] ist die Compton-Streuung pro Atom zu berechnen aus der Gleichung

$$J_C = Z - \sum_i f_i^2\,, \tag{C 22}$$

wobei f_i der nach der Hartreeschen Methode berechnete Streufaktor des i-ten Elektrons bedeutet. Die Summenwerte, insbesondere die der leichteren Elemente, wurden von COMPTON und ALLISON berechnet[4].

In der Tafel C 4 sind die nach beiden Methoden (für die Elemente von der Atomzahl $Z = 1$ bis $Z = 14$ nach Gleichung (C 22), für die Elemente mit höheren Atomzahlen nach Gleichung (C 21)) berechneten Compton-Intensitäten der Elemente als Funktion von $s = \dfrac{4\pi \sin \Theta}{\lambda}$ angegeben. I_C ist gleich Null für $\Theta = 0$ und geht gegen den Wert Z für $s \to \infty$.

Die relativistische Korrektur der Wellengleichung bringt noch einen Faktor $\dfrac{1}{B^3}$ für die angegebenen inkohärenten Streuintensitäten, der insbesondere bei größeren Winkeln nicht zu vernachlässigen ist. Nach BREIT[5] und DIRAC[6] ist dieser Korrekturfaktor zu berechnen aus der Beziehung

$$\frac{1}{B^3} = \frac{1}{\left(1 + \dfrac{h\,\lambda}{8\,\pi^2\,m\,c}\,s^2\right)^3}\,. \tag{C 23}$$

[1] HEISENBERG, W.: Physik. Z. **32**, 737 (1931).
[2] BEWILOGUA, L.: Physik. Z. **32**, 740 (1931).
[3] WENTZEL, G.: Physik. Z. **43**, 779 (1927).
[4] COMPTON, A. H., u. K. S. ALLISON: X-Rays Theory and Experiments. London: Macmillan & Co. 1935.
[5] BREIT, G.: Physic. Rev. **27**, 362 (1926).
[6] DIRAC, P. A. M.: Proc. Roy. Soc. **111 A**, 405 (1926).

In der Tafel C 5 sind für die üblicherweise benutzten Wellenlängen die Korrekturfaktoren $\dfrac{1}{B^3}$ in Abhängigkeit von s angegeben.

3. Die Temperaturstreuung

Der Einfluß der Temperatur bedarf in jedem Falle einer besonderen Diskussion, insbesondere ob eine, wie in der Formel (C 1) angegeben, additive Überlagerung angenommen werden kann.

Für die Streuung eines zweiatomigen Gases mit den Atommassen m_1 und m_2 wurde der Einfluß der Temperatur theoretisch und experimentell von JAMES[1] geprüft. Die Temperaturkorrektur besteht darin, daß ähnlich wie bei den Linienintensitäten kristalliner Substanzen das in Formel C 6 angegebene Interferenzglied einen Temperaturfaktor e^{-A} erhält mit

$$A = \frac{h}{M\nu}\coth\left(\frac{h\nu}{2kT}\right)\frac{\sin^2\Theta}{\lambda^2} \left.\begin{array}{c}\\[2ex]\\\end{array}\right\}$$
$$\frac{1}{M} = \frac{1}{m_1} + \frac{1}{m_2}. \tag{C 24}$$

$\nu =$ Frequenz des zweiatomigen Oszillators.

Für reale Kristalle existieren gegenwärtig nur Näherungslösungen. Experimentell ist festzustellen, daß die Temperaturbewegung der Atome außer zu der in Abschnitt B erwähnten Intensitätsminderung der Bragg-Reflexe zu einer diffusen Untergrundstreuung führt, die von der Kristallstruktur abhängt und Intensitätsmaxima in der Umgebung der Kristallinterferenzen besitzt. Ein vereinfachter, nicht die diffusen Maxima und Minima wiedergebender Ausdruck der diffusen Temperaturstreuung wurde zuerst von JAUNCEY[2] angegeben. Danach ist:

$$J_T = N f^2\left(1 - e_i^{-2B\left(\frac{\sin^2\Theta}{\lambda^2}\right)}\right), \tag{C 25}$$

wobei B durch Gleichung (B 17) definiert ist.

Von AVERBACH und WARREN[3] wurde bei binären Legierungen von der Gesamtstreuung entsprechend der Gleichung (C 1) außer der inkohärenten Compton-Streuung als Temperaturstreuung die der Gleichung (C 25) analoge Intensität

$$J_T = N(x_A f_A + x_B f_B)^2 - \left\{x_A f_A\, e^{-B_A\frac{\sin^2\Theta}{\lambda^2}} + x_B f_B\, e^{-B_B\frac{\sin^2\Theta}{\lambda^2}}\right\} \tag{C 26}$$

abgezogen.

Um den Temperaturanteil der beobachteten Untergrundintensität von der durch die Atomanordnung bedingten Streuung experimentell zu trennen, sind folgende Wege möglich:

---

[1] JAMES, R. W.: Physik. Z. **33**, 737 (1932).
[2] JAUNCEY, G. M.: Physic. Rev. **27**, 1193. (1931).
[3] WARREN, B. E., u. B. L. AVERBACH: Modern Research Technic in Physical Metallurgy, Amer. Soc. Met. 1953.

1. Einfrieren der Atomverteilung durch Abschrecken auf möglichst tiefe Temperaturen[1].

2. Messung der diffusen Gesamtstreuung in einem Temperaturgebiet, wo eine merkliche Nahordnung besteht. Dann ist $I_{ges} = I_D + I_T + I_C$. Dann Messung der Streuintensität bei höheren Temperaturen in einem Gebiet, in dem keine wesentliche Nahordnung existiert. Dann ist $I_{ges} = I_T + I_C$. Da die Compton-Streuung unabhängig von der Temperatur ist, kann bei Variation der Temperatur die diffuse Temperaturstreuung abgeschätzt werden[2].

3. Da die Temperaturstreuung für $\Theta \to 0$ ebenfalls $\to 0$ geht, kann durch Einführung einer Gewichtsfunktion (s. Abschnitt C 2), die den kleinen Winkeln eine höhere Genauigkeit zuschreibt, der Temperaturfehler ebenfalls verringert werden.

4. Bestimmung der Nahordnung in binären Legierungen mit Hilfe der molekularen Verteilungsfunktionen

Von A. Münster und K. Sagel[3] wurde die Theorie der diffusen Röntgenstreuung mit Hilfe der molekularen Verteilungsfunktionen in einer Form entwickelt, die die Temperaturstreuung und den Atomgrößeneffekt einschließt und damit die oben erwähnten Korrekturen entbehrlich macht. Danach erhält man für den von der Atomanordnung abhängigen Teil des diffusen Streuungsuntergrundes den Ausdruck:

$$ J_D = N\, x_1\, x_2\, (f_1 - f_2)^2\, 4\pi\varrho \int\limits_0^\infty \left(\overline{g_2^{(1)}} - \overline{g_{12}^{(2)}}\right) \frac{\sin(sr)}{sr}\, dr\,. \qquad \text{(C 27)} $$

Mit $\overline{g_2^{(1)}}$ und $\overline{g_{12}^{(2)}}$ sind dabei die Mittelwerte der molekularen Verteilungsfunktionen der Einzelmoleküle und Paare über alle Kristallorientierungen bezeichnet[4]. Durch Fouriertransformation des Ausdruckes

$$ i\,(s) = \frac{J_D(s)}{N\, x_1\, x_2 (f_1 - f_2)^2} - 1 \qquad \text{(C 28)} $$

erhält man

$$ r\left(\overline{g_2^{(1)}} - \overline{g_{12}^{(2)}}\right) = \frac{1}{2\,\pi^2\varrho} \int\limits_0^\infty s\, i\,(s)\, \sin(s\,r)\, ds\,. \qquad \text{(C 29)} $$

Diese röntgenographisch bestimmbare Funktion beschreibt die Ortskorrelation zwischen 1- und 2-Atomen, soweit dieselbe nicht schon durch die Gitterstruktur als solche bedingt ist. Sie gibt die exakte Beschreibung der Nahordnung, soweit dieselbe aus Pulverdiagrammen entwickelt werden kann.

---
[1] Cowley, J. M.: J. appl. Physics **21**, 24 (1950).
[2] Walker, C. B.: J. appl. Physics **23**, 118 (1952).
[3] Münster, A., u. K. Sagel: Z. physik. Chem. (Neue Folge) **12**, 145 (1957).
[4] Münster, A.: Statistische Thermodynamik, Berlin: Springer (1956).

Tafel C1

$$s = \frac{4\pi \sin\Theta}{\lambda} \qquad (\lambda \text{ in Å. E})$$

Θ	$\lambda = 0,7107$ $\mathrm{Mo}_{K\alpha}$	$\lambda = 1,5418$ $\mathrm{Cu}_{K\alpha}$	$\lambda = 1,790$ $\mathrm{Co}_{K\alpha}$	$\lambda = 2,291$ $\mathrm{Cr}_{K\alpha}$	Θ	$\lambda = 0,7107$ $\mathrm{Mo}_{K\alpha}$	$\lambda = 1,5418$ $\mathrm{Cu}_{K\alpha}$	$\lambda = 1,790$ $\mathrm{Co}_{K\alpha}$	$\lambda = 2,291$ $\mathrm{Cr}_{K\alpha}$
0	0	0	0	0	10,0	3,070	1,415	1,219	0,952
0,2	0,062	0,028	0,025	0,019	10,2	3,131	1,443	1,243	0,971
0,4	0,123	0,057	0,049	0,038	10,4	3,192	1,471	1,267	0,990
0,6	0,185	0,085	0,074	0,057	10,6	3,253	1,499	1,291	1,009
0,8	0,247	0,114	0,098	0,077	10,8	3,313	1,527	1,315	1,028
1,0	0,309	0,142	0,123	0,096	11,0	3,374	1,555	1,340	1,047
1,2	0,370	0,171	0,147	0,115	11,2	3,434	1,583	1,364	1,065
1,4	0,432	0,199	0,172	0,134	11,4	3,495	1,611	1,388	1,084
1,6	0,494	0,228	0,196	0,153	11,6	3,555	1,639	1,412	1,103
1,8	0,555	0,256	0,221	0,172	11,8	3,616	1,667	1,436	1,122
2,0	0,617	0,284	0,245	0,191	12,0	3,676	1,695	1,460	1,140
2,2	0,679	0,313	0,270	0,211	12,2	3,736	1,722	1,484	1,159
2,4	0,741	0,341	0,294	0,230	12,4	3,797	1,750	1,508	1,178
2,6	0,802	0,370	0,318	0,249	12,6	3,857	1,778	1,531	1,197
2,8	0,864	0,398	0,343	0,268	12,8	3,917	1,806	1,555	1,215
3,0	0,925	0,427	0,367	0,287	13,0	3,977	1,833	1,579	1,234
3,2	0,987	0,455	0,392	0,306	13,2	4,038	1,861	1,603	1,253
3,4	1,049	0,483	0,416	0,325	13,4	4,098	1,889	1,627	1,271
3,6	1,110	0,512	0,441	0,344	13,6	4,158	1,916	1,651	1,290
3,8	1,172	0,540	0,465	0,363	13,8	4,218	1,944	1,675	1,308
4,0	1,233	0,569	0,490	0,383	14,0	4,278	1,972	1,698	1,327
4,2	1,295	0,597	0,514	0,402	14,2	4,337	1,999	1,722	1,346
4,4	1,357	0,625	0,539	0,421	14,4	4,397	2,027	1,746	1,364
4,6	1,418	0,654	0,563	0,440	14,6	4,457	2,054	1,770	1,383
4,8	1,480	0,682	0,587	0,459	14,8	4,517	2,082	1,793	1,401
5,0	1,541	0,710	0,612	0,478	15,0	4,576	2,109	1,817	1,420
5,2	1,602	0,739	0,636	0,497	15,2	4,636	2,137	1,841	1,438
5,4	1,664	0,767	0,661	0,516	15,4	4,696	2,164	1,864	1,457
5,6	1,725	0,795	0,685	0,535	15,6	4,755	2,192	1,888	1,475
5,8	1,787	0,824	0,709	0,554	15,8	4,814	2,219	1,911	1,493
6,0	1,848	0,852	0,734	0,573	16,0	4,874	2,247	1,935	1,512
6,2	1,910	0,880	0,758	0,592	16,2	4,933	2,274	1,959	1,530
6,4	1,971	0,909	0,783	0,611	16,4	4,992	2,301	1,982	1,549
6,6	2,032	0,937	0,807	0,630	16,6	5,051	2,328	2,006	1,567
6,8	2,094	0,965	0,831	0,649	16,8	5,111	2,356	2,029	1,585
7,0	2,155	0,993	0,856	0,668	17,0	5,170	2,383	2,053	1,604
7,2	2,216	1,021	0,880	0,687	17,2	5,229	2,410	2,076	1,622
7,4	2,277	1,050	0,904	0,707	17,4	5,288	2,437	2,099	1,640
7,6	2,339	1,078	0,929	0,725	17,6	5,346	2,464	2,123	1,659
7,8	2,400	1,106	0,953	0,744	17,8	5,405	2,492	2,146	1,677
8,0	2,461	1,134	0,977	0,763	18,0	5,464	2,519	2,169	1,695
8,2	2,522	1,162	1,001	0,782	18,2	5,522	2,546	2,193	1,713
8,4	2,583	1,191	1,026	0,801	18,4	5,581	2,573	2,216	1,731
8,6	2,644	1,219	1,050	0,820	18,6	5,640	2,600	2,239	1,750
8,8	2,705	1,247	1,074	0,839	18,8	5,698	2,627	2,262	1,768
9,0	2,766	1,275	1,098	0,858	19,0	5,757	2,654	2,286	1,786
9,2	2,827	1,303	1,122	0,877	19,2	5,815	2,680	2,309	1,804
9,4	2,888	1,331	1,147	0,896	19,4	5,873	2,707	2,332	1,822
9,6	2,949	1,359	1,171	0,915	19,6	5,931	2,734	2,355	1,840
9,8	3,010	1,387	1,195	0,934	19,8	5,989	2,761	2,378	1,858

Tafel C1 (Fortsetzung)

$$s = \frac{4\,\pi\,\sin\Theta}{\lambda}$$

Θ	$\lambda = 0{,}7107$ $Mo_{K\alpha}$	$\lambda = 1{,}5418$ $Cu_{K\alpha}$	$\lambda = 1{,}790$ $Co_{K\alpha}$	$\lambda = 2{,}291$ $Cr_{K\alpha}$	Θ	$\lambda = 0{,}7107$ $Mo_{K\alpha}$	$\lambda = 1{,}5418$ $Cu_{K\alpha}$	$\lambda = 1{,}790$ $Co_{K\alpha}$	$\lambda = 2{,}291$ $Cr_{K\alpha}$
20,0	6,047	2,788	2,401	1,876	30,0	8,841	4,075	3,510	2,743
20,2	6,106	2,814	2,424	1,894	30,2	8,894	4,100	3,531	2,759
20,4	6,163	2,841	2,447	1,912	30,4	8,947	4,124	3,553	2,776
20,6	6,221	2,868	2,470	1,930	30,6	9,001	4,149	3,574	2,792
20,8	6,279	2,894	2,493	1,948	30,8	9,054	4,173	3,595	2,809
21,0	6,337	2,921	2,516	1,966	31,0	9,107	4,198	3,616	2,825
21,2	6,394	2,947	2,539	1,983	31,2	9,160	4,222	3,637	2,841
21,4	6,452	2,974	2,562	2,001	31,4	9,212	4,246	3,658	2,858
21,6	6,509	3,000	2,584	2,019	31,6	9,265	4,271	3,679	2,874
21,8	6,566	3,027	2,607	2,037	31,8	9,318	4,295	3,699	2,890
22,0	6,624	3,053	2,630	2,055	32,0	9,370	4,319	3,720	2,907
22,2	6,681	3,080	2,653	2,072	32,2	9,422	4,343	3,741	2,923
22,4	6,738	3,106	2,675	2,090	32,4	9,474	4,367	3,762	2,939
22,6	6,795	3,132	2,698	2,108	32,6	9,526	4,391	3,782	2,955
22,8	6,852	3,158	2,721	2,126	32,8	9,578	4,415	3,803	2,971
23,0	6,909	3,185	2,743	2,143	33,0	9,630	4,439	3,824	2,987
23,2	6,966	3,211	2,766	2,161	33,2	9,682	4,463	3,844	3,003
23,4	7,022	3,237	2,788	2,178	33,4	9,733	4,487	3,865	3,019
23,6	7,079	3,263	2,811	2,196	33,6	9,785	4,510	3,885	3,035
23,8	7,135	3,289	2,833	2,214	33,8	9,836	4,534	3,905	3,051
24,0	7,192	3,315	2,855	2,231	34,0	9,887	4,558	3,926	3,067
24,2	7,248	3,341	2,878	2,248	34,2	9,938	4,581	3,946	3,083
24,4	7,304	3,367	2,900	2.266	34,4	9,990	4,605	3,966	3,099
24,6	7,360	3,393	2,922	2,283	34,6	10,040	4,628	3,986	3,115
24,8	7,417	3,419	2,945	2,301	34,8	10,091	4,651	4,007	3,130
25,0	7,473	3,445	2,967	2.318	35,0	10,142	4,675	4,027	3,146
25,2	7,528	3,470	2,989	2,335	35,2	10,192	4,698	4,047	3,162
25,4	7,584	3,496	3,011	2.353	35,4	10,243	4,721	4,067	3,177
25,6	7,640	3,522	3,033	2.370	35,6	10,293	4,745	4,087	3,193
25,8	7,696	3,547	3,055	2,387	35,8	10,343	4,768	4,107	3,209
26,0	7,751	3,573	3,077	2,404	36,0	10,393	4,791	4,126	3,224
26,2	7,807	3,599	3,100	2,422	36,2	10,443	4,814	4,146	3,240
26,4	7,862	3,624	3,122	2,439	36,4	10,493	4,837	4,166	3,255
26,6	7,917	3,649	3,143	2,456	36.6	10,542	4,859	4,186	3,270
26,8	7,972	3,675	3,165	2,473	36,8	10,592	4.882	4,205	3,286
27,0	8,027	3,700	3,187	2,490	37,0	10,641	4,905	4,225	3,301
27,2	8,082	3,726	3,209	2,507	37,2	10,690	4,928	4,244	3,316
27,4	8,137	3,751	3,231	2,524	37,4	10,740	4,950	4,264	3,332
27,6	8,192	3,776	3,253	2,541	37,6	10,788	4,973	4,283	3,347
27,8	8,246	3,801	3,274	2,558	37,8	10,837	4,995	4,303	3,362
28,0	8,301	3,826	3,296	2,575	38,0	10,886	5,018	4,322	3,377
28,2	8,355	3,851	3,317	2,592	38,2	10,935	5,040	4,341	3,392
28,4	8,410	3,876	3,339	2,609	38,4	10,983	5,063	4,361	3,407
28,6	8,464	3,902	3,361	2,626	38,6	11,031	5,085	4,380	3,422
28,8	8,518	3,926	3,382	2,642	38,8	11,079	5,107	4,399	3,437
29,0	8,572	3,951	3,404	2,659	39,0	11,127	5,129	4,418	3,452
29,2	8,626	3,976	3,425	2,676	39,2	11,175	5,151	4,437	3,467
29,4	8,680	4,001	3,446	2,693	39,4	11,223	5,173	4,456	3,482
29,6	8,734	4,026	3,468	2,709	39,6	11,272	5,196	4,475	3,497
29,8	8,787	4,051	3,489	2,726	39,8	11,318	5,217	4,494	3,511

Tafel C1 (Fortsetzung)

$$s = \frac{4\,\pi\,\sin\Theta}{\lambda}$$

Θ	$\lambda = 0{,}7107$ $\mathrm{Mo}_{K\alpha}$	$\lambda = 1{,}5418$ $\mathrm{Cu}_{K\alpha}$	$\lambda = 1{,}790$ $\mathrm{Co}_{K\alpha}$	$\lambda = 2{,}291$ $\mathrm{Cr}_{K\alpha}$	Θ	$\lambda = 0{,}7107$ $\mathrm{Mo}_{K\alpha}$	$\lambda = 1{,}5418$ $\mathrm{Cu}_{K\alpha}$	$\lambda = 1{,}790$ $\mathrm{Co}_{K\alpha}$	$\lambda = 2{,}291$ $\mathrm{Cr}_{K\alpha}$
40,0	11,366	5,239	4,513	3,526	65,0	16,025	7,387	6,363	4,971
40,5	11,483	5,293	4,559	3,562	65,5	16,090	7,417	6,388	4,991
41,0	11,600	5,347	4,606	3,599	66,0	16,153	7,446	6,413	5,011
41,5	11,716	5,401	4,652	3,635	66,5	16,215	7,474	6,438	5,030
42,0	11,831	5,454	4,697	3,670	67,0	16,276	7,502	6,462	5,049
42,5	11,946	5,506	4,743	3,706	67,5	16,336	7,530	6,486	5,068
43,0	12,059	5,559	4,788	3,741	68,0	16,394	7,557	6,509	5,086
43,5	12,171	5,610	4,832	3,776	68,5	16,451	7,583	6,532	5,103
44,0	12,283	5,662	4,877	3,810	69,0	16,507	7,609	6,554	5,121
44,5	12,396	5,713	4,921	3,845	69,5	16,562	7,634	6,576	5,138
45,0	12,503	5,763	4,964	3,879	70,0	16,615	7,659	6,597	5,154
45,5	12,611	5,813	5,007	3,912	70,5	16,667	7,683	6,618	5,170
46,0	12,719	5,863	5,050	3,946	71,0	16,718	7,706	6,638	5,186
46,5	12,826	5,912	5,092	3,979	71,5	16,768	7,729	6,657	5,202
47,0	12,931	5,961	5,134	4,012	72,0	16,816	7,752	6,677	5,217
47,5	13,036	6,009	5,176	4,044	72,5	16,863	7,773	6,695	5,231
48,0	13,140	6,057	5,217	4,076	73,0	16,909	7,794	6,714	5,245
48,5	13,243	6,104	5,258	4,108	73,5	16,954	7,815	6,731	5,259
49,0	13,345	6,151	5,298	4,140	74,0	16,997	7,835	6,748	5,273
49,5	13,445	6,198	5,338	4,171	74,5	17,039	7,854	6,765	5,286
50,0	13,545	6,244	5,378	4,202	75,0	17,079	7,873	6,781	5,298
50,5	13,644	6,289	5,417	4,232	75,5	17,118	7,891	6,797	5,310
51,0	13,741	6,334	5,456	4,263	76,0	17,156	7,908	6,812	5,322
51,5	13,838	6,379	5,494	4,293	76,5	17,193	7,925	6,827	5,334
52,0	13,933	6,423	5,532	4,322	77,0	17,228	7,942	6,840	5,345
52,5	14,028	6,466	5,570	4,352	77,5	17,263	7,957	6,854	5,355
53,0	14,121	6,509	5,607	4,381	78,0	17,295	7,972	6,867	5,365
53,5	14,214	6,552	5,643	4,409	78,5	17,327	7,987	6,879	5,375
54,0	14,305	6,594	5,680	4,438	79,0	17,357	8,001	6,891	5,384
54,5	14,395	6,635	5,715	4,466	79,5	17,385	8,014	6,903	5,393
55,0	14,484	6,676	5,751	4,493	80,0	17,413	8,027	6,914	5,402
55,5	14,572	6,717	5,786	4,520	80,5	17,439	8,039	6,924	5,410
56,0	14,659	6,757	5,820	4,547	81,0	17,464	8,050	6,934	5,418
56,5	14,745	6,797	5,854	4,574	81,5	17,488	8,061	6,943	5,425
57,0	14,829	6,835	5,888	4,600	82,0	17,510	8,071	6,952	5,432
57,5	14,912	6,874	5,921	4,626	82,5	17,530	8,081	6,960	5,438
58,0	14,995	6,912	5,954	4,652	83,0	17,550	8,090	6,968	5,444
58,5	15,076	6,949	5,986	4,677	83,5	17,568	8,098	6,975	5,450
59,0	15,156	6,986	6,018	4,702	84,0	17,585	8,106	6,982	5,455
59,5	15,235	7,023	6,049	4,726	84,5	17,600	8,113	6,988	5,460
60,0	15,313	7,058	6,080	4,750	85,0	17,614	8,119	6,993	5,464
60,5	15,389	9,094	6,110	4,774	85,5	17,627	8,125	6,999	5,468
61,0	15,465	7,129	6,140	4,797	86,0	17,638	8,131	7,003	5,472
61,5	15,539	7,163	6,170	4,820	86,5	17,649	8,135	7,007	5,475
62,0	15,612	7,196	6,199	4,843	87,0	17,657	8,139	7,011	5,478
62,5	15,684	7,230	6,227	4,865	87,5	17,665	8,143	7,014	5,480
63,0	15,755	7,262	6,255	4,887	88,0	17,671	8,145	7,016	5,482
63,5	15,824	7,294	6,283	4,909	88,5	17,676	8,148	7,018	5,483
64,0	15,892	7,325	6,310	4,930	89,0	17,679	8,149	7,019	5,484
64,5	15,959	7,357	6,336	4,951	89,5	17,681	8,150	7,020	5,485

Tafel C 2

Polarisationsfaktoren

$\Theta°$	$\dfrac{1+\cos^2 2\,\Theta}{2}$	$\dfrac{1+\cos^2 2\,\alpha\,\cos^2 2\,\Theta}{1+\cos^2 2\,\alpha}$ $\alpha=13°\,24';\ \mathrm{Cu}_{K\alpha}$	$\dfrac{1+\cos^2 2\,\alpha\,\cos^2 2\,\Theta}{1+\cos^2 2\,\alpha}$ $\alpha=15°\,37';\ \mathrm{Co}_{K\alpha}$	$\dfrac{1+\cos^2 2\,\alpha\,\cos^2 2\,\Theta}{1+\cos^2 2\,\alpha}$ $\alpha=20°\,09';\ \mathrm{Cr}_{K\alpha}$	$\dfrac{1}{\cos^3 2\,\Theta}$	$\cos 2\,\Theta$
0	1,000	1,000	1,000	1,000	1,000	1,0000
0,2	1,000	1,000	1,000	1,000	1,000	0,9999
0,4	1,000	1,000	1,000	1,000	1,000	0,9999
0,6	1,000	1,000	1,000	1,000	1,001	0,9997
0,8	1,000	1,000	1,000	1,000	1,001	0,9996
1,0	0,999	0,999	0,999	1,000	1,002	0,9993
1,2	0,999	0,999	0,999	0,999	1,003	0,9991
1,4	0,999	0,999	0,999	0,999	1,004	0,9988
1,6	0,998	0,999	0,999	0,999	1,005	0,9984
1,8	0,998	0,998	0,998	0,999	1,006	0,9980
2,0	0,998	0,998	0,998	0,998	1,007	0,9975
2,2	0,997	0,997	0,998	0,998	1,009	0,9970
2,4	0,996	0,997	0,997	0,997	1,011	0,9964
2,6	0,996	0,996	0,997	0,997	1,012	0,9958
2,8	0,995	0,996	0,996	0,996	1,014	0,9952
3,0	0,995	0,995	0,995	0,996	1,017	0,9945
3,2	0,994	0,994	0,995	0,995	1,019	0,9937
3,4	0,993	0,994	0,994	0,995	1,021	0,9929
3,6	0,992	0,993	0,993	0,994	1,024	0,9921
3,8	0,991	0,992	0,993	0,994	1,027	0,9912
4,0	0,990	0,991	0,992	0,993	1,030	0,9902
4,2	0,989	0,991	0,991	0,992	1,033	0,9892
4,4	0,988	0,990	0,990	0,991	1,036	0,9882
4,6	0,987	0,989	0,989	0,991	1,040	0,9871
4,8	0,986	0,988	0,988	0,990	1,043	0,9860
5,0	0,985	0,987	0,987	0,989	1,047	0,9848
5,2	0,984	0,986	0,986	0,988	1,051	0,9835
5,4	0,982	0,984	0,985	0,987	1,055	0,9822
5,6	0,981	0,983	0,984	0,986	1,059	0,9809
5,8	0,980	0,982	0,983	0,985	1,064	0,9795
6,0	0,978	0,981	0,982	0,984	1,069	0,9781
6,2	0,977	0,980	0,981	0,983	1,073	0,9766
6,4	0,975	0.978	0,979	0,982	1,078	0,9751
6,6	0,974	0,977	0,978	0,981	1,084	0,9735
6,8	0,972	0,975	0,977	0,980	1,089	0,9716
7,0	0,971	0,974	0,975	0,978	1,095	0,9703
7,2	0,969	0,973	0,974	0,977	1,101	0,9685
7,4	0,967	0,971	0,972	0,976	1,107	0,9668
7,6	0,966	0,970	0,971	0,975	1,113	0,9650
7,8	0,964	0,968	0,969	0,973	1,119	0,9631
8,0	0,962	0,966	0,968	0,972	1,126	0,9612
8,2	0,960	0,965	0,966	0,971	1,133	0,9593
8,4	0,958	0,963	0,965	0,969	1,140	0,9573
8,6	0,956	0,961	0,963	0,968	1,147	0,9552
8,8	0,954	0,959	0,961	0,966	1,155	0,9531
9,0	0,952	0,958	0,960	0,965	1,162	0,9510
9,2	0,950	0,956	0,958	0,963	1,170	0,9488
9,4	0,948	0,954	0,956	0,962	1,179	0,9466
9,6	0,946	0,952	0,954	0,960	1,187	0,9443
9,8	0,944	0,950	0,952	0,959	1,196	0,9420

Tafel C 2 (Fortsetzung)
Polarisationsfaktoren

$\Theta°$	$\dfrac{1+\cos^2 2\Theta}{2}$	$\dfrac{1+\cos^2 2\alpha \cos^2 2\Theta}{1+\cos^2 2\alpha}$ $\alpha=13°\,24'$; $Cu_{K\alpha}$	$\dfrac{1+\cos^2 2\alpha \cos^2 2\Theta}{1+\cos^2 2\alpha}$ $\alpha=15°\,37'$; $Co_{K\alpha}$	$\dfrac{1+\cos^2 2\alpha \cos^2 2\Theta}{1+\cos^2 2\alpha}$ $\alpha+20°\,09'$; $Cr_{K\alpha}$	$\dfrac{1}{\cos^3 2\Theta}$	$\cos 2\Theta$
10,0	0,942	0,948	0,951	0,957	1,205	0,9396
10,5	0,936	0,943	0,946	0,953	1,229	0,9335
11,0	0,930	0,938	0,941	0,948	1,255	0,9271
11,5	0,924	0,932	0,936	0,944	1,282	0,9205
12,0	0,917	0,927	0,930	0,939	1,312	0,9135
12,5	0,911	0,921	0,925	0,934	1,343	0,9063
13,0	0,904	0,915	0,919	0,929	1,377	0,8987
13,5	0,897	0,909	0,913	0,924	1,414	0,8910
14,0	0,890	0,902	0,907	0,919	1,453	0,8829
14,5	0,882	0,896	0,901	0,914	1,495	0,8746
15,0	0,875	0,889	0,894	0,908	1,540	0,8660
15,5	0,867	0,882	0,888	0,902	1,588	0,8571
16,0	0,860	0,875	0,881	0,897	1,640	0,8480
16,5	0,852	0,868	0,875	0,891	1,695	0,8386
17,0	0,844	0,861	0,868	0,885	1,755	0,8290
17,5	0,836	0,854	0,861	0,879	1,819	0,8191
18,0	0,827	0,847	0,854	0,873	1,889	0,8090
18,5	0,819	0,839	0,847	0,867	1,963	0,7986
19,0	0,810	0,832	0,840	0,861	2,044	0,7880
19,5	0,802	0,824	0,833	0,854	2,131	0,7771
20,0	0,793	0,817	0,825	0,848	2,225	0,7660
20,5	0,785	0,809	0,818	0,842	2,326	0,7547
21,0	0,776	0,801	0,811	0.835	2,437	0,7431
21,5	0,767	0,794	0,804	0,829	2,556	0,7313
22,0	0,759	0,786	0,796	0,823	2,687	0,7193
22,5	0,750	0,778	0,789	0,816	2,828	0,7071
23,0	0,741	0,771	0,781	0,810	2,983	0,6946
23,5	0,733	0,763	0,774	0,803	3,152	0,6820
24,0	0,724	0,755	0,767	0,797	3,338	0,6691
24,5	0,715	0,747	0,759	0,791	3,541	0,6560
25,0	0,707	0,740	0,752	0,784	3,765	0,6427
26	0,690	0,725	0,738	0,772	4,285	0,6156
27	0,673	0,710	0,724	0,759	4,924	0,5877
28	0,656	0,695	0,710	0,747	5,719	0 5591
29	0,640	0,681	0,696	0,736	6,720	0,5299
30	0,625	0,667	0,683	0,724	8,000	0,5000
31	0,610	0,654	0,671	0,713	9,665	0,4694
32	0,596	0,642	0,659	0,703	11,871	0,4383
33	0,583	0,630	0,648	0,693	14,861	0,4067
34	0,570	0,619	0,637	0,684	19,022	0,3746
35	0,558	0,608	0,627	0,675	24,994	0,3420
36	0,548	0,599	0,618	0,667	33,887	0,3090
37	0,538	0,590	0,610	0,660	47,755	0,2756
38	0,529	0,583	0,602	0,654	70,621	0,2419
39	0,522	0,576	0,596	0,648	111.235	0,2079
40	0,515	0,570	0,590	0,643	190,840	0,1736
41	0,510	0.565	0,586	0,639	370,370	0,1391
42	0,505	0,561	0,582	0,636	877,193	0,1045
43	0,502	0,559	0,580	0,634	2941,176	0,0697
44	0,501	0,557	0,578	0,633	25000,000	0,0349
45	0,500	0,557	0,578	0,632	$+\infty$	0,0000

Tafel C2 (Fortsetzung)
Polarisationsfaktoren

$\Theta°$	$\dfrac{1+\cos^2 2\Theta}{2}$	$\dfrac{1+\cos^2 2\alpha\,\cos^2 2\Theta}{1+\cos^2 2\alpha}$ $\alpha=13°\,24';\ \mathrm{Cu}_{K\alpha}$	$\dfrac{1+\cos^2 2\alpha\,\cos^2 2\Theta}{1+\cos^2 2\alpha}$ $\alpha=15°\,37';\ \mathrm{Co}_{K\alpha}$	$\dfrac{1+\cos^2 2\alpha\,\cos^2 2\Theta}{1+\cos^2 2\alpha}$ $\alpha=20°\,09';\ \mathrm{Cr}_{K\alpha}$	$\cos 2\Theta$
46	0,501	0,557	0,578	0,633	−0,0349
47	0,502	0,559	0,580	0,634	−0,0697
48	0,505	0,561	0,582	0,636	−0,1045
49	0,510	0,565	0,586	0,639	−0,1391
50	0,515	0,570	0,590	0,643	−0,1736
51	0,522	0,576	0,596	0,648	−0,2079
52	0,529	0,583	0,602	0,654	−0,2419
53	0,538	0,590	0,610	0,660	−0,2756
54	0,548	0,599	0,618	0,667	−0,3090
55	0,558	0,608	0,627	0,675	−0,3420
56	0,570	0,619	0,637	0,684	−0,3746
57	0,583	0,630	0,648	0,693	−0,4067
58	0,596	0,642	0,659	0,703	−0,4383
59	0,610	0,654	0,671	0,713	−0,4694
60	0,625	0,667	0,683	0,724	−0,5000
61	0,640	0,681	0,696	0,736	−0,5299
62	0,656	0,695	0,710	0,747	−0,5591
63	0,673	0,710	0,724	0,759	−0,5877
64	0,690	0,725	0,738	0,772	−0,6156
65	0,707	0,740	0,752	0,784	−0,6427
66	0,724	0,755	0,767	0,797	−0,6691
67	0,741	0,771	0,781	0,810	−0,6946
68	0,759	0,786	0,796	0,823	−0,7193
69	0,776	0,801	0,811	0,835	−0,7431
70	0,793	0,817	0,825	0,848	−0,7660
71	0,810	0,832	0,840	0,861	−0,7880
72	0,827	0,847	0,854	0,873	−0,8090
73	0,844	0,861	0,868	0,885	−0,8290
74	0,860	0,875	0,881	0,897	−0,8480
75	0,875	0,889	0,894	0,908	−0,8660
76	0,890	0,902	0,907	0,919	−0,8829
77	0,904	0,915	0,919	0,929	−0,8987
78	0,917	0,927	0,930	0,939	−0,9135
79	0,930	0,938	0,941	0,948	−0,9271
80	0,942	0,948	0,951	0,957	−0,9396
81	0,952	0,958	0,960	0,965	−0,9510
82	0,962	0,966	0,968	0,972	−0,9612
83	0,971	0,974	0,975	0,978	−0,9703
84	0,978	0,981	0,982	0,984	−0,9781
85	0,985	0,987	0,987	0,989	−0,9848
86	0,990	0,991	0,992	0,993	−0,9902
87	0,995	0,995	0,995	0,996	−0,9945
88	0,998	0,998	0,998	0,998	−0,9975
89	0,999	0,999	0,999	1,000	−0,9993
90	1,000	1,000	1,000	1,000	−1,0000

Tafel C3
Winkel-Funktionen von sr

sr	$\sin sr$	$\dfrac{\sin sr}{sr}$	$\dfrac{\sin^2 sr}{sr}$	$\dfrac{\sin^2 sr}{(sr)^2}$	$\dfrac{3(\sin sr - sr\cos sr)}{(sr)^3}$	$\left[\dfrac{3(\sin sr - sr\cos sr)}{(sr)^3}\right]^2$	$J_0(sr)$	$J_1(sr)$
0,05	+0,0499	+1,000	0,050	0,999	1,000	1,000	+0,999	+0,025
0,10	+0,0998	+0,998	0,100	0,997	0,999	0,998	998	050
0,15	+0,1494	+0,996	0,149	0,993	0,998	0,995	994	075
0,20	+0,1986	+0,993	0,197	0,987	0,996	0,992	990	100
0,25	+0,2474	+0,990	0,245	0,979	0,994	0,988	984	124
0,30	+0,2955	+0,985	0,291	0,970	0,991	0,982	978	148
0,35	+0,3429	+0,980	0,336	0,960	0,988	0,976	970	172
0,40	+0,3894	+0,974	0,379	0,948	0,984	0,968	960	196
0,45	+0,4349	+0,967	0,420	0,934	0,980	0,960	950	219
0,50	+0,4794	+0,959	0,460	0,919	0,975	0,951	939	242
0,55	+0,5226	+0,950	0,497	0,903	0,970	0,941	926	265
0,60	+0,5646	+0,941	0,531	0,886	0,964	0,930	912	287
0,65	+0,6051	+0,931	0,563	0,867	0,958	0,918	897	308
0,70	+0,6442	+0,920	0,593	0,847	0,952	0,906	881	329
0,75	+0,6816	+0,909	0,620	0,826	0,945	0,893	864	349
0,80	+0,7173	+0,897	0,643	0,804	0,937	0,879	846	369
0,85	+0,7512	+0,884	0,664	0,781	0,930	0,864	827	388
0,90	+0,7833	+0,870	0,682	0,758	0,921	0,849	808	406
0,95	+0,8134	+0,856	0,696	0,733	0,913	0,833	787	423
1,00	+0,8414	+0,841	0,708	0,708	0,904	0,816	765	440
1,05	+0,8674	+0,826	0,717	0,682	0,894	0,799	743	456
1,10	+0,8912	+0,810	0,722	0,656	0,884	0,782	720	471
1,15	+0,9127	+0,794	0,724	0,630	0,874	0,764	696	485
1,20	+0,9320	+0,777	0,724	0,603	0,863	0,745	671	498
1,25	+0,9489	+0,759	0,720	0,576	0,852	0,726	646	511
1,30	+0,9635	+0,741	0,714	0,549	0,841	0,707	620	522
1,35	+0,9757	+0,723	0,705	0,522	0,829	0,688	594	533
1,40	+0,9854	+0,704	0,694	0,495	0,817	0,668	567	542
1,45	+0,9927	+0,685	0,680	0,469	0,805	0,648	540	550
1,50	+0,9975	+0,665	0,663	0,442	0,792	0,628	512	558
1,60	+0,9995	+0,625	0,624	0,390	0,766	0,587	455	570
1,70	+0,9916	+0,583	0,578	0,340	0,739	0,547	398	578
1,80	+0,9738	+0,541	0,527	0,293	0,711	0,506	340	582

Tafel C3 (Fortsetzung)
Winkel-Funktionen von sr

sr	$\sin sr$	$\dfrac{\sin sr}{sr}$	$\dfrac{\sin^2 sr}{sr}$	$\dfrac{\sin^2 sr}{(sr)^2}$	$\dfrac{3(\sin sr - sr\cos sr)}{(sr)^3}$	$\left[\dfrac{3(\sin sr - sr\cos sr)}{(sr)^3}\right]^2$	$J_0(sr)$	$J_1(sr)$
1,90	$+0,9463$	$+0,498$	0,471	0,248	0,683	0,466	$+0,282$	$+0,581$
2,00	$+0,9093$	$+0,455$	0,413	0,207	0,653	0,427	224	577
2,10	$+0,8632$	$+0,411$	0,355	0,169	0,623	0,388	167	568
2,20	$+0,8085$	$+0,368$	0,297	0,135	0,593	0,351	110	556
2,30	$+0,7457$	$+0,324$	0,242	0,105	0,562	0,314	056	540
2,40	$+0,6754$	$+0,281$	0,190	0,079	0,531	0,282	003	520
2,50	$+0,5984$	$+0,239$	0,143	0,057	0,499	0,249	$-0,048$	497
2,60	$+0,5155$	$+0,198$	0,102	0,039	0,468	0,219	097	471
2,70	$+0,4273$	$+0,158$	0,068	0,025	0,437	0,191	142	442
2,80	$+0,3349$	$+0,120$	0,040	0,014	0,406	0,165	185	410
2,90	$+0,2392$	$+0,083$	0,020	0,007	0,376	0,141	224	375
3,00	$+0,1411$	$+0,047$	0,007	0,002	0,346	0,119	260	339
3,10	$+0,0415$	$+0,013$	0,001	0,0002	0,316	0,100	292	301
3,20	$-0,0583$	$-0,018$	0,001	0,0003	0,287	0,082	320	261
3,30	$-0,1577$	$-0,048$	0,008	0,002	0,259	0,067	344	221
3,40	$-0,2555$	$-0,075$	0,019	0,006	0,231	0,054	364	179
3,50	$-0,3507$	$-0,100$	0,035	0,010	0,205	0,042	380	137
3,60	$-0,4425$	$-0,123$	0,054	0,015	0,179	0,032	392	096
3,70	$-0,5298$	$-0,143$	0,076	0,021	0,154	0,024	399	054
3,80	$-0,6118$	$-0,161$	0,099	0,026	0,131	0,017	403	013
3,90	$-0,6877$	$-0,176$	0,121	0,031	0,108	0,012	402	$-0,027$
4,00	$-0,7568$	$-0,189$	0,143	0,036	0,0871	0,0076	397	066
4,20	$-0,8715$	$-0,208$	0,181	0,043	0,0481	0,0023	377	139
4,40	$-0,9516$	$-0,216$	0,206	0,047	0,0141	0,0002	342	203
4,60	$-0,9936$	$-0,216$	0,215	0,047	$-0,0147$	0,0002	296	257
4,80	$-0,9961$	$-0,208$	0,207	0,043	$-0,0384$	0,0015	240	299
5,00	$-0,9589$	$-0,192$	0,184	0,037	$-0,0571$	0,0033	178	328
5,20	$-0,8834$	$-0,170$	0,150	0,029	$-0,0708$	0,0050	110	343
5,40	$-0,7727$	$-0,143$	0,111	0,020	$-0,0800$	0,0064	041	345
5,60	$-0,6312$	$-0,113$	0,071	0,013	$-0,0850$	0,0072	$+0,027$	334
5,80	$-0,4646$	$-0,080$	0,037	0,006	$-0,0861$	0,0074	92	311
6,00	$-0,2794$	$-0,047$	0,013	0,002	$-0,0839$	0,0070	151	277
6,20	$-0,0830$	$-0,013$	0,001	0,0002	$-0,0788$	0,0062	202	233

Tafel C3 (Fortsetzung)

Winkel-Funktionen von sr

sr	$\sin sr$	$\dfrac{\sin sr}{sr}$	$\dfrac{\sin^2 sr}{sr}$	$\dfrac{\sin^2 sr}{(sr)^2}$	$\dfrac{3(\sin sr - sr \cos sr)}{(sr)^3}$	$\left[\dfrac{3(\sin sr - sr \cos sr)}{(sr)^3}\right]^2$	$J_0(sr)$	$J_1(sr)$
6,40	+0,1165	+0,018	0,002	0,0003	−0,0714	0,0051	+0,243	−0,182
6,60	+0,3115	+0,047	0,015	0,002	−0,0622	0,0039	274	125
6,80	+0,4941	+0,073	0,036	0,005	−0,0517	0,0027	293	065
7,00	+0,6569	+0,094	0,062	0,009	−0,0404	0,0016	300	005
7,20	+0,7936	+0,110	0,087	0,012	−0,0288	0,0008	295	+0,054
7,40	+0,8987	+0,121	0,109	0,015	−0,0174	0,0003	279	110
7,60	+0,9679	+0,127	0,123	0,016	−0,0064	0,00004	252	159
7,80	+0,9985	+0,128	0,128	0,016	0,0037	0,00001	215	201
8,00	+0,9893	+0,124	0,122	0,015	0,0126	0,00016	172	235
8,50	+0,7984	+0,094	0,075	0,009	0,0289	0,00084	042	273
9,00	+0,4121	+0,046	0,019	0,002	0,0354	0,00126	−0,090	245
9,50	−0,0751	−0,008	0,001	0,0001	0,0329	0,00108	194	161
10,00	−0,5440	−0,054	0,030	0,003	0,0235	0,00055	246	044
10,50	−0,8797	−0,084	0,074	0,007	0,0107	0,00011	237	−0,079
11,00	−0,9999	−0,091	0,091	0,008	−0,0024	0,000001	171	177
11,50	−0,8754	−0,076	0,067	0,006	−0,0127	0,000161	068	228
12,00	−0,5365	−0,045	0,024	0,002	−0,0185	0,000343	+0,048	223
12,50	−0,0663	−0,005	0,0004	0,00003	−0,0193	0,000371	147	166
13,00	+0,4201	+0,032	0,014	0,001	−0,0155	0,000241	207	070
13,50	+0,8037	+0,060	0,048	0,004	−0,0088	0,000078	215	+0,038
14,00	+0,9906	+0,071	0,070	0,005	−0,0010	0,000001	171	133
14,50	+0,9349	+0,064	0,060	0,004	0,0060	0,000036	088	193
15,00	+0,6502	+0,043	0,028	0,002	0,0107	0,000115	−0,014	205
15,50	+0,2064	+0,013	0,003	0,0002	0,0124	0,000153	109	167
16,00	−0,2879	−0,018	0,005	0,0003	0,0110	0,000121	—	—
16,50	−0,7117	−0,043	0,031	0,002	0,0073	0,000053	—	—
17,00	−0,9614	−0,057	0,054	0,003	0,0023	0,000005	—	—
17,50	−0,9756	−0,056	0,054	0,003	−0,0027	0,000007	—	—
18,00	−0,7509	−0,042	0,031	0,002	−0,0065	0,000042	—	—
18,50	−0,3424	−0,019	0,006	0,0003	−0,0084	0,000071	—	—
19,00	+0,1498	+0,008	0,001	0,0001	−0,0082	0,000066	—	—
19,50	+0,6055	+0,031	0,019	0,001	−0,0060	0,000036	—	—
20,00	+0,9129	+0,046	0,042	0,002	−0,0027	0,000007	—	—

Tafel C3 (Fortsetzung)

Winkel-Funktionen von sr

sr	$\sin sr$	$\dfrac{\sin sr}{sr}$	$\dfrac{\sin^2 sr}{sr}$
21	$+0{,}8366$	$+0{,}040$	$0{,}033$
22	$-0{,}0088$	$-0{,}0004$	$0{,}00000$
23	$-0{,}8462$	$-0{,}037$	$0{,}031$
24	$-0{,}9055$	$-0{,}038$	$0{,}034$
25	$-0{,}1323$	$-0{,}005$	$0{,}001$
26	$+0{,}7625$	$+0{,}029$	$0{,}022$
27	$+0{,}9563$	$+0{,}035$	$0{,}034$
28	$+0{,}2709$	$+0{,}010$	$0{,}003$
29	$-0{,}6636$	$-0{,}023$	$0{,}015$
30	$-0{,}9880$	$-0{,}033$	$0{,}033$
31	$-0{,}4040$	$-0{,}013$	$0{,}005$
32	$+0{.}5514$	$+0{,}017$	$0{,}010$
33	$+0{,}9999$	$+0{,}030$	$0{,}030$
34	$+0{,}5290$	$+0{,}016$	$0{,}008$
35	$-0{,}4281$	$-0{,}012$	$0{,}005$
36	$-0{,}9917$	$-0{,}028$	$0{,}027$
37	$-0{,}6435$	$-0{,}017$	$0{,}011$
38	$+0{,}2963$	$+0{,}008$	$0{,}002$
39	$+0{,}9638$	$+0{,}025$	$0{,}024$
40	$+0{,}7451$	$+0{,}019$	$0{,}014$
41	$-0{,}1586$	$-0{,}004$	$0{,}001$
42	$-0{,}9165$	$-0{,}022$	$0{,}020$
43	$-0{,}9317$	$-0{,}019$	$0{,}016$
44	$+0{,}0177$	$+0{,}0004$	$0{,}00001$
45	$+0{,}8509$	$+0{,}019$	$0{,}016$
46	$+0{,}9017$	$+0{,}020$	$0{,}018$
47	$+0{,}1235$	$+0{,}003$	$0{,}0003$
48	$-0{,}7682$	$-0{,}016$	$0{,}012$
49	$-0{,}9537$	$-0{,}019$	$0{,}019$
50	$-0{,}2623$	$-0{,}005$	$0{,}001$
51	$+0{,}6702$	$+0{,}013$	$0{,}009$
52	$+0{,}9866$	$+0{,}019$	$0{,}019$
53	$+0{,}3959$	$+0{,}007$	$0{,}003$
54	$-0{,}5587$	$-0{,}010$	$0{,}006$
55	$-0{,}9997$	$-0{,}018$	$0{,}018$
56	$-0{,}5215$	$-0{,}009$	$0{,}005$
57	$+0{,}4361$	$+0{,}008$	$0{,}003$
58	$+0{,}9928$	$+0{,}017$	$0{,}017$
59	$+0{,}6367$	$+0{,}011$	$0{,}007$
60	$-0{,}3048$	$-0{,}005$	$0{,}002$

Tafel C4

Intensität der Compton-Streuung in Elektronen-Einheiten

Ele-ment \ s	0	1	2	3	4	5	6	7	8	9	10	11	12	13
1 H	0	0,25	0,56	0,85	0,94	0,98	0,99	1,00	1,00	1,00	1,00	1,00	1,00	1,00
2 He	0	0,16	0,60	1,15	1,55	1,72	1,83	1,91	1,95	1,97	1,98	1,99	2,00	2,00
3 Li$^+$	0	0,05	0,24	0,58	0,95	1,20	1,41	1,65	1,84	1,91	1,91	1,95	1,97	2,00
3 Li	0	0,83	1,24	1,58	1,95	2,2	2,4	2,7	2,8	2,9	2,9	3,00	3,00	3,00
4 Be	0	1,35	1,95	2,22	2,5	2,8	3,0	3,3	3,5	3,7	3,8	3,8	3,9	4,0
5 B	0	1,50	2,4	2,9	3,3	3,5	3,7	4,0	4,3	4,5	4,5	4,6	4,7	4,7
6 C	0	1,49	2,7	3,6	4,2	4,5	4,6	4,9	5,1	5,2	5,3	5,4	5,5	5,5
7 N	0	1,35	2,9	4,2	5,1	5,3	5,5	5,7	5,9	6,0	6,1	6,1	6,2	6,3
8 O	0	1,38	3,0	4,7	5,7	6,0	6,3	6,5	6,6	6,7	6,8	6,9	7,0	7,1
8 O^{-2}	0	2,40	4,7	6,7	7,8	8,2	8,4	8,5	8,6	8,7	8,8	8,9	9,0	9,1
9 F	0	1,26	3,2	4,9	6,1	6,7	7,0	7,3	7,4	7,5	7,6	7,8	7,9	7,9
9 F$^-$	0	1,75	4,0	6,0	7,3	7,8	8,1	8,3	8,4	8,5	8,6	8,8	8,9	8,9
10 Ne	0	1,25	3,25	5,1	6,5	7,3	7,8	8,1	8,3	8,4	8,5	8,7	8,8	8,9
11 Na$^+$	0	0,65	2,6	4,5	5,7	6,8	7,4	7,8	8,1	8,3	8,4	8,6	8,6	8,7
11 Na	0	1,30	3,6	5,5	6,7	7,8	8,4	8,8	9,1	9,3	9,4	9,6	9,6	9,7
12 Mg^{+2}	0	0,45	2,0	3,2	5,0	6,1	6,9	7,5	7,8	8,2	8,3	8,5	8,6	8,7
12 Mg	0	1,50	3,9	5,2	7,0	8,1	8,9	9,5	9,8	10,2	10,3	10,5	10,6	10,7
13 Al	0	1,75	4,2	5,9	7,3	8,5	9,4	10,1	10,5	10,9	11,1	11,3	11,4	11,5
14 Si	0	2,25	4,8	6,4	7,8	9,0	9,9	10,7	11,3	11,7	12,0	12,2	12,3	12,5
15 P	0	3,3	5,25	6,7	7,81	8,8	9,5	10,1	10,6	11,1	11,5	11,9	12,1	12,4
16 S	0	3,5	5,47	7,0	8,0	9,1	9,9	10,6	11,2	11,6	12,1	12,5	12,8	13,1
17 Cl	0	3,7	5,6	7,3	8,5	9,4	10,3	11,1	11,7	12,2	12,7	13,1	13,4	13,8
18 A	0	3,9	5,9	7,6	8,8	9,8	10,7	11,5	12,2	12,7	13,2	13,7	14,1	14,4
19 K	0	3,9	6,1	7,8	9,1	10,2	11,2	12,0	12,7	13,3	13,8	14,3	14,7	15,1
20 Ca	0	4,0	6,3	8,1	9,5	10,6	11,5	12,4	13,2	13,8	14,3	14,8	15,3	15,7
21 Sc	0	4,2	6,4	8,2	9,7	11,0	12,0	12,8	13,7	14,3	14,9	15,4	15,9	16,3
22 Ti	0	4,3	6,6	8,6	9,9	11,2	12,3	13,3	14,1	14,9	15,4	15,9	16,4	16,9
23 V	0	4,4	6,6	8,7	10,4	11,5	12,7	13,8	14,5	15,3	15,9	16,5	17,0	17,5
24 Cr	0	4,6	6,9	8,8	10,6	12,0	13,1	14,0	15,0	15,9	16,4	17,0	17,6	18,1
25 Mn	0	4,8	6,9	9,0	10,9	12,3	13,5	14,5	15,4	16,3	17,0	17,6	18,1	18,7
26 Fe	0	4,9	7,2	9,3	11,3	12,6	13,8	15,0	15,9	16,8	17,6	18,1	18,7	19,2
27 Co	0	5,0	7,4	9,6	11,4	12,3	14,2	15,4	16,3	17,2	18,0	18,6	19,2	19,8
28 Ni	0	5,1	7,5	9,8	11,8	13,2	14,4	15,7	16,7	17,6	18,5	19,2	19,7	20,3
29 Cu	0	5,2	7,6	10,0	11,9	13,4	14,8	16,0	17,1	18,0	19,0	19,7	20,2	20,9
30 Zn	0	5,3	7,8	10,2	12,2	13,8	15,0	16,4	17,5	18,4	19,4	20,2	20,8	21,4
31 Ga	0	5,4	8,0	10,3	12,4	14,1	15,5	16,7	17,8	18,8	19,8	20,7	21,2	21,9
32 Ge	0	5,6	8,1	10,5	12,8	14,4	15,8	17,1	18,3	19,3	20,3	21,2	21,9	22,5
33 As	0	5,8	8,2	10,7	12,9	14,7	16,1	17,2	18,5	19,7	20,6	21,6	22,3	22,9
34 Se	0	5,9	8,3	10,8	12,9	14,8	16,2	17,6	18,9	20,0	21,1	22,2	22,9	23,5
35 Br	0	6,0	8,4	11,0	13,3	15,2	16,7	18,1	19,4	20,5	21,5	22,5	23,3	24,0
36 Kr	0	6,1	8,5	11,3	13,6	15,6	17,1	18,5	19,9	21,0	21,9	23,0	23,9	24,6
37 Rb	0	6,3	8,7	11,5	13,7	15,9	17,4	18,7	20,1	21,3	22,4	23,5	24,5	25,2
38 Sr	0	6,5	8,9	11,7	13,8	16,2	17,6	19,1	20,6	21,8	23,0	23,9	24,9	25,7
39 Y	0	6,6	9,2	11,9	14,0	16,5	17,9	19,5	20,9	22,1	23,3	24,1	25,4	26,1
40 Zr	0	6,6	9,3	12,0	14,2	16,7	18,3	19,7	21,2	22,5	23,6	24,6	25,7	26,7
41 Nb	0	6,7	9,4	12,1	14,5	17,0	18,6	20,2	21,4	22,8	24,1	25,1	26,2	27,2
42 Mo	0	6,8	9,6	12,2	14,7	17,1	18,9	20,5	21,9	23,3	24,5	25,6	26,7	27,7
43 Tc	0	6,9	9,8	12,4	15,0	17,4	19,2	20,9	22,1	23,6	24,8	25,9	27,0	28,1
44 Ru	0	7,0	9,9	12,6	15,3	17,7	19,6	21,0	22,5	23,9	25,3	26,5	27,5	28,7
45 Rh	0	7,2	10,0	12,8	15,6	18,0	20,0	21,5	23,0	24,4	25,8	27,1	28,1	29,3

Tafel C4 (Fortsetzung)
Intensität der Compton-Streuung in Elektronen-Einheiten

Element \ s	0	1	2	3	4	5	6	7	8	9	10	11	12	13
46 Pd . .	0	7,2	10,0	12,9	15,6	18,1	20,1	21,9	23,2	24,6	26,2	27,4	28,2	29,4
47 Ag . .	0	7,2	10,2	13,1	15,8	18,2	20,4	22,2	23,5	24,9	26,5	27,7	28,6	29,8
48 Cd . .	0	7,4	10,3	13,2	15,9	18,4	20,6	22,2	23,9	25,4	26,7	28,0	29,0	30,2
49 In . .	0	7,5	10,5	13,4	16,1	18,5	20,8	22,5	24,3	25,7	27,0	28,4	29,6	30,7
50 Sn . .	0	7,7	10,7	13,6	16,3	18,6	21,1	22,9	24,6	26,1	27,5	28,9	30,2	31,3
51 Sb . .	0	7,9	10,9	13,7	16,6	18,8	21,4	23,2	25,0	26,3	27,9	29,3	30,5	31,7
52 Te . .	0	8,0	11,1	13,8	16,9	19,1	21,8	23,5	25,4	26,6	28,3	29,7	30,9	32,1
53 Ir. . .	0	8,1	11,1	13,9	17,0	19,2	22,0	23,8	25,5	27,0	28,5	30,0	31,3	32,4
54 Xe . .	0	8,2	11,2	14,1	17,1	19,3	22,2	24,1	25,7	27,4	28,8	30,1	31,6	32,8
55 Cs . .	0	8,3	11,3	14,2	17,2	19,6	22,4	24,4	26,0	27,8	29,2	30,7	32,1	33,3
56 Ba . .	0	8,5	11,4	14,3	17,4	19,8	22,6	24,8	26,4	28,1	29,7	31,1	32,6	33,8
57 La . .	0	8,6	11,4	14,4	17,7	20,1	22,9	24,9	26,7	28,3	29,9	31,5	32,8	34,2
58 Ce . .	0	8,7	11,4	14,6	17,9	20,4	23,2	25,1	26,9	28,5	30,2	31,9	33,1	34,6
59 Pr . .	0	8,8	11,5	14,8	18,1	20,7	23,4	25,4	27,3	28,8	30,6	32,3	33,6	35,0
60 Nd . .	0	8,9	11,7	15,0	18,3	20,9	23,6	25,8	27,7	29,3	30,9	32,6	34,0	35,5
61 Pm . .	0	9,0	11,9	15,1	18,4	21,2	23,7	26,2	28,0	29,8	31,2	32,9	34,4	35,9
62 Sm . .	0	9,2	12,1	15,1	18,6	21,5	23,9	26,5	28,3	30,2	31,6	33,2	34,8	36,3
63 Eu . .	0	9,2	12,2	15,3	18,8	21,7	24,1	26,8	28,6	30,4	31,9	33,6	35,2	36,7
64 Gd . .	0	9,3	12,4	15,5	18,9	22,0	24,4	27,1	28,9	30,7	32,3	34,0	35,5	37,0
65 Tb . .	0	9,4	12,5	15,7	19,0	22,1	24,7	27,3	29,2	30,9	32,5	34,4	35,9	37,4
66 Dy . .	0	9,5	12,6	15,8	19,1	22,2	24,8	27,5	29,5	31,3	32,9	34,8	36,3	37,8
67 Ho . .	0	9,6	12,8	15,9	19,2	22,3	24,9	27,7	29,8	31,7	33,4	35,1	36,6	38,1
68 Er . .	0	9,7	12,9	16,1	19,2	22,4	25,0	27,9	30,1	32,0	33,8	35,4	37,1	38,5
69 Tm . .	0	9,8	13,1	16,3	19,4	22,6	25,1	28,1	30,3	32,3	34,1	35,7	37,3	38,9
70 Yb . .	0	9,9	13,2	16,4	19,5	22,8	25,2	28,4	30,5	32,6	34,3	35,8	37,6	39,3
71 Lu . .	0	10,1	13,4	16,5	19,7	23,0	25,3	28,5	30,7	32,9	34,6	36,1	37,9	39,7
72 Hf . .	0	10,2	13,5	16,7	19,9	23,2	25,6	28,9	31,0	33,2	35,0	36,5	38,3	40,1
73 Ta . .	0	10,3	13,7	16,9	20,1	23,4	25,8	29,2	31,4	33,4	35,4	36,9	38,7	40,5
74 W . .	0	10,4	13,8	17,1	20,4	23,6	26,1	29,5	31,8	33,7	35,8	37,4	39,1	40,9
75 Re . .	0	10,6	14,0	17,3	20,5	23,8	26,4	29,7	32,1	34,0	36,0	37,7	39,5	41,3
76 Os . .	0	10,7	14,1	17,4	20,7	24,1	26,7	29,9	32,3	34,4	36,2	38,1	39,7	41,6
77 Ir. . .	0	10,8	14,2	17,6	20,8	24,3	27,0	30,0	32,5	34,7	36,3	38,5	40,0	41,8
78 Pt . .	0	10,9	14,4	17,7	21,0	24,5	27,2	30,3	32,8	34,9	36,7	38,8	40,4	42,1
79 Au . .	0	11,0	14,5	17,8	21,2	24,7	27,5	30,5	33,1	35,2	37,1	39,2	40,8	42,4
80 Hg . .	0	11,1	14,6	17,9	21,4	25,0	27,8	30,8	33,4	35,6	37,5	39,5	31,1	42,8
81 Tl . .	0	11,2	14,7	18,1	21,5	25,2	27,9	30,9	33,7	36,0	37,8	39,9	41,5	43,3
82 Pb . .	0	11,2	14,8	18,2	21,7	25,4	28,1	31,1	33,9	36,3	38,1	40,2	41,8	43,6
83 Bi . .	0	11,3	14,9	18,3	21,9	25,6	28,3	31,2	34,1	36,7	38,4	40,5	42,2	44,1
84 Po . .	0	11,4	15,0	18,5	22,1	25,8	28,5	31,3	34,4	37,0	38,7	40,8	42,5	44,4
85 At . .	0	11,5	15,0	18,6	22,3	25,9	28,6	31,3	34,6	37,2	39,0	41,1	42,8	44,7
86 Rn . .	0	11,6	15,1	18,7	22,4	26,0	28,8	31,3	34,8	37,5	39,3	41,5	43,2	45,1
87 Fr . .	0	11,7	15,3	18,9	22,6	26,1	29,0	31,4	35,1	37,7	39,7	41,8	43,5	45,4
88 Ra . .	0	11,9	15,5	19,2	22,9	26,4	29,3	31,7	35,5	38,1	40,2	42,2	43,9	45,9
89 Ac . .	0	12,0	15,7	19,4	23,1	26,7	29,5	32,0	35,9	38,5	40,6	42,6	44,3	46,4
90 Th . .	0	12,2	15,8	19,6	23,3	26,9	29,8	32,3	36,3	38,9	41,0	43,0	44,8	46,9
91 Pa . .	0	12,3	16,0	19,8	23,6	27,2	30,1	32,6	36,7	39,3	41,4	43,5	45,2	47,3
92 U. . .	0	12,4	16,1	19,9	23,7	27,4	30,4	32,9	37,0	39,7	41,9	44,0	45,8	47,8
93 Np . .	0	12,6	16,3	20,1	23,9	27,7	30,8	33,3	37,4	40,1	42,3	44,9	46,3	48,4
94 Pu . .	0	12,6	16,4	20,3	24,3	28,0	31,3	33,7	37,8	40,5	42,8	44,5	46,8	48,9

Tafel C 5

Relativistischer Korrekturfaktor der Compton-Streuung

$$\frac{1}{B^3} = 1\Big/\left\{1 + \frac{h\,\lambda}{8\,\pi^2\,mc}\,s^2\right\}^3$$

s	$\lambda=0{,}7107$ $Mo_{K\alpha}$	$\lambda=1{,}5405$ $Cu_{K\alpha}$	$\lambda=1{,}7902$ $Co_{K\alpha}$	$\lambda=2{,}2909$ $Cr_{K\alpha}$	s	$\lambda=0{,}7107$ $Mo_{K\alpha}$	$\lambda=1{,}5405$ $Cu_{K\alpha}$	$\lambda=1{,}7902$ $Co_{K\alpha}$	$\lambda=2{,}2909$ $Cr_{K\alpha}$
0	1,000	1,000	1,000	1,000	5,0	0,984	0,965	0,960	0,949
0,1	1,000	1,000	1,000	1,000	2	0,982	0,963	0,957	0,945
2	1,000	1,000	1,000	1,000	4	0,981	0,960	0,953	0,941
3	1,000	1,000	1,000	1,000	6	0,980	0,957	0,950	0,937
4	1,000	1,000	1,000	1,000	8	0,978	0,954	0,946	0,932
5	1,000	1,000	1,000	0,999	6,0	0,977	0,951	0,943	0,928
6	1,000	0,999	0,999	0,999	2	0,975	0,947	0,939	0,923
7	1,000	0,999	0,999	0,999	4	0,974	0,944	0,935	0,918
8	1,000	0,999	0,999	0,999	6	0,972	0,941	0,931	0,913
9	0,999	0,999	0,999	0,998	8	0,970	0,937	0,927	0,908
1,0	0,999	0,999	0,998	0,998	7,0	0,969	0,933	0,923	0,903
1	0,999	0,998	0,998	0,997	2	0,967	0,930	0,919	0,898
2	0,999	0,998	0,998	0,997	4	0,965	0,926	0,915	0,893
3	0,999	0,998	0,997	0,996	6	0,963	0,922	0,910	0,887
4	0,999	0,997	0,997	0,996	8	0,961	0,918	0,906	0,882
5	0,999	0,997	0,996	0,995	8,0	0,959	0,914	0,901	0,876
6	0,998	0,996	0,996	0,995	2	0,957	0,910	0,897	0,870
7	0,998	0,996	0,995	0,994	4	0,955	0,906	0,892	0,865
8	0,998	0,995	0,995	0,993	6	0,953	0,902	0,887	0,859
9	0,998	0,995	0,994	0,992	8	0,951	0,898	0,882	0,853
2,0	0,997	0,994	0,993	0,992	9,0	0,949	0,893	0,877	0,847
1	0,997	0,994	0,993	0,991	2	0,946	0,889	0,872	0,840
2	0,997	0,993	0,992	0,990	4	0,944	0,884	0,867	0,834
3	0,997	0,993	0,991	0,989	6	0,942	0,880	0,862	0,828
4	0,996	0,992	0,991	0,988	8	0,940	0,875	0,857	0,822
5	0,996	0,991	0,990	0,987	10,0	0,937	0,870	0,851	0,815
6	0,996	0,990	0,989	0,986	2	0,935	0,866	0,846	0,809
7	0,995	0,990	0,988	0,985	4	0,932	0,861	0,841	0,802
8	0,995	0,989	0,987	0,984	6	0,930	0,856	0,835	0,796
9	0,995	0,988	0,986	0,982	8	0,927	0,851	0,830	0,789
3,0	0,994	0,987	0,985	0,981	11,0	0,925	0,846	0,824	0,782
1	0,994	0,986	0,984	0,980	2	0,922	0,841	0,818	0,776
2	0,993	0,986	0,983	0,979	4	0,919	0,836	0,813	0,769
3	0,993	0,985	0,982	0,977	6	0,917	0,831	0,807	0,762
4	0,992	0,984	0,981	0,976	8	0,914	0,826	0,801	0,755
5	0,992	0,983	0,980	0,975	12,0	0,911	0,820	0,795	0,748
6	0,992	0,982	0,979	0,973	2	0,908	0,815	0,790	0,741
7	0,991	0,981	0,978	0,972	4	0,906	0,810	0,784	0,734
8	0,991	0,980	0,977	0,970	6	0,903	0,804	0,778	0,727
9	0,990	0,979	0,975	0,969	8	0,900	0,799	0,772	0,721
4,0	0,990	0,978	0,974	0,967	13,0	0,897	0,794	0,766	0,714
1	0,989	0,976	0,973	0,965	2	0,894	0,788	0,760	0,706
2	0,989	0,975	0,971	0,964	4	0,891	0,783	0,754	0,699
3	0,988	0,974	0,970	0,962	6	0,888	0,777	0,748	0,692
4	0,987	0,973	0,969	0,960	8	0,885	0,772	0,741	0,685
5	0,987	0,972	0,967	0,958	14,0	0,882	0,766	0,735	0,678
6	0,986	0,971	0,966	0,957	—	—	—	—	—
7	0,986	0,969	0,964	0,955	—	—	—	—	—
8	0,985	0,968	0,963	0,953	—	—	—	—	—
9	0,984	0,967	0,961	0,951	—	—	—	—	—

D. Einige physikalische und mathematische Tafeln

Tafel D 1

Universelle Konstanten

Loschmidtsche Zahl (Avogadrosche Konstante)	$N = 6{,}02380 \cdot 10^{23}$ Mol^{-1}
Wirkungsquantum (Plancksche Konstante)	$h = 6{,}62377 \cdot 10^{-27}$ erg sec
Boltzmannsche Konstante	$k = 1{,}38026 \cdot 10^{-16}$ erg grad^{-1}
Lichtgeschwindigkeit	$c = 2{,}997902 \cdot 10^{10}$ cm sec^{-1}
Elektronenladung	$e = 4{,}8022 \cdot 10^{-10}$ g$^{\frac{1}{2}}$ cm$^{\frac{3}{2}}$ sec^{-1}
Ruhemasse des Elektrons	$m_0 = 9{,}1072 \cdot 10^{-28}$ g
Masse des Proteins	$M = 1{,}6722 \cdot 10^{-24}$ g

Numerische Werte

Masseneinheit	$m_H = 1{,}65963 \cdot 10^{-24}$ g
Elektronenvolt	$1\ eV = 1{,}60183 \cdot 10^{-12}$ erg
Radiant	1 Radiant $= 57{,}29578$ Grad
Grad	1 Grad $= 0{,}017453$ Radianten
π	$\pi = 3{,}14159265$
Basiszahl des natürl. Logarithmus	$e = 2{,}7182818$

1 cm $= 10^4 \mu = 10^8$ Å $= 0{,}39370$ inch

1 inch $= 2{,}540005$ cm

Bohrscher Radius
$$R = 0{,}580 \cdot 10^{-8} = \frac{h^2}{4\,\pi^2\,m_0\,e^2}$$

Elektronenradius
$$R_e = 2{,}28 \cdot 10^{-13} = \frac{e^2}{m_0\,c^2}$$

$\ln x = 2{,}302585 \log_{10} x$

Tafel D 2

Periodisches System der Elemente

I	II	III	IV	V	VI	VII	VIII		I	II	III	IV	V	VI	VII	VIII
1 H 1,0078																	2 He 4,0028
3 Li 6,9416										4 Be 9,0124	5 B 10,822	6 C 12,012	7 N 14,007	8 O 16,000	9 F 18,999	10 Ne 20,190
11 Na 22,990	←		Übergangs (T)-Metalle				→		Edle Metalle ↓	12 Mg 24,322	13 Al 26,982	14 Si 29,086	15 P 30,974	16 S 32,063	17 Ce 35,461	18 A 39,950
19 K 39,098	20 Ca 40,080	21 Sc 44,957	22 Ti 47,876	23 V 50,944	24 Cr 51,994	25 Mn 54,944	26 Fe 55,849 27 Co 58,936 28 Ni 58,662		29 Cu 63,540	30 Zn 65,317	31 Ga 69,700	32 Ge 72,578	33 As 74,920	34 Se 78,739	35 Br 79,905	36 Kr 83,807
37 Rb 85,457	38 Sr 87,622	39 Y 88,912	40 Zr 91,236	41 Nb 92,911	42 Mo 95,563	43 Tc	44 Ru 101,04 45 Rh 102,91 46 Pd 106,54		47 Ag 107,87	48 Cd 112,37	49 In 114,82	50 Sn 118,70	51 Sb 121,79	52 Te 127,64	53 J 126,91	54 Xe 131,31
55 Cs 132,92	56 Ba 137,34	57 La 138,92	72 Hf 178,51	73 Ta 180,97	74 W 183,87	75 Re 186,22	76 Os 190,27 77 Ir 192,23 78 Pt 195,16		79 Au 197,01	80 Hg 200,63	81 Tl 204,42	82 Pb 207,29	83 Bi 209,03	84 Po 210,04	85 At 211,05	86 Rn 222,08
87 Fr 223,08	88 Ra 226,08	89 Ac 227,09	90 Th 232,10	91 Pa 231,10	92 U 238,09	93 Np 237,11	94 Pu 239,12 95 Am 241,13 96 Cm 240 oder 242		97 Bk 243 oder 244	98 Cf 244, 245	99 Ei	100 Fm	101 Md			

Unedle
← A-Metalle →

			IV	V	VI	VII	VIII	I	II
			58 Ce 140,13	59 Pr 140,93	60 Nd 144,27	61 Pm 143 oder 147	62 Sm 150,44	63 Eu 151,96	64 Gd 157,19
		65 Tb 158,94	66 Dy 162,52	67 Ho 164,95	68 Er 167,27	69 Tm 168,96	70 Yb 173,03	71 Cp 174,99	

Tafel D3

Atomradien	für $KZ = 12$ nach V. M. Goldschmidt	
Ionenradien	für $KZ = 6$ nach Pauling	in Å-Einheiten
Homöopolare Radien für $KZ = 4$ nach Pauling und Huggins		

Umrechnung der Atomradien: Für $KZ = 8: +3\%$; für $KZ = 6: +4\%$; für $KZ = 4: +12\%$
Umrechnung der Ionenradien: Für $KZ = 4: -6\%$; für $KZ = 8: +3\%$; für $KZ = 12: +12\%$

1	2	3	4	5	6	7	8	9	10	11	12	13	14	15	16	17	18
1 H 0,78																	2 He ~1,22
3 Li 1 57 $0,60^{(+)}$											4 Be 1,13 $0,31^{(2+)}$ 1,07	5 B 0,95 $0,20^{(3-)}$ 0,89	6 C 0.86 $0,15^{(4+)}$ 0,77	7 N $0,11^{(5+)}$ 0,70	8 O $1,40^{(2-)}$ 0,66	9 F $1,36^{(-)}$ 0,64	10 Ne ~1,60
11 Na 1,92 $0,95^{(+)}$											12 Mg 1,60 $0,65^{(2+)}$ 1,40	13 Al 1,43 $0\ 50^{(3+)}$ 1,26	14 Si 1,34 $0,41^{(4+)}$ 1,17	15 P 1,3 $0,34^{(5+)}$ 1,10	16 S $1,84^{(2-)}$ 1,04	17 Cl $1,81^{(-)}$ 0,99	18 Ar ~1,92
19 K 2,36 $1,33^{(+)}$	20 Ca 1,97 $0,99^{(++)}$	21 Sc 1,65 0,68	22 Ti 1,45 $0,68^{(4+)}$	23 V 1.36 $0,59^{(5+)}$	24 Cr 1,28 $0,52^{(6+)}$	25 Mn 1,31 $0,80^{(2+)}$	26 Fd 1,27 $0,75^{(2+)}$	27 Co 1,26 $0,72^{(2+)}$	28 Ni 1,24 $0,69^{(2+)}$ (1,21)	29 Cu 1,28 $0,96^{(+)}$ 1,35	30 Zn 1,37 $0,74^{(2+)}$ 1,31	31 Ga 1,39 $0,62^{(3+)}$ 1,26	32 Ge 1,39 $0,53^{(4+)}$ 1,21	33 As 1,48 $0,47^{(5+)}$ 1,18	34 Se 1,6 $0,42^{(6+)}$ 1,14	35 Br $1,95^{(-)}$ 1,11	36 Kr ~1,98
37 Rb 2,53 $1,48^{(+)}$	38 Sr 2,16 $1,13^{(++)}$	39 Y 1,81 $0,93^{(3+)}$	40 Zr 1,60 $0,80^{(4+)}$	41 Nb 1,47 $0,70^{(5+)}$	42 Mo 1 40 $0,62^{(6+)}$	43 Tc 1,34	44 Ru 1,32	45 Rh 1,34	46 Pd 1,37	47 Ag 1,44 $1\ 26^{(+)}$ 1 53	48 Cd 1,52 $0,97^{(2+)}$ 1,48	49 In 1,57 $0\ 81^{(3+)}$ 1,44	50 Sn 1,58 $0,71^{(4+)}$ 1,40	51 Sb 1,61 $0,62^{(5+)}$ 1,36	52 Te 1,7 $0,56^{(6+)}$ 1,32	53 J $2,16^{(-)}$ 1,28	54 Xe ~2,18
55 Cs 2,74 $1,69^{(+)}$	56 Ba 2,25 $1,35^{(++)}$	57 La 1,86 $1,15^{(3+)}$	72 Hf 1,59	73 Ta 1,46	74 W 1,41	75 Re 1,37	76 Os 1,34	77 Ir 1,35	78 Pt 1,38	79 Au 1,44 $1,37^{(+)}$ 1,50	80 Hg 1,55 $1,10^{(2+)}$ 1,48	81 Tl 1,71 $0,95^{(3+)}$ 1,47	82 Pb 1,75 $0,84^{(4+)}$ 1,46	83 Bi 1,82 $0,74^{(5+)}$ 1,46	84 Po	85 At	86 Fm
87 Fr	88 Ra	89 Ac	90 Th 1.80	91 Pa	92 U 1,57												
58 Ce 1,82 $1,01^{(4+)}$	59 Pr 1,82	60 Nd 1,82	61 Pm 1,80	62 Sm 1,8 oder 2	63 Eu 2,04	64 Gd 1,79	65 Tb 1,77	66 Dy 1,77	67 Ho 1,75 oder 1,95	68 Er 1,57	69 Tm 1,74	70 Yb 1,93	71 Cp 1,74				

Tafel D 4

Wellenlängen der K-Serie in Å-Einheiten

(Erhalten durch Multiplikation der Cauchois- und Hulubeis-Wellenlängen mit 1,002 02,
die mit * bezeichneten durch Multiplikation der Siegbahnschen Werte mit 1,002 02)

Atomnummer	Element	Anregungsspannung in kV	α_2 $L_{II} \to K$ stark	α_1 $L_{III} \to K$ sehr stark	β_3 $M_{II} \to K$ sehr schwach	β_1 $M_{III} \to K$ mittel	β_5 $N_{II} \to K$ sehr schwach	β_2 $N_{III} \to K$ schwach	Absorptionskante
4	Be*	0,093	113,43		—	—	—	—	—
5	B*	0,166	67,64		—	—	—	—	—
6	C*	0,252	44,59		—	—	—	—	43,58
7	N*	0,372	31,634		—	—	—	—	31,168
8	O*	0,507	23,658		—	—	—	—	23,55
9	F*	0,664	18,370		—	—	—	—	—
10	Ne*	0,835	~14,830		—	—	—	—	—
11	Na*	1,07	11,9090		—	11,6174	—	—	—
12	Mg*	1,30	9,88894		—	9,55827	—	—	9,5115
13	Al*	1,55	8,33681		—	7,98109	—	—	7,9516
14	Si*	1,83	7,12536		—	6,76814	—	—	6,7446
15	P*	2,14	6,15441		—	5,80380	—	—	5,7866
16	S	2,46	5,37472	5,37196	—	5,0317	—	—	5,0184
17	Cl	2,82	4,73050	4,72760	—	4,4031	—	—	4,3969
18	A	—	—	—	—	—	—	—	—
19	K	3,59	3,74462	3,74122	—	3,4538	3,44144	—	3,4365
20	Ca	4,00	3,26160	3,35825	—	3,0896	3,07420	—	3,0702
21	Sc	4,49	3,03452	3,03114	—	2,7800	2,76357	—	2,7578
22	Ti	4,95	2,75207	2,74841	—	2,51381	2,4987	—	2,4973
23	V	5,45	2,50729	2,50348	—	2,28434	2,2701	—	2,2690
24	Cr	5,98	2,29351	2,28962	—	2,08480	2,0709	—	2,0701
25	Mn	6,54	2,10568	2,10175	—	1,91015	1,89709	—	1,8964
26	Fe	7,10	1,93991	1,93597	—	1,75653	1,74432	—	1,7433
27	Co	7,71	1,79278	1,78892	—	1,62075	1,60896	—	1,6081
28	Ni	8,29	1,66169	1,65784	—	1,50010	—	1,48861	1,4880
29	Cu	8,86	1,54433	1,54050	—	1,39217	—	1,38102	1,3804
30	Zn	9,65	1,43894	1,43511	—	1,29522	1,2845	1,28366	1,2833
31	Ga	10,4	1,34394	1,34003	—	1,20785	1,1983	1,1962	1,1957
32	Ge	11,1	1,25797	1,25401	—	1,12890	1,1197	1,11684	1,1165
33	As	11,9	1,17981	1,17581	—	1,05726	1,0487	1,04492	1,0450
34	Se	12,7	1,10876	1,10471	—	0,99212	0,9843	0,97989	0,9798
35	Br	13,5	1,04376	1,03969	—	0,93273	0,9255	0,92039	0,9199
36	Kr	—	—	—	—	—	—	—	—
37	Rb	15,2	0,92963	0,92551	0,82916	0,82863	0,8221	0,81641	0,8155
38	Sr	16,1	0,87938	0,87521	0,78334	0,78288	0,7769	0,77076	0,7697
39	Y	17,0	0,83300	0,82879	0,74112	0,74068	0,7347	0,72860	0,7276
40	Zr	18,0	0,79010	0,78588	0,70225	0,70169	—	0,68989	0,6888
41	Nb	19,0	0,75040	0,74615	0,66630	0,66572	—	0,65412	0,6529
42	Mo	20,0	0,71354	0,70926	0,632819	0,63225	—	0,620950	0,6198
43	Tc	—	—	—	—	—	—	—	—
44	Ru	22,1	0,64736	0,64304	0,57309	0,57246	—	0,56164	0,5605
45	Rh	23,2	0,61761	0,61325	0,54619	0,54559	—	0,53504	0,5338
46	Pd	24,4	0,58980	0,58542	0,52114	0,52052	—	0,51021	0,5092
47	Ag	25,5	0,56378	0,55936	0,49765	0,49701	—	0,48701	0,4858
48	Cd	26,7	0,53941	0,53498	0,47567	0,47506	—	0,46514	0,4641
49	In	27,9	0,51652	0,51209	0,45515	0,45451	—	0,44498	0,4439

Tafel D 4 (Fortsetzung)

Wellenlängen der K-Serie in Å-Einheiten

Atomnummer	Element	Anregungs- spannung in kV	α_2 $L_{II} \to K$ stark	α_1 $L_{III} \to K$ sehr stark	β_3 $M_{II} \to K$ sehr schwach	β_1 $M_{III} \to K$ mittel	β_5 $N_{II} \to K$ sehr schwach	β_2 $N_{III} \to K$ schwach	Absorptions- kante
50	Sn	29,1	0,49502	0,49056	0,43583	—	—	0,42585	0,4248
51	Sb	30,4	0,47479	0,47032	0,41707		—	—	0,4066
52	Te	31,8	0,45575	0,45126	0,40007		—	—	0,3897
53	J	33,2	0,43781	0,43329	0,38470	—	—	0,37547	0,3738
54	X	—	—	—	—	—	—	—	—
55	Cs	35,9	0,40481	0,40027	0,35508	—	—	0,34586	0,3447
56	Ba	37,4	0,38965	0,38509	0,34158	—	—	0,33289	0,3314
57	La*	38,7	—	—	0,32875	—	—	0,32031	—
58	Ce*	40,3	—	—	0,31636	—	—	0,30832	—
59	Pr*	41,9	—	—	0,30500	—	—	0,29685	—
60	Nd*	43,6	—	—	0,29410	—	—	0,28631	—
61	Il*	—	—	—	—	—	—	—	—
62	Sm*	46,8	—	—	0,27380	—	—	0,26629	—
63	Eu*	48,6	—	—	0,26439	—	—	0,25697	—
64	Gd*	50,3	—	—	0,25522	—	—	0,24812	—
65	Tb*	52,0	—	—	0,24679	—	—	0,23960	—
66	Dy*	53,8	—	—	0,23835	—	—	0,23175	—
67	Ho*	55,8	—	—	—	—	—	—	—
68	Er*	57,5	—	—	0,22345	—	—	0,21715	—
69	Tu*	59,5	—	—	0,21602	—	—	—	—
70	Yb*	61,4	—	—	0,20958	—	—	0,20363	—
71	Cp*	63,4	—	—	0,20293	—	—	0,19689	—
72	Hf*	65,4	—	—	0,19623	—	—	0,19080	—
73	Ta	67,4	0,22029	0,215484	0,19029		—	0,18489	0,1839
74	W	69.3	0,21881	0,208992	0,18459		—	0,17934	0.1784
75	Re	—	—	—	—	—	—	—	—
76	Os	73,8	0,201626	0,196783	0,173607		—	0,16909	0,1678
77	Ir	76,0	0,195889	0,191033	0,16853		—	0,16409	0,1631
78	Pt	78,1	0,190372	0,185504	0,16366		—	0,15919	0,1581
79	Au	80,5	0,185064	0,180185	0,15897		—	0,15457	0,1534
80	Hg	82,9	—	—	—	—	—	—	—
81	Tl	85,2	0,175038	0,170131	—	—	—	0,14568	0,1447
82	Pb	87,6	0,170285	0,165364	—	—	—	0,14154	0,1408
83	Bi	90,1	0,165704	0,160777	—	—	—	0,13649	0,1371
90	Th	109	0,137820	0,132806	—	—	—	0,1136	0,1129
92	U	115	0,130962	0,125940	—	—	—	0,10864	0,1068

Tafel D 5 auf Seite 174

Tafel D 6
Absorptionskanten und Filtermaterial der gebräuchlichsten Wellenlängen

Anodenmaterial	Filter	K-Absorptions-kante [Å]	Flächendichte g/cm²	Filterdicke zur Reduktion K_β/K_α auf 1/600 [mm]
Ag	Pd	0,509	0,096	0,079
Pd	Rh	0,534	0,091	0,073
Rh	Ru	0,560	0,077	0,064
Mo	Zr	0,689	0,069	0,108
Cu	Ni	1,488	0,019	0,021
Ni	Co	1,608	0,015	0,018
Co	Fe	1,743	0,014	0,018
Fe	Mn	1,896	0,012	0,016
Mn	Cr	2,070	0,011	0,016
Cr	Va	2,269	0,009	0,016

Tafel D 5

Wellenlängen der L-Serie in Å-Einheiten
(Erhalten durch Multiplikation der Siegbahn-Werte mit 1,00202)

Atomnummer	Element	Anregungs-spannung in kV	β_4	β_3	γ_2	γ_3	γ_4	η	γ_5	β_1
			$M_{II} \to L_I$ mittel	$M_{III} \to L_I$ mittel	$N_{II} \to L_I$ schwach	$N_{III} \to S_I$ schwach	$O_{III} \to L_{II}$ sehr schwach	$M_I \to L_{II}$ schwach	$N_I \to L_{II}$ sehr schwach	$M_{IV} \to L_{II}$ stark
26	Fe	—	15,6415	15,6415	—	—	—	19,690	—	17,255
27	Co	—	—	—	—	—	—	17,806	—	15,652
28	Ni	—	13,1665	13,1665	—	—	—	16,203	—	14,269
29	Cu	—	12,1244	12,1244	—	—	—	14,860	—	13,056
30	Zn	1,20	11,1825	11,1825	—	—	—	13,637	—	11,984
31	Ga	1,31	—	—	—	—	—	12,585	—	11,032
32	Ge	1,41	—	—	—	—	—	11,610	—	10,174
33	As	1,52	8,9300	8,9300	—	—	—	10,733	—	9,414
34	Se	1,64	—	—	—	—	—	9,959	—	8,736
35	Br	1,77	—	—	—	—	—	9,254	—	8,125
37	Rb	2,05	6,8146	6,7831	6,0482	6,0482	—	—	—	—
38	Sr	2,19	6,4047	6,3710	5,6488	5,6488	—	7,521	6,2923	6,6234
39	Y	2,36	6,0198	5,9862	5,2809	5,2809	—	7,0442	—	6,2164
40	Zr	2,51	5,6631	5,6299	4,9508	4,9508	—	6,6072	5,4929	5,8354
41	Nb	2,68	5,3413	5,3078	4,6561	4,6561	—	6,209	—	5,4914
42	Mo	2,87	5,0512	5,0148	4,3783	4,3783	—	5,849	4,8410	5,1769
44	Ru	3,24	4,5217	4,4854	3,8958	3,8958	—	—	4,2852	4,6203
45	Rh	3,43	4,2888	4,2533	3,6889	3,6889	—	4,9211	4,0434	4,3728
46	Pd	3,64	4,0708	4,0338	3,4879	3,4879	—	4,6596	3,8193	4,1457
47	Ag	3,79	3,8689	3,8322	3,3065	3,3065	—	4,4190	3,6146	3,9345
48	Cd	4,07	3,6818	3,6437	3,1379	3,1379	—	4,1960	3,4250	3,7376
49	In	4,28	3,5061	3,4689	2,9796	2,9796	2,9250	3,9841	3,2483	3,5550
50	Sn	4,49	3,3430	3,3056	2,8358	2,8358	2,7769	3,7894	3,0836	3,3847
51	Sb	4,69	3,1907	3,1515	2,7007	2,7007	2,6389	3,6069	2,9315	3,2249
52	Te	4,93	3,0461	3,0074	2,5701	2,5701	2,5108	—	—	3,0766
53	I	5,18	2,9118	2,8740	2,4470	2,4470	2,3910	—	—	2,9368
55	Cs	5,71	2,6659	2,6282	2,2367	2,2315	2,1735	2,9893	2,4160	2,6832
56	Ba	5,99	2,5550	2,5161	2,1383	2,1338	2,0757	2,8629	2,3070	2,5674
57	La	6,26	2,4487	2,4102	2,0447	2,0407	1,9827	2,740	2,2052	2,4583

γ_1	l	β_6	α_2	α_1	β_2	Absorptionskanten			Atomnummer
$N_{IV} \rightarrow L_{II}$ mittel	$M_I \rightarrow L_{III}$ mittel	$N_I \rightarrow L_{III}$ schwach	$M_{IV} \rightarrow L_{III}$ mittel	$M_V \rightarrow L_{III}$ sehr stark	$M_V \rightarrow L_I$ sehr schwach	L_I	L_{II}	L_{III}	
—	20,161	—	17,616	17,616	—	—	—	—	26
—	18,237	—	15,972	15,972	—	—	—	—	27
—	16,583	—	14,559	14,559	—	—	—	—	28
—	15,221	—	13,333	13,333	—	—	—	—	29
—	13,978	—	12,255	12,255	—	—	—	—	30
—	12,916	—	11,293	11,293	—	—	—	—	31
—	11,946	—	10,436	10,436	—	—	—	—	32
—	11,070	—	9,671	9,671	—	—	—	—	33
—	10,293	—	8,990	8,990	—	—	—	—	34
—	9,583	—	8,375	8,375	—	—	—	—	35
—	—	6,9822	—	—	—	5,9975	—	6,8551	37
—	7,838	6,5212	6,8624	6,8624	—	5,5826	6,1745	6,3749	38
—	—	6,0980	6,4487	6,4487	—	5,2321	5,7489	5,9564	39
5,3847	6,913	5,7042	6,0689	6,0689	5,5855	4,8672	5,3767	5,5722	40
5,0350	6,523	5,3579	5,730	5,7235	5,2366	4,5809	—	5,2226	41
—	—	—	5,412	5,4059	4,9199	4,2984	4,7215	4,9141	42
4,1812	5,4975	4,4865	4,8535	4,8455	4,3707	—	4,1777	4,3692	44
3,9437	5,2175	4,2414	4,6049	4,5971	4,1304	3,6259	3,9419	4,1295	45
3,7239	4,9496	4,0151	4,3754	4,3673	3,9086	3,4275	3,7227	3,9118	46
3,5220	4,7071	3,8063	4,1622	4,1540	3,7013	3,2540	3,5138	3,6983	47
3,3347	4,4803	3,6146	3,9644	3,9558	3,5135	3,0835	3,3259	3,5034	48
3,1617	4,2679	3,4349	3,7800	3,7713	3,3379	2,9253	3,1458	3,3222	49
3,0009	4,0715	3,2688	3,6084	3,5995	3,1743	2,7752	2,9783	3,1557	50
2,8508	3,8881	3,1134	3,4478	3,4387	3,0227	2,6370	2,8276	2,9967	51
2,7120	3,7176	2,9704	3,2976	3,2886	2,8819	2,5090	2,6847	2,8514	52
2,5827	3,5569	2,8362	3,1573	3,1480	2,7516	2,3887	2,5526	2,7194	53
2,3472	3,2662	2,5927	2,9014	2,8919	2,5115	2,1649	2,3122	2,4724	55
2,2411	3,1350	2,4822	2,7846	2,7752	2,4041	2,0662	2,2037	2,3616	56
2,1415	3,0061	2,3787	2,6743	2,6651	2,3026	1,9729	2,1031	2,2583	57

Tafel D 5 (Fortsetzung)

Wellenlängen der L-Serie in Å-Einheiten

Atomnummer	Element	Anregungsspannung in kV	β_4	β_3	γ_2	γ_3	γ_4	η	γ_5	β_1	γ_1
			$M_{II}\to L_I$ mittel	$M_{III}\to L_I$ mittel	$N_{II}\to L_I$ schwach	$N_{III}\to L_I$ schwach	$O_{III}\to L_I$ sehr schwach	$M_I\to L_{II}$ schwach	$N_I\to L_{II}$ sehr schwach	$M_{IV}\to L_{II}$ stark	$N_{IV}\to L_{II}$ mittel
58	Ce	6,54	2,3489	2,3106	1,9599	1,9548	1,8990	2,6200	2,1099	2,3557	2,0484
59	Pr	6,83	2,2546	2,2169	1,8788	1,8737	1,8190	2,512	2,0202	2,2585	1,9608
60	Nd	7,12	2,1666	2,1265	1,8010	1,7961	1,7443	2,4091	1,9352	2,1666	1,8776
62	Sm	7,73	2,0004	1,9620	1,6592	1,6550	1,6065	2,218	1,7787	1,9976	1,7266
63	Eu	8,04	1,9260	1,8865	1,5971	1,5909	1,5438	—	1,708	1,9202	1,6576
64	Gd	8,37	1,8530	1,8146	1,5341	1,5290	1,4848	—	1,6409	1,8462	1,5918
65	Tb	8,70	1,7850	1,7460	1,4768	1,4713	1,4268	—	1,5774	1,7763	1,5297
66	Dy	9,03	1,7202	1,6811	1,4232	1,4168	1,3742	1,8960	1,5183	1,7100	1,4727
67	Ho	9,38	1,6586	1,6193	1,3705	1,3640	1,3224	1,8257	1,462	1,6468	1,4171
68	Er	9,73	1,5996	1,5610	1,3211	1,3144	1,2758	1,7583	1,406	1,5866	1,3651
69	Tu	10,1	1,5443	1,5053	1,2738	1,2679	1,2289	1,6957	1,3550	1,5299	1,3154
70	Yb	10,5	1,4912	1,4523	1,2281	1,2223	1,1844	1,634	1,306	1,4755	1,2674
71	Cp	10,9	1,4401	1,4010	1,1856	1,1799	1,1434	1,5770	1,259	1,4236	1,2228
72	Hf	11,3	1,3921	1,3524	1,1436	1,1379	1,1023	1,5228	1,2145	1,3739	1,1789
73	Ta	11,7	1,34578	1,30672	1,1052	1,09930	1,0648	1,4709	1,1732	1,32690	1,13787
74	W	12,1	1,30141	1,26247	1,06803	1,06201	1,0279	1,4210	1,1321	1,28175	1,09851
75	Re	12,5	1,2588	1,2201	1,0320	1,0257	0,9930	1,3734	1,0934	1,23853	1,0608
77	Ir	13,4	1,17953	1,14077	0,96527	0,95906	0,9276	1,2843	1,0216	1,15773	0,99076
78	Pt	13,9	1,14216	1,10388	0,93421	0,92786	0,8970	1,2428	0,9877	1,11984	0,95792
79	Au	14,4	1,10645	1,06765	0,90430	0,89762	0,8672	1,2027	0,9555	1,08346	0,92648
80	Hg	14,8	1,0714	1,03254	0,8742	0,8679	0,8378	1,1639	0,9248	1,04863	0,8964
81	Tl	15,3	1,03908	1,00052	0,84742	0,84104	0,8117	1,1277	0,8947	1,01504	0,86746
82	Pb	15,8	1,00766	0,96916	0,82082	0,81457	0,7859	1,0922	0,8664	0,98281	0,83970
83	Bi	16,4	0,97698	0,93855	0,79560	0,79105	0,7608	1,0586	0,8394	0,95194	0,81307
90	Th	20,5	0,79352	0,75476	0,64208	0,63541	0,6107	0,8545	0,6748	0,76510	0,65308
91	Pa	—	0,7699	0,7322	0,6239	0,6168	0,5937	0,8295	0,6549	0,7422	0,6338
92	U	21,7	0,7479	0,71022	0,60508	0,59832	0,5748	0,8051	0,6355	0,71996	0,61483

l	β_6	β_7	α_2	α_1	β_2	β_5	β_{10}	Absorptionskanten			Atomnummer
$M_I \rightarrow L_{III}$ mittel	$N_I \rightarrow L_{III}$ schwach	$O_I \rightarrow L_{III}$ sehr schwach	$M_{IV} \rightarrow L_{III}$ mittel	$M_V \rightarrow L_{III}$ sehr stark	$N_V \rightarrow L_{III}$ mittel	$O_{IV} \rightarrow L_{III}$ sehr schwach	$M_{IV} \rightarrow L_I$ sehr schwach	L_I	L_{II}	L_{III}	
2,8915	2,2815	2,1807	2,5703	2,5612	2,2086	—	2,1960	1,8894	2,0108	2,1641	58
2,7837	2,1903	2,0916	2,4726	2,4627	2,1191	—	2,1067	1,8108	1,9240	2,0770	59
2,6757	2,1035	2,0083	2,3804	2,3701	2,0355	—	2,0234	1,7352	1,8428	1,9947	60
2,482	1,9461	1,8560	2,2102	2,1994	1,8819	—	1,8695	1,5986	1,7025	1,8445	62
2,3951	1,8743	1,788	2,1316	2,1206	1,8119	—	1,800	1,5364	1,6261	1,7753	63
2,3118	1,8067	1,7231	2,0567	2,0460	1,7454	—	1,7316	1,4770	1,5618	1,7096	64
2,2335	1,7410	1,6591	1,9863	1,9755	1,6824	—	1,667	1,4210	1,5011	1,6486	65
2,1584	1,6811	1,5989	1,9195	1,9084	1,6231	—	—	1,3676	1,4443	1,5902	66
2,0863	1,6221	—	1,8558	1,8447	1,5669	—	—	1,3173	1,3897	1,5353	67
2,0192	1,5668	1,4922	1,7950	1,7840	1,5137	—	—	1,2681	1,33830	1,48218	68
1,9550	1,5146	—	1,7374	1,7263	1,4631	—	—	1,2221	1,2875	1,4328	69
1,894	1,4657	—	1,6823	1,6712	1,4157	—	—	1,1788	1,24064	1,38543	70
1,8355	1,4172	1,3486	1,62965	1,61877	1,3700	1,3425	1,3425	1,13851	1,1964	1,3402	71
1,7810	1,3739	1,3061	1,58023	1,56923	1,3262	1,2993	1,2993	1,0975	1,1538	1,2956	72
2,7284	1,3311	1,2638	1,53287	1,52192	1,28449	1,2557	1,2539	1,059	1,1124	1,2542	73
1,6784	1,2896	1,2242	1,48738	1,47634	1,24454	1,2154	1,2120	1,0256	1,0739	1,2154	74
1,6306	1,2506	1,1857	1,4439	1,43286	1,2065	1,1771	1,1722	0,9893	1,0375	1,1779	75
Cu$_{K\alpha\,34}$	1,17782	1,1148	1,3625	1,35119	1,13526	1,10580	1,0970	0,9242	0,9674	1,1060	77
1,4994	1,14330	1,0816	1,32422	1,31298	1,10196	1,07237	—	0,8932	0,9340	1,0732	78
1,4598	1,11087	1,0519	1,28762	1,27634	1,07017	1,0401	1,0281	0,8639	0,9027	1,0403	79
1,42128	1,0790	1,0176	1,25203	1,24113	1,03980	1,0087	0,9956	0,8359	0,8726	1,0095	80
1,3847	1,04960	1,0000	1,21872	1,20736	1,01026	0,98047	0,9635	0,8088	0,8436	0,9798	81
1,3501	1,02112	0,9622	1,18647	1,17495	0,98281	0,95269	0,9342	0,7828	0,8159	0,9511	82
1,3164	0,99331	0,9349	1,15534	1,14381	0,95517	0,92552	0,9053	0,7574	0,7894	0,9240	83
1,1150	0,82813	0,7744	0,96780	0,95598	0,79352	0,76510	0,7301	0,6051	0,6306	0,7615	90
1,0907	0,8078	0,7545	0,9446	0,9328	0,7737	0,7452	0,7087	—	—	—	91
1,0671	0,78838	0,7361	0,92248	0,91058	0,75459	0,72631	0,6878	0,5691	0,5925	0,7223	92

Tafel D 7

Exponentialfunktion

x	e^{-x}	$\log e^{-x}$	x	e^{-x}	$\log e^{-x}$	x	e^{-x}	$\log e^{-x}$
0,00	1,0000	0,0000	0,50	0,6065	9,7829	1,00	0,3679	9,5657
0,01	0,9900	9,9957	0,51	0,6005	9,7785	1,01	0,3642	9,5614
0,02	0,9802	9,9913	0,52	0,5945	9,7742	1,02	0,3606	9,5570
0,03	0,9704	9,9870	0,53	0,5886	9,7698	1,03	0,3570	9,5527
0,04	0,9608	9,9826	0,54	0,5827	9,7655	1,04	0,3535	9,5483
0,05	0,9512	9,9783	0,55	0,5769	9,7611	1,05	0,3499	9,5440
0,06	0,9418	9,9739	0,56	0,5712	9,7568	1,06	0,3465	9,5396
0,07	0,9324	9,9696	0,57	0,5655	9,7525	1,07	0,3430	9,5353
0,08	0,9231	9,9653	0,58	0,5599	9,7481	1,08	0,3396	9,5310
0,09	0,9139	9,9609	0,59	0,5543	9,7438	1,09	0,3362	9,5266
0,10	0,9048	9,9566	0,60	0,5488	9,7394	1,10	0,3329	9,5223
0,11	0,8958	9,9522	0,61	0,5434	9,7351	1,11	0,3296	9,5179
0,12	0,8869	9,9479	0,62	0,5379	9,7307	1,12	0,3263	9,5136
0,13	0,8781	9,9435	0,63	0,5326	9,7264	1,13	0,3230	9,5092
0,14	0,8694	9,9392	0,64	0,5273	9,7221	1,14	0,3198	9,5049
0,15	0,8607	9,9349	0,65	0,5220	9,7177	1,15	0,3166	9,5006
0,16	0,8521	9,9305	0,66	0,5169	9,7134	1,16	0,3135	9,4962
0,17	0,8437	9,9262	0,67	0,5117	9,7090	1,17	0,3104	9,4919
0,18	0,8353	9,9218	0,68	0,5066	9,7047	1,18	0,3073	9,4875
0,19	0,8270	9,9175	0,69	0,5016	9,7003	1,19	0,3042	9,4832
0,20	0,8187	9,9131	0,70	0,4966	9,6960	1,20	0,3012	9,4788
0,21	0,8106	9,9088	0,71	0,4916	9,6917	1,21	0,2982	9,4745
0,22	0,8025	9,9045	0,72	0,4868	9,6873	1,22	0,2952	9,4702
0,23	0,7945	9,9001	0,73	0,4819	9,6830	1,23	0,2923	9,4658
0,24	0,7866	9,8958	0,74	0,4771	9,6786	1,24	0,2894	9,4615
0,25	0,7788	9,8914	0,75	0,4724	9,6743	1,25	0,2865	9,4571
0,26	0,7711	9,8871	0,76	0,4677	9,6699	1,26	0,2837	0,4528
0,27	0,7634	9,8827	0,77	0,4630	9,6656	1,27	0,2808	9,4484
0,28	0,7558	9,8784	0,78	0,4584	9,6613	1,28	0,2780	9,4441
0,29	0,7483	9,8741	0,79	0,4538	9,6569	1,29	0,2753	9,4398
0,30	0,7408	9,8697	0,80	0,4493	9,6526	1,30	0,2725	9,4354
0,31	0,7334	9,8654	0,81	0,4449	9,6482	1,31	0,2698	9,4311
0,32	0,7261	9,8610	0,82	0,4404	9,6439	1,32	0,2671	9,4267
0,33	0,7189	9,8567	0,83	0,4360	9,6395	1,33	0,2645	9,4224
0,34	0,7118	9,8523	0,84	0,4317	9,6352	1,34	0,2618	9,4180
0,35	0,7047	9,8480	0,85	0,4274	9,6308	1,35	0,2592	9,4137
0,36	0,6977	9,8437	0,86	0,4232	9,6265	1,36	0,2567	9,4094
0,37	0,6907	9,8393	0,87	0,4190	9,6222	1,37	0,2541	9,4050
0,38	0,6839	9,8350	0,88	0,4148	9,6178	1,38	0,2516	9,4007
0,39	0,6771	9,8306	0,89	0,4107	9,6135	1,39	0,2491	9,3963
0,40	0,6703	9,8263	0,90	0,4066	9,6091	1,40	0,2466	9,3920
0,41	0,6637	9,8219	0,91	0,4025	9,6048	1,41	0,2441	9,3876
0,42	0,6570	9,8176	0,92	0,3985	9,6004	1,42	0,2417	9,3833
0,43	0,6505	9,8133	0,93	0,3946	9,5961	1,43	0,2393	9,3790
0,44	0,6440	9,8089	0,94	0,3906	9,5918	1,44	0,2369	9,3746
0,45	0,6376	9,8046	0,95	0,3867	9,5874	1,45	0,2346	9,3703
0,46	0,6313	9,8002	0,96	0,3829	9,5831	1,46	0,2322	9,3659
0,47	0,6250	9,7959	0,97	0,3791	9,5787	1,47	0,2299	9,3616
0,48	0,6188	9,7915	0,98	0,3753	9,5744	1,48	0,2276	9,3572
0,49	0,6126	9,7872	0,99	0,3716	9,5700	1,49	0,2254	9,3529
0,50	0,6065	9,7829	1,00	0,3679	9,5657	1,50	0,2231	9,3486

Tafel D 7 (Fortsetzung)

Exponentialfunktion

x	e^{-x}	$\log e^{-x}$	x	e^{-x}	$\log e^{-x}$	x	e^{-x}	$\log e^{-x}$
1,50	0,2231	9,3486	2,00	0,1353	9,1314	3,05	0,0474	8,6754
1,51	0,2209	9,3442	2,02	0,1327	9,1227	3,10	0,0450	8,6537
1,52	0,2187	9,3399	2,04	0,1300	9,1140	3,15	0,0429	8,6320
1,53	0,2165	9,3355	2,06	0,1275	9,1054	3,20	0,0408	8,6103
1,54	0,2144	9,3312	2,08	0,1249	9,0967			
						3,25	0,0388	8,5885
1,55	0,2122	9,3268	2,10	0,1225	9,0880	3,30	0,0369	8,5668
1,56	0,2101	9,3225	2,12	0,1200	9,0793	3,35	0,0351	8,5451
1,57	0,2080	9,3182	2,14	0,1177	9,0706	3,40	0,0334	8,5234
1,58	0,2060	9,3138	2,16	0,1153	9,0619	3,45	0,0317	8,5017
1,59	0,2039	9,3095	2,18	0,1130	9,0532			
						3,50	0,0302	8,4800
1,60	0,2019	9,3051	2,20	0,1108	9,0446	3,55	0,0287	8,4583
1,61	0,1999	9,3008	2,22	0,1086	9,0359	3,60	0,0273	8,4365
1,62	0,1979	9,2964	2,24	0,1065	9,0272	3,65	0,0260	8,4148
1,63	0,1959	9,2921	2,26	0,1044	9,0185	3,70	0,0247	8,3931
1,64	0,1940	9,2878	2,28	0,1023	9,0098			
						3,75	0,0235	8,3714
1,65	0,1920	9,2834	2,30	0,1003	9,0011	3,80	0,0224	8,3497
1,66	0,1901	9,2791	2,32	0,0983	8,9924	3,85	0,0213	8,3280
1,67	0,1882	9,2747	2,34	0,0963	8,9838	3,90	0,0202	8,3063
1,68	0,1864	9,2704	2,36	0,0944	8,9751	3,95	0,0193	8,2845
1,69	0,1845	9,2660	2,38	0,0926	8,9664			
						4,00	0,0183	8,2628
1,70	0,1827	9,2617	2,40	0,0907	8,9577	4,05	0,0174	8,2411
1,71	0,1809	9,2574	2,42	0,0889	8,9490	4,10	0,0166	8,2194
1,72	0,1791	9,2530	2,44	0,0872	8,9403	4,15	0,0158	8,1977
1,73	0,1773	9,2487	2,46	0,0854	8,9316	4,20	0,0150	8,1760
1,74	0,1755	9,2443	2,48	0,0837	8,9229			
						4,25	0,0143	8,1542
1,75	0,1738	9,2400	2,50	0,0821	8,9143	4,30	0,0136	8,1325
1,76	0,1720	9,2356	2,52	0,0805	8,9056	4,35	0,0129	8,1108
1,77	0,1703	9,2313	2,54	0,0789	8,8969	4,40	0,0123	8,0891
1,78	0,1686	9,2270	2,56	0,0773	8,8882	4,45	0,0117	8,0674
1,79	0,1670	9,2226	2,58	0,0758	8,8795			
						4,50	0,0111	8,0457
1,80	0,1653	9,2183	2,60	0,0743	8,8708	4,60	0,0101	8,0022
1,81	0,1637	9,2139	2,62	0,0728	8,8621	4,70	0,0091	7,9588
1,82	0,1620	9,2096	2,64	0,0714	8,8535	4,80	0,0082	7,9154
1,83	0,1604	9,2052	2,66	0,0699	8,8448	4,90	0,0074	7,8720
1,84	0,1588	9,2009	2,68	0,0686	8,8361			
						5,00	0,0067	7,8285
1,85	0,1572	9,1966	2,70	0,0672	8,8274	5,25	0,0052	7,7200
1,86	0,1557	9,1922	2,72	0,0659	8,8187			
1,87	0,1541	9,1879	2,74	0,0646	8,8100	5,50	0,0041	7,6114
1,88	0,1526	9,1835	2,76	0,0633	8,8013	6,00	0,0025	7,3942
1,89	0,1511	9,1792	2,78	0,0620	8,7927	7,00	0,0009	6,9599
						7,70	0,0005	6,6559
1,90	0,1496	9,1748	2,80	0,0608	8,7840			
1,91	0,1481	9,1705	2,82	0,0596	8,7753	n		$n \log e$
1,92	0,1466	9,1662	2,84	0,0584	8,7666			
1,93	0,1451	9,1618	2,86	0,0573	8,7579	1		0,4342945
1,94	0,1437	9,1575	2,88	0,0561	8,7492	2		0,8685890
						3		1,3028834
1,95	0,1423	9,1531	2,90	0,0550	8,7405	4		1,7371779
1,96	0,1409	9,1488	2,92	0,0539	8,7319	5		2,1714724
1,97	0,1395	9,1444	2,94	0,0529	8,7232	6		2,6057669
1,98	0,1381	9,1401	2,96	0,0518	8,7145	7		3,0400614
1,99	0,1367	9,1358	2,98	0,0508	8,7058	8		3,4743559
2,00	0,1353	9,1314	3,00	0,0498	8,6971	9		3,9086503

Tafel D 8

Natürliche Logarithmen $\ln(x\, 10^p) = \ln x + p \ln 10$

Zahl x	ln x									
	0	1	2	3	4	5	6	7	8	9
1,0	0,0000	0100	0198	0296	0392	0488	0583	0677	0770	0862
1,1	0953	1044	1133	1222	1310	1398	1484	1570	1655	1740
1,2	1823	1906	1989	2070	2151	2231	2311	2390	2469	2546
1,3	2624	2700	2776	2852	2927	3001	3075	3148	3221	3293
1,4	3365	3436	3507	3577	3646	3716	3784	3853	3920	3988
1,5	4055	4121	4187	4253	4318	4383	4447	4511	4574	4637
1,6	4700	4762	4824	4886	4947	5008	5068	5128	5188	5247
1,7	5306	5365	5423	5481	5539	5596	5653	5710	5766	5822
1,8	5878	5933	5988	6043	6098	6152	6206	6259	6313	6366
1,9	6419	6471	6523	6575	6627	6678	6729	6780	6831	6881
2,0	6931	6981	7031	7080	7129	7178	7227	7275	7324	7372
2,1	7419	7467	7514	7561	7608	7655	7701	7747	7793	7839
2,2	7885	7930	7975	8020	8065	8109	8154	8198	8242	8286
2,3	8329	8372	8416	8459	8502	8544	8587	8629	8671	8713
2,4	8755	8796	8838	8879	8920	8961	9002	9042	9083	9123
2,5	9163	9203	9243	9282	9322	9361	9400	9439	9478	9517
2,6	9555	9594	9632	9670	9708	9746	9783	9821	9858	9895
2,7	9933	9969	*0006	*0043	*0080	*0116	*0152	*0188	*0225	*0260
2,8	1,0296	0332	0367	0403	0438	0473	0508	0513	0578	0613
2,9	0647	0682	0716	0750	0784	0818	0852	0886	0919	0953
3,0	0986	1019	1053	1086	1119	1151	1184	1217	1249	1282
3,1	1314	1346	1378	1410	1442	1474	1506	1537	1569	1600
3,2	1632	1663	1694	1725	1756	1787	1817	1848	1878	1909
3,3	1939	1969	2000	2030	2060	2090	2119	2149	2179	2208
3,4	2238	2267	2296	2326	2355	2384	2413	2442	2470	2499
3,5	2528	2556	2585	2613	2641	2669	2698	2726	2754	2782
3,6	2809	2837	2865	2892	2920	2947	2975	3003	3029	3056
3,7	3083	3110	3137	3164	3191	3218	3244	3271	3297	3324
3,8	3350	3376	3403	3429	3455	3481	3507	3533	3558	3584
3,9	3610	3635	3661	3686	3712	3737	3762	3788	3813	3838
4,0	3863	3888	3913	3938	3962	3987	4012	4036	4061	4085
4,1	4110	4134	4159	4183	4207	4231	4255	4279	4303	4327
4,2	4351	4375	4398	4422	4446	4469	4493	4516	4540	4563
4,3	4586	4609	4633	4656	4679	4702	4725	4748	4770	4793
4,4	4816	4839	4861	4884	4907	4929	4951	4974	4996	5019
4,5	5041	5063	5085	5107	5129	5151	5173	5195	5217	5239
4,6	5261	5282	5304	5326	5347	5369	5390	5412	5433	5454
4,7	5476	5497	5518	5539	5560	5581	5602	5623	5644	5665
4,8	5686	5707	5728	5748	5769	5790	5810	5831	5851	5872
4,9	5892	5913	5933	5953	5974	5994	6014	6034	6054	6074
5,0	6094	6114	6134	6154	6174	6194	6214	6233	6253	6273
5,1	6292	6312	6332	6351	6371	6390	6409	6429	6448	6467
5,2	6487	6506	6525	6544	6563	6582	6601	6620	6639	6658
5,3	6677	6696	6715	6734	6752	6771	6790	6808	6827	6845
5,4	6864	6882	6901	6919	6938	6956	6974	6993	7011	7029

Tafel D 8 (Fortsetzung)
Natürliche Logarithmen

Zahl x	$\ln x$									
	0	1	2	3	4	5	6	7	8	9
5,5	1,7047	7066	7084	7102	7120	7138	7156	7174	7192	7210
5,6	7228	7246	7263	7281	7299	7317	7334	7352	7370	7387
5,7	7405	7422	7440	7457	7475	7492	7509	7527	7544	7561
5,8	7579	7596	7613	7630	7647	7664	7681	7699	7716	7733
5,9	7750	7766	7783	7800	7817	7834	7851	7867	7884	7901
6,0	7918	7934	7951	7967	7984	8001	8017	8034	8050	8066
6,1	8083	8099	8116	8132	8148	8165	8181	8197	8213	8229
6,2	8245	8262	8278	8294	8310	8326	8342	8358	8374	8390
6,3	8405	8421	8437	8453	8469	8485	8500	8516	8532	8547
6,4	8563	8579	8594	8610	8625	8641	8656	8672	8687	8703
6,5	8718	8733	8749	8764	8779	8795	8810	8825	8840	8856
6,6	8871	8886	8901	8916	8931	8946	8961	8976	8991	9006
6,7	9021	9036	9051	9066	9081	9095	9110	9125	9140	9155
6,8	9169	9184	9199	9213	9228	9242	9257	9272	9286	9301
6,9	9315	9330	9344	9359	9373	9387	9402	9416	9430	9445
7,0	9459	9473	9488	9502	9516	9530	9544	9559	9573	9587
7,1	9601	9615	9629	9643	9657	9671	9685	9699	9713	9727
7,2	9741	9755	9769	9782	9796	9810	9824	9838	9851	9865
7,3	9879	9892	9906	9920	9933	9947	9961	9974	9988	*0001
7,4	2,0015	0028	0042	0055	0069	0082	0096	0109	0122	0136
7,5	0149	0162	0176	0189	0202	0215	0229	0242	0255	0268
7,6	0281	0295	0308	0321	0334	0347	0360	0373	0386	0399
7,7	0412	0425	0438	0451	0464	0477	0490	0503	0516	0528
7,8	0541	0554	0567	0580	0592	0605	0618	0631	0643	0656
7,9	0669	0681	0694	0707	0719	0732	0744	0757	0769	0782
8,0	0794	0807	0819	0832	0844	0857	0869	0882	0894	0906
8,1	0919	0931	0943	0956	0968	0980	0992	1005	1017	1029
8,2	1041	1054	1066	1078	1090	1102	1114	1126	1138	1150
8,3	1163	1175	1187	1199	1211	1223	1235	1247	1258	1270
8,4	1282	1294	1306	1318	1330	1342	1353	1365	1377	1389
8,5	1401	1412	1424	1436	1448	1459	1471	1483	1494	1506
8,6	1518	1529	1541	1552	1564	1576	1587	1599	1610	1622
8,7	1633	1645	1656	1668	1679	1691	1702	1713	1725	1736
8,8	1748	1759	1770	1782	1793	1804	1815	1827	1838	1849
8,9	1861	1872	1883	1894	1905	1917	1928	1939	1950	1961
9,0	1972	1983	1994	2006	2017	2028	2039	2050	2061	2072
9,1	2083	2094	2105	2116	2127	2138	2148	2159	2170	2181
9,2	2192	2203	2214	2225	2235	2246	2257	2268	2279	2289
9,3	2300	2311	2322	2332	2343	2354	2364	2375	2386	2396
9,4	2407	2418	2428	2439	2450	2460	2471	2481	2492	2502
9,5	2513	2523	2534	2544	2555	2565	2576	2586	2597	2607
9,6	2618	2628	2638	2649	2659	2670	2680	2690	2701	2711
9,7	2721	2732	2742	2752	2762	2773	2783	2793	2803	2814
9,8	2824	2834	2844	2854	2865	2875	2885	2895	2905	2915
9,9	2925	2935	2946	2956	2966	2976	2986	2996	3006	3016
10,0	3026	3036	3046	3056	3066	3076	3086	3096	3106	3115

Tafel D 9

Fünfziffrige Mantissen zu den dekadischen Logarithmen

N.	L. 0	1	2	3	4	5	6	7	8	9
170	23045	070	096	121	147	172	198	223	249	274
171	300	325	350	376	401	426	452	477	502	528
172	553	578	603	629	654	679	704	729	754	779
173	805	830	855	880	905	930	955	980	*005	*030
174	24055	080	105	130	155	180	204	229	254	279
175	304	329	353	378	403	428	452	477	502	527
176	551	576	601	625	650	674	699	724	748	773
177	797	822	846	871	895	920	944	969	993	*018
178	25042	066	091	115	139	164	188	212	237	261
179	285	310	334	358	382	406	431	455	479	503
180	527	551	575	600	624	648	672	696	720	744
181	768	792	816	840	864	888	912	935	959	983
182	26007	031	055	079	102	126	150	174	198	221
183	245	269	293	316	340	364	387	411	435	458
184	482	505	529	553	576	600	623	647	670	694
185	717	741	764	788	811	834	858	881	905	928
186	951	975	998	*021	*045	*068	*091	*114	*138	*161
187	27184	207	231	254	277	300	323	346	370	393
188	416	439	462	485	508	531	554	577	600	623
189	646	669	692	715	738	761	784	807	830	852
190	875	898	921	944	967	989	*012	*035	*058	*081
191	28103	126	149	171	194	217	240	262	285	307
192	330	353	375	398	421	443	466	488	511	533
193	556	578	601	623	646	668	691	713	735	758
194	780	803	825	847	870	892	914	937	959	981
195	29003	026	048	070	092	115	137	159	181	203
196	226	248	270	292	314	336	358	380	403	425
197	447	469	491	513	535	557	579	601	623	645
198	667	688	710	732	754	776	798	820	842	863
199	885	907	929	951	973	994	*016	*038	*060	*081
200	30103	125	146	168	190	211	233	255	276	298
201	320	341	363	384	406	428	449	471	492	514
202	535	557	578	600	621	643	664	685	707	728
203	750	771	792	814	835	856	878	899	920	942
204	963	984	*006	*027	*048	*069	*091	*112	*133	*154

P. P.

	26	25
1	2,6	2,5
2	5,2	5,0
3	7,8	7,5
4	10,4	10,0
5	13,0	12,5
6	15,6	15,0
7	18,2	17,5
8	20,8	20,0
9	23,4	22,5

	24	23
1	2,4	2,3
2	4,8	4,6
3	7,2	6,9
4	9,6	9,2
5	12,0	11,5
6	14,4	13,8
7	16,8	16,1
8	19,2	18,4
9	21,6	20,7

	22	21
1	2,2	2,1
2	4,4	4,2
3	6,6	6,3
4	8,8	8,4
5	11,0	10,5
6	13,2	12,6
7	15,4	14,7
8	17,6	16,8
9	19,8	18,9

Tafel D 9 (Fortsetzung)

Fünfziffrige Mantissen zu den dekadischen Logarithmen

N.	L. 0	1	2	3	4	5	6	7	8	9	P. P.
205	31175	197	218	239	260	281	302	323	345	366	**21**
206	387	408	429	450	471	492	513	534	555	576	1 2,1
207	597	618	639	660	681	702	723	744	765	785	2 4,2
208	806	827	848	869	890	911	931	952	973	994	3 6,3
209	32015	035	056	077	098	118	139	160	181	201	4 8,4
											5 10,5
210	222	243	263	284	305	325	346	366	387	408	6 12,6
211	428	449	469	490	510	531	552	572	593	613	7 14,7
212	634	654	675	695	715	736	756	777	797	818	8 16,8
213	838	858	879	899	919	940	960	980	*001	*021	9 18,9
214	33041	062	082	102	122	143	163	183	203	224	
											20
215	244	264	284	304	325	345	365	385	405	425	1 2,0
216	445	465	486	506	526	546	566	586	606	626	2 4,0
217	646	666	686	706	726	746	766	786	806	826	3 6,0
218	846	866	885	905	925	945	965	985	*005	*025	4 8,0
219	34044	064	084	104	124	143	163	183	203	223	5 10,0
											6 12,0
220	242	262	282	301	321	341	361	380	400	420	7 14,0
221	439	459	479	498	518	537	557	577	596	616	8 16,0
222	635	655	674	694	713	733	753	772	792	811	9 18,0
223	830	850	869	889	908	928	947	967	986	*005	
224	35025	044	064	083	102	122	141	160	180	199	**19**
											1 1,9
225	218	238	257	276	295	315	334	353	372	392	2 3,8
226	411	430	449	468	488	507	526	545	564	583	3 5,7
227	603	622	641	660	679	698	717	736	755	774	4 7,6
228	793	813	832	851	870	889	908	927	946	965	5 9,5
229	984	*003	*021	*040	*059	*078	*097	*116	*135	*154	6 11,4
											7 13,3
230	36173	192	211	229	248	267	286	305	324	342	8 15,2
231	361	380	399	418	436	455	474	493	511	530	9 17,1
232	549	568	586	605	624	642	661	680	698	717	
233	736	754	773	791	810	829	847	866	884	903	**18**
234	922	940	959	977	996	*014	*033	*051	*070	*088	1 1,8
											2 3,6
235	37107	125	144	162	181	199	218	236	254	273	3 5,4
236	291	310	328	346	365	383	401	420	438	457	4 7,2
237	475	493	511	530	548	566	585	603	621	639	5 9,0
238	658	676	694	712	731	749	767	785	803	822	6 10,8
239	840	858	876	894	912	931	949	967	985	*003	7 12,6
											8 14,4
											9 16,2

Tafel D 9 (Fortsetzung)

Fünfziffrige Mantissen zu den dekadischen Logarithmen

N.	L. 0	1	2	3	4	5	6	7	8	9
240	38021	039	057	075	093	112	130	148	166	184
241	202	220	238	256	274	292	310	328	346	364
242	382	399	417	435	453	471	489	507	525	543
243	561	578	596	614	632	650	668	686	703	721
244	739	757	775	792	810	828	846	863	881	899
245	917	934	952	970	987*	005	*023	*041	*058	*076
246	39094	111	129	146	164	182	199	217	235	252
247	270	287	305	322	340	358	375	393	410	428
248	445	463	480	498	515	533	550	568	585	602
249	620	637	655	672	690	707	724	742	759	777
250	794	811	829	846	863	881	898	915	933	950
251	967	985	*002	*019	*037	*054	*071	*088	*106	*123
252	40140	157	175	192	209	226	243	261	278	295
253	312	329	346	364	381	398	415	432	449	466
254	483	500	518	535	552	569	586	603	620	637
255	654	671	688	705	722	739	756	773	790	807
256	824	841	858	875	892	909	926	943	960	976
257	993	*010	*027	*044	*061	*078	*095	*111	*128	*145
258	41162	179	196	212	229	246	263	280	296	313
259	330	347	363	380	397	414	430	447	464	481
260	497	514	531	547	564	581	597	614	631	647
261	664	681	697	714	731	747	764	780	797	814
262	830	847	863	880	896	913	929	946	963	979
263	996	*012	*029	*045	*062	*078	*095	*111	*127	*144
264	42160	177	193	210	226	243	259	275	292	308
265	325	341	357	374	390	406	423	439	455	472
266	488	504	521	537	553	570	586	602	619	635
267	651	667	684	700	716	732	749	765	781	797
268	813	830	846	862	878	894	911	927	943	959
269	975	991	*008	*024	*040	*056	*072	*088	*104	*120
270	43136	152	169	185	201	217	233	249	265	281
271	297	313	329	345	361	377	393	409	425	441
272	457	473	489	505	521	537	553	569	584	600
273	616	632	648	664	680	696	712	727	743	759
274	775	791	807	823	838	854	870	886	902	917

P. P.

19	
1	1,9
2	3,8
3	5,7
4	7,6
5	9,5
6	11,4
7	13,3
8	15,2
9	17,1

18	
1	1,8
2	3,6
3	5,4
4	7,2
5	9,0
6	10,8
7	12,6
8	14,4
9	16,2

17	
1	1,7
2	3,4
3	5,1
4	6,8
5	8,5
6	10,2
7	11,9
8	13,6
9	15,3

16	
1	1,6
2	3,2
3	4,8
4	6,4
5	8,0
6	9,6
7	11,2
8	12,8
9	14,4

Tafel D 9 (Fortsetzung)

Fünfziffrige Mantissen zu den dekadischen Logarithmen

N.	L. 0	1	2	3	4	5	6	7	8	9	P. P.	
275	43933	949	965	981	996	*012	*028	*044	*059	*075		**16**
276	44091	107	122	138	154	170	185	201	217	232	1	1,6
277	248	264	279	295	311	326	342	358	373	389	2	3,2
278	404	420	436	451	467	483	498	514	529	545	3	4,8
279	560	576	592	607	623	638	654	669	685	700	4	6,4
											5	8,0
280	716	731	747	762	778	793	809	824	840	855	6	9,6
281	871	886	902	917	932	948	963	979	994	*010	7	11,2
282	45025	040	056	071	086	102	117	133	148	163	8	12,8
283	179	194	209	225	240	255	271	286	301	317	9	14,4
284	332	347	362	378	393	408	423	439	454	469		
285	484	500	515	530	545	561	576	591	606	621		
286	637	652	667	682	697	712	728	743	758	773		
287	788	803	818	834	849	864	879	894	909	924		
288	939	954	969	984	*000	*015	*030	*045	*060	*075		**15**
289	46090	105	120	135	150	165	180	195	210	225	1	1,5
											2	3,0
290	240	255	270	285	300	315	330	345	359	374	3	4,5
291	389	404	419	434	449	464	479	494	509	523	4	6,0
292	538	553	568	583	598	613	627	642	657	672	5	7,5
293	687	702	716	731	746	761	776	790	805	820	6	9,0
294	835	850	864	879	894	909	923	938	953	697	7	10,5
											8	12,0
295	982	997	*012	*026	*041	056	*070	*085	*100	*114	9	13,5
296	47129	144	159	173	188	202	217	232	246	261		
297	276	290	305	319	334	349	363	378	392	407		
298	422	436	451	465	480	494	509	524	538	553		
299	567	582	596	611	625	640	654	669	683	698		
300	712	727	741	756	770	784	799	813	828	842		
301	857	871	885	900	914	929	943	958	972	986		**14**
302	48001	015	029	044	058	073	087	101	116	130	1	1,4
303	144	159	173	187	202	216	230	244	259	273	2	2,8
304	287	302	316	330	344	359	373	387	401	416	3	4,2
											4	5,6
305	430	444	458	473	487	501	515	530	544	558	5	7,0
306	572	586	601	615	629	643	657	671	686	700	6	8,4
307	714	728	742	756	770	785	799	813	827	841	7	9,8
308	855	869	883	897	911	926	940	954	968	982	8	11,2
309	996	*010	*024	*038	*052	*066	*080	*094	*108	*122	9	12,6

Tafel D9 (Fortsetzung)

Fünfziffrige Mantissen zu den dekadischen Logarithmen

N.	L. 0	1	2	3	4	5.	6	7	8	9		P. P.	
310	49136	150	164	178	192	206	220	234	248	262			
311	276	290	304	318	332	346	360	374	388	402			
312	415	429	443	457	471	485	499	513	527	541			
313	554	568	582	596	610	624	638	651	665	679			
314	693	707	721	734	748	762	776	790	803	817			
315	831	845	859	872	886	900	914	927	941	955			14
316	969	982	996	*010	*024	*037	*051	*065	*079	*092	1	1,4	
317	50106	120	133	147	161	174	188	202	215	229	2	2,8	
318	243	256	270	284	297	311	325	338	352	365	3	4,2	
319	379	393	406	420	433	447	461	474	488	501	4	5,6	
											5	7,0	
320	515	529	542	556	569	583	596	610	623	637	6	8,4	
321	651	664	678	691	705	718	732	745	759	772	7	9,8	
322	786	799	813	826	840	853	866	880	893	907	8	11,2	
323	920	934	947	961	974	987	*001	*014	*028	*041	9	12,6	
324	51055	068	081	095	108	121	135	148	162	175			
325	188	202	215	228	242	255	268	282	295	308			
326	322	335	348	362	375	388	402	415	428	441			
327	455	468	481	495	508	521	534	548	561	574			
328	587	601	614	627	640	654	667	680	693	706			
329	720	733	746	759	772	786	799	812	825	838			
330	851	865	878	891	904	917	930	943	957	970			13
331	983	996	*009	*022	*035	*048	*061	*075	*088	*101	1	1,3	
332	52114	127	140	153	166	179	192	205	218	231	2	2,6	
333	244	257	270	284	297	310	323	336	349	362	3	3,9	
334	375	388	401	414	427	440	453	466	479	492	4	5,2	
											5	6,5	
335	504	517	530	543	556	569	582	595	608	621	6	7,8	
336	634	647	660	673	686	699	711	724	737	750	7	9,1	
337	763	776	789	802	815	827	840	853	866	879	8	10,4	
338	892	905	917	930	943	956	969	982	994	*007	9	11,7	
339	53020	033	046	058	071	084	097	110	122	135			
340	148	161	173	186	199	212	224	237	250	263			
341	275	288	301	314	326	339	352	364	377	390			
342	403	415	428	441	453	466	479	491	504	517			
343	529	542	555	567	580	593	605	618	631	643			
344	656	668	681	694	706	719	732	744	757	769			

Tafel D9 (Fortsetzung)

Fünfziffrige Mantissen zu den dekadischen Logarithmen

N.	L. 0	1	2	3	4	5	6	7	8	9	P. P.	
345	53782	794	807	820	832	845	857	870	882	895		13
346	908	920	933	945	958	970	983	995	*008	*020	1	1,3
347	54033	045	058	070	083	095	108	120	133	145	2	2,6
348	158	170	183	195	208	220	233	245	258	270	3	3,9
349	283	295	307	320	332	345	357	370	382	394	4	5,2
											5	6,5
350	407	419	432	444	456	469	481	494	506	518	6	7,8
351	531	543	555	568	580	593	605	617	630	642	7	9,1
352	654	667	679	691	704	716	728	741	753	765	8	10,4
353	777	790	802	814	827	839	851	864	876	888	9	11,7
354	900	913	925	937	949	962	974	986	998	*011		
355	55023	035	047	060	072	084	096	108	121	133		
356	145	157	169	182	194	206	218	230	242	255		
357	267	279	291	303	315	328	340	352	364	376		
358	388	400	413	425	437	449	461	473	485	497		12
359	509	522	534	546	558	570	582	594	606	618	1	1,2
											2	2,4
360	630	642	654	666	678	691	703	715	727	739	3	3,6
361	751	763	775	787	799	811	823	835	847	859	4	4,8
362	871	883	895	907	919	931	943	955	967	979	5	6,0
363	991	*003	*015	*027	*038	*050	*062	*074	*086	*098	6	7,2
364	56110	122	134	146	158	170	182	194	205	217	7	8,4
											8	9,6
365	229	241	253	265	277	289	301	312	324	336	9	10,8
366	348	360	372	384	396	407	419	431	443	455		
367	467	478	490	502	514	526	538	549	561	573		
368	585	597	608	620	632	644	656	667	679	691		
369	703	714	726	738	750	761	773	785	797	808		
370	820	832	844	855	867	879	891	902	914	926		11
371	937	949	961	972	984	996	*008	*019	*031	*043		
372	57054	066	078	089	101	113	124	136	148	159	1	1,1
373	171	183	194	206	217	229	241	252	264	276	2	2,2
374	287	299	310	322	334	345	357	368	380	392	3	3,3
											4	4,4
375	403	415	426	438	449	461	473	484	496	507	5	5,5
376	519	530	542	553	565	576	588	600	611	623	6	6,6
377	634	646	657	669	680	692	703	715	726	738	7	7,7
378	749	761	772	784	795	807	818	830	841	852	8	8,8
379	864	875	887	898	910	921	933	944	955	967	9	9,9

Tafel D9 (Fortsetzung)

Fünfziffrige Mantissen zu den dekadischen Logarithmen

N.	L. 0	1	2	3	4	5	6	7	8	9		P. P.
380	57978	990	*001	*013	*024	*035	*047	*058	*070	*081		
381	58092	104	115	127	138	149	161	172	184	195		
382	206	218	229	240	252	263	274	286	297	309		
383	320	331	343	354	365	377	388	399	410	422		
384	433	444	456	467	478	490	501	512	524	535		
385	546	557	569	580	591	602	614	625	636	647		
386	659	670	681	692	704	715	726	737	749	760		**12**
387	771	782	794	805	816	827	838	850	861	872	1	1,2
388	883	894	906	917	928	939	950	961	973	984	2	2,4
389	995	*006	*017	*028	*040	*051	*062	*073	*084	*095	3	3,6
											4	4,8
390	59106	118	129	140	151	162	173	184 ·	195	207	5	6,0
391	218	229	240	251	262	273	284	295	306	318	6	7,2
392	329	340	351	362	373	384	395	406	417	428	7	8,4
393	439	450	461	472	483	494	506	517	528	539	8	9,6
394	550	561	572	583	594	605	616	627	638	649	9	10,8
395	660	671	682	693	704	715	726	737	748	759		
396	770	780	791	802	813	824	835	846	857	868		
397	879	890	901	912	923	934	945	956	966	977		
398	988	999	*010	*021	*032	*043	*054	*065	*076	*086		
399	60097	108	119	130	141	152	163	173	184	195		
400	206	217	228	239	249	260	271	282	293	304		**11**
401	314	325	336	347	358	369	379	390	401	412	1	1,1
402	423	433	444	455	466	477	487	498	509	520	2	2,2
403	531	541	552	563	574	584	595	606	617	627	3	3,3
404	638	649	660	670	681	692	703	713	724	735	4	4,4
											5	5,5
405	746	756	767	778	788	799	810	821	831	842	6	6,6
406	853	863	874	885	895	906	917	927	938	949	7	7,7
407	959	970	981	991	*002	*013	*023	*034	*045	*055	8	8,8
408	61066	077	087	098	109	119	130	140	151	162	9	9,9
409	172	183	194	204	215	225	236	247	257	268		
410	278	289	300	310	321	331	342	352	363	374		
411	384	395	405	416	426	437	448	458	469	479		
412	490	500	511	521	532	542	553	563	574	584		
413	595	606	616	627	637	648	658	669	679	690		
414	700	711	721	731	742	752	763	773	784	794		

Tafel D 9 (Fortsetzung)

Fünfziffrige Mantissen zu den dekadischen Logarithmen

N.	L. 0	1	2	3	4	5	6	7	8	9	P. P.	
415	61805	815	826	836	847	857	868	878	888	899		11
416	909	920	930	941	951	962	972	982	993	*003	1	1,1
417	62014	024	034	045	055	066	076	086	097	107	2	2,2
418	118	128	138	149	159	170	180	190	201	211	3	3,3
419	221	232	242	252	263	273	284	294	304	315	4	4,4
											5	5,5
420	325	335	346	356	366	377	387	397	408	418	6	6,6
421	428	439	449	459	469	480	490	500	511	521	7	7,7
422	531	542	552	562	572	583	593	603	613	624	8	8,8
423	634	644	655	665	675	685	696	706	716	726	9	9,9
424	737	747	757	767	778	788	798	808	818	829		
425	839	849	859	870	880	890	900	910	921	931		
426	941	951	961	972	982	992	*002	*012	*022	*033		
427	63043	053	063	073	083	094	104	114	124	134		
428	144	155	165	175	185	195	205	215	225	236		10
429	246	256	266	276	286	296	306	317	327	337	1	1,0
											2	2,0
430	347	357	367	377	387	397	407	417	428	438	3	3,0
431	448	458	468	478	488	498	508	518	528	538	4	4,0
432	548	558	568	579	589	599	609	619	629	639	5	5,0
433	649	659	669	679	689	699	709	719	729	739	6	6,0
434	749	759	769	779	789	799	809	819	829	839	7	7,0
											8	8,0
435	849	859	869	879	889	899	909	919	929	939	9	9,0
436	949	959	969	979	988	998	*008	*018	*028	*038		
437	64048	058	068	078	088	098	108	118	128	137		
438	147	157	167	177	187	197	207	217	227	237		
439	246	256	266	276	286	296	306	316	326	335		
440	345	355	365	375	385	395	404	414	424	434		9
441	444	454	464	473	483	493	503	513	523	532	1	0,9
442	542	552	562	572	582	591	601	611	621	631	2	1,8
443	640	650	660	670	680	689	699	709	719	729	3	2,7
444	738	748	758	768	777	787	797	807	816	826	4	3,6
											5	4,5
445	836	846	856	865	875	885	895	904	914	924	6	5,4
446	933	943	953	963	972	982	992	*002	*011	*021	7	6,3
447	65031	040	050	060	070	079	089	099	108	118	8	7,2
448	128	137	147	157	167	176	186	196	205	215	9	8,1
449	225	234	244	254	263	273	283	292	302	312		

Tafel D9 (Fortsetzung)

Fünfziffrige Mantissen zu den dekadischen Logarithmen

N.	L. 0	1	2	3	4	5	6	7	8	9		P. P.
450	65321	331	341	350	360	369	379	389	398	408		
451	418	427	437	447	456	466	475	485	495	504		
452	514	523	533	543	552	562	571	581	591	600		
453	610	619	629	639	648	658	667	677	686	696		
454	706	715	725	734	744	753	763	772	782	792		
455	801	811	820	830	839	849	858	868	877	887		**10**
456	896	906	916	925	935	944	954	963	973	982		
457	992	*001	*011	*020	*030	*039	*049	*058	*068	*077	1	1,0
458	66087	096	106	115	124	134	143	153	162	172	2	2,0
459	181	191	200	210	219	229	238	247	257	266	3	3,0
											4	4,0
460	276	285	295	304	314	323	332	342	351	361	5	5,0
461	370	380	389	398	408	417	427	436	445	455	6	6,0
462	464	474	483	492	502	511	521	530	539	549	7	7,0
463	558	567	577	586	596	605	614	624	633	642	8	8,0
464	652	661	671	680	689	699	708	717	727	736	9	9,0
465	745	755	764	773	783	792	801	811	820	829		
466	839	848	857	867	876	885	894	904	913	922		
467	932	941	950	960	969	978	987	997	*006	*015		
468	67025	034	043	052	062	071	080	089	099	108		
469	117	127	136	145	154	164	173	182	191	201		
470	210	219	228	237	247	256	265	274	284	293		**9**
471	302	311	321	330	339	348	357	367	376	385	1	0,9
472	394	403	413	422	431	440	449	459	468	477	2	1,8
473	486	495	504	514	523	532	541	550	560	569	3	2,7
474	578	587	596	605	614	624	633	642	651	660	4	3,6
											5	4,5
475	669	679	688	697	706	715	724	733	742	752	6	5,4
476	761	770	779	788	797	806	815	825	834	843	7	6,3
477	852	861	870	879	888	897	906	916	925	934	8	7,2
478	943	952	961	970	979	988	997	*006	*015	*024	9	8,1
479	68034	043	052	061	070	079	088	097	106	115		
480	124	133	142	151	160	169	178	187	196	205		
481	215	224	233	242	251	260	269	278	287	296		
482	305	314	323	332	341	350	359	368	377	386		
483	395	404	413	422	431	440	449	458	467	476		
484	485	494	502	511	520	529	538	547	556	565		

Tafel D9 (Fortsetzung)

Fünfziffrige Mantissen zu den dekadischen Logarithmen

N.	L. 0	1	2	3	4	5	6	7	8	9	P. P.	
485	68574	583	592	601	610	619	628	637	646	655		
486	664	673	681	690	699	708	717	726	735	744		
487	753	762	771	780	789	797	806	815	824	833		
488	842	851	860	869	878	886	895	904	913	922		
489	931	940	949	958	966	975	984	993	*002	*011		
490	69020	028	037	046	055	064	073	083	090	099		**9**
491	108	117	126	135	144	152	161	170	179	188		
492	197	205	214	223	232	241	249	258	267	276	1	0,9
493	285	294	302	311	320	329	338	346	355	364	2	1,8
494	373	381	390	399	408	417	425	434	443	452	3	2,7
											4	3,6
495	461	469	478	487	496	504	513	522	531	539	5	4,5
496	548	557	566	574	583	592	601	609	618	627	6	5,4
497	636	644	653	662	671	679	688	697	705	714	7	6,3
498	723	732	740	749	758	767	775	784	793	801	8	7,2
499	810	819	827	836	845	854	862	871	880	888	9	8,1
500	897	906	914	923	932	940	949	958	966	975		
501	984	992	*001	*010	*018	*027	*036	*044	*053	*062		
502	70070	079	088	096	105	114	122	131	140	148		
503	157	165	174	183	191	200	209	217	226	234		
504	243	252	260	269	278	286	295	303	312	321		
505	329	338	346	355	364	372	381	389	398	406		**8**
506	415	424	432	441	449	458	467	475	484	492	1	0,8
507	501	509	518	526	535	544	552	561	569	578	2	1,6
508	586	595	603	612	621	629	638	646	655	663	3	2,4
509	672	680	689	697	706	714	723	731	740	749	4	3,2
											5	4,0
510	757	766	774	783	791	800	808	817	825	834	6	4,8
511	842	851	859	868	876	885	893	902	910	919	7	5,6
512	927	935	944	952	961	969	978	986	995	*003	8	6,4
513	71012	020	029	037	046	054	063	071	079	088	9	7,2
514	096	105	113	122	130	139	147	155	164	172		
515	181	189	198	206	214	223	231	240	248	257		
516	265	273	282	290	299	307	315	324	332	341		
517	349	357	366	374	383	391	399	408	416	425		
518	433	441	450	458	466	475	483	492	500	508		
519	517	525	533	542	550	559	567	575	584	592		

Tafel D9 (Fortsetzung)

Fünfziffrige Mantissen zu den dekadischen Logarithmen

N.	L. 0	1	2	3	4	5	6	7	8	9	P. P.	
520	71600	609	617	625	634	642	650	659	667	675		
521	684	692	700	709	717	725	734	742	750	759		
522	767	775	784	792	800	809	817	825	834	842		
523	850	858	867	875	883	892	900	908	917	925		
524	933	941	950	958	966	975	983	991	999	*008		
525	72016	024	032	041	049	057	066	074	082	090		9
526	099	107	115	123	132	140	148	156	165	173		
527	181	189	198	206	214	222	230	239	247	255	1	0,9
528	263	272	280	288	296	304	313	321	329	337	2	1,8
529	346	354	362	370	378	387	395	403	411	419	3	2,7
											4	3,6
530	428	436	444	452	460	469	477	485	493	501	5	4,5
531	509	518	526	534	542	550	558	567	575	583	6	5,4
532	591	599	607	616	624	632	640	648	656	665	7	6,3
533	673	681	689	697	705	713	722	730	738	746	8	7,2
534	754	762	770	779	787	795	803	811	819	827	9	8,1
535	835	843	852	860	868	876	884	892	900	908		
536	916	925	933	941	949	957	965	973	981	989		
537	997	*006	*014	*022	*030	*038	*046	*054	*062	*070		
538	73078	086	094	102	111	119	127	135	143	151		
539	159	167	175	183	191	199	207	215	223	231		
540	239	247	255	263	272	280	288	296	304	312		8
541	320	328	336	344	352	360	368	376	384	392	1	0,8
542	400	408	416	424	432	440	448	456	464	472	2	1,6
543	480	488	496	504	512	520	528	536	544	552	3	2,4
544	560	568	576	584	592	600	608	616	624	632	4	3,2
											5	4,0
545	640	648	656	664	672	679	687	695	703	711	6	4,8
546	719	727	735	743	751	759	767	775	783	791	7	5,6
547	799	807	815	823	830	838	846	854	862	870	8	6,4
548	878	886	894	902	910	918	926	933	941	949	9	7,2
549	957	965	973	981	989	997	*005	*013	*020	*028		
550	74036	044	052	060	068	076	084	092	099	107		
551	115	123	131	139	147	155	162	170	178	186		
552	194	202	210	218	225	233	241	249	257	265		
553	273	280	288	296	304	312	320	327	335	343		
554	351	359	367	374	382	390	398	406	414	421		

Tafel D 9 (Fortsetzung)

Fünfziffrige Mantissen zu den dekadischen Logarithmen

N.	L. 0	1	2	3	4	5	6	7	8	9	P. P.
555	74429	437	445	453	461	468	476	484	492	500	
556	507	515	523	531	539	547	554	562	570	578	
557	586	593	601	609	617	624	632	640	648	656	
558	663	671	679	687	695	702	710	718	726	733	
559	741	749	757	764	772	780	788	796	803	811	
560	819	827	834	842	850	858	865	873	881	889	
561	896	904	912	920	927	935	943	950	958	966	
562	974	981	989	997	*005	*012	*020	*028	*035	*043	
563	75051	059	066	074	082	089	097	105	113	120	
564	128	136	143	151	159	166	174	182	189	197	
565	205	213	220	228	236	243	251	259	266	274	
566	282	289	297	305	312	320	328	335	343	351	
567	358	366	374	381	389	397	404	412	420	427	
568	435	442	450	458	465	473	481	488	496	505	
569	511	519	526	534	542	549	557	565	572	580	
570	587	595	603	610	618	626	633	641	648	656	
571	664	671	679	686	694	702	709	717	724	732	
572	740	747	755	762	770	778	785	793	800	808	
573	815	823	831	838	846	853	861	868	876	884	
574	891	899	906	914	921	929	937	944	952	959	
575	967	974	982	989	997	*005	*012	*020	*027	*035	
576	76042	050	057	065	072	080	087	095	103	110	
577	118	125	133	140	148	155	163	170	178	185	
578	193	200	208	215	223	230	238	245	253	260	
579	268	275	283	290	298	305	313	320	328	335	
580	343	350	358	365	373	380	388	395	403	410	
581	418	425	433	440	448	455	462	470	477	485	
582	492	500	507	515	522	530	537	545	552	559	
583	567	574	582	589	597	604	612	619	626	634	
584	641	649	656	664	671	678	686	693	701	708	
585	716	723	730	738	745	753	760	768	775	782	
586	790	797	805	812	819	827	834	842	849	856	
587	864	871	879	886	893	901	908	916	923	930	
588	938	945	953	960	967	975	982	989	997	*004	
589	77012	019	026	034	041	048	056	063	070	078	

P. P.

8
1 | 0,8
2 | 1,6
3 | 2,4
4 | 3,2
5 | 4,0
6 | 4,8
7 | 5,6
8 | 6,4
9 | 7,2

7
1 | 0,7
2 | 1,4
3 | 2,1
4 | 2,8
5 | 3,5
6 | 4,2
7 | 4,9
8 | 5,6
9 | 6,3

Tafel D9 (Fortsetzung)

Fünfziffrige Mantissen zu den dekadischen Logarithmen

N.	L. 0	1	2	3	4	5	6	7	8	9	P. P.
590	77085	093	100	107	115	122	129	137	144	151	
591	159	166	173	181	188	195	203	210	217	225	
592	232	240	247	254	262	269	276	283	291	298	
593	305	313	320	327	335	342	349	357	364	371	
594	379	386	393	401	408	415	422	430	437	444	
595	452	459	466	474	481	488	495	503	510	517	
596	525	532	539	546	554	561	568	576	583	590	8
597	597	605	612	619	627	634	641	648	656	663	1 0,8
598	670	677	685	692	699	706	714	721	728	735	2 1,6
599	743	750	757	764	772	779	786	793	801	808	3 2,4
											4 3,2
600	815	822	830	837	844	851	859	866	873	880	5 4,0
601	887	895	902	909	916	924	931	938	945	952	6 4,8
602	960	967	974	981	988	996	*003	*010	*017	*025	7 5,6
603	78032	039	046	053	061	068	075	082	089	097	8 6,4
604	104	111	118	125	132	140	147	154	161	168	9 7,2
605	176	183	190	197	204	211	219	226	233	240	
606	247	254	262	269	276	283	290	297	305	312	
607	319	326	333	340	347	355	362	369	376	383	
608	390	398	405	412	419	426	433	440	447	455	
609	462	469	476	483	490	497	504	512	519	526	
610	533	540	547	554	561	569	576	583	590	597	
611	604	611	618	625	633	640	647	654	661	668	7
612	675	682	689	696	704	711	718	725	732	739	1 0,7
613	746	753	760	767	774	781	789	796	803	810	2 1,4
614	817	824	831	838	845	852	859	866	873	880	3 2,1
											4 2,8
615	888	895	902	909	916	923	930	937	944	951	5 3,5
616	958	965	972	979	986	993	*000	*007	*014	*021	6 4,2
617	79029	036	043	050	057	064	071	078	085	092	7 4,9
618	099	106	113	120	127	134	141	148	155	162	8 5,6
619	169	176	183	190	197	204	211	218	225	232	9 6,3
620	239	246	253	260	267	274	281	288	295	302	
621	309	316	323	330	337	344	351	358	365	372	
622	379	386	393	400	407	414	421	428	435	442	
623	449	456	463	470	477	484	491	498	505	511	
624	518	525	532	539	546	553	560	567	574	581	

Tafel D9 (Fortsetzung)

Fünfziffrige Mantissen zu den dekadischen Logarithmen

N.	L. 0	1	2	3	4	5	6	7	8	9	P. P.	
625	79588	595	602	609	616	623	630	637	644	650		
626	657	664	671	678	685	692	699	706	713	720		
627	727	734	741	748	754	761	768	775	782	789		
628	796	803	810	817	824	831	837	844	851	858		
629	865	872	879	886	893	900	906	913	920	927		
630	934	941	948	955	962	969	975	982	989	996		**7**
631	80003	010	017	024	030	037	044	051	058	065		
632	072	079	085	092	099	106	113	120	127	134	1	0,7
633	140	147	154	161	168	175	182	188	195	202	2	1,4
634	209	216	223	229	236	243	250	257	264	271	3	2,1
											4	2,8
635	277	284	291	298	305	312	318	325	332	339	5	3,5
636	346	353	359	366	373	380	387	393	400	407	6	4,2
637	414	421	428	434	441	448	455	462	468	475	7	3,9
638	482	489	496	502	509	516	523	530	536	543	8	5,6
639	550	557	564	570	577	584	591	598	604	611	9	6,3
640	618	625	632	638	645	652	659	665	672	679		
641	686	693	699	706	713	720	726	733	740	747		
642	764	760	767	774	781	787	794	801	808	813		
643	821	828	835	841	848	855	862	868	875	882		
644	889	895	902	909	916	922	929	936	943	949		
645	956	963	969	976	983	990	996	*003	*010	*017		**6**
646	81023	030	037	043	050	057	064	070	077	084		
647	090	097	104	111	117	124	131	137	144	151	1	0,6
648	158	164	171	178	184	191	198	204	211	218	2	1,2
649	224	231	238	245	251	258	265	271	278	285	3	1,8
											4	2,4
650	291	298	305	311	318	325	331	338	345	351	5	3,0
651	358	365	371	378	385	391	398	405	411	418	6	3,6
652	425	431	438	445	451	458	465	471	478	485	7	4,2
653	491	498	505	511	518	525	531	538	544	551	8	4,8
654	558	564	571	578	584	591	598	604	611	617	9	5,4
655	624	631	637	644	651	657	664	671	677	684		
656	690	697	704	710	717	723	730	737	743	750		
657	757	763	770	776	783	790	796	803	809	816		
658	823	829	836	842	849	856	862	869	875	882		
659	889	895	902	908	915	921	928	935	941	948		

Tafel D 9 (Fortsetzung)

Fünfziffrige Mantissen zu den dekadischen Logarithmen

N.	L. 0	1	2	3	4	5	6	7	8	9	P. P.
660	81954	961	968	974	981	987	994	*000	*007	*014	
661	82020	027	033	040	046	053	060	066	073	079	
662	086	092	099	105	112	119	125	132	138	145	
663	151	158	164	171	178	184	191	197	204	210	
664	217	223	230	236	243	249	256	263	269	276	
665	282	289	295	302	308	315	321	328	334	341	
666	347	354	360	367	373	380	387	393	400	406	
667	413	419	426	432	439	445	452	458	465	471	
668	478	484	491	497	504	510	517	523	530	536	
669	543	549	556	562	569	575	582	588	595	601	
670	607	614	620	627	633	640	646	653	659	666	
671	672	679	685	692	698	705	711	718	724	730	
672	737	743	750	756	763	769	776	782	789	795	
673	802	808	814	821	827	834	840	847	853	860	
674	866	872	879	885	892	898	905	911	918	924	
675	930	937	943	950	956	963	969	975	982	988	
676	995	*001	*008	*014	*020	*027	*033	*040	*046	*052	
677	83059	065	072	078	085	091	097	104	110	117	
678	123	129	136	142	149	155	161	168	174	181	
679	187	193	200	206	213	219	225	232	238	245	
680	251	257	264	270	276	283	289	296	302	308	
681	315	321	327	334	340	347	353	359	366	372	
682	378	385	391	398	404	410	417	423	429	436	
683	442	448	455	461	467	474	480	487	493	499	
684	506	512	518	525	531	537	544	550	556	563	
685	569	575	582	588	594	601	607	613	620	626	
686	632	639	645	651	658	664	670	677	683	689	
687	696	702	708	715	721	727	734	740	746	753	
688	759	765	771	778	784	790	797	803	809	816	
689	822	828	835	841	847	853	860	866	872	879	
690	885	891	897	904	910	916	923	929	935	942	
691	948	954	960	967	973	979	985	992	998	*004	
692	84011	017	023	029	036	042	048	055	061	067	
693	073	080	086	092	098	105	111	117	123	130	
694	136	142	148	155	161	167	173	180	186	192	

P. P.

7
1 | 0,7
2 | 1,4
3 | 2,1
4 | 2,8
5 | 3,5
6 | 4,2
7 | 4,9
8 | 5,6
9 | 6,3

6
1 | 0,6
2 | 1,2
3 | 1,8
4 | 2,4
5 | 3,0
6 | 3,6
7 | 4,2
8 | 4,8
9 | 5,4

Tafel D 9 (Fortsetzung)

Fünfziffrige Mantissen zu den dekadischen Logarithmen

N.	L. 0	1	2	3	4	5	6	7	8	9	P. P.	
695	84198	205	211	217	223	230	236	242	248	255		
696	261	267	273	280	286	292	298	305	311	317		
697	323	330	336	342	348	354	361	367	373	379		
698	386	392	398	404	410	417	423	429	435	442		
699	448	454	460	466	473	479	485	491	497	504		
700	510	516	522	528	535	541	547	553	559	566		6
701	572	578	584	590	597	603	609	615	621	628		
702	634	640	646	652	658	665	671	677	683	689	1	0,6
703	696	702	708	714	720	726	733	739	745	751	2	1,2
704	757	763	770	776	782	788	794	800	807	813	3	1,8
											4	2,4
705	819	825	831	837	844	850	856	862	868	874	5	3,0
706	880	887	893	899	905	911	917	924	930	936	6	3,6
707	942	948	954	960	967	973·	979	985	991	997	7	4,2
708	85003	009	016	022	028	034	040	046	052	058	8	4,8
709	065	071	077	083	089	095	101	107	114	120	9	5,4
710	126	132	138	144	150	156	163	169	175	181		
711	187	193	199	205	211	217	224	230	236	242		
712	248	254	260	266	272	278	285	291	297	303		
713	309	315	321	327	333	339	345	352	358	364		
714	370	376	382	388	394	400	406	412	418	425		
715	431	437	443	449	455	461	467	473	479	485		5
716	491	497	503	509	516	522	528	534	540	546	1	0,5
717	552	558	564	570	576	582	588	594	600	606	2	1,0
718	612	618	625	631	637	643	649	655	661	667	3	1,5
719	673	679	685	691	697	703	709	715	721	727	4	2,0
											5	2,5
720	733	739	745	751	757	763	769	775	781	788	6	3,0
721	794	800	806	812	818	824	830	836	842	848	7	3,5
722	854	860	866	872	878	884	890	896	902	908	8	4,0
723	914	920	926	932	938	944	950	956	962	968	9	4,5
724	974	980	986	992	998*	*004	*010	*016	*022	*028		
725	86034	040	046	052	058	064	070	076	082	088		
726	094	100	106	112	118	124	130	136	141	147		
727	153	159	165	171	177	183	189	195	201	207		
728	213	219	225	231	237	243	249	255	261	267		
729	273	279	285	291	297	303	308	314	320	326		

Tafel D9 (Fortsetzung)

Fünfziffrige Mantissen zu den dekadischen Logarithmen

N.	L. 0	1	2	3	4	5	6	7	8	9	P. P.
730	86332	338	344	350	356	362	368	374	380	386	
731	392	398	404	410	415	421	427	433	439	445	
732	451	457	463	469	475	481	487	493	499	504	
733	510	516	522	528	534	540	546	552	558	564	
734	570	576	581	587	593	599	605	611	617	623	
735	629	635	641	646	652	658	664	670	676	682	
736	688	694	700	705	711	717	723	729	735	741	
737	747	753	759	764	770	776	782	788	794	800	
738	806	812	817	823	829	835	841	847	853	859	
739	864	870	876	882	888	894	900	906	911	917	
740	923	929	935	941	947	953	958	964	970	976	
741	982	988	994	999	*005	*011	*017	*023	*029	*035	
742	87040	046	052	058	064	070	075	081	087	093	
743	099	105	111	116	122	128	134	140	146	151	
744	157	163	169	175	181	186	192	198	204	210	
745	216	221	227	233	239	245	251	256	262	268	
746	274	280	286	291	297	303	309	315	320	326	
747	332	338	344	349	355	361	367	373	379	384	
748	390	396	402	408	413	419	425	431	437	442	
749	448	454	460	466	471	477	483	489	495	500	
750	506	512	518	523	529	535	541	547	552	558	
751	564	570	576	581	587	593	599	604	610	616	
752	622	628	633	639	645	651	656	662	668	674	
753	679	685	691	697	703	708	714	720	726	731	
754	737	743	749	754	760	766	772	777	783	789	
755	795	800	806	812	818	823	829	835	841	846	
756	852	858	864	869	875	881	887	892	898	904	
757	910	915	921	927	933	938	944	950	955	961	
758	967	973	978	984	990	996	*001	*007	*013	*018	
759	88024	030	036	041	047	053	058	064	070	076	
760	081	087	093	098	104	110	116	121	127	133	
761	138	144	150	156	161	167	173	178	184	190	
762	195	201	207	213	218	224	230	235	241	247	
763	252	258	264	270	275	281	287	292	298	304	
764	309	315	321	326	332	338	343	349	355	360	

P. P.

6
1	0,6
2	1,2
3	1,8
4	2,4
5	3,0
6	3,6
7	4,2
8	4,8
9	5,4

5
1	0,5
2	1,0
3	1,5
4	2,0
5	2,5
7	3,0
7	3,5
8	4,0
9	4,5

Tafel D9 (Fortsetzung)

Fünfziffrige Mantissen zu den dekadischen Logarithmen

N.	L. 0	1	2	3	4	5	6	7	8	9	P. P.	
765	88366	372	377	383	389	395	400	406	412	417		
766	423	429	434	440	446	451	457	463	468	474		
767	480	485	491	497	502	508	513	519	525	530		
768	536	542	547	553	559	564	570	576	581	587		
769	593	598	604	610	615	621	627	632	638	643		
770	649	655	660	666	672	677	683	689	694	700		6
771	705	711	717	722	728	734	739	745	750	756		
772	762	767	773	779	784	790	795	801	807	812	1	0,6
773	818	824	829	835	840	846	852	857	863	868	2	1,2
774	874	880	885	891	897	902	908	913	919	925	3	1,8
											4	2,4
775	930	936	941	947	953	958	964	969	975	981	5	3,0
776	986	992	997	*003	*009	*014	*020	*025	*031	*037	6	3,6
777	89042	048	053	059	064	070	076	081	087	092	7	4,2
778	098	104	109	115	120	126	131	137	143	148	8	4,8
779	154	159	165	170	176	182	187	193	198	204	9	5,4
780	209	215	221	226	232	237	243	248	254	260		
781	265	271	276	282	287	293	298	304	310	315		
782	321	326	332	337	343	348	354	360	365	371		
783	376	382	387	393	398	404	409	415	421	426		
784	432	437	443	448	454	459	465	470	476	481		
785	487	492	498	504	509	515	520	526	531	537		5
786	542	548	553	559	564	570	575	581	586	592		
787	597	603	609	614	620	625	631	636	642	647	1	0,5
788	653	658	664	669	675	680	686	691	697	702	2	1,0
789	708	713	719	724	730	735	741	746	752	757	3	1,5
											4	2,0
											5	2,5
790	763	768	774	779	785	790	796	801	807	812	6	3,0
791	818	823	829	834	840	845	851	856	862	867	7	3,5
792	873	878	883	889	894	900	905	911	916	922	8	4,0
793	927	933	938	944	949	955	960	966	971	977	9	4,5
794	982	988	993	998	*004	*009	*015	*020	*026	*031		
795	90037	042	048	053	059	064	069	075	080	086		
796	091	097	102	108	113	119	124	129	135	140		
797	146	151	157	162	168	173	179	184	189	195		
798	200	206	211	217	222	227	233	238	244	249		
799	255	260	266	271	276	282	287	293	298	304		

Tafel D 9 (Fortsetzung)

Fünfziffrige Mantissen zu den dekadischen Logarithmen

N.	L. 0	1	2	3	4	5	6	7	8	9	P. P.	
800	90309	314	320	325	331	336	342	347	352	358		
801	363	369	374	380	385	390	396	401	407	412		
802	417	423	428	434	439	445	450	455	461	466		
803	472	477	482	488	493	499	504	509	515	520		
804	526	531	536	542	547	553	558	563	569	574		
805	580	585	590	596	601	607	612	617	623	628		**6**
806	634	639	644	650	655	660	666	671	677	682		
807	687	693	698	703	709	714	720	725	730	736	1	0,6
808	741	747	752	757	763	768	773	779	784	789	2	1,2
809	795	800	806	811	816	822	827	832	838	843	3	1,8
											4	2,4
810	849	854	859	865	870	875	881	886	891	897	5	3,0
811	902	907	913	918	924	929	934	940	945	950	6	3,6
812	956	961	966	972	977	982	988	993	998	*004	7	4,2
812	91009	014	020	025	030	036	041	046	052	057	8	4,8
814	062	068	073	078	084	089	094	100	105	110	9	5,4
815	116	121	126	132	137	142	148	153	158	164		
816	169	174	180	185	190	196	201	206	212	217		
817	222	228	233	238	243	249	254	259	265	270		
818	275	281	286	291	297	302	307	312	318	323		
819	328	334	339	344	350	355	360	365	371	376		
820	381	387	392	397	403	408	413	418	424	429		**5**
821	434	440	445	450	455	461	466	471	477	482	1	0,5
822	487	492	498	503	508	514	519	524	529	535	2	1,0
823	540	545	551	556	561	566	572	577	582	587	3	1,5
824	593	598	603	609	614	619	624	630	635	640	4	2,0
											5	2,5
825	645	651	656	661	666	672	677	682	687	693	6	3,0
826	698	703	709	714	719	724	730	735	740	745	7	3,5
827	751	756	761	766	772	777	782	787	793	798	8	4,0
828	803	808	814	819	824	829	834	840	845	850	9	4,5
829	855	861	866	871	876	882	887	892	897	903		
830	908	913	918	924	929	934	939	944	950	955		
831	960	965	971	976	981	986	991	997	*002	*007		
832	92012	018	023	028	033	038	044	049	054	059		
833	065	070	075	080	085	091	096	101	106	111		
834	117	122	127	132	137	143	148	153	158	163		

Tafel D9 (Fortsetzung)

Fünfziffrige Mantissen zu den dekadischen Logarithmen

N.	L. 0	1	2	3	4	5	6	7	8	9	P. P.
835	92169	174	179	184	189	195	200	205	210	215	
836	221	226	231	236	241	247	252	257	262	267	
837	273	278	283	288	293	298	304	309	314	319	
838	324	330	335	340	345	350	355	361	366	371	
839	376	381	387	392	397	402	407	412	418	423	
840	428	433	438	443	449	454	459	464	469	474	
841	480	485	490	495	500	505	511	516	521	526	**6**
842	531	536	542	547	552	557	562	567	572	578	1 0,6
843	583	588	593	598	603	609	614	619	624	629	2 1,2
844	634	639	645	650	655	660	665	670	675	681	3 1,8
											4 2,4
845	686	691	696	701	706	711	716	722	727	732	5 3,0
846	737	742	747	752	758	763	768	773	778	783	6 3,6
847	788	793	799	804	809	814	819	824	829	834	7 4,2
848	840	845	850	855	860	865	870	875	881	886	8 4,8
849	891	896	901	906	911	916	921	927	932	937	9 5,4
850	942	947	952	957	962	967	973	978	983	988	
851	993	998	*003	*008	*013	*018	*024	*029	*034	*039	
852	93044	049	054	059	064	069	075	080	085	090	
853	095	100	105	110	115	120	125	131	136	141	
854	146	151	156	161	166	171	176	181	186	192	
855	197	202	207	212	217	222	227	232	237	242	
856	247	252	258	263	268	273	278	283	288	293	**5**
857	298	303	308	313	318	323	328	334	339	344	1 0,5
858	349	354	359	364	369	374	379	384	389	394	2 1,0
859	399	404	409	414	420	425	430	435	440	445	3 1,5
											4 2,0
											5 2,5
860	450	455	460	465	470	475	480	485	490	495	6 3,0
861	500	505	510	515	520	526	531	536	541	546	7 3,5
862	551	556	561	566	571	576	581	586	591	596	8 4,0
863	601	606	611	616	621	626	631	636	641	646	9 4,5
864	651	656	661	666	671	676	682	687	692	697	
865	702	707	712	717	722	727	732	737	742	747	
866	752	757	762	767	772	777	782	787	792	797	
867	802	807	812	817	822	827	832	837	842	847	
868	852	857	862	867	872	877	882	887	892	897	
869	902	907	912	917	922	927	932	937	942	947	

Namenverzeichnis

Sachverzeichnis

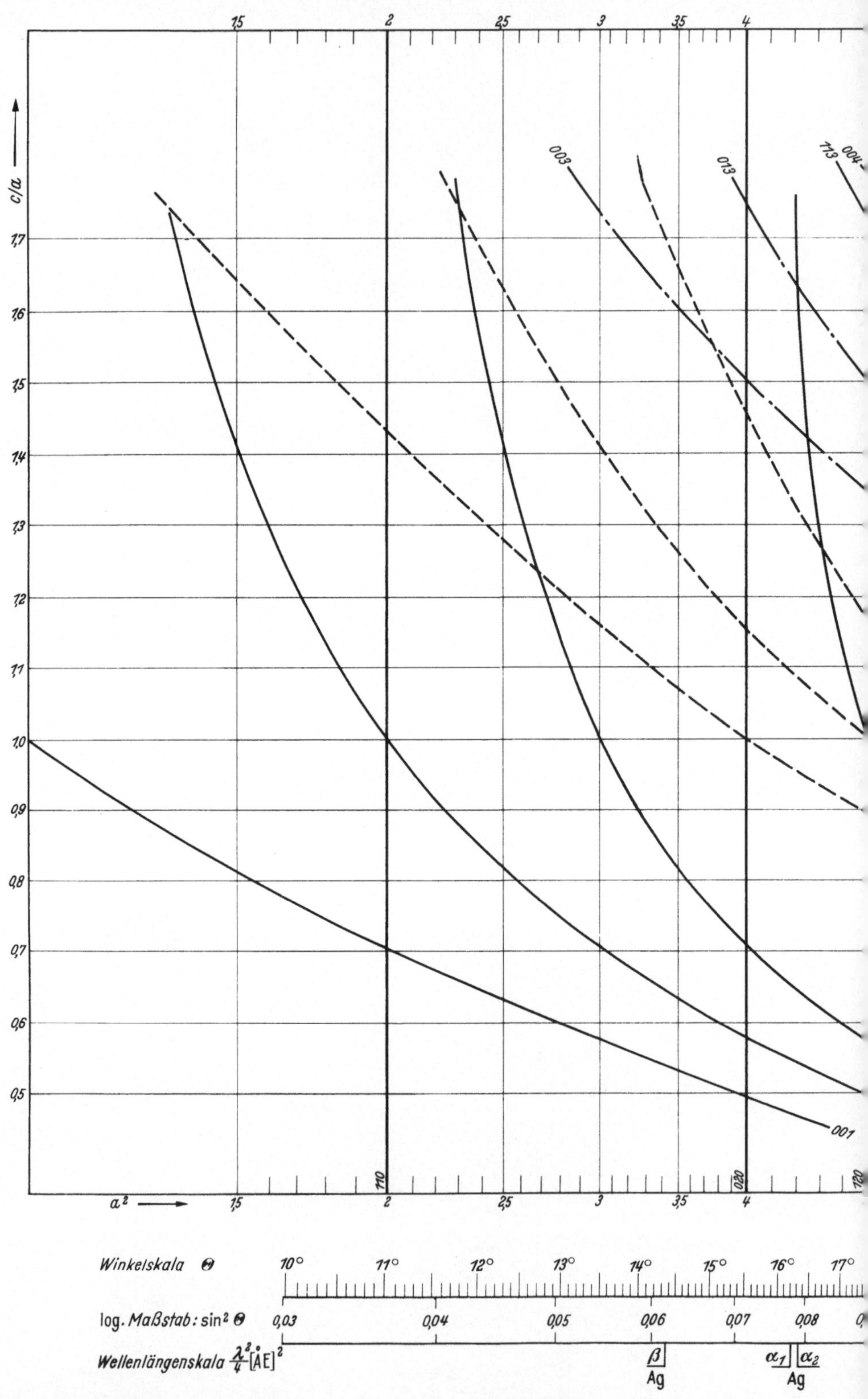

c/a
003
013
113
004
110
020
120
001
a²
Winkelskala Θ
10°   11°   12°   13°   14°   15°   16°   17°
log. Maßstab: sin² Θ
0,03   0,04   0,05   0,06   0,07   0,08
Wellenlängenskala λ²/4 [ÅE]²
β/Ag   α₁/α₂/Ag

α_1 | α_2
Mo
β Cu
β Ni
α_1 | α_2 Cu
β Co

Tafel I

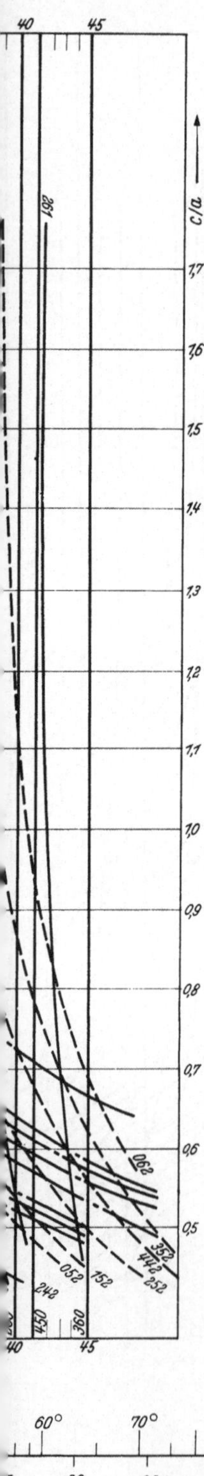

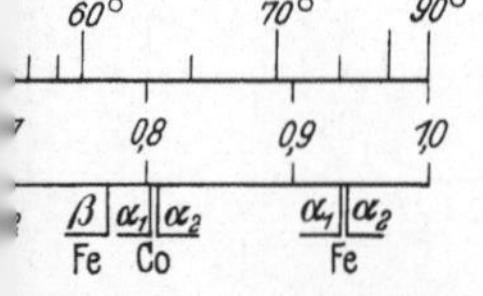

n · Göttingen · Heidelberg

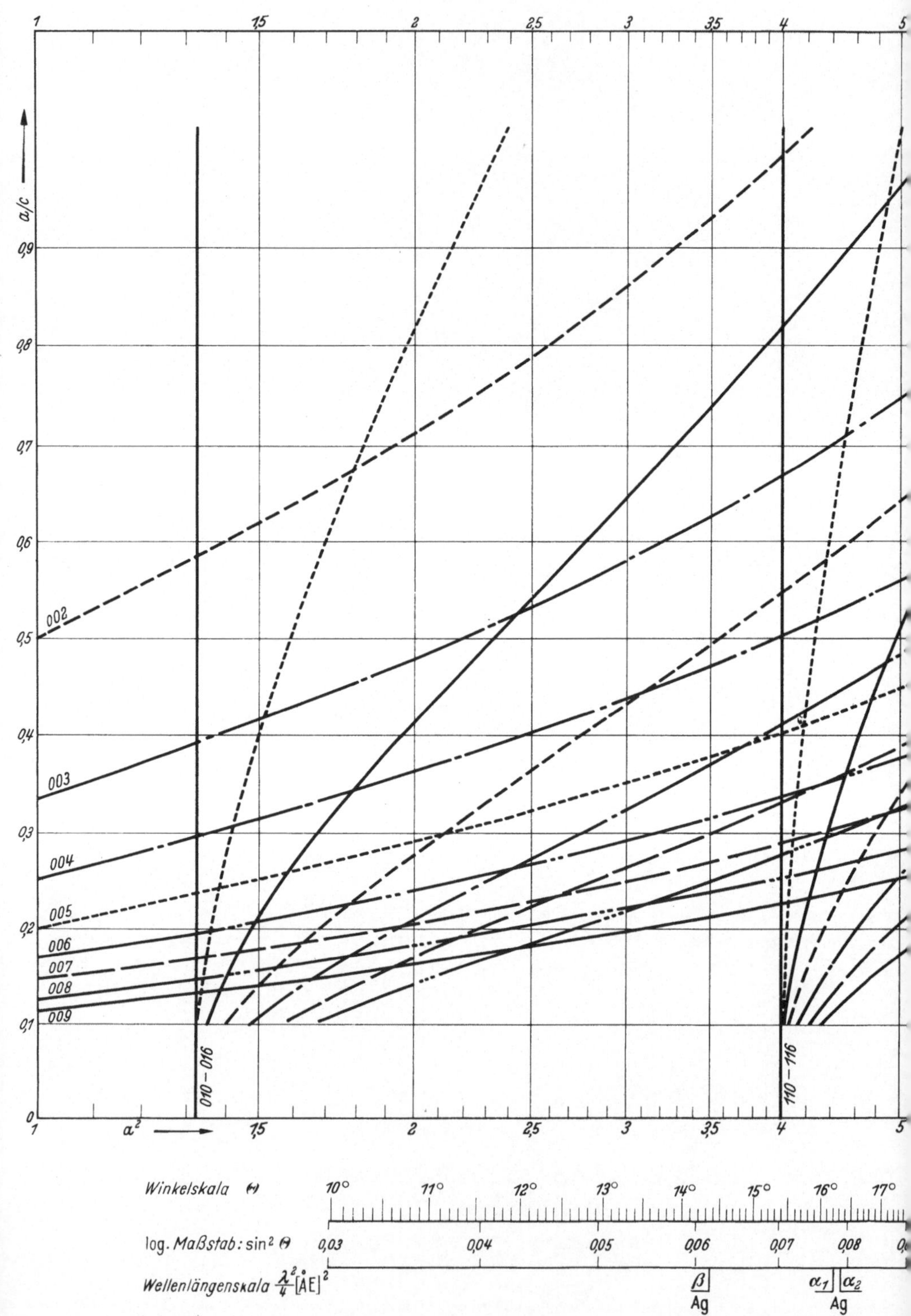

a/c
0,9
0,8
0,7
0,6
0,5
0,4
0,3
0,2
0,1
0
002
003
004
005
006
007
008
009
010 – 016
110 – 116
a²
1,5
2
2,5
3
3,5
4
5
Winkelskala Θ
10° 11° 12° 13° 14° 15° 16° 17°
log. Maßstab: sin² Θ
0,03 0,04 0,05 0,06 0,07 0,08
Wellenlängenskala λ²/4 [ÅE]²
β
Ag
α₁ α₂
Ag

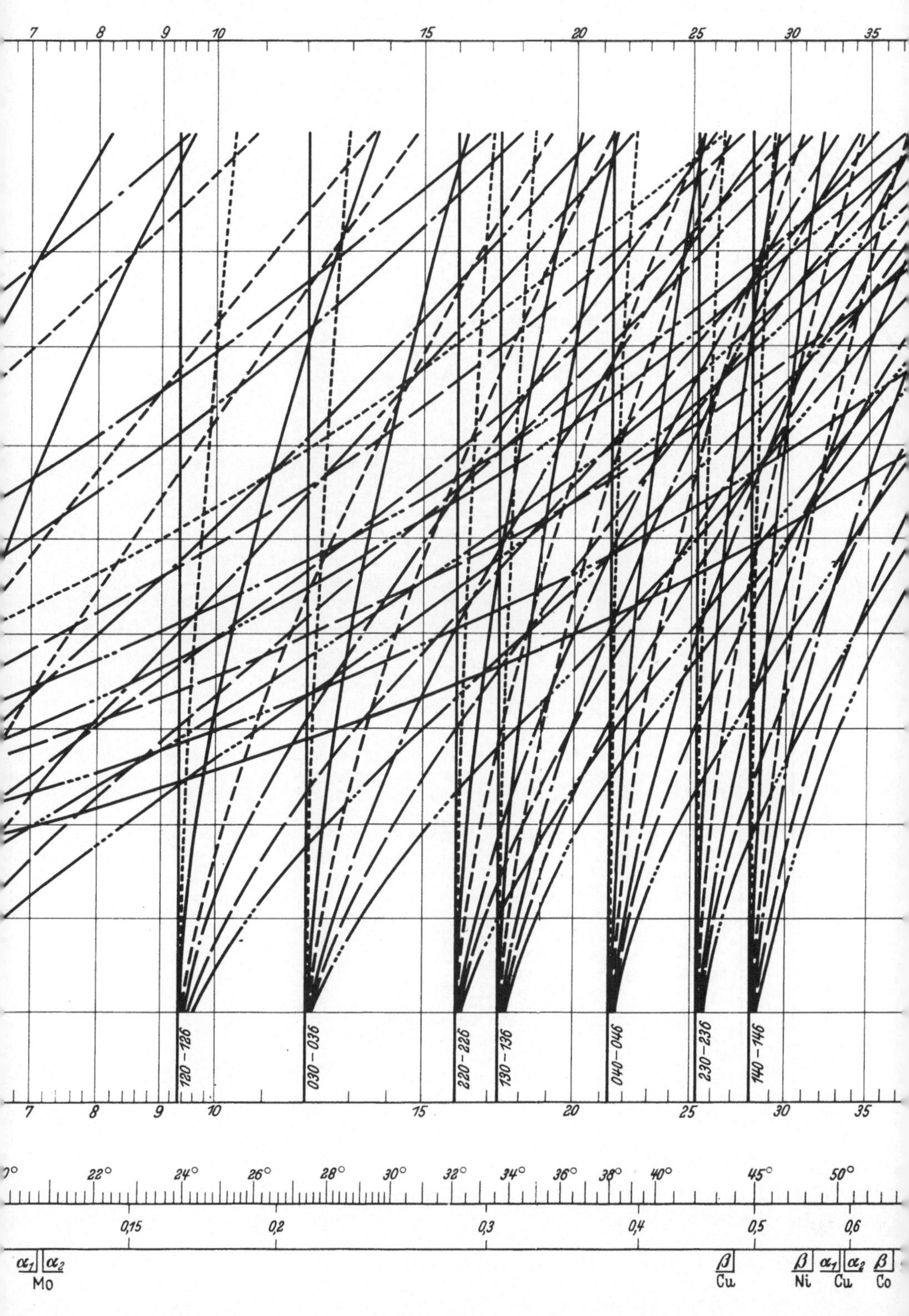
120—126
030—036
220—226
130—136
040—046
230—236
140—146
α₁ α₂
Mo
β
Cu
β
Ni
α₁ α₂
Cu
β
Co

Tafel II

50
a/c
c/a
0,9
1,1
1,2
0,8
1,3
1,4
0,7
1,5
1,6
0,6
1,7
1,8
1,9
0,5
2
0,4
2,5
3
0,3
4
0,2
5
0,1
10
20
0
50
70°
90°
0,8
0,9
1,0
α₁ α₂
Co
α₁ α₂
Fe

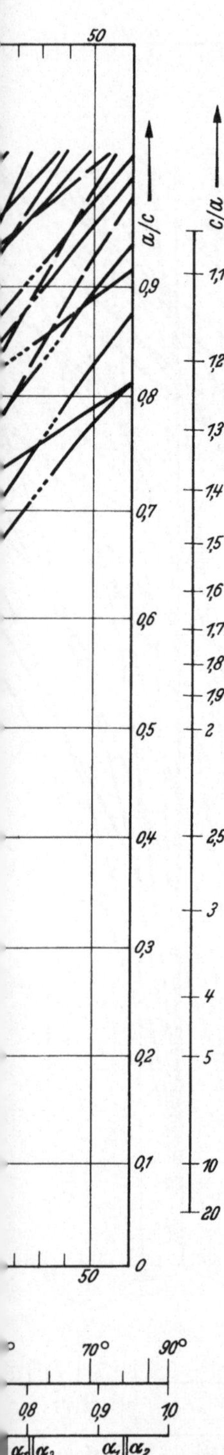